普通高等学校“十四五”规划风景园林专业精品教材

城市园林绿地系统规划

City Green Land System Planning

（第四版）

丛书审定委员会

何镜堂　仲德崑　张　颀　李保峰
赵万民　李书才　韩冬青　张军民
魏春雨　徐　雷　宋　昆

本书主审　唐学山

本书主编　徐文辉

本书副主编　王　云　徐煜辉　陈存友　陶一舟

本书编写委员会

徐文辉　王　云　徐煜辉　陈存友
李　莉　李　旭　陈楚文　汤晓敏
许冲勇　邱　慧　陶一舟　刘静怡
楼一蕾　唐慧超　孙国春　洪婷婷

华中科技大学出版社
中国·武汉

内 容 提 要

本书通过对城市绿地系统、城市五大类绿地特征以及各类绿地规划设计的系统介绍，明确了五大类绿地的不同功能和地位，又详述了各类绿地是有机整体的这一基本思想，为各类绿地的规划设计项目在规划设计理念及方法上指明了方向。同时，本书又通过对知识点的拓展介绍，对有关城市绿地规划的过去、现在、将来等问题的阐述，使知识点更具系统性。在具体章节的安排上，课堂讲授内容置前，课外阅读内容置后，以突出主题。

本书可作为各类建筑院校的城乡规划专业、景观设计专业，农林院校的园林专业、观赏园艺专业教材用书，也可供各类园林景观设计人员参考。

图书在版编目(CIP)数据

城市园林绿地系统规划/徐文辉主编. —4 版. —武汉：华中科技大学出版社，2022. 3(2024. 8 重印)

ISBN 978-7-5680-7739-2

Ⅰ. ①城…　Ⅱ. ①徐…　Ⅲ. ①城市规划-绿化规划-高等学校-教材　Ⅳ. ①TU985

中国版本图书馆 CIP 数据核字(2022)第 006334 号

城市园林绿地系统规划(第四版)　　徐文辉　主编

Chengshi Yuanlin Lüdi Xitong Guihua(Di-si Ban)

策划编辑：简晓思
责任编辑：简晓思
装帧设计：潘　群
责任监印：朱　玢
出版发行：华中科技大学出版社(中国・武汉)　电话：(027)81321913
　　　　　武汉市东湖新技术开发区华工科技园　邮编：430223
录　　排：华中科技大学惠友文印中心
印　　刷：武汉科源印刷设计有限公司
开　　本：850mm×1065mm　1/16
印　　张：24.75
字　　数：522 千字
版　　次：2024 年 8 月第 4 版第 4 次印刷
定　　价：69.80 元

高等学校“十四五”规划风景园林专业精品教材

总　　序

《管子》一书《权修》篇中有这样一段话:“一年之计,莫如树谷;十年之计,莫如树木;百年之计,莫如树人。一树一获者,谷也;一树十获者,木也;一树百获者,人也。”这是管仲为富国强兵而重视培养人才的名言。

“十年树木,百年树人”即源于此。它的意思是说,培养人才是国家的百年大计,既十分重要,又不是短期内可以奏效的事。“百年树人”并非指100年才能培养出人才,而是比喻培养人才的远大意义,要重视这方面的工作,并且要预先规划,长期、不间断地进行。

当前我国风景园林业发展迅猛,急缺大量的风景园林类应用型人才。全国各地风景园林类学校以及设有风景园林专业的学校众多,但能够做到既符合当前改革形势又适用于目前教学形式的优秀教材却很少。针对这种现状,急需推出一系列切合当前教育改革需要的高质量优秀专业教材,以推动应用型本科教育办学体制和运行机制的改革,提高教育的整体水平,并且有助于加快改进应用型本科办学模式、课程体系和教学方法,形成具有多元化特色的教育体系。

这套系列教材整体导向正确,内容科学、精练,编排合理,指导性、学术性、实用性和可读性强,符合学校、学科的课程设置要求。教材以风景园林学科专业指导委员会的专业培养目标为依据,注重教材的科学性、实用性、普适性,尽量满足同类专业院校的需求。教材在内容上大力补充了新知识、新技能、新工艺、新成果;注意理论教学与实践教学的搭配比例,结合目前教学课时减少的趋势适当调整了篇幅;根据教学大纲、学时、教学内容的要求,突出重点、难点,体现了建设“立体化”精品教材的宗旨。

该套教材以发展社会主义教育事业、振兴风景园林类高等院校教育教学改革、促进建筑类高校教育教学质量的提高为已任,对发展我国高等风景园林教育的理论与思想、办学方针与体制、教育教学内容改革等方面进行了广泛和深入的探讨,以提出新的理论、观点和主张。希望这套教材能够真实体现我们的初衷,真正能够成为精品教材,受到大家的认可。

中国工程院院士:何镜堂

第四版前言

城市绿地系统规划是景观生态学、环境学、林学等学科的自然科学技术和城乡规划、建筑学、文学、艺术高度融合的一门应用性学科。我国城市的不断发展，引起了人口、产业向城市集中，城市规模急剧扩大，城乡生态环境弱化，城市游憩空间贫乏等问题。城市绿地系统在城乡生态空间结构中的地位越来越重要，科学、合理的绿地系统布局是改善城市生态环境、维护城市生态平衡的保证；同时也是提高城市居民生活品质的重要保障。城市绿地系统是唯一具有生命力的绿色基础设施，是践行习近平新时代中国特色社会主义思想、建设美丽中国的重要内容，是推动城市绿色发展、服务城市绿色生活的重要手段，是满足人民美好生活需要的民生福祉，是实现习总书记提出的“整个城市就是一个大公园”的发展目标的途径。

本教材依据《中华人民共和国城乡规划法》《城市绿化条例》等有关法规，遵循国家园林城市、生态城市、低碳城市的建设要求，体现生态文明建设的指导思想，结合多年教学和城乡空间园林规划设计的实践经验，吸取国内外的相关研究成果，加以探索、归纳、总结，逐步整理、编写而成。

本教材通过对城市绿地系统、城市五大类绿地不同的特征，以及各类绿地规划设计的系统介绍，既明确了五大类绿地在城市中具有不同的功能和地位，又详述了各类绿地在城市中是有机整体的基本思想，为各类绿地的规划设计项目在规划设计理念及方法上指明了方向。同时，对涉及城市绿地系统规划的城市规划内容中的基本概念进行了介绍，以便读者更好地理解。另外，本教材通过对理论知识点拓展的介绍，明确理论知识点有关“过去、现在、将来”等问题，使知识点更具系统性。通过对近几年有关城市绿地系统规划项目的介绍，加强读者的感性认识，更通俗易懂。在具体章节安排上，突出理论部分、案例实践、理论归纳，并进行有机安排。在全书内容结构上，重点内容、基本理论安排于前面；课堂讲授内容置前，课外阅读内容置后，条理性、系统性突出。

本次修订在保留原有内容基本框架的基础上，依据城市绿地系统规划建设的发展趋势，即从以城区为主体向城乡一体转变发展，在“山水林田湖草是一个生命共同体”“绿水青山就是金山银山”的生态文明理念指导下，结合《城市绿地分类标准》(CJJ/T 85—2017)，对有关章节内容进行较大幅度修改。在章节调整中，结合最新绿地分类规划，删除了生产绿地规划章节，增加了广场用地规划与专业规划等章节，对绿地分类与绿地指标等内容在章节位置上进行了调整；在内容上，增加了公园城市、国家公园、居住区服务圈、国土空间规划等有关内容与概念，并对涉及国家有关法律法规的内容进行了更新，精简了绿地系统与城市关系，按照《城市绿地规划标准》

(GB/T 51346—2019)的编制办法进行排序和内容更新,使条理更加清楚,逻辑性更强,理论知识更加全面。并对有关图片和案例进行必要更新,使教材的内容保持一定的前瞻性。

本教材在编写过程中,充分考虑到了本课程的实践性和综合性特征,在围绕基本概念、基本理论、基本规范等内容展开的同时,突出了科学规划方法和基本技能的介绍。并且,为了体现本教材有关理论的前沿性、拓展性,在章节后面都增加了知识点拓展,以二维码的形式呈现,以开阔读者视野。同时本书结合新时代读者学习特点,结合信息技术,采用了新形态教材的表达方式,在纸质教材基础上配备相关案例资源,同样以二维码的形式呈现,更加立体、直观地体现教学内容,也便于知识扩展、延伸阅读。

本教材适用范围广,不仅适宜建筑类、农林类院校风景园林专业、城乡规划专业、园艺专业等相关专业教学参考,还可供设计院、设计公司等有关专业技术人员参考使用。

本教材由浙江农林大学、上海交通大学、重庆大学、中南林业科技大学、福州大学等院校的人员共同编写。其中浙江农林大学为主编单位,上海交通大学、重庆大学、中南林业科技大学为副主编单位。具体章节编写人员为:第0章由浙江农林大学徐文辉编写;第1章由重庆大学徐煜辉、孙国春,浙江农林大学徐文辉编写;第2章由浙江农林大学徐文辉编写;第3章由中南林业科技大学陈存友、邱慧编写;第4章由中南林业科技大学陈存友,浙江农林大学陶一舟、唐慧超、楼一蕾编写;第5章由浙江农林大学唐慧超编写;第6章由浙江农林大学楼一蕾、徐文辉编写;第7、8、9章由上海交通大学王云、汤晓敏编写;第10章由福州大学洪婷婷、浙江农林大学徐文辉编写;第11章由浙江农林大学徐文辉、陈楚文编写;第12、13章由浙江农林大学陶一舟编写。在第四版编写过程中,浙江农林大学风景园林专业研究生徐琳琳、陈启航参与了部分编写工作,在此一并给予真挚感谢。

本教材经北京林业大学唐学山教授审阅并提出了中肯的修改意见,在修订过程中参考了国内外有关专家的文献和一些优秀教材,并引用了有关单位大量相关研究成果和资料,借此机会向有关专家、学者和规划设计单位,表示衷心感谢!

由于编写人员水平有限,时间仓促,书中难免有疏漏和不妥之处,敬请批评与指正,以便今后修改完善。

编　者

2021.10

目　录

0 绪　论

0.1 城市园林绿地系统规划的研究对象

城市绿地(urban green space)是城市中以植被为主要形态,并对生态、游憩、景观、防护具有积极作用的各类绿地的统称。城市绿地系统(urban green space system)是由城区各类绿地组成,并与区域绿地相联系,具有优化城市空间格局,发挥绿地生态、游憩、景观、防护等多重功能的绿地网络系统。《中国大百科全书:建筑・园林・城市规划》将城市园林绿地系统定义为“城市中各种类型、各种规模的园林绿地组成的生态系统,用以改善城市环境,为城市居民提供游憩境域。城市绿地系统是城市生态环境中唯一具有自净功能的不可替代的自然成分”。《风景园林基本术语标准》(CJJ/T 91—2017)将其定义为“城市绿地系统是由城市中各种类型、级别和规模的绿地组合而成并能行使各项功能的有机整体”。城市绿地系统实际上是由一定质与量的各类绿地相互联系、相互作用而形成的绿色有机整体,也就是城市中不同类型、性质和规模的各种绿地(包括城市规划用地平衡表中直接反映和不直接反映的绿地),共同组合构建而成的一个稳定持久的城市绿色环境体系。城市绿地系统规划的目的是充分发挥城市绿地系统的生态环境效益、社会经济效益和景观文化功能。

人类自古依山傍水而居,自然对于城市的形态、功能具有很大的影响。绿地是城市的有机组成部分,反映了城市的自然属性。随着工业的发展和人口的增加,城市中的自然属性逐渐减少,城市园林绿地成了体现城市自然特色的重要部分。城市园林绿地系统具有限制城市无序扩张、维护生态平衡、提供理想的游憩环境、塑造城市文化特色、防灾减灾,以及促进教育和社会交往等功能。特别在城市生态作用方面,城市绿地系统是构成城市生态系统的要素中唯一执行自然“纳污吐新”负反馈机制的自然成分,是改善生态环境、维护系统稳定的不可替代的必要组成部分,是生物多样性保护的重要基地,是实现城市高效运行、可持续发展的重要生态基础设施。

近年来,随着我国环境问题的加剧,城市绿地系统规划的编制工作已提升到前所未有的高度。国务院于2001年将城市绿地系统规划从城市总体规划的专项规划,提升为城市规划体系中一个重要的组成部分和相对独立、必须完成的强制性内容。为了加强城市绿地系统规划的制度化和规范化,建设部(现住房和城乡建设部)在2002年制定了《城市绿地系统规划编制纲要(试行)》(建城〔2002〕240号),第一次以规章制度的形式规定了城市绿地系统规划的基本定位、主要任务和成果要求。因此,就目前的规划体系而言,绿地系统规划是解决城市生态和人居环境问题最贴切的技术手段。其主要任务是在深入调查研究的基础上,根据城市总体规划中的城市性质、发展目标、用地布局等规定,科学制定各类城市绿地的发展指标,合理安排城市各类园林绿地建设和市域大环境绿化的空间布局,达到保护和改善城市生态环境、优化城市人居环境、促进城市可持续发展的目的。

作为学科而言,城市园林绿地系统规划研究的总课题就是如何最大限度地发挥园林绿地系统的综合效能,从而实现人、城市、自然的和谐发展。目前,国内外的绿地系统研究主要集中在城市绿地效益、信息技术的应用、评价指标体系、绿地系统的结构与功能、城市开放空间等方面。

欧美发达国家经历半个多世纪的城市环境建设,在城市公园系统以及绿道建设等方面取得了巨大的成绩,城市绿地系统结构越趋完善,绿地和自然很好地融入城市中,并且许多城市的绿化指标均较高。根据 49 个城市的统计数据,公园绿地面积在每人 10 m^2 以上的占 70%,最高的达 80.3 m^2(瑞典首都斯德哥尔摩)。第二次世界大战后,一些国家的城市被毁,这些国家在重新规划建设过程中都非常重视城市绿地指标的提高,如莫斯科、华沙等,莫斯科人均城市绿地 44 m^2,华沙人均城市绿地达到 77.7 m^2。在欧美一些国家新的规划中,公园绿地面积指标较高,如英国为人均 42 m^2,法国为人均 23 m^2,美国新城绿地面积占市区面积的 1/5～1/3,每人平均为 28～36 m^2。有“世界生态之都”称号的巴西库里蒂巴市,人均城市绿地为 581 m^2,是世界上绿化最好的城市之一,它与温哥华、巴黎、罗马、悉尼被联合国命名为首批“世界最适宜人居的城市”。

我国自 20 世纪 70 年代末提出城市绿化“连片成团,点线面相结合”方针后,城市绿化建设即进入快速发展阶段。据《2019 年中国国土绿化状况公报》载:截至 2019 年底,城市建成区绿地率、绿化覆盖率分别达 37.34%、41.11%,城市人均公园绿地面积达 14.11 m^2。我国在城市绿地系统规划和建设方面已经获得了长足的发展,城市绿地的布局和结构也日趋合理。然而,从理论研究与实践的差距来看,尤其是在一些经济发达的城镇密集地区,“大城市区域”的扩展、“城乡一体化”进程的加速等快速城市化带来了诸多问题。我国的城市绿地系统规划在对不同类型城市应有的生态绿地总量合理规模、量化依据、配置形式,以及绿地系统与城市功能、形态布局规划如何实现有机耦合方面,在实现城市绿地的生态性、生物多样性、郊野休闲性、人居环境舒适性和可持续利用性,建立城郊结合、城乡一体化的大园林方面,比较全面的研究成果尚为少见。此外,在追踪和吸收现代科学的新理论、新成果,并拓展多学科、多专业的融贯研究方面,也有待加强。

21 世纪是人类从工业文明进入生态文明的时代。党的十九大提出的“加快生态文明体制改革,建设美丽中国”,实际上是构建可持续的人居环境,把生态文明放在突出的位置,再次提出“推进绿色发展、着力解决突出环境问题、加大生态系统保护力度和改革生态环境监管体制”的理念,为城市园林绿化建设指明了实践和前进的方向。我国“十三五”期间城市园林绿化规划建设的目标：城市园林绿化以保护城市生态安全和健康，提升城市居民生活品质，传承历史文化，优化城市景观水平为核心，基于科技创新和机制创新，依法依规，大力推进城市园林结构性绿地建设，提升园林绿地综合功能；研究推进城市绿地与城市市政基础设施的统筹建设，积极探索资源节约型和环境友好型低碳生态城的构建模式；建立和完善城市园林绿化评价技术体系与标准规范，全面提升行业管理水平，创新行业管控机制，加强对城市园林建设的管控和引导。主要任务：健全园林行业法律法规体系，完善城市绿地系统布局，全面提升园林绿地质量，统筹协调园林绿地与城市综合管理，强化生物多样性保护和植物引种驯化，全面提升城市园林绿地管控水平，园林绿化行业基础能力建设，积极推进行业改革。

0.2 国内外城市园林绿地规划的发展历程及趋势

0.2.1 国外城市园林绿地规划的发展历程

19 世纪，随着工业化和城市化发展的日益加快，西方国家的人口、产业不断向城市集中，城市规模急剧扩大，生态环境日益恶化。西方国家较早地意识到绿地对城市环境的重要作用，开始有意识地从区域和城市角度进行绿地系统规划的研究。早期的绿地规划理论比较关注通过绿地布局来控制城市化的无序发展和社区建设。第二次世界大战以后，城市化进一步发展，导致人口爆炸、生态危机、粮食短缺、环境污染等问题日益严重，各国普遍重视绿地的作用。绿地规划与设计的方法有了较大的发展，并与生态保护、绿地系统生态学、信息学、城市防灾减灾相互结合渗透。从 19 世纪开始，西方国家先后产生了三种不同导向的绿地系统模式：第一，以城市结构优化为导向的理想绿地模式；第二，以环境与生物保护为导向的生态绿地模式；第三，以人类利用和功能区分为导向的功能绿地模式。

1. 理想绿地模式

理想绿地模式是在西方工业化浪潮中作为解决城乡结构问题的规划手段提出来的，其发源地为 19 世纪的英国。早在 1829 年，拉顿就针对城市化过程中的伦敦地区提出了以双层环状绿地围绕伦敦城区来控制城市膨胀的理想绿地模式。

19 世纪末 20 世纪初，美国社会学家埃比尼泽·霍华德(Ebnezer Howard)的“田园城市”理论明确提出在城市中心配置公园，在城市外围配置永久性的环城绿地，希望通过环城绿地控制城市规模，防止城市蔓延成片(见图 0-1)。田园城市是以绿地为空间手段来解决工业革命后的城市社会“病态”的方案，实际上反映了人们希望通过建立新的城乡结构来缓和社会矛盾和环境矛盾的思想，其核心理念在于把人与自然、城市和乡村结合起来考虑，走和谐发展之路。为了实践这一理论，霍华德于 1903 年在英国建起了世界上第一座田园城市——莱奇沃斯(Letchworth)，后来又建设了第二座田园城市——韦尔温(Welwyn)。田园城市模式具有相当程度的理想主义色彩,但对其后一个世纪的城市发展和绿地规划有着深刻的启迪作用。

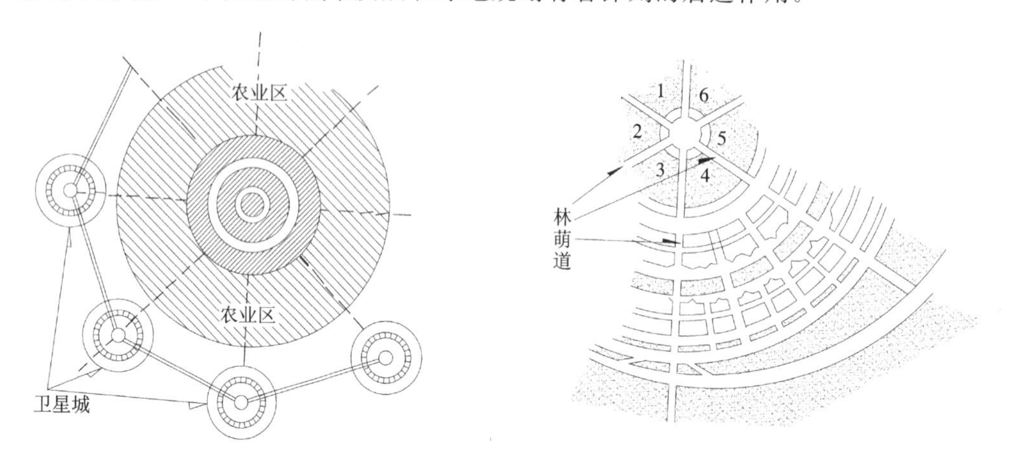

图 0-1 霍华德“田园城市”方案图

1924 年阿姆斯特丹国际城市规划会议专门讨论了绿地对于解决城市化问题的作用,明确提出在城市建成区周围配置绿地环绕带(green belt),以控制城市规模的过度膨胀。1943 年伦敦区域规划委员会专门讨论了在大城市和卫星城之间设置绿地隔离带的问题,并进行了伦敦绿带规划。

可以看出,早期的理想绿地模式基本上以环城绿带为主要内容,着眼于城市总体建设用地规模的空间控制,并没有与城市内部结构优化结合起来。

2. 生态绿地模式

人类活动的集中化及自然区域的逐渐丧失正引起生态系统和生态过程的严重失衡。自然空间的丧失意味着野生动植物栖息地及生态多样性的减少,这给那些适应人工环境能力较差的乡土物种带来极大的威胁。人类的开发在减小现存自然区域面积和数量的同时,也引起了野生动植物栖息地的割裂,这使得其形态和布局结构很难有效地维持其生态功能。现存的野生动植物栖息地由于城市、道路、郊区、农业土地等不合理的土地使用而变得相互孤立且破碎不堪,小而孤立的野生动植物栖息地只能容纳很少的乡土物种。野生动植物栖息地的割裂抑制了物种之间的相互交流和疏散,不利于它们之间的基因交换,从而增加了其灭绝的危险性。从美国威斯康星州卡迪兹镇区(Cadiz Township)的森林面积丧失与割裂过程(见图 0-2)可以看出,在这百余年的时间内,自然空间的丧失与割裂可谓触目惊心。从表 0-1 可知,随着森林总面积和斑块平均面积的减少,自然物种栖息地也随之减少。因此,保护任何类型的自然区域都有助于减少栖息地的丧失。但其中最严峻的问题是各个斑块之间的相互孤立与分散。所以当前最紧迫的工作就是将各个分裂的自然空间进行连接,使之重新成为一个系统。

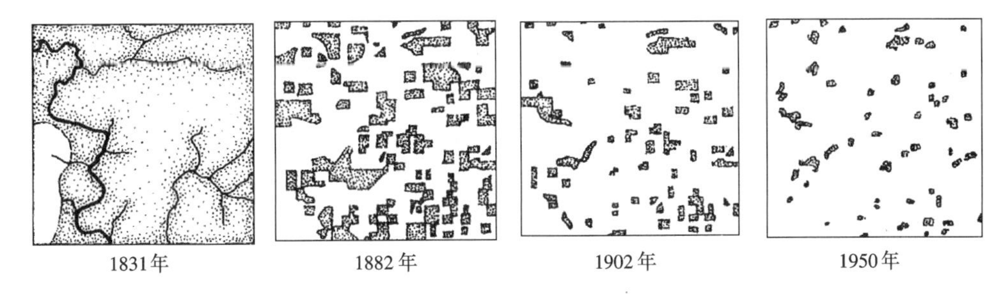

图 0-2 卡迪兹镇区 1831—1950 年森林面积的丧失与割裂过程

表 0-1 卡迪兹镇区森林面积丧失与割裂过程的数据分析

	1831 年	1882 年	1902 年	1950 年
森林总面积/hm^2	8 727	2 584	841	318
斑块数量/块	1	70	61	55
斑块平均面积/hm^2	8 727	37	14	6
斑块边缘总长度/km	—	159	98.5	64
平均边缘长度/森林面积/(m/hm^2)	—	61.5	117.1	201.2

麦克哈格较早地提出系统地运用生态手法进行规划。1969 年,他在其著作《设计结合自然》中提出运用叠加法分析和评价环境状况。拉尔鲁和特纳继承麦克哈格的生态方法,将绿地规划和自然生态系统保护相结合,分别提出了以生态保护为目的的绿地空间系统的四种配置类型和六种配置形态。其中关于群落、廊道概念的应用反映了景观生态学的原理。

1986 年,福尔曼(Forman)和戈德罗恩(Godron)在《景观生态学》一书中提出"斑块—廊道—基底"(patch—corridor—matrix)的景观结构基本模式,为城市绿地的规划提供了重要的理论支持。

以生态保护为目的的绿地规划至少包括现存生物空间、恢复受到破坏的生物空间、创造和完善生物空间系统等三方面内容。近年来,生物多样性保护和生物网络方面的实证研究内容不断增多。例如,Lynam A. J 研究发现,绿地系统构造不断发生变化,对生物种群的栖息、繁殖、迁徙和多样性产生影响;Natuhara Y 与 Morimoto Y 运用绿地系统生态学理论进行了基于生物生存空间保护目的的绿地空间规划研究,包括农林绿地的管理与配置、生物空间网络分析与地图化等。为了达到生物多样性保护目标,需要制定合理的地区规划与绿地规划。在开展绿地规划之前,应对生物状况进行详细调查,分散孤立的公园绿地不利于生物繁殖,通过河流、林道将生物生存空间连接成有机开放的绿地网络,对维护生态系统具有重要意义。

生物空间系统(biological space system)是欧洲生态学领域内新的研究动向。生物空间系统包括大规模保护地、保护地之间的通道和生态回廊。保护地之间的绿带、绿道有助于生物的移动,对生物空间之间的连接有明显的作用。为了保护生物空间系统，欧盟在进行覆盖大部分欧洲地区的欧洲生态网(European ecological network)规划。欧洲国家除了调查本国生物空间的状况，还开始进行跨国的生态空间系统网络建设。如荷兰正在实施国家生态回廊战略，通过生态回廊将自然保护区、多功能森林、自然恢复区等连接成绿色网络。

3. 功能绿地模式

功能绿地模式着眼于不同功能、规模和不同服务半径绿地之间的组合。美国的城市绿地系统是该模式的早期代表。绿地系统(park system)是由不同功能的公园绿地、林荫道、公园路组成的，是美国城市公园运动的产物。查尔斯·艾里奥特为波士顿大都市地区制定的发展计划力图将公园、开放空间、历史保护区和游憩地有机地组织在一个大规划中。他的构思不仅是现在美国经常见到的用带状空间或绿道等将分散的土地连接在一起，而且是围绕一个满足人类多种需求的母体，组织一个大的计划方案，并创造一个有凝聚力的单元，使之作为整体发生作用。1876 年世界上第一个绿地系统总体规划——波士顿绿地系统总体规划出台，1895 年基本形成绿地格局，成为一个以自然水体保护为核心，将河边湿地、综合公园、植物园、公共绿地、公园路等多种功能的绿地连接起来的网络系统。被称为波士顿城市公园系统的“翡翠项链”(emerald necklace)，为约翰·查尔斯·奥姆斯特德最为出名的设计，如图 0-3 所示。

图 0-3 波士顿的“翡翠项链”

然而早期的城市公园系统较多地考虑土地特性和环境美化，直到 20 世纪上半期“服务圈学说”开始应用于绿地配置研究。关于服务圈的一些学说主要指不同功能和规模的设施具有不同的服务半径。20 世纪初，奥姆斯特德为西雅图制定初步公园和康乐发展的综合性规划时就开始注重公园、康乐场所的均匀分布，要让该市居民步行 10～15 min 就可抵达其中的一个，去享受散步、娱乐、参观、运动及其他室外活动的愉悦。科米(Comey)曾经提出儿童游戏场的有效服务半径为 800 m，1919 年武居高四郎在日本根据其学说进行了小公园的规划研究。

随着绿地功能分类的深化，以及社会学家佩里通过研究邻里社区问题，提出邻里单位六个基本原则及模式图，服务半径成为绿地配置中普遍采取的一个标准。20世纪20年代制定的《东京公园计划书》综合了以上研究成果，将公园绿地按照功能进行分类，并针对不同功能的绿地制定了面积规模标准、服务半径标准和配置标准，提出了比较完整、系统的功能绿地模式。此后，功能绿地模式经过不断的修正和检验，成为城市绿地规划中最普遍采用的规划方法，并且成为绿地法规的重要内容。1976年日本的《都市公园法》规定，城市公共绿地必须根据功能和服务半径进行配置，实际上是功能绿地模式方法规划后的一个重要成果。

0.2.2 国内城市园林绿地规划的发展历程

1. 20世纪50年代至70年代

我国的园林学科于20世纪50年代开始关注城市绿化层面的问题，由于政治、经济的原因，这一阶段的发展曲折而坎坷。受到苏联绿化建设思想的影响，我国园林绿地建设重视植树造林而轻视系统布局。在1953年开始的第一个五年计划中，苏联援建了156项工程，按照当时苏联的做法，每项工程都要做配套基础设施的规划，也就是工程所在地的城市规划。在城市的总体规划中也包含了该项工程的卫生防护绿地和为城市人口游憩服务的公共绿地，这就是我国最初的城市绿地系统规划。

2. 20世纪80年代

改革开放以后，国家把城市作为带动经济发展的中心，城市园林绿地规划的实践和理论都有了较大发展。这一时期各地园林科研院所及大专院校将城市园林绿地规划作为重要的研究课题，大多重视景观、园林和园艺，强调人均公共绿地面积和绿化覆盖率等定额指标，着眼于城市公园、居住区、单位附属绿地、道路及防护绿地的分类设计。1985年，合肥市的环城绿带建设结合环城公园的规划建设，提出人与自然环境有机联系的最佳途径是开敞式城市园林化。通过林带和水系将建筑、山水、植物组成一个整体，形成“城在园中、园在城中、城园交融、园城一体”的园林城市艺术景观，满足了市民对公园多功能、多层次的要求，开创了我国“以环串绿”的绿地系统先河。马世骏教授提出“社会—经济—自然复合生态系统”的理论后，生态学理论开始逐步融入城市建设规划，尤其是城市绿地系统规划中。

由于处于政治体制和经济体制的转型期，中国的经济社会结构发生了深刻的变化。城市建设过程中出现了一些极端利益性、局部性和短期性的现象，加之资金缺口较大，不少城市的绿色空间建设面临很大的挑战，绿地建设也在一次次的冲突、磨合、调整中不断发展。

3. 20世纪90年代初

1990年，我国城市规划领域第一部法律——《中华人民共和国城市规划法》的颁布实施，从法律上保证了城市绿色空间规划在城市规划中占有一席之地。同年，著名科学家钱学森先生首次提出“山水城市”的概念,强调用中国园林手法和山水诗画的意境来处理城市山水,将生态环境、历史背景和文化脉络综合起来,具有深刻的生态学哲理。1992年,国务院又颁布了《城市绿化条例》,对城市绿化的规划建设、保护管理以及罚则作出明文规定。同年,中共中央、国务院发布的《关于加快发展第三产业的决定》中将城市绿化列为“对国民经济和社会发展具有全局性、先导性影响的基础产业”。

这样,在国家政策法规的引导下,在规划理论和实践的探索中,我国城市绿地建设开始逐渐步入一个新的时期。

4. 20世纪90年代中后期至今

20世纪90年代以来,我国市场经济发展趋于成熟,城市生态环境整治、城市形象塑造成为新时期城市建设的重点,引发了中国城市绿地系统规划和建设的高潮。

1) 绿地系统规划的学科和理论框架探索

汪菊渊(1993)认为,随着城市的迅速发展,不仅要研究城市的景物规划,而且要研究区域、国土的大地景物规划——大地园林化规划,从而将园林的尺度延伸到大地景观。而吴良镛(2001)、李敏(1995、1999)从创建良好人类聚居环境空间形态的角度出发,将大地园林化纳入了人居环境科学的理论框架。吴人韦(1998a、1998b、1998c、1999、2000)则从生物多样性、塑造城市风貌以及支持城市生态建设三方面对城市绿地系统规划做了专题研究,并对国内城市绿地分类进行了总结。俞孔坚(1999、2000)率先将景观生态设计与城市设计相结合,以生态学原则、地理学的调查手段和城市规划的设计理念来综合规划城市绿地系统。

2) 基于生态环境保护的绿地规划成果

黄晓莺等(1998)对城市生存环境绿色量值群展开研究,从城市生存环境的绿色量入手,将国内外园林绿地功能量化,评价我国城市绿化环境并对环境需求进行调查,应用三维绿化量于上海、合肥的城市绿化,提出绿色量值群指标。王绍增、李敏(1999、2001a、2001b)、余琪(1998)将城市绿地延伸到城市开放(开敞)空间,研究其生态机理,刘立立和刘滨谊(1996)也提出以“绿脉”为先导的城市空间布局理念。

诸多学者对绿地的功能效益展开研究,并对其进行评价。陈自新、苏雪痕等(1998)完成了“北京城市园林绿化生态效益”的项目,对北京市居住区、专用绿地、绿化隔离带进行了绿化生态效益及绿量的定量化研究,分析城市绿化生态效益对人居环境的影响。张浩和王祥荣(2001)探讨城市绿地的三维生态特征及其生态功能。在绿地评价方面,胡腆(1994)最早将AHP法和模糊评价法结合,构成了评价城市绿地综合效益的AHP模糊评价法。

王秉洛(1998)指出,绿地系统的规划和建设是我国生态多样性保护工作的重要组成部分。包满珠等(1998)认为,城市化对生物原有群落影响大,减少了生物多样性。引入外来的绿化植物品种能够丰富生物多样性,但同时会引起本地物种的退缩。绿地规划应注意选用本地物种,在配置中把握生态位,模拟自然群落结构(严玲璋、陆佳、王详荣,1998)。

绿地指标体系是生态效益模型建立的基础,有利于绿地规划目标的制定。严晓等(2003)确立了评价绿地生态效益的多极指标体系,包括绿地结构指标和功能指标。

3) 方兴未艾的实践活动

自1992年开展的创建"国家园林城市"极大地激发了各城市绿化建设的积极性,加快了城市园林绿化事业的发展。国家园林城市,是根据住房和城乡建设部《国家园林城市标准》评选出的分布均衡、结构合理、功能完善、景观优美,以及人居生态环境清新舒适、安全宜人的城市;是园林城市的更高级阶段,更加注重城市生态功能的完善、城市建设管理综合水平的提升、城市为民服务水平的提升。

按照《国家园林城市系列标准及申报评审管理办法》要求,经过申报材料审查、达标审核、实地考察、综合评议等评审程序,2019年江苏省南京市、太仓市、南通市、宿迁市和浙江省诸暨市、福建省厦门市、山东省东营市、河南省郑州市等8个城市被评为国家生态园林城市,河北省晋州市等39个城市被评为国家园林城市,河北省正定县等72个县被评为国家园林县城,浙江省百丈镇等13个镇被评为国家园林城镇。

以诸暨市为例,诸暨市是浙江省唯一的县级国家生态园林城市。截至2019年底,该市建成区绿地面积为2 430 hm^2,绿地率达35.32%;绿化面积为2 816.6 hm^2,覆盖率达40.94%;21个公园的总面积为343.39 hm^2,半径覆盖率达91%。该市构建"一廊、一心、一楔、四片一圈、双环五带"的生态绿地空间结构和"环、轴、带、片"相结合的生态景观结构,强化城市废弃地利用,通过生态治理和修复,改荒山为山景、改废地为公园,大幅提升园林绿化生态效应。目前,该市城市边角地、废弃地绿化率达到100%,破损山体生态修复率达到96.24%。如该市浦江阳城区段有近10 000 m^2的滩涂,通过生态性修复改造后,原来的垃圾地蜕变成为一处集乡土生物多样性保护、环境教育和游憩服务于一体的多功能生态型公园。

又如郑州市,过去的郑州市因结构性污染突出,产业结构不合理,高耗能、高污染、资源型的"两高一资"项目偏多,污染物排放量大,不利气候条件影响,空气质量常年位居168个重点城市空气排名后20位。郑州市坚持"绿水青山就是金山银山"的发展理念,全面践行习近平总书记生态文明思想,在城乡绿化建设方面取得了丰硕成果:以"路在林中、林在城中、蓝绿交织、河湖连通、湿地环绕"为目标,以"增量、提质、升级"为重点,着力打造"三圈、一带、九水、三十一廊"生态空间格局,连续8年每年新增绿地面积超千万平方米。截至2019年底,郑州市建成区绿化总面积195 km^2,绿地率35.84%、绿化覆盖率40.83%、人均公园绿地面积13.2 m^2,分别比2006年增加了4.14%、5.93%、5.03 m^2。城市绿化空间布局进一步优化,总量适宜、分布合理、特色鲜明、景观优美的城市绿地生态格局逐步形成。

0.2.3 城市绿地系统的发展趋势

21世纪城市绿地系统要健康、安全、可持续发展,有力地支持城市物流、能流、信息流、价值流、人流的通畅,并与城市生态功能结合得更为密切,使城市生态系统的运行更加高效、和谐。城市绿地系统发展的主要趋势如下。

1. 组成城市绿地系统的要素趋于多元化

组成城市绿地系统的要素趋于多元化,主要表现在城市绿地系统规划建设与管理的对象扩大到包括水文、大气、动物、细菌、真菌、能源、城市废弃物等。

2. 城市绿地系统结构趋向网络化

城市绿地由集中到分散、由分散到集中,再至融合,将呈现出以水、路、林为主的绿廊建设,使城市绿地系统形成网络式的连接。

3. 城市绿地系统规划的区域化

随着城市化进程的不断深入,一些大城市跨越原有的地域,形成了城市化发展的热点地区。传统的城市绿地系统因局限在城市空间范围内,难以适应区域性的可持续发展,这就要求打破行政界限,从景观生态学和城市规划学的角度,编制区域性的绿地系统规划。在欧洲,平衡的大都市区空间结构建设已被视为实现大都市区可持续发展的关键。法国于 1995 年制定了巴黎大都市区的区域绿色规划(regional green plan),力图通过区域自然公园来整合城市绿色空间与郊区外围主要农用地和林地,以形成一个区域性的绿色开放空间系统。中国区域经济一体化发展日益凸显,但是跨行政区的区域性绿地规划研究几乎一片空白,区域绿地规划理论研究势必成为未来的研究热点之一。

4. 绿地系统结构和功能的有机统一

不同类型的城市应有生态绿地总量的合理规模、量化依据、配置形式,绿地系统与城市功能、形态布局应实现有机结合。

5. 将森林引进城市

许多发达国家提出城市与自然共存的战略目标,如英国、日本、俄罗斯等国纷纷在城市建造森林公园或城市森林。我国也做了一些尝试和努力,其中很多森林公园建于市区。广州、深圳正努力朝着森林城市的方向发展,这是人类走出森林奔向城市而今又逃避城市回到自然的又一次历史性的选择。

6. 高新技术的应用

高新技术在城市绿地系统的应用必将在 21 世纪得到加强和普及。利用现代信息技术可实现城市绿地的监测、研究、模拟、评价、规划等,现代高科技研究的主要领域有资料收集与数据共享,空间分析与信息提取,景观表达与评价,动态监测与管理,远程设计、施工与管理,虚拟园林,等等。例如,近年来随着航天遥感技术(RS)的进步,高精度的卫星照片在精确性、经济性、及时性上有一定优势。随着地理信息系统、遥感、参数化等数字技术的不断发展,风景园林规划设计在方法论和操作技术层面均取得了较大突破,遥感测绘数据、统计数据、调查数据等数据被采用作为规划设计的支撑数据。

总之,21 世纪的城市绿地系统规划及理论将随着城市发展而不断调整、深化、完善，并将共同趋于一个大目标，即城市绿地系统将更有力地支持城市物流、能流、信息流、价值流、人流，使之畅通；它与城市各组成部分之间的功能耦合关系更为细密、合理；同时，以生态规划为指导思想的城市绿地系统将使城市这个包括“社会—经济—环境”的复合系统运行得更加高效、和谐。

7. 加快国家公园建设

“国家公园”的概念源自美国，名词译自英文的“National Park”，据说最早由美国艺术家乔治·卡特林(Geoge Catlin)首先提出。

中国的“国家公园”从2008年才刚刚起步，由国家政府部门在全国范围内统一管理。2008年10月8日，中国环境保护部和国家旅游局已批准建设中国第一个国家公园试点单位——黑龙江汤旺河国家公园，植被覆盖率达99.8%以上。区域内生物多样性丰富，拥有大量国家重点保护的珍稀濒危物种。区域内自然景观独特，是目前国内发现的唯一一处类型齐全的印支期花岗岩地质遗迹。由此可见，建立国家公园体制的目的是推进自然生态保护、建设美丽中国、促进人与自然和谐共生。2015年，我国启动国家公园体制试点，目前正在开展东北虎豹、祁连山、大熊猫、三江源、海南热带雨林、武夷山、神农架、普达措、钱江源(见图0-4)、南山等10处国家公园体制试点，试点区涉及12个省份，总面积超过22万平方千米，约占我国陆域国土面积的2.3%。2019年8月19日，习近平总书记在向第一届国家公园论坛致贺信时指出，中国实行国家公园体制，目的是保持自然生态系统的原真性和完整性，保护生物多样性，保护生态安全屏障，给子孙后代留下珍贵的自然资产。

图0-4　钱江源国家公园试点

2021年正式设立第一批国家公园，在全面梳理全国具有国家代表性的生态系统、珍稀濒危物种分布和自然地貌景观特征的基础上，对标国家公园设立标准，整合现有自然保护地及周边生态保护红线内的生态脆弱区，遴选出一批国家公园候选区。

8. 公园城市发展模式

2018年2月11日，习近平总书记赴四川视察，在天府新区调研时首次提出“公园城市”全新理念和城市发展新范式。天府新区践行“公园城市”首提地使命担当，积极开展理论创新和实践探索，努力为世界城市可持续发展中国方案贡献新区力量，初步形成“1436”创新实践路径。

1）1个发展模式

1个发展模式即一整个城市是一个大公园。

2）4个基本遵循

4个基本遵循即遵循习近平生态文明思想、新发展理念、“一尊重五统筹”城市工作总要求、以人民为中心的发展思想。

3）3个实践途径

3个实践途径：一是生态属性，保护为先、绿色发展，坚持“绿水青山就是金山银山”；二是空间属性，园中建城、产城一体，坚持一个城市组团就是一个功能区；三是公共属性，人本逻辑、共治共享，坚持党建引领构建社会治理新格局。

4）6个价值目标

6个价值目标即绿水青山的生态价值、诗意栖居的美学价值、以文化人的人文价值、绿色低碳的经济价值、健康宜人的生活价值、和谐共享的社会价值。

成都在近三年时间里，从公园城市这一全新的城市发展模式探索中，逐渐厘清绿地系统规划思路：公园城市不是在城市中建公园，而是秉持公园城市理念，营造城市新形态、探索发展新路径，演绎绿色与发展之间的价值转换。截至2020年5月，成都先后建成锦江绿道（见图0-5）、柴桑河生态湿地公园绿道（见图0-6）等各级绿道3 689 km，新增绿地面积38.85 km^2，全市森林覆盖率达39.93%；加快培育山水生态、天府绿道等6大公园场景，整治提升背街小巷2 059条，实现公园形态与社区生

图0-5　成都锦江绿道白鹭湾湿地段

活有机融合，基层治理能力和宜居生活品质同步提升。成都正努力形成“青山、绿道、蓝网”相呼应的公园城市空间形态、“轨道、公交、慢行”相融合的公园城市运行动脉、“生产、生活、生态”相统筹的公园城市发展空间、“巴适、安逸、和美”为特征的公园城市社区场景、“开放、创新、文化”相协调的公园城市发展动能。

图 0-6 柴桑河生态湿地公园绿道

知识点拓展

【本章要点】

本章首先介绍了城市园林绿地系统规划的研究对象，其次介绍了国内外城市园林绿地规划的发展历程，最后介绍了城市园林绿地规划的发展趋势，此为本课程的核心内容。

【思考与练习】

0-1 城市园林绿地系统规划的研究对象是什么？

0-2 国外城市园林绿地规划发展历程中三种绿地模式的主要特征是什么？

0-3 简述城市园林绿地规划的发展趋势。

1　城市园林绿地的基本概念与分类

1.1　城市的产生与概念

当今世界人类日常聚居的地方概略起来可以称为“居民点”,《城乡规划学名词(2021)》中将其定义为“按照生产和生活需要形成的人类集聚定居地点。按性质和人口规模,分为城市和乡村两大类”。最早的城市是人类社会第二次劳动大分工的产物,出现在从原始社会向奴隶社会发展的过渡时期,是人类文明史的重要组成部分,具有独特的居住和社会组织特征。

1.1.1　乡村型居民点的形成

随着原始社会人类知识和经验的不断积累,生产工具和技术手段的逐渐进步,早期人类利用地形,通过穴居、巢居的居住模式,在一定区域内定居,形成原始村庄,人类自身的经济活动方式也发生了巨大变革——从“以采集现成的天然产物为主的时期”进入了“靠人类的活动来增加天然产物生产的时期”(《马克思恩格斯选集》)。这类固定的乡村型居民点,由于农业工具的创造,在产业上实现了农业与畜牧业的分离(第一次劳动大分工),农业成为主要的生产方式。

乡村型居民点的聚居特点:①因生活与农业均离不开水,因此乡村型居民点一般处于靠近河流、湖泊且向阳的高地上,即“高毋近阜而水用足,下毋近水而沟防省”(《管子·度地》);②为了防范侵袭,在居民点外围挖壕沟、堆石块或筑栅栏为界。

1.1.2　城市的形成

正是由于农业的发展,人类才逐渐从漂泊不定的游牧生活转向在某一适宜地区较为固定的聚居,从而出现了以农业为生存基础的氏族聚落,并在生产方式改进、生产力提高的基础上,有了剩余产品,出现了专门的手工业者,并在居民点中临时的“市”产生了交换。手工业者、商人从农牧业中分离出来(即第二次劳动大分工,学界也有手工业从农牧业分离是第二次社会大分工,商人阶层的出现才是第三次社会大分工的不同观点),使原有居民点分化,有了固定交易的“市”,之后最终形成城市。城市机构设施因此逐渐完善,手工业和商业有了长足发展,“市”也逐渐在“城”中得到立足之地,“城”与“市”的功能紧密结合起来。正如马克思所说,“真正的城市只是在特别适宜于对外贸易的地方才形成起来,或者只是在国家首脑及其地方总督把自己的收入(剩余产品)同劳动相交换,把收入作为劳动基金来花费的地方才形成起来”(《马克思恩格斯全集》)。

也就是说,剩余产品的出现,推进了私有制的发展,使原始社会生产关系解体,出现阶级分化,人类社会进入奴隶社会,形成以农业为主的村庄和以商业与手工业为主的城市等两大人类聚居形态。

1.1.3 城市的定义

城市中几乎包含了人类生活的各种内容,不同专业的学者在不同的历史发展时期对城市的定义有着各自的见解。

例如:经济地理学认为,“城市的出现和发展是与劳动的地域分工出现和深化分不开的”;社会学“把城市看作生态的社区、文化的形式、社会的空间系统、观念形态、一种集体消费的空间”;经济学认为,“所有的城市都存在基本的特征:人口和经济活动在空间的集中,即各种活动因素在一定地域上的大规模集中就称为城市”;生态学“把城市看作是一个人工建造的聚居场所,是当地自然环境的一部分。城市本身并不是一个完全的生态环境,城市生活所需要的一切都依赖于它周围和其他区域(它的腹地或其他城市),城市与自然环境和生物之间存在着各种关系,城市既对其环境起作用,又受其环境的影响”;传统的城市规划学和建筑学领域中有着“城市集中了一定数量的人口”“城市在功能上以非农业活动为主,是区别于农村的一种特定的社会组织形式”“城市是根据共同的社会目标及各方面的需要而力求进行协调运转的社会实体”“(由于经济多元化、社会交往集中化)城市需要相对集中,以满足居民生产、生活多方面的需要”“城市是一定地域中,在政治、经济、文化等方面有着不同范围中心的职能”“城市必须提供必要的物质设施和力求保持良好的生态环境”“城市继承传统文化,并不断延绵发展”等观点。

《城市规划基本术语标准》(GB/T 50280—1998)将“城市”定义为:以非农产业和非农业人口聚集为主要特征的居民点,包括按国家行政建制设立的市和镇。《城乡规划学名词(2021)》中将其定义为:①以非农产业和一定规模的非农人口集聚为主要特征的聚落;②在中国通常也指按国家行政建制设立的市,或其所辖的市区。

1.1.4 城市性质

城市性质是城市发展方向和布局的重要依据。在市场经济条件下,城市发展的不确定因素增多,城市性质的确定除了充分分析城市发展条件的有利因素、区域分工确定的城市主要职能,还应充分认识城市发展的制约因素。

城市性质指城市在一定地区、国家以至更大范围内的政治、经济与社会发展中所处的地位和所担负的主要职能。城市性质反映其所在区域的政治、经济、社会、地理、自然等因素的特点,城市性质只能是主要职能的反映,因此在相当一段时期内有其稳定性。但由于城市是随着科学技术的进步,社会、政治、经济的改革而不断变化的,因此城市性质也处在不断变化的动态过程中。所以,对于城市性质的认识,必须建立在一定的时间范围内。

不同的城市性质决定着不同的城市规划，城市性质对城市规模、城市用地组织、布局结构以及各种市政设施标准起着重要的指导作用。因此，在编制城市总体规划时，首先要确定城市的性质，这是决定一系列技术经济措施及与其相适应的技术经济指标的前提和基础。同时，明确城市的性质，便于在城市规划中把规划的一般原理与城市特点结合起来，使城市规划更加切合实际。

1.2 规划的概念与特征

彼得·霍尔认为，“规划作为一项普遍活动，是指编制一个有条理的行动顺序，使预先目标得以实现”；国外有学术组织认为，规划是将人类知识合理地运用至达到决策的过程，这些决策将作为人类行动的基础；国内吴志强和李德华在其主编的《城市规划原理(第四版)》教材中提出，“规划是一种有意识的系统分析与决策过程，规划者通过增进对问题各方面的理解以提高决策的质量，并通过一系列决策过程保证既定目标在未来能够得到实现”。《城乡规划学名词(2021)》中将其定义为：①确定未来发展目标，制定实现目标的行动纲领以及不断付诸实施的整个过程；②规划制定工作完成的成果。

总结“规划”一词的特征，一般有如下四个方面：

①规划最基本的特征是未来导向性，未来研究是规划研究的基础，规划既是对未来行动结果的预期，也是对这些行动本身的预先安排；

②规划目标在一定期限内是既定的、特定的；

③规划是基于实现既定目标或对其有贡献的行动或决策的集合或序列；

④这些行动或决策的内在逻辑在于后向传递性，即上一项决策或行动引发下一项决策或行动，最终导致既定目标的实现。

1.3 城市规划的概念与特征

在不同的社会、经济、历史背景下，人们对城市规划有着不同的理解和定义。例如：英国《不列颠百科全书》认为城市规划与改建的目的，不仅仅在于安排好城市形体——城市中的建筑、街道、公园、公用事业及其他各种要求，更重要的在于实现社会与经济目标；美国国家资源委员会认为，城市规划是一门科学、一种艺术、一种政策活动，它设计并指导空间的和谐发展，以满足社会和经济的需要；苏联提出，在社会主义条件下的城市规划就是社会主义国民经济计划工作与分布生产力工作的继续和进一步具体化；日本则强调技术性，认为城市规划是城市空间布局、城市建设的技术手段，旨在合理地、有效地创造出良好的生活与活动环境，其都市计划学会提出，城市规划即将以城市为单位的地区作为对象，按照将来的目标，为使经济和社会活动能够安全、舒适、高效开展，而采用独特的理论，从平面上、立体上调整满足各种空间要求，预测确定土地的利用与设施的布局和规模，并将其付诸实施的技术。

我国历来重视城市规划，认为城市规划是建设城市和管理城市的基本依据，是确保城市空间资源有效配置和土地合理利用的前提和基础，是实现城市经济和社会发展目标的重要手段之一；城市规划不应该只是编制物质环境规划，还应该是包括城市的经济和社会发展的设想、土地利用、空间布局及工程建设的综合性规划。

1984 年 1 月 5 日，根据《中华人民共和国宪法》关于国家领导和管理城市建设的规定，为了合理地、科学地制定和实施城市规划，把我国的城市建设成为现代化的、高度文明的社会主义城市，不断改善城市的生活条件和生产条件，促进城乡经济和社会发展，国务院颁布了《城市规划条例》。这是新中国成立以来，城市规划专业领域的第一部基本法规。

“城市规划的任务是：根据国家城市发展和建设的方针、经济技术政策，国民经济和社会发展长远计划，区域规划，以及城市所在地区的自然条件、历史情况、现状特点和建设条件，布置城镇体系，合理地确定城市在规划期内经济和社会发展的目标，确定城市的性质、规模和布局，统一规划、合理利用城市的土地，综合部署城市经济、文化、公共事业及战备等各项建设，保证城市有秩序地、协调地发展”。

“城市规划必须从实际出发，正确处理城市与乡村、生产与生活、局部与整体、近期与远期、平时与战时、经济建设与国防建设、需要与可能的关系，并且考虑治安的需要以及地震、洪涝等自然灾害因素，统筹兼顾，综合部署”。

“城市规划必须合理地、科学地安排城市各项建设用地。城市建设应当节约土地，尽量利用荒地、劣地，少占耕地、菜地、园地和林地”。

“城市规划必须切实保护和改善城市生态环境，防止污染和其他公害，保护城市绿地，搞好绿化建设”。

“城市规划应当切实保护文物古迹，保持与发扬民族风格和地方特色”。

“城市规划必须因地制宜。确定城市规划的各项定额指标和建设标准，应当考虑城市的长远发展，并同国家和地方的经济技术发展水平和人民生活水平相适应”。

“城市的规划建设必须集中领导，统一管理。市长、县长、镇长领导城市规划的编制和实施”。

为了确定城市的规模和发展方向，实现城市的经济和社会发展目标，合理地制定城市规划和进行城市建设，适应社会主义现代化建设的需要，1989 年 12 月 26 日第七届全国人民代表大会常务委员会第十一次会议通过了《中华人民共和国城市规划法》，自 1990 年 4 月 1 日起施行。

《城市规划基本术语标准》(GB/T 50280—1998)将“城市规划”定义为：对一定时期内城市的经济和社会发展、土地利用、空间布局以及各项建设的综合部署、具体安排和实施管理。

1.4 城乡规划的概念与特征

1.4.1 城乡规划概念的演绎

出于时代发展变化的需求,为了加强城乡规划管理,协调城乡空间布局,改善人居环境,促进城乡经济社会全面协调可持续发展,2007 年 10 月 28 日第十届全国人民代表大会常务委员会第三十次会议通过了《中华人民共和国城乡规划法》,自 2008 年 1 月 1 日起施行,原《中华人民共和国城市规划法》同时废止。《中华人民共和国城乡规划法》目前经历过 2015 年 4 月 24 日第十二届全国人民代表大会常务委员会第十四次会议、2019 年 4 月 23 日第十三届全国人民代表大会常务委员会第十次会议等两次修正。

关于城乡规划概念的确定,一直处于认知完善与调整之中。2005 年 7 月 27 日,建设部(现住房和城乡建设部)《关于征求国家标准〈城市规划基本术语标准〉局部修订征求意见稿意见的函》(建标标函〔2005〕57 号)提出,将原“城市规划”术语修改为:是政府确定城镇未来发展目标,改善城镇人居环境,调控非农业经济、社会、文化、游憩活动高度聚集地域内人口规模、土地使用、资源节约、环境保护和各项开发与建设行为,以及对城镇发展进行的综合协调和具体安排;依法确定的城市规划是维护公共利益、实现经济、社会和环境协调发展的公共政策。该函还提出,新增“城乡规划”术语为:是政府指导和调控城市与村镇建设和发展的基本手段;是政府为实现城市与村镇经济社会发展、人口与资源环境协调发展的目标,对规划区内人口规模、土地使用、资源节约、环境保护和各项建设等重大事项进行统筹协调,并确定各类专门性规划的统一要求;是社会必须遵守的公共政策。

《城乡规划学名词(2021)》中将“城乡规划”定义为:①对学科和实践领域的统称,指对一定时期内城乡经济和社会发展、土地使用、空间布局以及各项建设的综合部署、具体安排和实施管理;②对城镇体系规划、城市规划、镇规划、乡规划和村庄规划的总称。

1.4.2 城乡规划的特征

从学科上讲,城乡规划是一门综合性学科,它涉及社会学、建筑学、地理学、经济学、工程学、环境科学、美学等多门学科。从行政上讲,城乡规划是政府的一项重要职责和重要工作。

1. 城乡规划的属性

城乡规划的实质是达成社会公共利益和协调各种利益集团矛盾的手段。

按照《中华人民共和国城乡规划法》的立法原则,我国的城乡规划应该具有 8 个属性:①公共政策属性;②公共利益属性;③融合经济、社会、文化的综合属性;④城乡统一的法律属性;⑤地方政府的职能与责任属性;⑥全社会遵守的契约属性;⑦公共服务的均等化属性;⑧公众参与属性。

2. 城乡规划的作用

1)作为城乡未来的空间构架

城乡规划的对象是以城乡建设用地使用为核心内容的空间系统,城乡规划的意义和作用是通过城乡建设用地和空间使用的指导与控制而得以实现的。

2)作为政策形成和实施的工具

城乡规划的根本社会作用是作为城乡建设和管理的基本依据,是保证城乡建设用地合理利用及正常经营活动的前提与基础,是实现城乡社会经济发展目标的综合性手段。

3)作为国家宏观调控的手段

城乡规划作为一定社会意识形态的反映,它就要在特定的社会制度下,一方面引导各类关于城乡发展的政策的形成,并使这些政策保持一致;另一方面通过具体的操作来保证这些政策得以实现其目的。

3. 城乡规划的任务

关于城乡规划的任务,世界各国由于社会、经济体制和经济发展水平的不同而有所差异和侧重,但基本内容是大致相同的,即通过空间发展的合理组织,满足社会经济发展和生态保护的需求。

我国现阶段城乡规划的基本任务是保护和修复人居环境,尤其是城乡空间环境的生态系统,促进城乡经济、社会和文化协调、稳定地持续发展,为城市居民保障和创造安全、健康、舒适的空间环境及公正的社会环境。

1.5 国土空间规划的概念与特征

2019年5月9日,《中共中央 国务院关于建立国土空间规划体系并监督实施的若干意见》(中发〔2019〕18号)明确提出,“国土空间规划是国家空间发展的指南、可持续发展的空间蓝图,是各类开发保护建设活动的基本依据。建立国土空间规划体系并监督实施,将主体功能区规划、土地利用规划、城乡规划等空间规划融合为统一的国土空间规划,实现‘多规合一’,强化国土空间规划对各专项规划的指导约束作用,是党中央、国务院作出的重大部署”。由此,从国家层面肯定了国土空间规划作为空间发展行动指南和开发保护建设活动基本依据的地位。

1.5.1 从城市(乡)规划、土地利用规划、主体功能区规划到国土空间规划

1987年8月4日,国家计划委员会(现国家发展和改革委员会)颁布的《国土规划编制办法》提出,国土规划是根据国家社会经济发展总的战略方向和目标以及规

划区的自然、经济、社会、科学技术等条件,按规定程序制定的全国的或一定地区范围内的国土开发整治方案。2017年1月3日,国务院印发的《全国国土规划纲要(2016—2030年)》提出,国土规划是对国土空间的开发、保护和整治所进行的全面安排和总体部署,通过其可以实现经济社会发展与资源环境保护相协调,在地域空间内协调好资源、经济、人口和环境四者之间的关系,做好产业结构调整和布局、城镇体系的规划和重大基础设施网的配置,把国土建设和资源的开发利用及环境的整治保护密切结合起来,以利于可持续发展。国土规划定位为战略性、综合性和基础性规划,对涉及国土空间开发、保护、整治的各类活动具有指导和管控作用,对相关国土空间专项规划具有引领和协调作用。

根据《城乡规划学名词(2021)》,土地利用规划是指在一定区域内,根据社会经济可持续发展的要求和当地自然、经济、社会条件,在空间、时间上对土地开发、利用、治理、保护进行的布局和统筹安排;土地使用规划又称"土地利用规划",是城市规划的核心内容,以特定区域内全部土地为对象,明确未来土地使用方式,统筹各类用地之间关系,并实施开发控制的规划。因此,土地利用规划是对各主要用地部门的用地规模提出控制性指标,划分土地利用区域,确定实施规划的方针政策和措施,是国土规划的专项表达形式之一。土地利用规划是国家实行土地用途管制的基础,是编制地区和专项土地利用规划以及审批土地的依据。土地利用总体规划对于控制土地利用的方向、提高土地利用强度、合理布局产业和明确区域分工具有重要意义。

根据《城乡规划学名词(2021)》,主体功能区规划指确定不同的主体功能区,明确开发方向,控制开发强度,规范开发秩序,完善开发政策的基础性国土空间规划。2007年7月26日,国务院颁布了《国务院关于编制全国主体功能区规划的意见》(国发〔2007〕21号),提出编制主体功能区规划。2010年12月21日,《国务院关于印发全国主体功能区规划的通知》(国发〔2010〕46号)正式发布,标志着《全国主体功能区规划》正式贯彻实施。主体功能区规划是推进形成主体功能区制度的基本依据,是国土空间开发的战略性、基础性和约束性规划,主要是在对不同区域的资源环境承载能力、现有开发密度和发展潜力等要素进行综合分析的基础上,通过统筹谋划人口分布、经济布局、国土利用和城镇化格局,将特定区域确定为具有特定主体功能的地域空间单元,并据此明确开发方向、控制开发强度、规范开发秩序,是优化国土空间开发格局的一项基础性、协调型的区域功能部署。

经过长达半个多世纪的探索,我国较为齐全的各类规划编制、实施、监督体系,对国土空间领域的建设起到了较为明显的引领作用,各级各类规划在支撑城镇化快速发展、促进国土空间合理利用和有效保护方面发挥了积极作用,但也存在规划类型过多、内容重叠冲突,审批流程复杂、周期过长、地方规划朝令夕改等问题,促使各个层面对规划体系进行进一步改革与发展的探索,如表1-1所示。

表 1-1 国土空间规划建立的时间阶段

重要事件	相关内容
2012 年 11 月，胡锦涛总书记在中国共产党第十八次全国代表大会上发表报告《坚定不移沿着中国特色社会主义道路前进 为全面建成小康社会而奋斗》	将生态文明建设纳入中国特色社会主义事业“五位一体”总体布局，提出加快实施主题功能区战略，推动各地区严格按照主题功能定位发展，构建科学合理的城市化布局、农业发展格局、生态安全格局
2013 年 11 月，中国共产党第十八届中央委员会第三次全体会议通过《中共中央关于全面深化改革若干重大问题的决定》	建立空间规划体系，划定生产、生活、生态开发管制边界，落实用途管制。完善自然资源监管体制，统一行使国土空间用途管制职责
2013 年 12 月，中央城镇化工作会议	建立空间规划体系，推进规划体制改革，加快规划立法工作。城市规划要由扩张性规划逐步转向限定城市边界、优化空间结构的规划
2014 年 3 月，中共中央、国务院印发《国家新型城镇化规划(2014—2020 年)》	加强城市规划与经济社会发展、主体功能区建设、国土资源利用、生态环境保护、基础设施建设等规划的相互衔接，推动有条件地区的经济社会发展总体规划、城市规划、土地利用规划等“多规合一”
2014 年 8 月，国家发展和改革委员会、国土资源部、环境保护部、住房和城乡建设部《关于开展市县“多规合一”试点工作的通知》	探索经济社会发展规划、城乡规划、土地利用规划、生态环境保护等规划“多规合一”的具体思路，研究提出可复制、可推广的“多规合一”试点方案，形成一个市县一本规划、一张蓝图。同时，探索完善市县空间规划体系，建立相关规划衔接协调机制
2015 年 4 月，《中共中央 国务院关于加快推进生态文明建设的意见》发布	要坚定不移地实施主体功能区战略，健全空间规划体系，科学合理布局和整治生产空间、生活空间、生态空间

续表

重要事件	相关内容
2015年9月，中共中央、国务院印发《生态文明体制改革总体方案》	构建以空间规划为基础、以用途管制为主要手段的国土空间开发保护制度，着力解决因无序开发、过度开发、分散开发导致的优质耕地和生态空间占用过多、生态破坏、环境污染等问题。 构建以空间治理和空间结构优化为主要内容，全国统一、相互衔接、分级管理的空间规划体系，着力解决空间性规划重叠冲突、部门职责交叉重复、地方规划朝令夕改等问题。 建立空间规划体系。支持市县推进"多规合一"，统一编制市县空间规划，逐步形成一个市县一个规划、一张蓝图。市县空间规划要统一土地分类标准，根据主体功能定位和省级空间规划要求，划定生产空间、生活空间、生态空间，明确城镇建设区、工业区、农村居民点等的开发边界，以及耕地、林地、草原、河流、湖泊、湿地等的保护边界，加强对城市地下空间的统筹规划
2016年12月，中共中央办公厅、国务院办公厅印发《省级空间规划试点方案》	牢固树立新发展理念，以主体功能区规划为基础，全面摸清并分析国土空间本底条件，划定城镇、农业、生态空间以及生态保护红线、永久基本农田、城镇开发边界(以下称"三区三线")，注重开发强度管控和主要控制线落地，统筹各类空间性规划，编制统一的省级空间规划，为实现"多规合一"、建立健全国土空间开发保护制度积累经验、提供示范
2017年3月，国土资源部印发《自然生态空间用途管制办法(试行)》	自然生态空间是指具有自然属性、以提供生态产品或服务为主导功能的国土空间，涵盖需要保护和合理利用的森林、草原、湿地、河流、湖泊、滩涂、岸线、海洋、荒地、荒漠、戈壁、冰川、高山冻原、无居民海岛等。 生态保护红线，是指在生态空间范围内具有特殊重要生态功能、必须强制性严格保护的区域，是保障和维护国家生态安全的底线和生命线，通常包括具有重要水源涵养、生物多样性维护、水土保持、防风固沙、海岸生态稳定等功能的生态功能重要区域，以及水土流失、土地沙化、石漠化、盐渍化等生态环境敏感脆弱区域。 市县级及以上地方人民政府在系统开展资源环境承载能力和国土空间开发适宜性评价的基础上，确定城镇、农业、生态空间，划定生态保护红线、永久基本农田、城镇开发边界，科学合理编制空间规划，作为生态空间用途管制的依据

续表

重要事件	相关内容
2017年9月，中共中央办公厅、国务院办公厅印发《关于建立资源环境承载能力监测预警长效机制的若干意见》	编制空间规划，要先行开展资源环境承载能力评价，根据监测预警评价结论，科学划定空间格局、设定空间开发目标任务、设计空间管控措施，并注重开发强度管控和用途管制
2017年10月，习近平总书记在中国共产党第十九次全国代表大会上发表报告《决胜全面建成小康社会 夺取新时代中国特色社会主义伟大胜利》	改革生态环境监管体制。加强对生态文明建设的总体设计和组织领导，设立国有自然资源资产管理和自然生态监管机构，完善生态环境管理制度，统一行使全民所有自然资源资产所有者职责，统一行使所有国土空间用途管制和生态保护修复职责，统一行使监管城乡各类污染排放和行政执法职责。构建国土空间开发保护制度，完善主体功能区配套政策，建立以国家公园为主体的自然保护地体系。坚决制止和惩处破坏生态环境行为
2018年3月，中共中央印发《深化党和国家机构改革方案》	将国土资源部的职责，国家发展和改革委员会的组织编制主体功能区规划职责，住房和城乡建设部的城乡规划管理职责，水利部的水资源调查和确权登记管理职责，农业部的草原资源调查和确权登记管理职责，国家林业局的森林、湿地等资源调查和确权登记管理职责，国家海洋局的职责，国家测绘地理信息局的职责整合，组建自然资源部
2018年8月，《自然资源部职能配置、内设机构和人员编制规定》发布	内设国土空间规划局。拟订国土空间规划相关政策，承担建立空间规划体系工作并监督实施。组织编制全国国土空间规划和相关专项规划并监督实施。承担报国务院审批的地方国土空间规划的审核、报批工作，指导和审核涉及国土空间开发利用的国家重大专项规划。开展国土空间开发适宜性评价，建立国土空间规划实施监测、评估和预警体系

续表

重要事件	相关内容
2018年9月,中共中央、国务院发布《关于统一规划体系更好发挥国家发展规划战略导向作用的意见》	国家发展规划根据党中央关于制定国民经济和社会发展五年规划的建议,由国务院组织编制,经全国人民代表大会审查批准,居于规划体系最上位,是其他各级各类规划的总遵循。 国家级专项规划、区域规划、空间规划,均须依据国家发展规划编制。国家级空间规划要聚焦空间开发强度管控和主要控制线落地,全面摸清并分析国土空间本底条件,划定城镇、农业、生态空间以及生态保护红线、永久基本农田、城镇开发边界,并以此为载体统筹协调各类空间管控手段,整合形成"多规合一"的空间规划。 强化国家级空间规划在空间开发保护方面的基础和平台功能,为国家发展规划确定的重大战略任务落地实施提供空间保障,对其他规划提出的基础设施、城镇建设、资源能源、生态环保等开发保护活动提供指导和约束。 统筹规划管理,加强规划衔接协调。建立健全目录清单、编制备案、衔接协调等规划管理制度,有效解决规划数量过多、质量不高、衔接不充分、交叉重叠等问题
2019年3月,习近平在参加十三届全国人大二次会议内蒙古代表团的审议时发表的重要讲话	指出要坚持底线思维,以国土空间规划为依据,把城镇、农业、生态空间和生态保护红线、永久基本农田保护红线、城镇开发边界作为调整经济结构、规划产业发展、推进城镇化不可逾越的红线,立足本地资源禀赋特点、体现本地优势和特色
2019年3月,国家发展改革委关于印发《2019年新型城镇化建设重点任务》的通知	全面推进城市国土空间规划编制,强化"三区三线"管控,推进"多规合一",促进城市精明增长。基于资源环境承载能力和国土空间开发适宜性评价,在国土空间规划中统筹划定落实生态保护红线、永久基本农田、城镇开发边界三条控制线,制定相应管控规则。科学编制详细规划,促进城市工业区、商务区、文教区、生活区、行政区、交通枢纽区科学衔接与混合嵌套,实现城市产城融合、职住平衡。加快建设国土空间基础信息平台和国土空间规划监测评估预警管理系统,为城市空间精细化治理提供智能化手段。指导各地区在编制城市国土空间规划中,统筹考虑城市开敞空间、大气输送廊道、改变局地扩散条件等因素,协同推进大气污染防治工作

续表

重要事件	相关内容
2019年5月,《中共中央 国务院关于建立国土空间规划体系并监督实施的若干意见》发布	国土空间规划是国家空间发展的指南、可持续发展的空间蓝图,是各类开发保护建设活动的基本依据。建立国土空间规划体系并监督实施,将主体功能区规划、土地利用规划、城乡规划等空间规划融合为统一的国土空间规划,实现"多规合一",强化国土空间规划对各专项规划的指导约束作用,是党中央、国务院作出的重大部署。 提出规划"一张图",建立国土空间规划的"国家—省—市—县—镇"五级和"总体—专项—详细"三类规划体系,明确各级国土空间规划的编制重点,强化国土空间规划对各专项规划的指导约束作用
2019年6月,自然资源部印发《关于全面开展国土空间规划工作的通知》	按照自上而下、上下联动、压茬推进的原则,抓紧启动编制全国、省级、市县和乡镇国土空间规划(规划期至2035年,展望至2050年),尽快形成规划成果。 各地不再新编和报批主体功能区规划、土地利用总体规划、城镇体系规划、城市(镇)总体规划、海洋功能区划等。已批准的规划期至2020年后的省级国土规划、城镇体系规划、主体功能区规划,城市(镇)总体规划,以及原省级空间规划试点和市县"多规合一"试点等,要按照新的规划编制要求,将既有规划成果融入新编制的同级国土空间规划中。 今后工作中,主体功能区规划、土地利用总体规划、城乡规划、海洋功能区划等统称为"国土空间规划"。至此,全国全面启动了国土空间规划编制,以实现"多规合一"
2019年8月,全国人民代表大会常务委员会关于修改《中华人民共和国土地管理法》《中华人民共和国城市房地产管理法》的决定	国家建立国土空间规划体系。编制国土空间规划应当坚持生态优先,绿色、可持续发展,科学有序统筹安排生态、农业、城镇等功能空间,优化国土空间结构和布局,提升国土空间开发、保护的质量和效率。 经依法批准的国土空间规划是各类开发、保护、建设活动的基本依据。已经编制国土空间规划的,不再编制土地利用总体规划和城乡规划

1.5.2 国土空间规划的概念

《中共中央 国务院关于建立国土空间规划体系并监督实施的若干意见》中明确:国土空间规划是国家空间发展的指南、可持续发展的空间蓝图,是各类开发保护建设活动的基本依据，是党中央、国务院作出的重大部署，是将主体功能区规划、土地利用规划、城乡规划等空间规划融合统一而形成的“多规合一”。

国土空间规划作为空间发展行动指南和开发保护建设活动基本依据，是国家或地方政府部门对一定区域内国土空间保护与开发在空间和时间上作出的长远谋划和统筹安排，旨在以空间资源的合理保护和有效利用为核心，从空间资源(土地、海洋、生态等)保护、空间要素统筹、空间结构优化、空间效率提升、空间权利公平等方面寻求突破，实现对国土空间的有效管控与科学治理，促进发展与保护的平衡，是一种“多规合一”模式下的规划编制、实施、管理与监督机制。

建立全国统一、责权清晰、科学高效的国土空间规划体系，整体谋划新时代国土空间开发保护格局，综合考虑人口分布、经济布局、国土利用、生态环境保护等因素，科学布局生产空间、生活空间、生态空间，是加快形成绿色生产方式和生活方式、推进生态文明建设、建设美丽中国的关键举措，是坚持以人民为中心、实现高质量发展和高品质生活、建设美好家园的重要手段，是保障国家战略有效实施、促进国家治理体系和治理能力现代化、实现“两个一百年”奋斗目标和中华民族伟大复兴中国梦的必然要求。

1.5.3 国土空间规划的主要目标

国土空间规划的主要目标如下。

到 2020 年，基本建立国土空间规划体系，逐步建立“多规合一”的规划编制审批体系、实施监督体系、法规政策体系和技术标准体系；基本完成市县以上各级国土空间总体规划编制，初步形成全国国土空间开发保护“一张图”。

到 2025 年，健全国土空间规划法规政策和技术标准体系；全面实施国土空间监测预警和绩效考核机制；形成以国土空间规划为基础，以统一用途管制为手段的国土空间开发保护制度。

到 2035 年，全面提升国土空间治理体系和治理能力现代化水平，基本形成生产空间集约高效、生活空间宜居适度、生态空间山清水秀，安全和谐、富有竞争力和可持续发展的国土空间格局。

1.5.4 国土空间规划的编制要求

1. 体现战略性

全面落实党中央、国务院重大决策部署，体现国家意志和国家发展规划的战略性，自上而下编制各级国土空间规划，对空间发展作出战略性、系统性安排。落实国家安全战略、区域协调发展战略和主体功能区战略，明确空间发展目标，优化城镇化格局、农业生产格局、生态保护格局，确定空间发展策略，转变国土空间开发保护方式，提升国土空间开发保护质量和效率。

2. 提高科学性

坚持生态优先、绿色发展，尊重自然规律、经济规律、社会规律和城乡发展规律，因地制宜开展规划编制工作;坚持节约优先、保护优先、自然恢复为主的方针,在资源环境承载能力和国土空间开发适宜性评价的基础上,科学有序统筹布局生态、农业、城镇等功能空间,划定生态保护红线、永久基本农田、城镇开发边界等空间管控边界以及各类海域保护线,强化底线约束,为可持续发展预留空间。坚持山水林田湖草生命共同体理念,加强生态环境分区管治,量水而行,保护生态屏障,构建生态廊道和生态网络,推进生态系统保护和修复,依法开展环境影响评价。坚持陆海统筹、区域协调、城乡融合,优化国土空间结构和布局,统筹地上地下空间综合利用,着力完善交通、水利等基础设施和公共服务设施,延续历史文脉,加强风貌管控,突出地域特色。坚持上下结合、社会协同,完善公众参与制度,发挥不同领域专家的作用。运用城市设计、乡村营造、大数据等手段,改进规划方法,提高规划编制水平。

3. 加强协调性

强化国家发展规划的统领作用,强化国土空间规划的基础作用。国土空间总体规划要统筹和综合平衡各相关专项领域的空间需求。详细规划要依据批准的国土空间总体规划进行编制和修改。相关专项规划要遵循国土空间总体规划,不得违背总体规划强制性内容,其主要内容要纳入详细规划。

4. 注重操作性

按照谁组织编制、谁负责实施的原则,明确各级各类国土空间规划编制和管理的要点。明确规划约束性指标和刚性管控要求,同时提出指导性要求。制定实施规划的政策措施,提出下级国土空间总体规划和相关专项规划、详细规划的分解落实要求,健全规划实施传导机制,确保规划能用、管用、好用。

1.5.5 国土空间规划的层级、类型与组成

1. 国土空间规划的层级

我国的国土空间规划层级由国家、省、地(市)、县(市)、乡(镇)“五级”组成(见图1-1)。其中,全国国土空间规划是对全国国土空间作出的全局安排,是全国国土空间保护、开发、利用、修复的政策和总纲,侧重战略性;省级国土空间规划是对全国国土空间规划的落实,指导市县国土空间规划编制,侧重协调性;市县和乡镇国土空间规划是本级政府对上级国土空间规划要求的细化落实,是对本行政区域开发保护作出的具体安排,侧重实施性。

2. 国土空间规划的类型

国土空间规划分为总体规划、详细规划和相关专项规划“三类”(见图1-1)。国土空间总体规划是详细规划的依据、相关专项规划的基础;相关专项规划要相互协同,并与详细规划做好衔接。详细规划以总体规划为依据,是对具体地块用途、开发建设强度和管控要求等作出的实施性安排,是开展国土空间开发保护活动、实施国土空间用途管制、核发城乡建设项目规划许可、进行各项建设等的法定依据。国土空间专项规划是在总体规划指导约束下,针对特定区域(流域)或特定领域,在国土

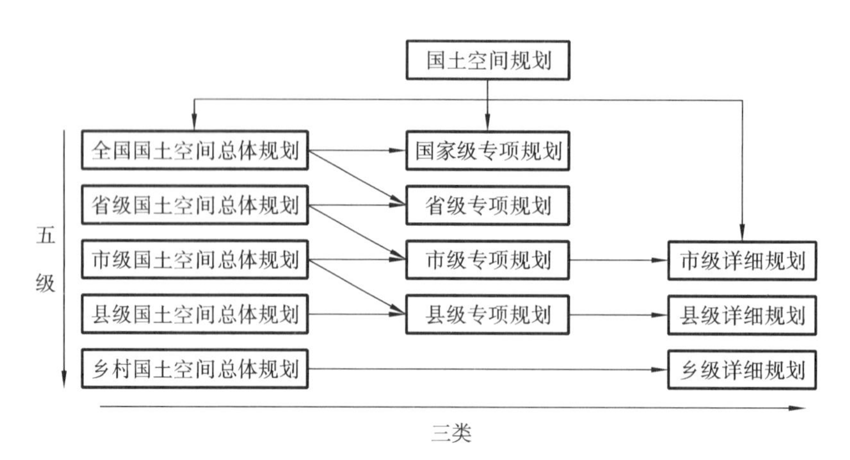

图 1-1　国土空间规划的“五级三类”示意图

空间开发保护利用上作出的专门安排，一般包括自然保护地、湾区、海岸带、都市圈（区）等区域（流域）的空间规划，以及矿产、湿地、交通、水利、能源、农业、信息、市政及公共服务设施、军事设施、生态环境保护与修复、历史文化保护、防灾减灾等领域的空间性专项规划。

3. 国土空间规划体系的组成

国土空间规划体系由编制审批体系、实施与监管体系、法规政策体系和技术标准体系等四个体系组成。

1）编制审批体系

全国国土空间规划由自然资源部会同相关部门组织编制，由党中央、国务院审定后印发。省级国土空间规划由省级政府组织编制，经同级人大常委会审议后报国务院审批。直辖市、计划单列市、省会城市及国务院指定城市的国土空间总体规划，由市政府组织编制，经同级人大常委会审议后，由省级政府报国务院审批；其他市县及乡镇国土空间规划由省级政府根据当地实际，明确规划编制审批内容和程序要求。

在城镇开发边界内的详细规划，由市县自然资源主管部门组织编制，报同级政府审批；在城镇开发边界外的乡村地区，以一个或若干行政村为单元，由乡镇政府组织编制“多规合一”的村庄规划，作为详细规划，报上一级政府审批。

除法律法规和国家有关规定已经明确编制审批要求的专项规划外，其他专项规划一般由所在区域自然资源主管部门或相关行业主管部门牵头组织编制，经国土空间规划“一张图”审查核对后报本级政府审批，批复后叠加到国土空间规划“一张图”上。

2）实施与监管体系

(1) 强化规划权威

规划一经批复，任何部门和个人不得随意修改、违规变更，防止出现换一届党委和政府改一次规划。下级国土空间规划要服从上级国土空间规划，相关专项规划、详细规划要服从总体规划；坚持先规划、后实施，不得违反国土空间规划进行各类开发建设活动；坚持“多规合一”，不在国土空间规划体系之外另设其他空间规划。相关专项规划的有关技术标准应与国土空间规划衔接。因国家重大战略调整、重大项目建设或行政区划调整等确需修改规划的，须先经规划审批机关同意后，方可按法定程序进行修改。对国土空间规划编制和实施过程中的违规、违纪、违法行为，要严肃追究责任。

（2）改进规划审批

按照谁审批、谁监管的原则，分级建立国土空间规划审查备案制度。精简规划审批内容，管什么就批什么，大幅缩减审批时间。减少需报国务院审批的城市数量。相关专项规划在编制和审查过程中应加强与有关国土空间规划的衔接及“一张图”的核对，批复后纳入同级国土空间基础信息平台，叠加到国土空间规划“一张图”上。

（3）健全用途管制制度

以国土空间规划为依据，对所有国土空间分区分类实施用途管制。在城镇开发边界内的建设，实行“详细规划＋规划许可”的管制方式；在城镇开发边界外的建设，按照主导用途分区，实行“详细规划＋规划许可”和“约束指标＋分区准入”的管制方式。对以国家公园为主体的自然保护地、重要海域和海岛、重要水源地、文物等实行特殊保护制度。

（4）监督规划实施

上级自然资源主管部门要会同有关部门组织对下级国土空间规划中各类管控边界、约束性指标等管控要求的落实情况进行监督检查，将国土空间规划执行情况纳入自然资源执法督察内容。建立国土空间规划定期评估制度，结合国民经济社会发展实际和规划定期评估结果，对国土空间规划进行动态调整完善。

（5）推进“放管服”改革

以“多规合一”为基础，统筹规划、建设、管理三大环节，推动“多审合一”“多证合一”。优化现行建设项目用地（海）预审、规划选址以及建设用地规划许可、建设工程规划许可等审批流程，提高审批效能和监管服务水平。

3）法规政策体系和技术标准体系

（1）完善法规政策体系

研究制定国土空间开发保护法，加快国土空间规划相关法律法规建设。梳理与国土空间规划相关的现行法律法规和部门规章，对“多规合一”改革涉及突破现行法律法规规定的内容和条款，按程序报批，取得授权后施行，并做好过渡时期的法律法规衔接。完善适应主体功能区要求的配套政策，保障国土空间规划有效实施。

（2）完善技术标准体系

按照“多规合一”要求，由自然资源部会同相关部门负责构建统一的国土空间规划技术标准体系，修订完善国土资源现状调查和国土空间规划用地分类标准，制定各级各类国土空间规划编制办法和技术规程。

(3) 完善国土空间基础信息平台

以自然资源调查监测数据为基础,采用国家统一的测绘基准和测绘系统,整合各类空间关联数据,建立全国统一的国土空间基础信息平台。以国土空间基础信息平台为底板,结合各级各类国土空间规划编制,同步完成县级以上国土空间基础信息平台建设,实现主体功能区战略和各类空间管控要素精准落地,逐步形成全国国土空间规划"一张图",推进政府部门之间的数据共享以及政府与社会之间的信息交互。

1.6 城市绿地、城市绿地系统的概念与分类

1.6.1 城市绿地的概念演绎

《辞海》对"绿地"的释义为"配合环境创造自然条件,适合种植乔木、灌木和草本植物而形成一定范围的绿化地面或区域",或指"凡是生长植物的土地,不论是自然植被或是人工栽培的,包括农林牧生产用地及园林用地,均可称为绿地"。因此,"绿地"包含三层含义:一是由树木花草等植物生长所形成的绿色地块,如森林、花园、草地等;二是植物生长占大部的地块,如城市公园、自然风景地段等;三是农业生产用地。

关于城市绿地的概念,则可以认为是位于城市范围内(含城区和近郊区)的绿地;也可以指城市范围内用以栽植树木花草和布置配套设施,基本上由绿色植物所覆盖,并赋以一定的功能与用途的场地;也有定义指以自然植被和人工植被为主要存在形态的城市用地。

《风景园林基本术语标准》(CJJ/T 91—2017)将"城市绿地"界定为"城市中以植被为主要形态且具有一定功能和用途的一类用地"。《城市绿地规划标准》(GB/T 51346—2019)界定"城市绿地"是"城市中以植被为主要形态,并对生态、游憩、景观、防护具有积极作用的各类绿地的总称"。

1.6.2 城市绿地的分类

《城市绿地分类标准》(CJJ/T 85—2017)明确城市绿地包含两个部分的内容:一是城市建设用地内的绿地与广场用地(可以认为延续了《城市用地分类与规划建设用地标准》(GB 50137—2011)中"绿地与广场用地"的概念——"公园绿地、防护绿地、广场等公共开放空间用地",在2020年《国土空间调查、规划、用途管制用地用海分类指南(试行)》中改为"绿地与开敞空间用地,指城镇、村庄建设用地范围内的公园绿地、防护绿地、广场等公共开敞空间用地,不包括其他建设用地中的附属绿地");二是城市建设用地外的区域绿地。表1-2所示为城市建设用地内的绿地分类。

表 1-2 城市建设用地内的绿地分类

类别代码			类别名称	内容	备注
大类	中类	小类			
G1			公园绿地	向公众开放，以游憩为主要功能，兼具生态、景观、文教和应急避险等功能，有一定游憩和服务设施的绿地	—
	G11		综合公园	内容丰富，适合开展各类户外活动，具有完善的游憩和服务设施的绿地	规模宜大于 10 hm^2
	G12		社区公园	用地独立，具有基本的游憩和服务设施，主要为一定社区范围内居民就近开展日常休闲活动服务的绿地	规模宜大于 1 hm^2
	G13		专类公园	具有特定内容或形式，有相应的游憩和服务设施的绿地	—
		G131	动物园	在人工饲养条件下，移地保护野生动物，进行动物饲养、繁殖等科学研究，并供科普、观赏、游憩等活动，具有良好设施和解说标识系统的绿地	—
		G132	植物园	进行植物科学研究、引种驯化、植物保护，并供观赏、游憩及科普等活动，具有良好设施和解说标识系统的绿地	—
		G133	历史名园	体现一定历史时期代表性的造园艺术，需要特别保护的园林	—
		G134	遗址公园	以重要遗址及其背景环境为主形成的，在遗址保护和展示等方面具有示范意义，并具有文化、游憩等功能的绿地	—
		G135	游乐公园	单独设置，具有大型游乐设施，生态环境较好的绿地	绿化占地比例应大于或等于 65%
		G139	其他专类公园	除以上各种专类公园外，具有特定主题内容的绿地。主要包括儿童公园、体育健身公园、滨水公园、纪念性公园、雕塑公园以及位于城市建设用地内的风景名胜公园、城市湿地公园和和森林公园等	绿化占地比例应大于或等于 65%

续表

类别代码			类别名称	内容	备注
大类	中类	小类			
G1	G14		游园	除以上各种公园绿地外,用地独立,规模较小或形状多样,方便居民就近进入,具有一定游憩功能的绿地	带状游园的宽度宜大于12 m;绿化占地比例应大于或等于65%
G2			防护绿地	用地独立,具有卫生、隔离、安全、生态防护功能,游人不宜进入的绿地。主要包括卫生隔离防护绿地、道路及铁路防护绿地、高压走廊防护绿地、公用设施防护绿地等	—
G3			广场用地	以游憩、纪念、集会和避险等功能为主的城市公共活动场地	绿化占地比例宜大于或等于35%;绿化占地比例大于或等于65%的广场用地计入公园绿地
XG			附属绿地	附属于各类城市建设用地(除“绿地与广场用地”)的绿化用地。包括居住用地、公共管理与公共服务设施用地、商业服务业设施用地、工业用地、物流仓储用地、道路与交通设施用地、公用设施用地等用地中的绿地	不再重复参与城市建设用地平衡
XG	RG		居住用地附属绿地	居住用地内的配建绿地	—
XG	AG		公共管理与公共服务设施用地附属绿地	公共管理与公共服务设施用地内的绿地	—
XG	BG		商业服务业设施用地附属绿地	商业服务业设施用地内的绿地	—

续表

类别代码			类别名称	内容	备注
大类	中类	小类			
XG	MG		工业用地附属绿地	工业用地内的绿地	—
	WG		物流仓储用地附属绿地	物流仓储用地内的绿地	—
	SG		道路与交通设施用地附属绿地	道路与交通设施用地内的绿地	—
	UG		公用设施用地附属绿地	公用设施用地内的绿地	—
EG			区域绿地	位于城市建设用地之外，具有城乡生态环境及自然资源和文化资源保护、游憩健身、安全防护隔离、物种保护、园林苗木生产等功能的绿地	不参与建设用地汇总，不包括耕地
	EG1		风景游憩绿地	自然环境良好，向公众开放，以休闲游憩、旅游观光、娱乐健身、科学考察等为主要功能，具备游憩和服务设施的绿地	—
		EG11	风景名胜区	经相关主管部门批准设立，具有观赏、文化或者科学价值，自然景观、人文景观比较集中，环境优美，可供人们游览或者进行科学、文化活动的区域	—
		EG12	森林公园	具有一定规模，且自然风景优美的森林地域，可供人们进行游憩或科学、文化、教育活动的绿地	—
		EG13	湿地公园	以良好的湿地生态环境和多样化的湿地景观资源为基础，具有生态保护、科普教育、湿地研究、生态休闲等多种功能，具备游憩和服务设施的绿地	—
		EG14	郊野公园	位于城区边缘，有一定规模、以郊野自然景观为主，具有亲近自然、游憩休闲、科普教育等功能，具备必要服务设施的绿地	—

续表

类别代码			类别名称	内　　容	备　　注
大类	中类	小类			
EG	EG1	EG19	其他风景游憩绿地	除上述外的风景游憩绿地，主要包括野生动植物园、遗址公园、地质公园等	—
	EG2		生态保育绿地	为保障城乡生态安全，改善景观质量而进行保护、恢复和资源培育的绿色空间。主要包括自然保护区、水源保护区、湿地保护区、公益林、水体防护林、生态修复地、生物物种栖息地等各类以生态保育功能为主的绿地	—
	EG3		区域设施防护绿地	区域交通设施、区域公用设施等周边具有安全、防护、卫生、隔离作用的绿地。主要包括各级公路、铁路、输变电设施、环卫设施等周边的防护隔离绿化用地	区域设施指城市建设用地外的设施
	EG3		生产绿地	为城乡绿化美化生产、培育、引种试验各类苗木、花草、种子的苗圃、花圃、草圃等圃地	—

1.6.3 城市绿地系统、城市绿地系统规划的概念

《风景园林基本术语标准》(CJJ/T 91—2017)将“城市绿地系统”定义为“由城市中各种类型、级别和规模的绿地组合而成并能行使各项功能的有机整体”。可见，城市绿地系统是将不同类别、不同性质和不同规模的城市绿地，按照系统的观点，认为它们之间通过相互联系与作用，能够形成一个稳定持久的绿色有机整体，并与城乡互相伴生，是城乡系统的一个重要组成部分。城市绿地系统从产生之初的满足基本生存需要到后来的性情陶冶，直到现代满足文化休闲娱乐功能和强调生态景观功能，其作用随着人类对城市、城市环境的理解与认识的进步而不断地变化，功能也变得更为综合化、多元化。

《风景园林基本术语标准》(CJJ/T 91—2017)将“城市绿地系统规划”定义为“对一定时期内各种城市绿地进行定性、定位、定量的统筹安排，形成具有合理结构的绿色空间系统，以最佳实现绿地所具有的生态保护、游憩休闲和社会文化等功能的活动”。

1.7 城市绿地系统规划的指导思想与层次

1.7.1 城市绿地系统规划的目的

美国风景园林师西蒙兹认为，绿地系统规划的本质不仅仅是纠正技术和城市发展带来的污染和灾害，更是推进人与自然的和谐。由此可见，城市绿地系统规划具有明确的目的性。在城市规划用地范围内进行城市绿地系统规划，最终要实现城市绿地生态效益、经济效益和社会效益的综合发挥，即确保安全、健康的城市环境，引导和限制城市形态，提供户外游憩场所，创造具有特色的优美城市景观，加强人们与城市仅有自然的接触，培养市民的乡土意识和人性回复。展开来讲，主要体现在以下几个方面。

1. 明确城市绿地建设的任务和要求

城市绿地系统规划，重点需要解决的是在规划中给出全市绿地系统规划的原则、目标，以及规划城市绿地类型、定额指标、空间布局结构和各类绿地规划、树种规划与实施规划的措施等重大内容。随着以上主要内容在规划方案中的确定，实际上一个城市在近期以及未来一段时间内在绿地建设各方面所面临的主要任务、所需要解决的关键问题以及实施措施等也就明确了。

2. 保障城市各项绿化建设措施得以顺利实施

城市绿地系统规划方案一旦获得批准，即具有了法律效应，方案中提出的各项绿化建设措施同时也就有了相应的法律保证。这在制度上保证了城市绿化建设活动的顺利开展。

3. 保护和改善城市生态环境

保护环境是我国的国策。经济建设与生态环境相协调，走可持续发展的道路，是关系到我国现代化建设事业全局的重大战略问题。在保护和改善城市环境的诸多措施中，除了降低城市中心区人口密度、控制和治理各种污染等措施，加强城市绿地系统规划的编制和建设是改善城市生态环境的一项重要的且必不可少的举措。通过绿地系统规划，最终要实现城市绿地生态效益、经济效益和社会效益的综合发挥，确保安全、健康的城市环境。近 20 年来，随着城市园林绿化水平的提升，虽然我国的城市人均公园绿地面积显著增加，截至 2020 年底已达到 14.8 m^2，但世界城市人均公园绿地面积为 18.32 m^2，我们尚未达到世界平均水平，而北美洲、欧洲和亚洲一些国家的城市公园绿地面积则更大。这就要求我们不但要加强公园绿地、防护绿地、广场用地、附属绿地等的建设，还应加强城市建设用地以外的区域绿地及生态绿地系统的规划与建设，为城市构筑一道靓丽的“生态防护墙”。

4. 塑造富有特色的城市形象

城市的风貌和形象，是城市物质文明和精神文明的重要体现。每个城市都应根据自身的城市性质、职能定位、风貌特征、自然景观特色和历史文化特色等因素，确定城市的特色定位，塑造有特色的城市形象。

城市形象的塑造贯穿在城市规划的各个阶段，主要通过城市设计的手段来实现。城市绿地系统规划作为总体规划中一项重要的专项规划，对于城市特色形象的塑造具有独特的地位和作用。一些富有生态特色的城市，其城市形象的塑造在很大程度上归因于城市绿地系统规划编制的前瞻性和合理性，以及城市绿化的大力建设。如风景优美的大连和青岛、魅力十足的深圳和珠海等城市，无一不印证了这一点。

1.7.2 城市绿地系统规划的依据

城市绿地系统规划的依据主要由以下几个层次组成。

1. 有关法律、法规和规章

国家及各级政府颁布的有关法律、法规和规章是城市绿地系统规划最为重要的规划依据，是法定依据。目前，与其相关的法律、法规主要包括《中华人民共和国城乡规划法》(2019 年修正)、《中华人民共和国环境保护法》(2014 年修订)、《中华人民共和国森林法》(2019 年修订)、《中华人民共和国土地管理法》(2019 年修正)、《中华人民共和国文物保护法》(2017 年修正)、《风景名胜区条例》(2016 年修订)、《城市绿化规划建设指标的规定》(建城〔1993〕784 号)、《城市绿化条例》(2017 年修订)、《国务院关于加强城市绿化建设的通知》(国发〔2001〕20 号)、《城市古树名木保护管理办法》(建城〔2000〕192 号)和《城市绿地系统规划编制纲要(试行)》(建城〔2002〕240 号)等，以及各地方政府制定的城乡规划条例、绿化条例、绿地系统编制办法等。

2. 有关技术标准和规范

国家或行业内各类技术标准规范也是规划编制必不可少的依据。如果法律、法规和规章是编制绿地系统规划的法定依据，那么有关技术标准和规范则是从技术的角度对编制规划作出相应的规定。主要的有关技术标准和规范有《城市绿地规划标准》(GB/T 51346—2019)、《城市绿地分类标准》(CJJ/T 85—2017)、《公园设计规范》(GB 51192—2016)、《风景名胜区详细规划标准》(GB/T 51294—2018)、《城市居住区规划设计标准》(GB 50180—2018)和《城市综合交通体系规划标准》(GB/T 51328—2018)等。

3. 相关各类规划成果

已经获准的与绿地系统相关的规划(多指上一层次的规划)，也是编制绿地系统规划的依据。例如《××市城市总体规划》《××市土地利用总体规划》《××市城市林业规划》《××市城市近期建设规划》等，均可以作为城市绿地系统规划的依据。但是，专门编制的城市绿地系统规划作为有一定深度的专项规划，既要把相关规划作为自身的规划依据，又要根据绿地系统规划内容的深化，对相关的规划提出合理的修改或调整意见，做到相关规划更加完善。

4. 当地现状基础条件

当地自然、经济、社会等现状条件是绿地系统规划的基础依据，它贯穿着整个规划的全部过程，一般情况下，不作为基本规划依据写入规划文字说明中。

1.7.3 城市绿地系统规划的基本原则

1. 尊重自然、生态优先

城市绿地系统规划应以生态学知识为指导，尊重自然地理特征和山水格局，优先保护城乡生态系统，维护城乡生态安全，因地制宜，使城市绿地能够充分发挥其改善城市环境的生态功能。

2. 统筹兼顾、科学布局

城市绿地系统规划应与城市其他组成部分统筹安排，从城市社会、经济、物质出发，既要有远景的目标，也要有近期的安排，合理制定分期建设计划，做到远近结合，协调规划，合理布局。

3. 以人为本、功能多元

城市绿地系统规划工作应充分考虑市民居住、生活、工作、旅游等多方面的需求，统筹规划各类城市绿地的建设方向，提高绿地游憩服务供给水平，充分发挥绿地综合功能。

4. 因地制宜、突出特色

城市绿地系统规划应当挖掘地域特点，根据地形、地貌等自然条件和城市现状，依托各类自然景观和历史文化资源，合理布局城市绿地系统，塑造绿地景观风貌，并且把乡土树种作为城市绿地系统建设的主体，充分凸显城市地域特色。

1.7.4 城市绿地系统规划的从属

根据内容的详细程度，规划可分为总体规划、分区(期)规划和详细规划三个不同层次。根据规划对象和涉及的地域范围不同，规划可分为国土规划、区域规划、城镇体系规划、城市规划和各类专项规划(如生态环境保护专项规划、城市道路网专项规划、城市绿地系统专项规划、城市公共交通专项规划、城市雨水工程专项规划、城市燃气专项规划等)五大类发展规划。就规划层次的从属关系而言，城市绿地系统规划是城市总体规划的一个重要组成部分，它属于城市总体规划的专业规划，是对城市总体规划的深化和细化。

1.8 生命共同体理念内涵的发展

人作为自然存在物，依赖于自然界，自然界为人类提供赖以生存的生产资料和生活资料。人因自然而生，人与自然是一种共生关系，人类发展活动必须尊重自然、顺应自然、保护自然，这是人类必须遵循的客观规律。中华文明历来崇尚天人合一、道法自然，追求人与自然和谐共生，寻求永续发展之路。人与自然共同组成了一个高度复杂的“复合生态系统”，相互影响、相互制约。人类从自然中孕育而出，生存发展离不开自然环境的呵护，人类的社会活动也只有在遵循自然规律的基础上，才能有效防止在开发利用自然上的伤害伤及人类自身。

2007年10月，中国共产党第十七次全国代表大会《高举中国特色社会主义伟大旗帜 为夺取全面建设小康社会新胜利而奋斗》报告明确提出“生态文明”(报告第四部分“实现全面建设小康社会奋斗目标的新要求”第七自然段)。

2012年11月，中国共产党第十八次全国代表大会《坚定不移沿着中国特色社会主义道路前进 为全面建成小康社会而奋斗》报告再次论述“生态文明”，涉及生命文明理念、生态文明制度和生态文明建设，不仅多次提及，而且形成独立篇章(报告第八部分“大力推进生态文明建设”)。

2017年10月，中国共产党第十九次全国代表大会《决胜全面建成小康社会 夺取新时代中国特色社会主义伟大胜利》报告提出“坚持人与自然和谐共生。建设生态文明是中华民族永续发展的千年大计。必须树立和践行绿水青山就是金山银山的理念，坚持节约资源和保护环境的基本国策，像对待生命一样对待生态环境，统筹山水林田湖草系统治理，实行最严格的生态环境保护制度，形成绿色发展方式和生活方式，坚定走生产发展、生活富裕、生态良好的文明发展道路，建设美丽中国，为人民创造良好生产生活环境，为全球生态安全作出贡献”(报告第三部分“新时代中国特色社会主义思想和基本方略”第十四自然段)。由此，建设人与自然和谐共生的生态文明成为新时代中国特色社会主义思想精神实质和丰富内涵之一。

十九大报告还明确指出，“人与自然是生命共同体，人类必须尊重自然、顺应自然、保护自然。人类只有遵循自然规律才能有效防止在开发利用自然上走弯路，人类对大自然的伤害最终会伤及人类自身，这是无法抗拒的规律”“我们要建设的现代化是人与自然和谐共生的现代化，既要创造更多物质财富和精神财富以满足人民日益增长的美好生活需要，也要提供更多优质生态产品以满足人民日益增长的优美生态环境需要。必须坚持节约优先、保护优先、自然恢复为主的方针，形成节约资源和保护环境的空间格局、产业结构、生产方式、生活方式，还自然以宁静、和谐、美丽”(报告第九部分“加快生态文明体制改革，建设美丽中国”第一、二自然段)。这不仅是纲领性要求，而且体现了“人与自然是生命共同体”理念的重要意义。坚持“人与自然是生命共同体”的理念，以对人民群众、对子孙后代高度负责的态度和责任，加快建设生态文明的现代化中国，推动人与自然和谐共生是一项具有重要意义的系统工程。

2018年3月11日，第十三届全国人民代表大会第一次会议将生态文明理念和生态文明建设写入《中华人民共和国宪法》，纳入中国特色社会主义总体布局(宪法序言第八自然段、宪法第八十九条“国务院行使下列职权”第六点)。

2021年4月22日，国家主席习近平在北京以视频方式出席领导人气候峰会，并发表题为《共同构建人与自然生命共同体》的重要讲话。习近平强调，气候变化给人类生存和发展带来严峻挑战，面对全球环境治理前所未有的困难，国际社会要以前所未有的雄心和行动，共商应对气候变化挑战之策，共谋人与自然和谐共生之道，共同构建人与自然生命共同体；习近平用坚持人与自然和谐共生、坚持绿色发展、坚持系统治理、坚持以人为本、坚持多边主义、坚持共同但有区别的责任原则等六个"坚持"，全面系统阐释"人与自然生命共同体"理念的丰富内涵和核心要义；习近平强调，中国坚持走生态优先、绿色低碳的发展道路，2020 年中国宣布力争 2030 年前实现碳达峰、2060 年前实现碳中和，是基于推动构建人类命运共同体和实现可持续发展作出的重大战略决策，需要中方付出艰苦努力。

"山水林田湖生命共同体"治国理政方针理论首次出现在习近平总书记于 2013 年 11 月所作的《关于〈中共中央关于全面深化改革若干重大问题的决定〉的说明》报告中。习近平总书记指出，"我们要认识到，山水林田湖是一个生命共同体，人的命脉在田，田的命脉在水，水的命脉在山，山的命脉在土，土的命脉在树""由一个部门负责领土范围内所有国土空间用途管制职责，对山水林田湖进行统一保护、统一修复是十分必要的"。

2017 年 7 月 19 日，中央全面深化改革领导小组第三十七次会议审议通过了《建立国家公园体制总体方案》等序列文件，会议强调：建立国家公园体制，要在总结试点经验基础上，坚持生态保护第一、国家代表性、全民公益性的国家公园理念，坚持山水林田湖草是一个生命共同体，对相关自然保护地进行功能重组，理顺管理体制，创新运营机制，健全法律保障，强化监督管理，构建以国家公园为代表的自然保护地体系。《建立国家公园体制总体方案》由中共中央办公厅、国务院办公厅于 2017 年 9 月 26 日印发并实施，明确提出"科学定位、整体保护。坚持将山水林田湖草作为一个生命共同体，统筹考虑保护与利用，对相关自然保护地进行功能重组，合理确定国家公园的范围。按照自然生态系统整体性、系统性及其内在规律，对国家公园实行整体保护、系统修复、综合治理"是基本原则之一。

2020 年 8 月 31 日，中共中央政治局召开会议，审议《黄河流域生态保护和高质量发展规划纲要》，指出要贯彻新发展理念，遵循自然规律和客观规律，统筹推进山水林田湖草沙综合治理、系统治理、源头治理。

2021 年 3 月 5 日下午，习近平总书记在参加十三届全国人大四次会议内蒙古代表团审议时，再次强调：要统筹山水林田湖草沙系统治理，实施好生态保护修复工程，加大生态系统保护力度，提升生态系统稳定性和可持续性。

从"山水林田湖"到"山水林田湖草"，再到"山水林田湖草沙"，折射出生命共同体的理念内涵不断得到丰富和拓展，再次诠释了生态系统是一个有机整体，生态保护和人类社会发展密不可分、相互作用。这一重要理念唤醒了人类尊重自然、关爱生命的意识和情感，喻示了人与自然关系的伦理考量对人类社会发展的深远影响，开启了新一轮在环境伦理语境中对自然价值观、理想人格、美德伦理、公平正义的探讨,为推进绿色发展和美丽中国建设提供了行动指南。

1.9 公园城市的概念、内涵与实践

2018 年 2 月 11 日,习近平总书记赴四川视察,在天府新区调研时首次提及“公园城市”:“天府新区是‘一带一路’建设和长江经济带发展的重要节点,一定要规划好建设好,特别是要突出公园城市特点,把生态价值考虑进去,努力打造新的增长极,建设内陆开放经济高地。”

公园城市作为全面体现新发展理念的城市发展高级形态,坚持以人民为中心、以生态文明为引领,是将公园形态与城市空间有机融合,生产生活生态空间相宜、自然经济社会人文相融的复合系统,是“人、城、境、业”高度和谐统一的现代化城市,是新时代可持续发展城市建设的新模式。公园城市奉“公”服务人民、联“园”涵养生态、塑“城”美化生活、兴“市”绿色低碳高质量生产,包含“生态兴则文明兴”的城市文明观、“把城市放在大自然中”的城市发展观、“满足人民日益增长的美好生活需要”的城市民生观、“历史文化是城市灵魂”的城市人文观、“践行绿色生活方式”的城市生活观。公园城市理念体现了马克思主义关于人与自然关系的思想,体现了城市文化与人文精神传承的文化价值、天人合一的东方哲学价值、顺应尊重保护自然的生态价值、城市形态的美学价值、人的自由全面发展的人本价值,将引领城市建设新方向、重塑城市新价值(《中共成都市委关于深入贯彻落实习近平总书记来川视察重要指示精神　加快建设美丽宜居公园城市的决定》,2018 年 7 月 7 日中国共产党成都市第十三届委员会第三次全体会议通过)。

公园城市是在新的时代条件下对传统城市规划理念的升华,具有极其丰富的内涵,具体如下。

①公园城市坚持把新发展理念贯穿于城市发展始终,着力培育高质量发展新动能,开辟永续发展新空间,探索绿色发展新路径,构筑开放发展新优势,形成共享发展新格局,开启了社会主义现代化城市建设的全新实践。

②公园城市突出以人民为中心的发展思想,聚焦人民日益增长的美好生活需要,坚持以人为核心推进城市建设,引导城市发展从工业逻辑回归人本逻辑、从生产导向转向生活导向,在高质量发展中创造高品质生活,让市民在共建共享发展中有更多获得感。

③公园城市积极探索城市可持续发展新模式,将公园形态和城市空间有机融合,以大尺度生态廊道区隔城市组群,以高标准生态绿道串联城市公园,科学布局可进入可参与的休闲游憩和绿色开敞空间,推动公共空间与城市环境相融合、休闲体验与审美感知相统一,为城市可持续发展提供了中国智慧和中国方案(《加快建设美丽宜居公园城市》,范锐平,《人民日报》,2018 年 10 月 11 日 07 版)。

在公园城市理念的指导下,成都市实施龙泉山城市森林公园“增绿增景”,积极

推动国土空间格局优化；以天府绿道为脉络，以藤结瓜串联全域景区景点和城市功能节点，打造高品质生活场景和新经济消费场景；通过“点线面”相结合的方式，开展100个示范公园建设，开展锦江公园和锦城公园规划建设，实施天府锦城、交子公园和鹿溪智谷三大示范工程，全面助推美丽宜居公园城市建设。2019年12月，成都公园城市建设案例入选联合国《中国人类发展报告特别版》，被评为最具代表性的中国城市发展典型成功经验。

1.10 相关术语与概念

城市规划：对一定时期内城市的经济和社会发展、土地利用、空间布局以及各项建设的综合部署、具体安排和实施管理。

城乡规划体系：有关城乡规划的各项制度安排的统称，包括城乡规划法规体系、城乡规划行政管理体系、城乡规划运行体系。也可以视为城乡规划编制成果所组成的整体，《中华人民共和国城乡规划法》(2019年修正)确定的城乡规划体系由城镇体系规划、城市规划、镇规划、乡规划和村庄规划组成。

风景游憩体系：由各类自然人文景观资源构成，通过绿道、绿廊及交通线路串联，提供不同层次和类型游憩服务的空间系统。

公园体系：由城市各级各类公园合理配置的，满足市民多层级、多类型休闲游览需求的游憩系统。

规划区：按照《中华人民共和国城乡规划法》(2019修正)规定，规划区是指城市、镇和村庄的建成区以及因城乡建设和发展需要，必须实行规划控制的区域。规划区的具体范围由有关人民政府在组织编制的城市总体规划、镇总体规划、乡规划和村庄规划中，根据城乡经济社会发展水平和统筹城乡发展的需要划定。城市、镇规划区内的建设活动，以及规划区内的乡、村庄建设应当符合规划要求。在规划区内进行建设活动，应当遵守土地管理、自然资源和环境保护等法律、法规的规定。

建成区：城市内实际已成片开发建设、市政基础设施和公共服务设施基本具备的地区。

城市绿化：城市中栽种植物和利用自然条件以改善城市生态、保护环境，为居民提供游憩场地和美化城市景观的活动。

区域绿地：城市建设用地之外，具有生态系统及自然文化资源保护、休闲游憩、安全防护隔离、园林苗木生产等功能的各类绿地。

城区绿地系统：由城区各类绿地构成，并与区域绿地相联系，具有优化城市空间格局，发挥绿地生态、游憩、景观、防护等多重功能的绿地网络系统。

市域绿地系统：市域内各类绿地通过绿带、绿廊、绿网整合串联构成的，具有生态保育、风景游憩和安全防护等功能的有机网络体系。

园林绿地面积：城市中公园绿地、居住区绿地、单位附属绿地、道路绿地、生产绿地、防护绿地、风景林地等用作园林和绿化的各种绿地面积的总和。

城市绿地率:城市一定地区内,各类绿化用地总面积占该地区总面积的比例。

人均绿地面积:市民平均可享有的城市绿地面积,即每人平均可拥有的绿地面积。

三维绿量:绿地中植物生长的茎、叶所占据的空间体积的量,三维绿量是应用遥感和计算机技术测定和统计的立体绿量。

城市绿化覆盖面积:城市中所有植物的垂直投影面积。

城市绿化覆盖率:城市用地范围内全部植物垂直投影面积占该用地总面积的比例。

公园服务半径:公园为市民服务的距离,即公园入口到居民住地的距离。

防灾避险绿地:在城市灾害发生时和灾后救援重建中,为居民提供疏散和安置场所的城市绿地。

点状绿地:集中成块的绿地,如不同规模的公园或块状绿地,或一个绿化广场、一个儿童游戏场绿地等。

带状绿地:城市沿河岸、街道、景观通道等的绿色地带,也包括在城市外缘或工业地区侧边的防护林带。

楔形绿地:从城市外围嵌入城市内部的连续、成片绿地。

环状绿地:在城市内部或城市的外缘布置成环状的绿道或绿带,用以连接沿线的公园等绿地,或是以宽阔的绿环限制城市向外进一步蔓延和扩展。

城市绿线:城市各类绿地范围的控制线。城市绿线管理的对象,是城市规划区内已经规划和建成的公共绿地、防护绿地、生产绿地、居住区绿地、单位附属绿地、道路绿地、风景林地等各类绿地。

城市蓝线:城市规划确定的江、河、湖、库、渠和湿地等城市地表水体保护和控制的地域界线。

城市紫线:国家历史文化名城内的历史文化街区和省、自治区、直辖市人民政府公布的历史文化街区的保护范围界线,以及历史文化街区外经县级以上人民政府公布保护的历史建筑的保护范围界线。

城市黄线:对城市发展全局有影响的、城市规划中确定的、必须控制的城市基础设施用地的控制界线。

道路红线:由规划确定的城市道路用地的边界线。城市道路用地包括车行道、人行道、道路绿化用地等。

建筑控制线:又称“建筑红线”,地块内建筑物、构筑物布置不得超出的界线。

容积率:地块内建筑总面积与用地面积的比值,是衡量土地开发强度的一项指标。

建筑密度:一定地块内所有建筑物的基底总面积占总用地面积的比值。

城市道路网:城市范围内不同功能、不同等级的道路以一定的密度和适当的形式组成的网络结构。

道路网密度:每平方千米城市建设用地上的各类城市道路总长度(单位:km/km^2)。

知识点拓展

【本章要点】

本章主要是将城市、规划、城市规划、城乡规划、国土空间规划、城市绿地、城市绿地系统、城市绿地的分类、生命共同体、公园城市等专业术语进行概念演绎简介和内容界定,并通过知识点拓展延展了相关文献,为城市绿地系统规划的学习提供了相关概念基础和实践借鉴。

【思考与练习】

1-1 从规划、城市规划、城乡规划到国土空间规划等概念,简要总结我国当前的规划发展是如何适应社会发展要求的。

1-2 生命共同体理念是如何体现人与自然和谐共生发展模式的?

1-3 国际和国内公园城市的优秀实践案例有哪些?它们各有什么特点?

1-4 《城市绿地分类标准》(CJJ/T 85—2017)的主要内容是什么?

2 城市园林绿地的功能

人类在改造自然的过程中，随着工业的发展和城市人口的逐渐集中，城市的污染日益严重，越来越威胁到人类赖以生存的环境。城市的不断发展及人类活动的持续深入，使得生态系统破坏极其惊人。因此，保护生态环境，保持可持续发展的理念，开始被愈来愈多的人所重视。

森林是陆地生态系统的主体，《2020 年全球森林资源评估》报告指出，现在全世界每年有 1.2×10^5 km^2 的森林消失，也就是说平均每分钟就有 0.2 km^2 的森林化为乌有。1990 年至今，全球森林面积持续缩小，净损失面积达 1.78×10^6 km^2。虽然森林破坏率在过去 10 年间有所下降，但这仍然是一个严重问题。森林破坏使自然灾害在更大的范围内更加频繁地发生，尤其是近半个世纪以来，城市地震、火灾、洪水、气象灾害、地质破坏等五类灾难的发生日趋频繁，但城市防御灾害的能力并未随着城市发展的进程而有所提高；相反，水、电、气等基础设施在为城市提供方便的时候还带来了灾害源，高楼大厦、高密度的人口聚集为防灾避险带来了阻碍，人民生命财产备受侵害，城市安全缺乏保障。

森林锐减还使全球气候变暖情况变得更加严重，威胁着地球生物的多样性，加快生物多样性的丧失。目前已有超过 28 000 个物种濒临灭绝，每天有 40～140 个物种消失。因此，世界各国开始普遍关注和重视生物多样性保护，从自然保护区和国家森林公园体系建设到城市绿地系统建设，都明确要求保护生物多样性。住房和城乡建设部非常重视城市生物多样性保护工作，早在 2002 年，建设部（现住房和城乡建设部）颁布的《城市绿地系统规划编制纲要（试行）》（建城〔2002〕240 号）通知中就明确规定将树种规划和生物多样性保护规划作为指定章节进行编写；2005 年印发的《国家园林城市申报与评审办法》通知中明确要求编制《城市规划区范围内生物多样性（植物）规划》；2009 年住房和城乡建设部又印发了《关于加强城市生物多样性保护工作的通知》；2010 年出版的《城市园林绿化评价标准》（GB/T 50563—2010）中对生物多样性保护进一步作了相应的量化规定，从中可见国家对城市生物多样性保护的重视程度。然而，我国开展城市生物多样性保护规划工作，没有现成的经验可以借鉴，至今没有规范性的编制提纲，各城市多在探索中开展这项工作，使得这项重要工作在具体实施中面临一定的困难。

进行城市生物多样性保护的关键是植物多样性的保护。植物是地球生物圈维持平衡的原动力，生态系统的组成部分包括生产者（植物）、消费者（动物）、还原者（微生物），其中植物作为生产者占据着重要的地位，植物通过自身的光合作用为整个生物圈提供能量和动力，而动物（包括人类）则作为消费者直接或间接地依赖植物提供的能量而生存，微生物则使三者形成了地球生物圈的循环。值得关注的是，城市生物多样性保护的载体是城市绿地系统，所以目前城市绿地系统应高度重视并解决植物、动物（包括人类）和微生物之间的问题，这样才能更好地体现、兼顾城市植物多样性保护，最终达到城市生物多样性。

此外，近年来城市土地高密度、高容积率的开发，导致了城市结构和人们生活方式的改变，城市居民的户外活动空间越来越多地被建筑和交通用地挤占，城市中绿色游憩空间十分匮乏，而汽车的普及使具有游憩功能的传统街道空间因巨大的噪声而无法成为休憩、交流的场所。同济大学的吴承照教授就城市游憩空间的重要价值指出："一个不能为市民生活空间做出系统合理安排的城市规划不是一个好的规划，一个不能满足市民游憩需要的城市不是一个好城市，一个不能引导、激发市民开拓积极的生活方式的城市必然走向衰落。游憩与每个人的生活密切相关，游憩形态正是衡量生活品质的重要标志。"同时，还有学者研究表明，与城市居住、工作及交通等功能协调发展的完善的城市游憩功能，对保护城市生态、提高市民生活质量、构建和谐社会具有积极的推动作用，它是在城市空间中为满足特定空间的使用功能而进行有意识改造的景观化的游憩生活境域。

虽然当今城市景观的建设数量和规模不断提升，兴建广场、公园、街道等成为许多城市提升环境质量的重要项目，但是要在几十年内完成发达国家几个世纪的城市化过程，我国的城市结构、空间形态、生态环境、历史文化的传承和保护等方面必然面临着复杂的问题。城市需要发展、人民生活质量需要提升、城市景观环境需要改善，但是城市急速发展中，单纯追求数量和规模的增加，忽视"质"的提升，造成认同感缺失的城市景观比比皆是。二十多年来，在城市发展的过程中建设了千千万万的城市景观，也涌现出"单调乏味""毫无特色""缺乏归属感"等城市景观评价，由此引发了特色消退的认同危机。因此，如何在当下的城市景观建设中进行特色场所精神表征成为当今城市景观的重要历史使命。

在当今全球一体化及高速城市化进程中，国与国之间、城市与城市之间的交流越来越频繁和广泛，整个社会日益多元化和开放化，人们获取信息以及交流的方式发生了巨大的变化，公众的各种感知活动也在这一时代背景被同质化，呈现出严重的趋同化倾向，城市景观千篇一面。从当今城市景观的建设来看，照抄和照搬国际模式和国内已有范式的现象严重，大量建成环境与地域文脉及感知主体需求没有必然的联系，导致雷同化、白板化现象严重，地域文化和民族特色在这种趋势下受到了严重的冲击，变得越来越脆弱甚至是消亡，曾经寄托着人们无限情感的场所也被这股浪潮所无情地吞噬。从全球化和城市化的概念中我们可以发现，它们都具有丰富的外延和内涵，既强调多元，也注重本土。时代背景下的趋同和存异是并列的，因此在当今的城市景观建设中应处理好二者的辩证关系。在全球化和城市化背景下，利用先进的信息获取手段和技术、借鉴国内外成熟的理论和经验，从地域文化和民族精神的传承与发扬角度出发，采用有效的手段对场所精神进行高度表征成为当今城市景观建设与发展的新命题。

城市园林绿化建设是践行习近平新时代中国特色社会主义思想、建设美丽中国的重要内容，是推动城市绿色发展、服务城市绿色生活的重要手段，是满足人民美好生活需要的民生福祉，是实现习总书记提出的“整个城市都是一个大公园”的发展目标的途径。

2019年4月9日，住房和城乡建设部发布了《城市绿地规划标准》(GB/T 51346—2019)(以下简称《绿规》)，并于2019年12月1日实施，这是首次颁布的关于绿地规划的国家标准，强调城市绿地规划建设应以生态文明战略、绿色发展理念为指导，充分发挥城市绿地在生态、游憩、景观、防护等方面的功能，促进城市美丽、宜居、可持续发展。

2.1 城市园林绿地的生态防护功能

进入21世纪以来，全国城市园林绿地建设发展迅速。截至2017年底，我国城市绿地面积已达到2.1×10^4 km^2，建成区绿地率达到37.11%，公园绿地面积达到6 884 km^2，城市有三分之一以上空间被绿地覆盖。城市园林绿地是一种特殊的生态系统，它不仅能为城市居民提供良好的生活环境，为城市中的生物提供适宜的生境，而且能够增强城市景观的自然性，达成城市中人与自然的和谐状态，因此被谓为“城市的肺”。城市园林绿地是城市自然景观和人文景观的综合体现，能够为人们提供良好的游憩场所，并对城市环境的改善起着至关重要的作用。科学研究及实践证实，绿色植物具有净化空气、水体和土壤，调节气候，降低噪声等功能。因此，城市园林绿地对于保护城市环境、防治污染有着极其重要的作用。

2.1.1 净化空气

城市园林绿地在净化空气方面主要有如下作用。

1. 吸收二氧化碳，释放氧气

空气是人类赖以生存和不可缺少的物质，是重要的环境因素之一。自然状态下的空气是一种无色、无味的气体，其含量构成为氮78%、氧21%、二氧化碳0.033%，此外还有惰性气体和水蒸气等。在人们所吸入的空气成分中，当二氧化碳含量为0.05%时，人就会感到呼吸不畅；当二氧化碳含量达到0.2%时，人就会感到头昏、耳鸣、心悸、血压升高；当二氧化碳含量达到10%的时候，人就会迅速丧失意识，停止呼吸，以致死亡。而且，二氧化碳是温室效应气体，其浓度的增加会使城市局部地区升温，产生“热岛效应”，并促使城市上空形成逆温层，加剧空气污染。

生态平衡是一种相对稳定的动态平衡，而维持好这种平衡的纽带是植物。植物通过光合作用吸收二氧化碳，放出氧气，又通过呼吸作用吸收氧气和排出二氧化碳。植物光合作用所吸收的二氧化碳要比呼吸作用排出的二氧化碳多20倍，因此总的来说，植物消耗了空气中的二氧化碳，增加了空气中的氧气含量。在生态平衡中，人类的活动与植物的生长维持着生态的平衡关系。

据有关资料显示，每公顷公园绿地每天能吸收 900 kg 二氧化碳，并生产 600 kg 氧气；每公顷处在生长季节的阔叶林每天可吸收 1 000 kg 二氧化碳，生产 750 kg 氧气；每公顷生长良好的草坪每天可吸收 360 kg 二氧化碳。如果按成年人每天呼出二氧化碳 0.9 kg，吸收氧气 0.75 kg 计算，为达到空气中二氧化碳和氧气的平衡，理论上每人需要面积为 10 m^2 的树林或 25 m^2 的绿地；实际上城市生产生活也会排放大量二氧化碳，因此，许多专家提出城市居民每人应有 30～40 m^2 的绿地，联合国生物圈组织则提出每人应有 60 m^2 的绿地。目前我国政府要求以旅游为主的城市，人均绿地要达到 20～30 m^2，以工业生产为主的城市人均绿地不少于 10 m^2。

植物吸收二氧化碳和释放氧气的能力是有差异的，据“八五”国家科技攻关专题“北京城市园林绿化生态效益的研究”测试表明，对二氧化碳具有较强吸收能力的植物（指 1 m^2 叶面积吸收二氧化碳的量高于 2 kg 的植物）种类有柿树、刺槐、合欢、泡桐、栾树、紫叶李、山桃、西府海棠、紫薇、丰花月季、碧桃、紫荆，以及凌霄、山荞麦、白三叶等；而悬铃木、银杏、玉兰、杂交马褂木、樱花、锦带花、玫瑰、棣棠、蜡梅、鸡麻等植物对二氧化碳的吸收能力则相对较弱。

正是利用绿色植物消耗二氧化碳制造氧气的生理功能，人们大量植树种草，以改善空气中二氧化碳和氧气的平衡状态，保持空气新鲜。在城市中二氧化碳浓度较高的地区，则可根据具体情况选择对二氧化碳有强吸收能力的植物，以降低环境中二氧化碳浓度，补充氧气，达到净化空气的目的。

2. 吸收有害气体

工业生产过程中，污染环境的有害气体甚多，最主要的有二氧化碳、二氧化硫、氯气、氟化氢、氨、重金属蒸气等，还有醛、苯、酚等。

这些有害气体虽然对园林植物生长不利，但是在一定条件下，许多种类的植物对它们具有吸收能力和净化作用。在这些有害气体中，以二氧化硫的数量较多，分布较广，危害较大。有害气体分别介绍如下。

1）二氧化硫

二氧化硫是一种具有强烈刺激性臭味的气体。它在含硫原料和燃料（如硫黄、含硫矿石、石油、煤炭等）的燃烧及冶炼过程中产生。硫酸厂、化肥厂、钢铁厂、热电厂、焦化工厂都会排放大量的二氧化硫。二氧化硫是污染量最多的一种有害气体。

当二氧化硫浓度超过百万分之六时，人就会感到不适；达到百万分之十时，人就无法持续工作；达到百万分之四十时，人就会死亡。

人们对植物吸收二氧化硫的能力进行了许多研究工作，发现空气中的二氧化硫可以被各种植物表面所吸收，而植物叶片的表面吸收二氧化硫的能力最强。而且，只要在植物叶子不受伤害的限度内，就能不断吸收大气中的二氧化硫。随着叶片的衰老凋落，它所吸收的硫也一同落到地上。因此植物被称为大气的天然“净化器”。

各种植物吸收二氧化硫的能力是不同的。每公顷柳杉林每年可吸收 720 kg 二氧化硫,每公顷柳树林每年可吸收 120 kg 二氧化硫,每公顷加杨林每年可吸收 46 kg 二氧化硫,每公顷胡桃林每年可吸收 34 kg 二氧化硫。

研究还表明,对二氧化硫抗性越强的植物,一般吸收二氧化硫的量也越多。阔叶树对二氧化硫的抗性一般比针叶树要强,叶片角质和蜡质层厚的树对二氧化硫的抗性一般比角质和蜡质层薄的树要强。

根据上海园林局的测定,臭椿和夹竹桃不仅抗二氧化硫能力强,并且吸收二氧化硫的能力也很强。在二氧化硫污染较重的情况下,臭椿叶片含硫量可达正常环境下叶片含硫量的 29.8 倍,夹竹桃叶片可达 8 倍。其他如珊瑚树、紫薇、石榴、厚皮香、广玉兰、棕榈、胡颓子、银杏、桧柏、粗榧等也对二氧化硫有较强的吸收能力。

2) 氟化氢

氟化氢在炼铝厂、炼钢厂、玻璃厂、磷肥厂等企业的生产过程中排出,对植物的危害比二氧化硫要大,浓度为十亿分之几的氟化氢就会使植物受害,对人体的毒害作用几乎比二氧化硫强 20 倍。美人蕉、向日葵、蓖麻等植物吸收氟化氢能力比较强。

对氟化氢抗性强的树种有大叶黄杨、蚊母树、海桐、香樟、山茶、凤尾兰、棕榈、石榴、皂荚、紫薇、丝棉木、梓树等。

3) 氯气

氯气是一种毒性很大、具有强烈臭味的气体,主要在化工厂、农药厂、制药厂的生产过程中产生。植物对氯气具有一定的吸收能力,但不同植物的吸氯能力有较大的差异。研究表明,植物吸收氯气能力较好的一般为叶片光滑、小枝无毛的植物,且树木吸收氯气的体积也与植物的科属有关,尤以蔷薇科为佳。如山桃、皂荚、青杨等吸氯能力强,抗性也强;水曲柳、旱柳、紫丁香等吸氯能力中等,抗性较强;而榆叶梅吸氯能力中等,抗性弱。

对氯气抗性强的树种有黄杨、油茶、山茶、柳杉、日本女贞、枸骨、锦熟黄杨、五角枫、臭椿、高山榕、散尾葵、樟树、北京丁香、柽柳、接骨木等。

4) 其他有害气体

大多数植物能吸收臭氧,其中银杏、柳杉、日本扁柏、樟树、海桐、青风栎、日本女贞、夹竹桃、栎树、刺槐、悬铃木、连翘、冬青等净化臭氧的作用大。

据国外资料表明,栓皮栎、桂香柳、加杨等树种能吸收空气中的醛、酮、醇、醚,以及多种有毒气体。喜树、梓树、接骨木等树种具有吸苯能力;紫薇、夹竹桃、棕榈、桑树等能在汞蒸气污染的环境下生长良好,不受危害;而大叶黄杨、女贞、悬铃木、榆树、石榴等则能吸收铅等。

因此,在散发有害气体的污染源附近,选择相应的吸收性和抗性强的树种进行绿化,这对于防治污染、净化空气是非常有益的。

3. 吸滞烟灰和粉尘

城市空气中含有大量尘埃、油烟、炭粒等。有些颗粒虽小,但在大气中的总质量却很惊人。许多工业城市每年每平方千米平均降尘 500 t 左右,有的城市甚至高达 1 000 t以上。粉尘是常见的一种颗粒状污染物,其来源一是天然污染源,二是人为污染源。

一方面,粉尘是各种有机物、无机物、微生物和病原菌的载体,人通过呼吸和皮肤接触粉尘,容易引发各种疾病,如气管炎、肺炎、哮喘等;另一方面,粉尘可降低阳光照明度和辐射强度,对人体健康造成不良影响,并对植物生长发育不利。为了加强对有粉尘作业的企事业单位的管理,1987 年国务院发布《中华人民共和国尘肺病防治条例》,为保护职工的健康和消除粉尘危害提供了法律依据。

实践证明,植物特别是树木,对烟尘和粉尘有明显的阻挡、过滤和吸附的作用。一方面植物能阻挡、降低风速,使烟尘不至于随风飘扬;另一方面植物叶子表面凹凸不平或有绒毛,有的还能分泌有黏性的油脂或汁浆,能使空气中的尘埃附着其上,减少了烟尘的污染。而随着雨水的冲洗,叶片又能恢复吸尘的能力。因此,在城市工业区与生活区之间营造卫生防护林,扩大绿地面积,植树种草,是减轻粉尘污染的有效途径。

树木的滞尘能力是不同的,这与树木的树冠高低、总的叶片面积、叶片大小、着生角度、表面粗糙程度等自身条件有关,叶冠大而浓密、粗糙或能分泌油脂的植物有较强的滞尘效果。根据这些因素,刺楸、榆树、朴树、重阳木、刺槐、臭椿、悬铃木、女贞、泡桐等树种防尘的效果较好。树木对粉尘的阻滞作用在不同季节有所不同,植物吸滞粉尘的能力与叶量多少成正比,即冬季植物落叶后,其吸滞粉尘的能力远不如夏季。但这不是绝对的,一些研究表明,由于树木滞尘能力会受时间季节、空间部位和环境气象等外界干扰因素的影响,有些植物的绿叶结构在冬季更适合滞尘(见图 2-1),仍然可以维持自己的绿量,其滞尘能力在夏季反而趋于最弱。

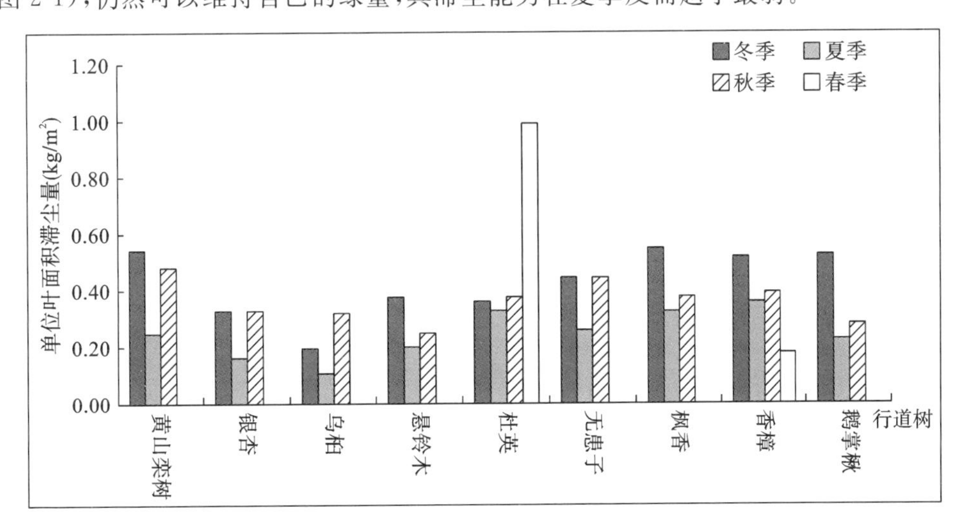

图 2-1 杭州西湖区常见行道树四季单位面积滞尘量分析图

(资料来源:江胜利.杭州地区常见园林绿化植物滞尘能力研究[D].杭州:浙江农林大学,2012.)

吸滞粉尘强的树种有榆树、朴树、梧桐、泡桐、臭椿、龙柏、桧柏、夹竹桃、构树、槐树、桑树、紫薇、楸树、刺槐、丝棉木等。

4. 杀菌

城市空气中的细菌含量远远高于周围乡村空气中的细菌含量,因而城市中的居民更容易患上由这些病菌引发的各种疾病,这严重影响了人们日常的生活及工作。据调查,在城市各地区中,公共场所如火车站、百货商店、电影院等处空气中含菌量最高,街道次之,公园又次之,城郊绿地空气含菌量最少。空气含菌量除与人口密度密切相关外,与绿化的情况也有很大关系。

绿色植物对其生存环境中的细菌等病原微生物具有杀灭和抑制作用。这是由于园林绿地可以减少空气中的细菌数量。具体来说,一方面是园林植物的覆盖使绿地上空的灰尘相应减少,从而减少了附在其上的细菌及病原菌数量;另一方面是许多植物有杀菌能力,能分泌一种杀菌素,从而抑制了细菌繁殖(见表 2-1)。

表 2-1 不同绿化植物的杀菌效果

植物名称	8月6日			8月13日			8月19日			平均杀菌率/(%)
	处理组菌落致/个	对照组菌落数/个	杀菌率/(%)	处理组菌落致/个	对照组菌落数/个	杀菌率/(%)	处理组菌落致/个	对照组菌落数/个	杀菌率/(%)	
香樟	28	76	63.2±0.021	31	81	61.7±0.011	29	80	63.8±0.208	62.9±0.080
荷花玉兰	37	71	47.6±0.040	40	80	49.6±0.037	42	83	48.8±0.315	48.9±0.131
法国梧桐	45	100	55.0±0.042	47	107	56.1±0.018	51	106	52.3±0.09	54.2±0.050
马尾松	64	133	52.2±0.081	72	141	48.7±0.472	80	174	53.9±0.121	51.6±0.225
小叶女贞	48	76	36.8±0.14	53	81	34.6±1.053	49	80	38.8±0.388	36.7±0.527
杜鹃	33	76	56.6±0.035	32	81	60.5±0.088	33	80	58.5±0.406	58.5±0.176
大叶黄杨	206	312	34.0±0.045	182	293	37.9±0.063	140	264	47.0±0.394	39.6±0.167
海桐	129	208	38.0±0.380	137	220	37.7±0.051	148	253	41.5±0.104	39.1±0.178

续表

植物名称	8月6日			8月13日			8月19日			平均杀菌率/(%)
	处理组菌落致/个	对照组菌落数/个	杀菌率/(%)	处理组菌落致/个	对照组菌落数/个	杀菌率/(%)	处理组菌落致/个	对照组菌落数/个	杀菌率/(%)	
高羊茅	113	161	42.7±0.071	109	155	41.8±0.074	116	252	44.2±0.605	43.5±0.265
三叶草	78	188	44.3±0.087	82	149	45.1±0.690	75	170	46.1±0.345	45.5±0.374
一串红	63	121	51.4±0.011	68	128	53.2±0.016	58	112	48.2±0.803	50.9±0.277
万寿菊	52	113	53.7±0.065	58	106	55.2±0.102	61	109	54.3±0.406	54.4±0.191
爬山虎	84	144	41.7±0.019	88	155	43.2±0.356	102	190	46.3±0.012	43.7±0.129
金银花	51	76	32.9±0.026	52	81	35.8±0.483	49	80	38.3±0.707	35.7±0.405
紫藤	49	72	31.9±0.083	51	75	32.0±0.059	57	88	35.2±0.367	33.1±0.170
常春藤	134	184	27.2±0.016	147	205	28.3±0.019	127	170	25.3±0.122	26.9±0.052

（资料来源：张来，张显强．安顺市区典型绿化植物滞尘能力与杀菌作用研究[J]．科技导报，2011，29(31)：48-53．有修改）

有关资料表明，在绿地中植物种植结构不合理，会使空气流通不畅。在相对阴湿的小气候环境中，植物不仅不能减少空气中细菌的含量，而且还为细菌的滋生提供了有利条件。因此，在绿化的过程中，应注意改善绿地的结构，保持绿地一定的通风条件和良好的卫生状况，这样方可达到利用植物减少空气中含菌量、净化空气的目的。

各种植物的杀菌能力各有不同。有些树木和植物能够分泌具有杀菌能力的杀菌素，如柠檬桉、悬铃木、紫薇、桧柏、橙、白皮松、柳杉、雪松等；其他如臭椿、楝树、马尾松、杉木、侧柏、樟树、枫香等也具有一定的杀菌能力。

各类林地和草地的减菌作用也有差别。松树林、柏树林及樟树林的杀菌能力较强，这与树叶能散发某些挥发性物质有关。草地空气的含菌量很低，显然是因为草坪空气尘埃少,从而减少了细菌的扩散。

在松林中建疗养院或在医院周围种植杀菌能力强的植物有利于治疗肺结核等多种传染病。

5. 增加空气负离子

空气中游弋着正离子和负离子,而森林和园林绿地的空气中富含负离子,这是由于植物叶片表面在短波紫外线的作用下发生光电效应,使空气电离而产生负离子。另外,森林中的天然瀑布、溪水和园林绿地中的喷泉、人工瀑布与空气激烈地相碰、摩擦,形成喷筒电效应,也会产生负离子。因此,这些地方空气中负离子的含量远比人流繁密、交通拥挤、建筑林立的街市要高。

空气中的负离子具有抑制细菌生长、清洁空气、调节神经系统、促进人体新陈代谢、稳定情绪、镇静催眠等功效,还对多种疾病的治疗有辅助作用,被人们称为“空气维生素”,有很高的保健、疗养价值。

中南林学院的科学工作者在这方面做了大量的研究工作。他们在湖南省炎陵县境内的桃源洞国家森林公园(总面积 8 288 hm^2,森林覆盖率 91.5%)进行检测,发现空气中负离子的含量比城市郊区房屋内和闹市区室内高 80～1 600 倍,空气十分清新怡人。在珠帘瀑布附近,空气中负离子的含量高达每立方厘米 6.46×10^4 个,从牛角垅溪流穿过,空气中负离子的含量达每立方厘米 1.3×10^4 个,而市区的室内负离子的含量仅为每立方厘米 40 个。

6. 净化水土

城市和郊区的水体常受到工业废水和生活污水的污染,而水质变差会影响环境卫生和人民健康。

湿生植物和水生植物对污水有明显的净化作用。利用水生植物吸收水体中的铅、汞、铬、铜等重金属污染物,降低污水色度,吸收化学物质,增加溶解氧,可以净化水体,改善水质。这项工作在国内外引起了科学家充分的重视,相关研究机构进行了大量科学研究,利用最多的水生植物有凤眼莲、浮萍、水花生、芦苇、宽叶香蒲、水葱等。据测定,芦苇能吸收酚及其他二十多种化合物,每平方米土地生长的芦苇一年内可吸收 6 kg 的污染物质,还可以消除水中的大肠杆菌。所以,有的国家把种植芦苇当作污水处理的一种手段。利用水生植物净化水质,还应加强对植物的管理和对水生植物的综合利用,如凤眼莲、水花生等生长力极强,蔓延扩展速度快,必须加强管理,防止破坏生态平衡。

另外,植物的根系由于呼吸作用,能降解土壤的重金属,并分泌杀菌素,使进入土壤的大肠杆菌死亡;同时,有植物根系的土壤中的好气细菌的含量比没有植物根系的土壤要多几百倍,甚至几千倍,这样就有利于土壤中有机物、无机物的增加,使土壤净化和提高肥力。

7. 环境监测

不少植物对环境污染的反应比人和动物要敏感很多。人们可以根据植物所发出的"信号"来分析和鉴别环境污染的状况。这类对污染敏感而能发出"信号"的植物被称为"环境污染指示植物"或"监测植物"。利用植物的这种敏感性可以监测环境的污染。

自20世纪50年代以来,人们对环境污染指示植物开展了大量的研究,这些研究包括用植物典型症状、树皮、草本植物、附生植物等指示气体污染、粉尘和重金属污染。其中苔藓植物就是非常敏感的污染植物类群,并已广泛应用。此外,利用敏感植物监测土壤和水体的研究也已取得一定成效。

城市园林绿化是改善生态环境的重要手段,加强生态环境保护和建设是建设和谐社会的重要保证,也是建设全面小康社会的要求。

2.1.2 改善城市小气候

小气候主要指地层表面属性的差异性所造成的局部地区气候。由于城市人口多、建筑密度大、工业产业发达,因此城市的气候也受到相应的影响。与郊区的气候特征相比,城市气候有气温较高、空气相对湿度较小、日照时间短、辐射散热量少、平均风速较小、风向经常改变等特征。其影响因素除太阳辐射、温度、气流之外,还包括直接受作用层,如小地形、植被、水面、地面、墙面等。

植物叶面的蒸腾作用能降低气温,调节湿度,吸收太阳辐射,对改善城市小气候有着积极的作用。城市郊区大面积的森林和宽阔的林带、道路上浓密的行道树和城市中各种公园绿地,对城市各地段的温度、湿度和通风均能产生良好的调节效果。

1. 调节温度

影响城市小气候最突出的有物体表面温度、气温和太阳辐射,而气温对人体的影响是最主要的。人体感觉最舒适的气温为18～20 ℃,相对湿度为30%～60%。南方城市夏季气温高达40 ℃,空气湿度又很高,人们感到闷热不适;而在绿化环境中,则感觉清凉舒适,因为太阳光辐射到树冠上,一般有15%被反射,75%被吸收,只有10%透过树冠,使地面受到的辐射大为减少。被树冠吸收的大量热能主要用于植物的蒸腾作用和散热,从而改善空气的热状况。草地也有较好的降温效果,当夏季城市气温为27.5 ℃时,草地表面温度为22～24.5 ℃,比裸露地面低6～7 ℃,比沥青路表面温度低8～20 ℃(见图2-2)。据上海园林局测定,水泥地坪温度为56 ℃,一般泥土地面温度为50 ℃,树荫下地面温度为37 ℃,树荫下草地的地面温度为36 ℃。可见,绿地的地面温度比空旷广场的地面温度低20 ℃左右。

城市热岛效应是城市小气候的特征之一,也是世界很多城市的共有现象,其产生的原因有:①城市建设的下垫面使用砖瓦、混凝土、沥青、石砾等,这些材料的热容大、反照率小;②建筑林立、城市通风不良,不利于热扩散;③人口集聚,生产、生活燃料消耗量大,空气中二氧化碳浓度剧增,下垫面吸收的长波辐射增加,导致城市热岛效应。因此,改善下垫面的状况,改善气流状况,增加绿色植物的覆盖面积,是改善城市热环境的重要途径。

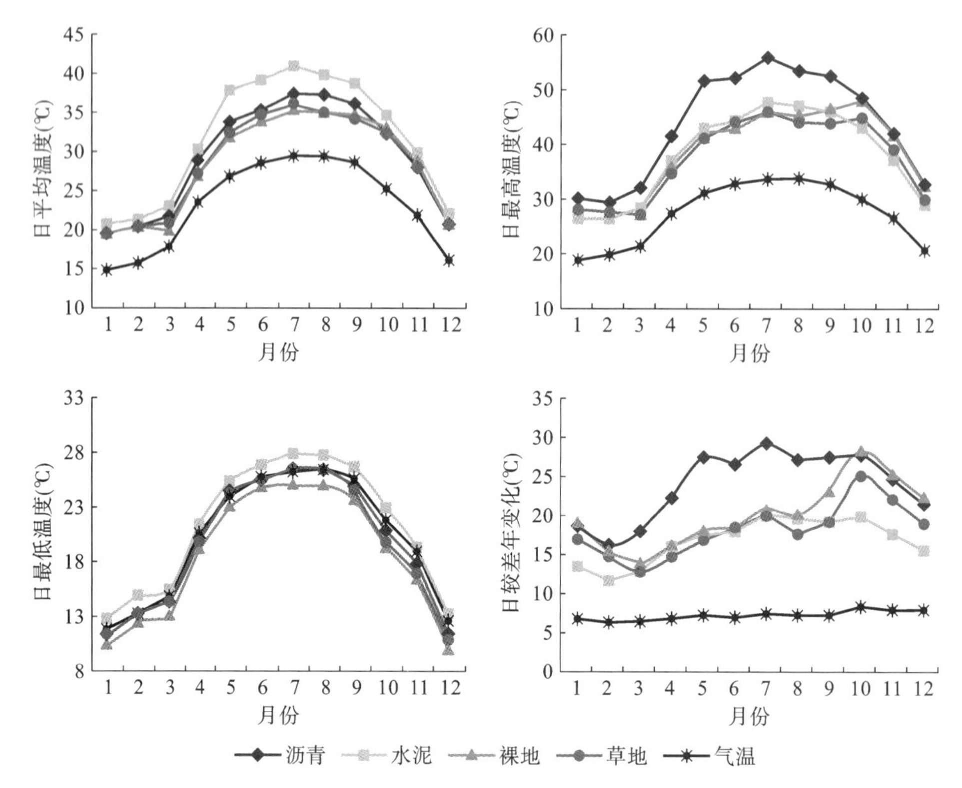

图 2-2　4 种城市下垫面地表日平均温度、日最高温度、日最低温度、日较差年变化

(资料来源:刘霞,王春林,景元书,等.4 种城市下垫面地表温度年变化特征及其模拟分析[J].热带气象学报,2011,27(3):373-378.)

研究表明,绿化覆盖率与城市热岛强度呈负相关,绿化覆盖率越高,则热岛强度越低。当一个区域绿化覆盖率达到 30%时,热岛强度开始出现较明显的减弱;当绿化覆盖率大于 50%时,热岛强度的缓解现象极其明显。面积大于 3 hm^2 且绿化覆盖率达到 60%以上的集中绿地,其内部的热辐射强度有明显的降低,与郊区自然下垫面的热辐射强度相当,即在城市中形成了以绿地为中心的低温区域。

2. 调节湿度

园林植物可通过叶片蒸发大量水分。经北京市园林局测定,1 hm^2 阔叶林夏季能蒸腾 2 500 t 水,比同样面积的裸露土地蒸发量高 20 倍,相当于同等面积的水库蒸发量。

绿色植物因蒸腾作用可以将大量水分蒸发至空气中,从而增加空气的湿度。有关试验证明,一般从根部进入植物的水分有 99.8%被蒸发到空气中。每公顷油松林每日蒸腾量为 43.6～50.2 t,每公顷加拿大白杨林每日蒸腾量为 57.2 t。

春天,树木开始生长,从土壤中吸收大量水分,然后蒸腾散发到空气中去,绿地内的相对湿度比非绿地的高 20%～30%,可以缓和春旱,有利于生产及生活。夏天,树木庞大的根系如同抽水机一样,不断从土壤中吸收水分,然后通过枝叶蒸腾到空气中去。秋天，树木落叶前，逐渐停止生长，但蒸腾作用仍在进行，绿地中的空气湿度仍比非绿地的高。

3. 调控气流

城市绿地对气流的调控作用表现在形成城市通风道及防风屏障两个方面。当城市道路及河道与城市夏季主导风向一致时，可沿道路及河道布置带状绿地，形成绿色的通风走廊，这时如果与城市周围的大片楔形绿地贯通，则可以形成更好的通风效果。一方面，在炎热的夏季，绿地可以将城市周边凉爽、清洁的空气引入城市，改善城市夏季炎热的气候状况；另一方面，在寒冷的冬季，大片垂直于冬季风向的防风林带可以降低风速，减少风沙，改善冬季寒风凛冽的气候条件（见图 2-3）。

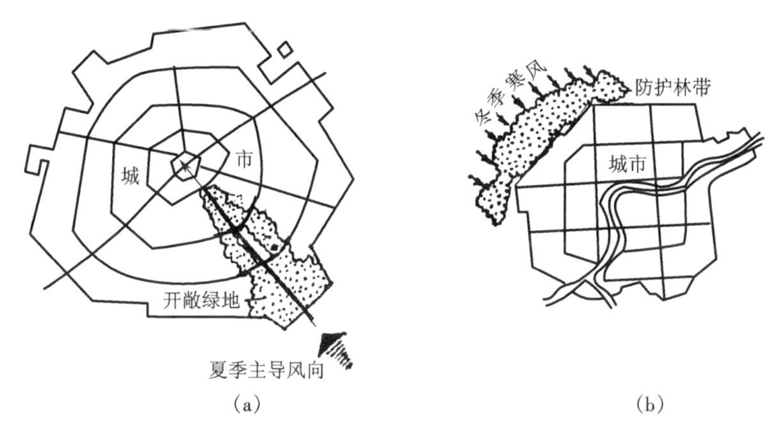

图 2-3 城市绿地调控气流

(a)城市绿地的通风作用；(b)城市绿地的防风作用

大片的林地和绿化地区能降低气温，而城市中建筑、铺装道路及广场在吸收太阳辐射后表面增热，使绿地与非绿地产生大的温差，空气密度大的低温空气向密度小的热空气流动，密度小的热空气上升，形成环流，也就是园林绿地的凉爽空气流向“热岛”的中心区。因此，绿地在平静无风时还能促进气流交换。合理的绿化布局，可改善城市通风及环境卫生状况。而在台风经常侵袭的沿海城市，多植树和多沿海岸线设立防风林带，可减小台风的破坏。

2.1.3 降低噪声

正常人耳刚能听到的声压称为听阈声压。从听阈声压到痛阈声压的变化分为120 个声压级，以分贝为单位。按国际标准，在繁华市区，白天室外噪声要小于55 dB，夜间室外噪声要小于 45 dB；一般居民区，白天室外噪声要小于 45 dB，夜间室外噪声要小于 35 dB。我国现行的国家标准为《声环境质量标准》(GB 3096—2008)和《社会生活环境噪声排放标准》(GB 22337—2008)两大标准。两大标准分别制定了五类声环境功能区的环境噪声限值和测量方法，以及营业性文化场所和商业经营活动中可能产生环境噪声污染的设备、设施边界噪声排放限值和测量方法，适用于声环境质量评价与噪声的管理、控制。其中《声环境质量标准》(GB 3096—2008)对环境噪声进行了相关规定(见表 2-2)。

表 2-2　环境噪声限值　　单位:dB

声环境功能区类别		时段	
		昼间	夜间
0 类		50	40
1 类		55	45
2 类		60	50
3 类		65	55
4 类	4a 类	70	55
	4b 类	70	60

注:①0 类声环境功能区指康复疗养区等特别需要安静的区域。

②1 类声环境功能区指以居民住宅、医疗卫生、文化体育、科研设计、行政办公为主要功能,需要保持安静的区域。

③2 类声环境功能区指以商业金融、集市贸易为主要功能,或者居住、商业、工业混杂,需要维护住宅安静的区域。

④3 类声环境功能区指以工业生产、仓储物流为主要功能,需要防止工业噪声对周围环境产生严重影响的区域。

⑤4 类声环境功能区指交通干线两侧一定区域之内,需要防止交通噪声对周围环境产生严重影响的区域,包括 4a 类和 4b 类两种类型。4a 类为高速公路、一级公路、二级公路、城市快速路、城市主干路、城市次干路、城市轨道交通(地面段)、内河航道两侧区域,4b 类为铁路干线两侧区域。

为防止噪声污染环境,可采取多种多样的技术措施。例如,采用消声、隔声、吸音技术,以控制噪声扩散;在城市中合理布置绿地,栽种树木,以消减噪声的不良影响。一般认为,阔叶树的吸声能力比针叶树要好,树木枝叶茂密、层叠错落的树冠减噪效果好,乔木、灌木、草本和地被植物构成的复层结构减噪效果明显,树木分枝低的比分枝高的减噪效果好。据调查,40 m 宽的绿化带可降低噪声 10～15 dB(见图 2-4)。南京市环保局对该市道路绿化的减噪效果进行调查,结果表明,当噪声通过由两行桧柏及一行雪松构成的 18 m 宽的林带后,噪声减少了 16 dB;通过 36 m 宽的林带后,噪声减少了 30 dB,比空地上同距离的自然衰减量多 10～15 dB。

另外,在公路两旁设乔木、灌木搭配的 15 m 宽的林带可降低噪声,快车道的汽车噪声穿过 12 m 宽的悬铃木树冠到达树冠后面的三层楼窗户时,与同距离空地相比降低 3～5 dB。

2.1.4　维持城市生物多样性

随着人们环境意识的不断提高,城市与自然和谐共处、共同发展已成为现代生活的新追求。绿地是城市中重要的自然要素,一方面,它为人们提供了接触自然、了解自然的机会;另一方面,它为一些野生动物提供了必要的生活空间,使人们在城市

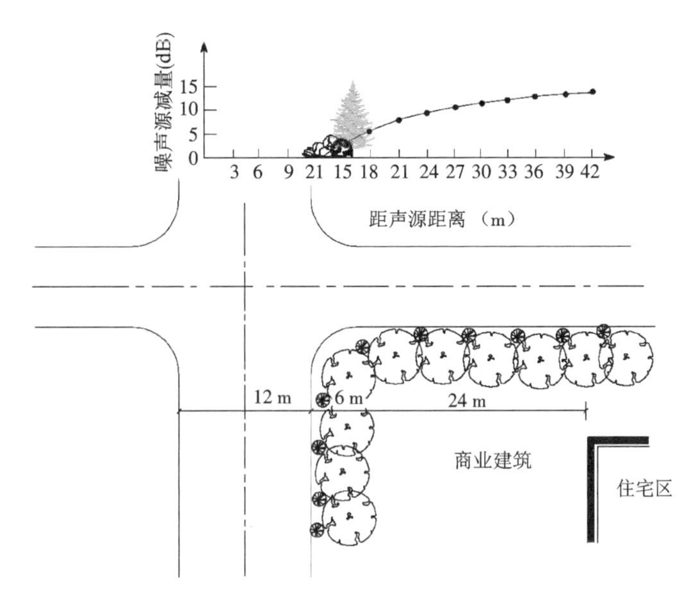

图 2-4 城市防声林示意及减噪效果

中就能体会到与动物和谐共处的乐趣。

城市中不同群落类型配置的绿地可以为不同的野生动物提供栖息的生活空间。另外，与城市道路、河流、城墙等人工元素相结合的带状绿地形成一条条绿色的走廊，保证了动物迁徙通道的畅通，提供了基因交换、营养交换所必需的空间条件，使鸟类、昆虫、鱼类和一些小型的哺乳类动物得以在城市中生存。据有关报道，在英国，由于在位于伦敦中心城区的摄政公园、海德公园内建立了苍鹭栖息区，因此伦敦中心城区已有多达 40 种鸟类自然地栖息繁衍。另外，在加拿大某些生态环境良好的城市，浣熊等一些小动物甚至可以自由地进入居民家中，与人类友好地相处。

2.1.5 防灾减灾

城市是一个不完整的生态系统，其不完整性之一表现在对自然及人为灾害的防御能力及恢复能力下降。多年的实践证明，布置城市绿地可以增强城市防灾避险的能力，其在城市防震避灾、防风固沙、涵养水源、保持水土、防御放射性污染和有利战备防空等方面具有重要作用。

1. 防震避灾

根据《城市绿地分类标准》(CJJ/T 85—2017)，城市绿地，尤其是公园绿地，应具备防止次生灾害蔓延，实现救援、疏散等灾时功能。在灾害发生数小时至数周内，综合公园、社区公园、专类公园及游园等城市绿地依据其结构特征和功能特性，基于平灾转换的原则，与非绿地形式的防灾空间结合，可承担临时医疗救护、受灾人员安置、基地物资运输等应急避难功能(见图 2-5)。

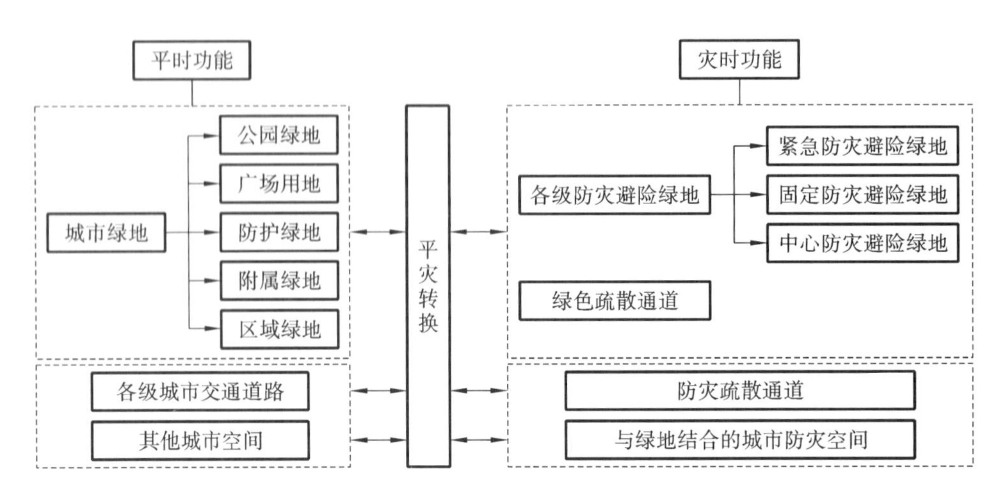

图 2-5 城市防灾空间体系平灾转换示意图

(资料来源:费文君,高祥飞.我国城市绿地防灾避险功能研究综述[J].南京林业大学学报(自然科学版),2020,44(4):222-230.有修改)

在地震、火灾等严重的自然灾害和其他突发事故、事件发生时,城市绿地可以用作避难疏散场地和救援重建的据点。地震等灾害发生后,城市绿地可以为避难人员提供避难生活空间,并确保避难人员的基本生活条件。在唐山地震、汶川地震等历次灾害中,城市绿地发挥了重要的疏散作用,并为遇难人员提供了避险的临时生活环境。事实证明,对于地震多发的城市,为防止地震灾害,城市绿地能有效地成为防灾避难场所。

地震发生后往往伴随着次生灾害——火灾的发生,大面积的绿地对防止火灾的蔓延非常有效,可以减少次生火灾的发生。植物的枝干树叶中含有大量水分,许多植物即使叶片全部烤焦,也不会发生火焰。因此城市工业中一旦发生火灾,火势蔓延至大片绿地时,可以因绿色植物的不易燃烧而受到控制和阻隔,避免给城市及居民的生命和财产造成更大的损失。1955 年日本阪神大地震在神户引发了 176 次火灾,城市的供水系统和道路系统遭到严重破坏,救火工作十分困难,但许多火烧到公园前就熄灭了,显示了公园绿地有效的隔火功能。

另外,在灾后救援与重建中,城市绿地同样发挥着重要的作用。物资分发、抢救伤员等救援活动,以及灾区运输、道路抢修等复旧活动,可以将城市绿地作为据点来进行,以利于及时开展救护,帮助城市尽快修复、重建。

根据城市绿地的避灾功能,可将绿地避灾场所分为紧急避难绿地、固定避难绿地、中心避难绿地三类。其中紧急避难绿地是灾害发生后供避难人员紧急就近避难,并供避难人员在转移到固定避难场所前进行过渡性避难的公园绿地;固定避难绿地是灾害发生后可供避难人员进行较长时间避难生活,并提供集中性救援的公园绿地,可容纳避难人员避难 10～30 d;灾害发生后的重建中可进行避难、救援,并为城市重建提供过渡安置场所等的公园绿地则称为中心避难绿地,其面积大,可容纳避难人员避难 30 d 以上。

由于绿地有较强的防震避灾作用，因此在城市规划中应充分利用这一功能，合理布置各类大型绿地及带状绿地，使城市绿地同时成为避灾场所和防火阻隔，构成一个城市避灾的绿地空间系统。为此，有的国家已经规定避灾公园的定额为每人 1 m^2。而日本提出公园面积必须大于 10 hm^2，才能起到避灾防火的作用。

承担这些防灾避险功能的城市绿地多为公园绿地或紧挨城区的区域绿地。虽然绿地具有一定的防灾避险功能，且防灾重点是地震及其次生灾害，适当兼顾其他灾害类型，但其并不能应对所有类型的灾害，仅是城市防灾减灾工作的要素之一。因此，应坚持平灾结合的原则，妥善处理好绿地的主导功能与防灾避险功能的关系。

2. 防风固沙

随着土地沙漠化问题日益严重，沙尘暴已成为影响城市环境、制约城市发展的一个重要因素。

植树造林、保护草场是防止风沙污染城市的一项有效措施。一方面，植物的根系、茎叶及匍匐于土地上的草具有固定沙土、防止沙尘随风飞扬的作用；另一方面，由多排树林形成的城市防风林带可以降低风速，从而滞留沙尘。

3. 涵养水源、保持水土

绿地能有效地防止地表径流对土壤的冲刷，保持土壤水分，增加空气湿度，减少地面反射热。

研究表明，当有自然降雨时，15%～40%的水被树林树冠截留后蒸发；5%～10%的水被地表蒸发；地表的径流量不到 1%；50%～80%的水被林地上一层厚而松的枯枝落叶所吸收后渗入土壤中，经过土壤、岩层的不断过滤后流向下坡或泉池溪涧，这就是许多山林名胜（如杭州虎跑泉，见图 2-6）水源经年不竭的原因之一。近年来实施的长江天然防护林工程，就是利用植物涵养水源、保持水土的功能，对长江的水质进行了很好的保护。太湖、洞庭湖等地一些大型水面的堤岸防护林绿地，也有

图 2-6 杭州虎跑泉

效地发挥了防风固土、减少径流冲刷的作用。

4. 防御放射性污染和有利战备防空

绿地中的树木不但可以阻隔一定量的放射性物质和辐射的传播,而且可以起到一定的过滤吸收作用,并对军事设施等起隐蔽作用。

2.2 城市园林绿地的使用功能

园林绿地历来就具有供人游憩的使用功能。我国古代的苑囿是帝王游乐的地方,一些皇家园林和私家园林则是皇家、官绅、士大夫的游憩场所。民国的一些公园是给殖民主义者和"高等华人"享用的,只有新中国成立后的公园才真正成为广大人民群众游憩娱乐的园地。

人们在紧张繁忙的劳动以后需要游憩,这是生理的需要。这些游憩活动包括安静休息、文化娱乐、体育锻炼、郊野度假等。这些活动可帮助人们消除疲劳、恢复体力、调剂生活、振奋精神、提高效率。对于儿童,可以培养他们勇敢、活泼的综合素质,有利于他们健康成长;对于老年人,则可让他们享受阳光和新鲜的空气,增进生机,延年益寿;对于残疾人,兴建专门的设施可以使他们更好地享受生活、热爱生活。

科技进步促进生产力的发展和生产效率的提高,给人类带来更多的自由时间,人类的休闲时间在不断地延长(见表2-3)。

表2-3 人类休闲时间的变化

阶　段	休闲时间	推　动　力
一万年前	10%	—
公元前6000年—公元1500年	17%	工匠和手工艺人担负了艰苦劳作
18世纪初	23%	机器化革命
20世纪90年代	41%	电力机械
21世纪	有望增加到50%	新技术的发展

人类已进入一个休闲消费时代,中国也正处在这一进程当中。从国内来看,旅游业和娱乐业蓬勃发展,从1995年5月起,我国实行5天工作制,加上元旦节、春节、清明节、劳动节等法定节假日,我国的法定休假日已达115天,如果加上带薪度假,那么全年有1/3以上的时间是休假日。旅游业已经成为国民经济新的增长点,繁荣"假日经济"已成为当今中国拉动内需、发展经济的途径之一。

著名未来预测学家格雷厄姆·T.T.莫利托认为,休闲是全球经济发展的五大推动力中的第一引擎。新千年的若干趋势使得"一个以休闲为基础的新社会有可能出现",发达国家进入"休闲时代",休闲在人类生活中扮演着更为重要的角色。

因此,绿地规划中应顺应这一趋势作出相应的安排,也就是要在园林绿地的游憩功能上采取相应措施:第一,要建设好居民区周围的绿地环境,使居民住在清洁、优美、舒适的环境中，满足居民第一层次的需求；第二，利用一些大的公园，或专业公园及郊区的度假区，或风景名胜区的绿化，满足人们周末度假休闲的需要；第三，要提供“亲近大自然，放松心情”的好去处，满足“黄金周”的休闲需要。

园林绿地中的游憩活动一般分为动、静两类(见表2-4)，动的活动又可分为主动的和被动的两种。通常，青少年多喜欢动的游憩活动，老年人多喜欢静的游憩活动。但随着人们物质生活水平的提高及身体素质的增强，不少中老年人亦可选择一些动的游憩活动，例如散步、登山等。

表2-4 园林绿地游憩活动表

游憩活动类型	游憩活动内容	
动态	体育活动	田径、球类、划船、滑冰、滑雪、登山、狩猎等
	游乐活动	攀越障碍、游戏、射箭、打靶、野营、高速惯性车、转轮、浪船、秋千、滑梯、小火车等
静态	摄影、绘画、音乐、棋艺、钓鱼、散步、品茶等	

2.2.1 满足日常休息娱乐活动

丹麦著名的城市设计专家扬·盖尔(Jan Gehl)在他的《交往与空间》一书中将人们的日常户外活动分为三种类型，即必要性活动、自发性活动和社会性活动。必要性活动是指上学、上班、购物等日常工作和生活事务活动。这类活动必然发生，与户外环境质量好坏关系不大。而自发性活动和社会性活动则是指人们在时间、地点、环境合适的情况下，有意愿参加或有赖于他人参与的各种活动。这两类活动的发生有赖于环境质量的好坏(见表2-5)。人们日常的休息娱乐活动属于后两种活动类型，需要适宜的环境载体。这些环境包括城市中的公园、街头小游园、城市林荫道、广场、居住区公园、小区公园、组团院落绿地等城市绿地。这些活动可以帮助人们消除疲劳、恢复体力、调剂生活、促进身体及精神的健康，是人们身心得以放松的很好方式。

表2-5 户外活动与物质环境质量之间的关系

户外活动类型	物质环境的质量	
	差	好
必要性活动	●	●
自发性活动	●	●

续表

户外活动类型	物质环境的质量	
	差	好
社会性活动("连锁性"活动)	●	●

注:"●"的大小表示相关程度,"●"越大表示相关程度越大。

2.2.2 观光及旅游

旅行游览也属于主动性游乐。随着城市中各种环境问题的加剧以及人们生活压力的增加,现代人对于自然的渴望越来越强烈。同时,随着交通事业的突飞猛进,国际交往日趋频繁,国际和国内旅游事业发展很快。

我国的风景区,无论是自然景观还是人文景观,均非常丰富,现有园林绿地的艺术水平也很高,因此我国被誉为"世界园林之母"。桂林山水、黄山奇峰、泰山日出、峨眉秀色、庐山避暑、青岛海滨、西湖胜境、太湖风光、苏州园林、北京故宫、长安古都等均是历史上著名的美景,也是国内外游客十分向往的景观,这些都是发展旅游事业的优越条件。

2.2.3 休养基地

城市郊区的森林、水域或山地等区域往往景色优美、气候宜人、空气清新、水质纯净,对于饱受城市环境污染和快节奏工作压力的现代人来说,这些地方无疑是缓解压力、恢复身心健康的最好休息场地。可以利用风景优美的绿化地段,来建设为居民服务的休养基地,或从区域规划的角度,充分利用某些特有的自然条件,如海滨、水库、高山、矿泉、温泉等,统一考虑休养基地的布局,在休疗养区中结合体育和游乐活动,建成一个特有的绿化地段。

2.2.4 文化宣传及科普教育

城市园林绿地还是进行绿化宣传及科普教育的场所。园林绿地是城市居民接触自然的窗口,通过园林绿地,人们可以获得许多自然学科的知识,得到自然辩证法的教育。

在城市综合公园、居住公园等绿地中设置展览馆、陈列馆、宣传廊等,以文字、图片形式对相关文化知识进行宣传,同时利用这些绿地空间举行各种演出、演讲等活动,以生动形象的活动形式,寓教于乐地进行文化宣传,可以提高人们的文化水平,改善人们的精神面貌。

另外,一些主题公园可以有针对性地围绕某一主题介绍相关知识,让人们直观、系统地了解与该主题相关的知识，这样不仅可以开阔人们的视野，还可以使人们有亲身体验的机会，丰富人们的生活经历。

2.3 城市园林绿地的景观形象功能

绿地系统包容的自然地理结构和地貌特征是城市所独有的；绿地系统中的地带性植物及其构成的生态系统必然具有地方特色；历史文化遗迹及其所处环境的优化，连同传统的人文景观，将它们都组织进绿地系统中来，必将充分反映地方的文脉和特征。这些自然文化因素融合、交汇，连续反复贯穿于市域，成为城市景观明亮的主旋律，形成城市独有的风貌特色。城市园林绿地对城市景观的形象窗口作用主要通过道路、边界、标志物、区域特征、节点等来体现。

2.3.1 道路

道路主要指运动网路，如街道、河流等。道路具有连续性和方向性，给人以动态的连续印象，是进入市区后的主要印象。植物多变的色彩及优美起伏的林冠线为建筑群进行衬托，丰富建筑群的轮廓线及景观，使建筑群更具魅力，从而使整个城市给人们留下更深刻和美好的形象。例如，林荫路、滨水路及退后红线的前庭绿地，均能产生美感；道路绿化使用规则而简练的连续构图，可以获得良好的效果；在曲折的道路中采用自然丛植可以获得自然山野情趣。因此，在城市绿地的规划设计中，应特别注意道路绿化与建筑群体的关系，通过合理的设计及植物配置，使绿色植物与建筑群体成为有机的整体。

2.3.2 边界

边界主要指城市的外围和各区间外围的景观效果。形成边界景观的方法很多，可利用空旷地、水体、森林等形成城郊绿地，作为保护良好的自然边界。

在边缘地带有大水体或河流的城市，多利用自然河湖作为边界，并在边界上设立公园、浴场、滨水绿带等，以形成环境优美的城市面貌，使通过水路进入城市的人们产生良好的第一印象。

2.3.3 标志物

城市标志物是构成城市景观的重要内容，它必须具有独特的造型，与背景产生强烈的对比，以及具有重要的历史意义，从而形成特色。

一般城市标志物最好位于城市中心的高处，通过仰视观赏排除地面建筑物的干扰。对于有开阔水面的城市，利用水面景观标志物往往也能获得较好的效果。城市各条道路均以标志物为对景，同时可利用道路引入海风，在功能和景观上均能获得较好的效果，如杭州的六和塔。

2.3.4 区域特征

在城市景观中,不同功能分区的景观效果不同。工业区、商业区、交通枢纽、文教区、居住区景观各异,应保持其特色,而不应混杂,这样可创造出丰富多彩的城市景观效果。

由于空间特征、建筑类型、色彩、绿化效果、照明效果等条件的不同,景观体现出不同的特点。因此,在不同的功能区绿地景观设计中,应根据不同的环境条件营造富有特色的区域园林绿地景观群落,以此形成不同区域的城市特色。

2.3.5 节点

节点多是城市景观视线的焦点,有的节点甚至可以是整个城市或区域的中心点。节点是一个相对广泛的概念,可能是一个城市的中心区,也可能是一个广场、一个公园。

城市中心是由于历史原因形成的,大多为商业服务中心或政治中心。中心地带的标志物多为具有纪念意义的建筑物,为了永久地保存它们,会在其周围划出一定的保护地带进行绿化,使之成为公园、纪念性绿地及绿化广场等。中心点不同于城市标志物,它主要构成城市平面图的中心,而城市标志物主要构成空间的视线焦点,但城市中心点和标志物常常位于同一地段。

知识点拓展

【本章要点】

本章阐述了城市园林绿地在改善城市生态环境、树立城市景观形象、提高居民生活品质、防灾避灾等方面的功能作用,明确了城市园林绿地对于改善城乡人居环境的重要作用。

【思考与练习】

2-1 城市园林绿地的功能表现在哪些方面?

2-2 城市园林绿地净化空气主要有哪些方面?

2-3 列举园林植物净化水体和土壤的作用。

2-4 列举对二氧化硫、氯气、氟化氢抗性强的树种。

2-5 列举吸滞粉尘强的树种。

2-6 人们为什么把空气负离子称为“空气的维生素”?

2-7 简述城市园林绿地是如何减弱城市“热岛效应”的。

2-8 简述城市园林绿地在降低城市噪声方面的作用。

2-9 简述城市园林绿地的文教游憩功能。

2-10 简述城市园林绿地的景观形象功能。

3 城市绿地系统规划的内容与方法

进入21世纪以来，我国城市园林绿地建设发展迅速。编制城市绿地系统规划逐渐成为各个城市都非常重视的一项城乡规划工作，高质量规划、建设和管理城市绿地成为协调城乡生态环境、提升城市人居环境水平、完善城市服务功能的有效方式之一。

近30年来，城市绿地系统规划建设逐步从以城区为主体向城乡一体化转变。在“山水林田湖草是一个生命共同体”“绿水青山就是金山银山”的生态文明理念指导下，坚持城乡统筹，以绿色生态空间为主体构建城乡一体的绿地生态网络，划定生态控制线，保障区域和城市生态安全，为人民群众提供更加丰富的生态系统服务，已经成为城市绿地系统规划和城市绿地建设的重要理念与实践内容。

根据上述发展趋势和全新规划理念，城市绿地系统规划实际上包括了市域绿地系统规划和城区绿地系统规划两个层级的内容。

3.1 城市绿地系统规划的编制要求和内容

3.1.1 基本要求

根据我国城市规划建设的具体情况，城市绿地系统规划编制的基本要求如下。

①根据城市总体规划对城市性质、规模、发展条件等的基本规定，在国家有关政策和法规的指导下，确定市域和城区绿地系统建设的基本目标与布局原则。

②根据城市的经济发展水平、环境质量、人口数量、用地规模，研究市域和城区绿地系统建设的发展速度与水平，拟定市域和城区绿地系统的各项规划指标。

③在城市总体规划的指导下，研究城市地区自然生态空间的可持续发展容量，结合城市现状、气候、地形、地貌、植被、水系等条件，合理安排整个城市的绿地系统，合理选择与布局市域和城区的各类绿地。经与城市规划有关的各行政主管部门协商后，确定绿地的建设位置、范围、面积和基本绿化树种等规划要素，划定在城市总体规划中必须保留或补充的、不可进行建设的生态景观绿地区域。

④提出对市域和城区现状绿地的整改、提高意见，提出规划绿地的分期建设计划和重要项目的实施安排。

⑤编制城市绿地系统的规划图纸与文件。对于近期重点建设的城市绿地，还需要明确其性质、规模、建设时间、投资规模等，以作为进一步详细设计的规划依据。

3.1.2 主要内容

根据国家《城市绿地系统规划编制纲要(试行)》(建城〔2002〕240 号)和《城市绿地规划标准》(GB/T 51346—2019),城市绿地系统规划应包括以下主要内容。

1. 城市概况、市域绿色空间管控评价及城市绿地现状评价

①城市概况包括自然条件、社会条件、环境状况和城市基本概况等。

②市域绿色空间管控评价指对市域范围内划定的生态控制区的管控效果评价,评定各类建设行为和生产、生活行为对生态控制区的侵占及破坏程度。

③城市绿地现状评价包括对市域和城区内各类绿地现状的统计分析、城市绿地的发展优势与动力、城市绿地存在的主要问题与制约因素等。

2. 规划总则

规划总则包括规划编制的背景与意义、规划依据、规划原则、规划期限、规划范围、指导思想等。

3. 规划目标与规划指标

规划目标和规划指标应近、远期结合,与城市定位、经济社会及园林绿化发展水平相适应。

4. 市域绿色生态空间统筹

市域绿色生态空间主要是识别绿色生态空间要素、划定生态控制线、对绿色生态空间提出分级分类管理策略,并根据管控需求在生态控制线内明确严格管控范围。

5. 市域绿地系统规划

市域绿地系统规划主要阐明市域绿地系统的布局和市域绿地的分类规划,构筑以城区为核心、覆盖整个市域、城乡一体化的绿地系统。

6. 城区绿地系统规划

城区绿地系统规划主要阐明城区绿地系统的布局,达到与市域绿色空间的有机贯通,构建城绿协调的有机网络体系。

7. 城区绿地分类规划

城区绿地分类规划分述各类城区绿地的规划原则、规划内容(要点)和规划指标,并确定相应的基调树种、骨干树种和一般树种的种类。

8. 树种规划

树种规划主要阐述树种规划的基本原则,确定城市所处的植物地理位置,确定相关技术经济指标,选定基调树种、骨干树种和一般树种,对市花、市树进行选择,并提出建议等。

9. 生物多样性保护规划

生物多样性保护规划包括生物多样性的总体现状分析、生物多样性保护与建设的目标和指标、生物多样性保护的层次与规划(含物种、基因、生态系统、景观多样性规划等)、生物多样性保护的措施与生态管理对策、珍稀濒危植物的保护对策等。

10. 古树名木保护规划

古树名木保护规划主要明确古树名木及其后备资源名录、位置和保护级别，提出保护目标和措施。

11. 绿线规划

绿线规划主要针对城市重要的综合公园、专类公园和防护绿地划定绿线。

12. 防灾避险功能绿地规划、绿地景观风貌规划、生态修复规划及立体绿化规划等

根据城市的实际需要，可以增加防灾避险功能绿地规划、绿地景观风貌规划、生态修复规划及立体绿化规划等规划内容。

13. 分期建设规划

分期建设可分为近、中、远三期。应根据城市绿地自身的发展规律与特点来安排各期规划目标和重点项目。近期建设规划应提出规划目标与重点，具体建设项目、规模和投资估算；中、远期建设规划的主要内容包括建设项目、规划和投资匡算等。

14. 规划实施措施

规划实施措施分别按法规性、行政性、技术性、经济性和政策性等措施进行论述。

15. 附录与附件

附录与附件包括现状调研资料成果分析和专题研究成果报告等。

3.1.3 编制成果

城市绿地系统规划的规划成果文件一般包括规划文本、规划图纸、规划说明和规划附件四个部分。其中，依法批准的规划文本与规划图纸具有同等法律效力。规划成果文件应复制多份，报送各有关部门，作为今后的执行依据。

1. 规划文本

规划文本以条款的形式出现，要求简洁、明了、重点突出。规划文本的主要内容包括规划总则、规划目标与指标、市域绿色生态空间统筹、市域绿地系统规划、城区绿地系统规划、城区绿地分类规划、树种规划、生物多样性保护规划、古树名木保护规划、防灾避险功能绿地规划、绿地景观风貌规划、生态修复规划、立体绿化规划、绿线规划、分期建设规划及规划实施措施等。

2. 规划图纸

规划图纸主要包括以下图纸。

①区位分析图。

②现状系列图（包括城市综合现状图、古树名木和文物古迹分布图、市域绿地分布现状图、城区绿地分布现状图等）。

③市域绿色生态空间布局图。

④市域绿地系统规划结构图。

⑤市域绿地系统规划总图。

⑥市域绿地分类规划系列图(包括生态保育绿地规划图、风景游憩绿地规划图、区域设施防护绿地规划图、生产绿地规划图等)。

⑦城区绿地系统规划结构图。

⑧城区绿地系统规划总图。

⑨城区绿地分类规划系列图(包括公园绿地规划图、防护绿地规划图、广场用地规划图、附属绿地规划图)。

⑩防灾公园规划总图。

⑪近期绿地建设规划图。

⑫其他需要表达的规划意向图(如城市绿线管理规划图、城市绿道规划图、城市重点地区绿地建设规划方案等)。

城市绿地系统规划图件的比例尺应与城市总体规划相应图件的比例尺基本一致,并标明风玫瑰;城市绿地分类现状图和分类规划图,在大城市和特大城市中可分区表达。为方便信息化管理,规划图件还应制成 Auto CAD 或 GIS 格式的数据文件。

3. 规划说明

规划说明是对规划文本和规划图纸的详细说明、解释和阐述,篇幅一般比规划文本长,对规划内容的阐述比文本更为详细。除规划文本规定的基本内容外,规划说明通常还包括城市概况、市域绿色生态空间管控评价和城市绿地现状评价等内容。

4. 规划附件

规划附件包括相关的基础资料调查报告、规划专题研究报告、分区绿化规划纲要、城市绿线规划管理控制导则和重点绿地建设项目规划方案等。

3.1.4 基础工作

1. 资料收集与整理

资料收集与整理是城市绿地系统规划的重要基础工作之一,收集的主要资料如表 3-1 所示。

表 3-1 城市绿地系统规划基础资料类别

资料类别	资料内容
自然条件资料	地形图:图纸比例为 1∶20 000～1∶5 000,通常与城市总体规划图比例一致
	气象:历年与逐月的气温、湿度、降水量、风向、风速、风力、日照、霜冻期、冰冻期等
	地质、地貌、水文:地质、地貌、河流及其他水体水文资料,泥石流、地震、火山及其他地质灾害等
	土壤:土壤类型、土层厚度、土壤物理及化学性质,不同土壤的分布情况、地下水深度等

续表

资料类别	资料内容
社会条件资料	历史人文：城市发展历史、典故、传说、文物保护对象、名胜古迹、革命旧址、历史名人故址，各种纪念地的位置、范围、面积、性质、环境情况及用地可利用程度等
	社会经济发展：城市社会经济发展战略、国内生产总值、财政收入、产业产值状况、城市特色资料等
	城建及规划：城市建设现状与规划资料、用地及人口规模、道路交通系统现状与规划、城市用地评价、城市土地利用总体规划、风景名胜区规划、旅游规划、农业区划、农田保护规划、林业规划及其他相关规划等
市域绿地资料	概况：现有各类市域绿地的位置、范围、面积、性质、植被状况及建设状况
	风景游憩绿地：风景名胜区、森林公园、湿地公园、郊野公园等的位置、面积及开发保护状况
	生态保育绿地：自然保护区、水源保护区、湿地保护区、公益林、水体防护林、生态修复地、生物物种栖息地等的位置、面积与保护保育状况
	区域设施防护绿地：各级公路、铁路、输变电设施、环卫等区域交通设施，区域公用设施周边的防护隔离绿化用地的位置、面积、建设与保护情况
	生产绿地：各类苗圃、花圃、草圃等圃地的位置和面积，苗木的种类、规格和生长情况，绿化苗木的出圃率、自给率情况等
	河湖水系：市域内现有河湖水系的位置、流量、流向、面积、深度、水质、库容、卫生、岸线情况及可利用程度
	管控与实施：市域绿色生态空间的统筹与管控情况、各种市域绿地的建设与保护情况
城区绿地资料	绿地率与绿化覆盖率：城区内现有城市绿地率与绿化覆盖率现状
	适宜绿化用地：城区内适于绿化而又不宜建造建筑的用地位置与面积
	公园绿地：现有各类公园绿地的位置、范围、性质、面积、游人量、主要设施、建设年代、经营及使用情况、人均面积指标等
	防护绿地：城区各种防护绿地的分布及建设情况、面积等
	广场用地：城区各种广场用地的分布及建设情况、总面积、人均面积指标等
	附属绿地：各类附属绿地的位置、植物种类、面积、建设及使用情况、调查统计资料等
	城市环境质量与环保：主要污染源的分布及影响范围、环保基础设施的建设现状与规划、环境污染物的治理情况、生态功能分区及其他环保资料

续表

资料类别	资料内容
动植物物种资料	植物:当地自然植被物种调查资料,现有各种城市绿地绿化植物的种类及其对生长环境的适应情况(含乔木、灌木、陆地花卉、草类、水生植物等),附近地区城市绿化植物种类及其生长环境的适应情况,市域及城区内主要植物的病虫害情况,当地有关园林绿化植物的引种驯化及园林科研进展情况等,市域及城区内古树名木的数量、位置、名称、树龄、生长状况等资料
	动物:鸟类、昆虫及其他野生动物和鱼类及其他水生动物等的数量、种类、生长繁殖状况、栖息地状况等
绿化管理资料	建设管理机构:机构名称、性质、归属、编制、规章制度建设情况等
	行业从业人员:职工基本人数、专业人员配备、科研与生产机构设置等
	绿化维护与管理:最近5年内投入城市绿化的资金数额、专用设备、绿化管理水平等
其他相关资料	文字及图件:历年积累的绿地调查资料、城市绿地系统规划图纸和文字、城市规划图、航空图片、卫星遥感图片、电子文件等
	绿地指标:现有各类绿地的面积和比例等,人均公园绿地面积指标、每个游人所占公园绿地面积、游人量等

2. 绿地现状调研

城市绿地现状调研,是编制城市绿地系统规划过程中十分重要的基础工作。调研所收集的资料要求准确、全面、科学,通过现场踏勘和资料分析,掌握市域绿色空间的管控状况,了解和掌握城市绿地空间分布的属性、绿地的建设与管理信息、绿化树种的构成与生长质量、古树名木的保护情况等,找出城市绿地系统的建设条件、规划重点和发展方向,明确城市发展的基本需求和工作范围。只有在认真调查的基础上,才能全面掌握城市绿地现状,并对相关影响因素进行综合分析,作出实事求是的现状评价。具体调研内容如下。

1)城市绿地空间属性调查

①组织专业队伍,依据最新的市域和城区地形图、航测照片或遥感影像资料进行外业现场踏勘,在地形图上复核和标注出现的各类城市绿地的性质、范围、植被状况与权属关系等各项要素。

②对有条件的城市(尤其是大城市和特大城市),要尽量采用卫星遥感等先进技术进行现状绿地分布的空间属性调查分析,同时进行城市热岛效应研究,以辅助绿地系统空间布局的科学决策。

③将外业调查所得的现状资料和信息汇总整理,进行内业计算,分析各类绿地的汇总面积、空间分布及树种应用状况,找出存在的问题,研究解决的办法。

④城市绿地空间分布的调查属于现状调查的工作目标，是完成城市绿地现状图和绿地现状分析报告的根据。

2）城市绿地植被状况调查

城市绿地植被状况调查主要包含以下两方面的工作内容。

①外业：规划范围内全部园林绿地的现状植被调查和应用植物的识别、登记（见表 3-2 至表 3-4）。

②内业：将外业工作成果汇总整理并输入计算机；查阅国内外有关文献资料，进行市区园林绿化植物应用现状分析。

表 3-2　城市绿地植被现状调查表（示例一）

填报单位：　　　　　　　　　　　　地形图编号：

编号	绿地名称或地址	绿地类别	绿地面积/m^2	调查区域内应用植物种类		
				乔木名称	灌木名称	地被及草坪名称

填表人：　　　　　　　联系电话：　　　　　　　填表日期：

表 3-3　城市绿地植被现状调查表（示例二）

填报单位：

城市绿地分类统计内容		公园绿地	防护绿地	广场用地	附属绿地	区域绿地
		G1	G2	G3	XG	EG
面积/m^2						
区域内植物种类	乔木名称					
	灌木名称					
	地被及草坪名称					

填表人：　　　　　　　联系电话：　　　　　　　填表日期：

表 3-4　城市绿化应用植物品种调查卡片（示例）

区名：　　　　地名：　　　　绿地类型：　　　　调查综述：

种名	科名	植物形态			生长状况			株数	丛数	面积/m^2	病虫害	
		乔木	灌木	草本	优良	一般	较差				有	无

调查日期：　　年　　月　　日　　　　　调查人：

3）古树名木保护状况评估

城市古树名木的保护现状评估，是编制古树名木保护规划的前期工作，主要内容包括以下几个方面。

①实地调查市区中市政府颁令保护的古树名木的生长状况，了解符合条件的保护对象的情况。

②对未入册的保护对象开展树龄鉴定等科学研究。

③对树龄超过50年(含)的古树名木后备资源进行普查、建档、挂牌，并确定保护责任单位和责任人。

④整理调查结果，提出现状存在的主要问题。

具体工作步骤如下。

①制订调查方案，进行调查地分区，并对参加工作的调查员进行技术培训和现场指导，以使其掌握正确的调查方法，要求如下。

a. 根据古树名木调查名单进行现场测量调查、照相，并填写调查表的内容(见表3-5)。

表3-5　城市古树名木保护调查(示例)

<table>
<tr><td>区属：</td><td colspan="3">详细地址：</td><td>电脑图号：</td></tr>
<tr><td>编号：</td><td>树种：</td><td>树龄：</td><td>颁布保护时间：</td><td>批次：</td></tr>
<tr><td>树高：</td><td>胸径：</td><td colspan="3">冠幅：　m(东西)；　m(南北)</td></tr>
<tr><td colspan="2">生长势:好中差</td><td colspan="3">病虫害情况：</td></tr>
<tr><td rowspan="3">立地状况</td><td colspan="4">古树周围30 m半径范围内是否有危害古树的建筑或装置(烟道)等：</td></tr>
<tr><td colspan="4">树干周围的绿地面积：</td></tr>
<tr><td colspan="4">其他：</td></tr>
<tr><td>已采取的保护措施</td><td>保护牌：</td><td>围栏：</td><td colspan="2">牵引气根：</td></tr>
<tr><td colspan="5">其他情况：</td></tr>
<tr><td colspan="2">照片编号：</td><td colspan="3">拍摄人：</td></tr>
<tr><td colspan="2">树木全貌
(照片粘贴处)</td><td colspan="3">树干立地环境
(照片粘贴处)</td></tr>
</table>

记录人：　　　　　　　　调查日期：

b. 拍摄树木全貌和树干立地环境照片至少各一张。

c. 调查树木的生长势、立地状况、病虫害状况，测量树高、胸径、冠幅等数据。

调查的具体内容和方法如下。

a. 生长势，对叶色、枝叶的繁茂程度等进行评估。

b. 立地状况，调查古树 30 m 半径范围内是否有危害古树名木的建筑、装置，以及地面覆盖水泥等硬质材料的情况。

c. 已采取的保护措施，如是否挂保护牌、是否建围栏、是否牵引气根等。

d. 病虫害危害，按病虫害危害程度的分级标准进行评估。

e. 树高，用测高仪测定。

f. 胸径，在距地面 1.3 m 处进行测量。

g. 冠幅，分别测量树冠在地面东西和南北方向的投影长度。

②根据上述工作要求，由专家和调查员对各调查区内的古树名木进行现场踏勘。

③收集整理调查结果，进行必要的信息化技术处理，分析城市古树名木的保护现状，撰写有关报告。

④组织有关专家对调查结果进行论证。

4）绿地现状分析与评估

城市绿地现状分析与评估应基于上版规划的实施情况、城市绿地的发展状况及存在的问题进行综合分析，其基本内容和要求如下。

①研究市域绿色生态空间统筹与管控执行情况。

②研究市域绿地（包括风景游憩绿地、生态保育绿地、区域设施防护绿地、生产绿地）的保护与建设情况。

③全面分析城区绿地率、绿化覆盖率、人均公园绿地面积、公园绿地服务半径覆盖的情况和分级配置等主要绿地指标状况。

④研究城市各类建设用地布局情况、分析绿地规划建设的有利与不利条件、分析城区绿地系统布局现状及规划实施状况，从而拟出城区绿地系统布局应采取的发展结构。

⑤研究城区公园绿地、广场用地对城市人口的饱和量，研究公园绿地与广场用地的发展、建设和管养水平，反馈城市建设用地的规划用地指标和比例是否合理，并提出调整意见。

⑥研究城区防护绿地、道路绿化、古树名木保护、防灾避险功能绿地的建设情况。

⑦结合城市环境质量调查、热岛效应研究等相关专业的工作成果，了解城市中主要污染源的位置和影响范围，各种污染物的分布浓度及自然灾害发生的频度与强度，对照城市居民生活和工作适宜度的标准，对现状城市环境的质量作出单项或综合优劣程度的评价。

⑧对照国家有关标准、法规文件的绿地指标规定和国内外同等级绿化先进城市的建设、管理情况，检查城区绿地的现状，找出存在的差距，分析差距产生的原因。

⑨分析城市风貌特色与园林艺术风格的形成因素，提高城市绿地规划的目标。

现状综合分析工作的基本原则是科学精神与实事求是相结合,评价意见务求准确到位。既要充分肯定多年来已经取得的绿化建设成绩,也要充分分析现存的问题与不足之处。特别是在绿地调查所得汇总数据与以往上报的绿地建设统计指标有出入的时候,应认真分析误差出现的原因,作出科学合理的调整。必要时,可以通过规划论证与审批的法定程序,对以往误差较大的统计数据进行更正。

只有摸清了家底、找准了问题,深究清楚原因,得出正确结论,才有可能从规划上统筹解决问题、改进现状、理出思路。

3.2 市域绿色生态空间统筹

3.2.1 市域绿色生态空间的内涵

市域绿色生态空间是包括市域内重要的生态资源、生态空间及维持生态流动和生物多样性网络格局在内的空间系统,是城市赖以维护生态安全的本底条件,必须进行科学有效的识别和保护,以便充分发挥其以生态为主体的多元功能。

从过往和当前的规划建设管理经验来看,不断蔓延增加的城乡开发建设是影响市域生态安全的根本因素。市域绿色生态空间统筹应与涉及各类建设行为和生产、生活行为进行空间布局的空间政策范围进行统筹协调。

3.2.2 市域绿色生态空间的统筹要点

1. 相关概念

1)市域绿色生态空间统筹

市域绿色生态空间统筹即通过识别整合绿色生态空间要素、明确生态控制线划定方案、提出分级分类管控策略、制定保护管控措施,以限制绿色生态空间内部的城乡建设行为,促进绿色生态空间与城镇空间、生产空间的协调。其中,生态控制线的划定是绿色生态空间统筹过程中非常关键的环节。明确生态控制线划定方案,需要根据各地的实际情况,具体确定生态控制线的绿色生态空间要素类型,以及各类要素叠加后的空间范围边界。

2)生态控制线

生态控制线指以严格的生态保护为目标,在市域内划定的重要生态空间的边界。生态控制线内的地区为生态控制区,以生态保护红线、永久基本农田保护红线为基础,包括具有重要生态价值的山地、森林、河流、湖泊等现状生态用地和水源保护区、自然保护区、风景名胜区等法定保护空间。对生态控制线实施管控,其本质上是对各类建设行为和生产、生活行为进行严格管理,换言之,就是对土地开发权的一种限制性规定。

3）生态保护红线

《生态保护红线划定指南》（环办生态〔2017〕48号）中明确，生态保护红线指在生态空间范围内具有特殊重要生态功能、必须强制性严格保护的区域，是保障和维护国家生态安全的底线和生命线，通常包括具有重要水源涵养、生物多样性维护、水土保持、防风固沙、海岸生态稳定等功能的生态功能重要区域，以及水土流失、土地沙化、石漠化、盐渍化等生态环境敏感脆弱区域。

4）永久基本农田保护红线

永久基本农田是为保障国家粮食安全和重要农产品供给，实施永久特殊保护的耕地，由自然资源主管部门划定。永久基本农田保护红线按照一定时期人口和社会经济发展对农产品的需求，依法确定的不得占用、不得开发、需要永久性保护的耕地空间边界。

5）城镇开发边界

城镇开发边界是在一定时期内因城镇发展需要，可以集中进行城镇开发建设，重点完善城镇功能的区域边界，涉及城市、建制镇及各类开发区等。

2. 理论基础与技术手段

市域绿色生态空间统筹的理论基础与技术手段，包括麦克哈格的“千层饼模式”理论、景观生态学中的“廊道—斑块—基质”理论、斯坦尼兹的生态安全格局理论等。其中，生态安全格局分析是大尺度生态规划最为常用的技术手段，景观生态学中的“廊道—斑块—基质”是生态安全格局和生态网络构建的重要理论基础，而生态安全格局和生态网格构建是开展市域绿色生态空间统筹的前提条件。

3. 统筹要点与相关规定

①市域绿色生态空间统筹应以保护市域重要生态资源、维护城市生态安全、统筹生态保护和城乡建设格局为目标，识别绿色生态空间要素，明确生态控制线的划定方案和管控要求，保护各类绿色生态空间。

②市域绿色生态空间统筹应与主体功能区规划、土地利用规划、环境保护规划、生态保护红线、永久基本农田保护红线、城镇开发边界等相协调。

③市域绿色生态空间统筹应根据自然地理特征、生态本底条件、自然保护地分布、生态格局发展演化的趋势和面临的主要风险，分析区域水文、生物多样性、地质灾害与水土流失、自然景观资源等主要内容的生态因子和生态过程，识别生态系统服务功能的重要性、生态环境敏感的绿色生态空间要素及其空间分布。

a. 区域水文过程分析：应识别对流域雨洪安全、水源保护地、地下水补给、湿地保护等具有重要价值的空间区域。

b. 生物多样性保护分析：应根据本地生态系统的特点，综合考虑生物物种的代表性、受威胁状况及其在生态系统中的地位，确定生物多样性保护安全格局分析的指示物种；应通过对指示物种的栖息地适应性分析，根据指示物种水平迁徙规律的缓冲区和廊道分析，确定生物保护安全格局，包括指示物种的栖息地核心生境、缓冲区、迁徙廊道和踏脚石等。

c. 地质灾害与水土流失防治分析:应分析和识别泥石流、崩塌、滑坡、地裂缝的易发区和危险区,以及水土流失敏感区域。

d. 自然景观资源保护分析:应识别各类自然和人文风景资源集中分布的空间区域,根据资源特征和价值重要性划分等级,并识别各类以休闲游憩为主要功能的绿色开敞空间之间的联系路径。需对风景资源进行视觉保护的,可开展视觉安全格局分析。

④市域绿色生态空间统筹应根据绿色生态空间要素及其空间分布,提出生态控制线的划定方案和分级分类管控策略,并根据管控需求,在生态控制线内明确严格管控的范围。生态控制线划定方案宜符合表 3-6 中的要求。

⑤生态控制线的分级管控应遵循叠加从严的原则。生态控制线范围内不得规划集中连片的城市建设用地,严格管控范围内不得规划布局与绿色生态空间要素主导功能定位不符的用地和建设项目。

表 3-6 生态控制线及其严格管控范围的生态空间要素一览表

生态空间要素类型		生态空间要素	严格管控范围的生态空间要素
大类	小类		
生态保育	水资源保护	饮用水地表水源一、二级保护区和地下水源一级保护区	饮用水地表水源和地下水源一级保护区
	河流湖泊保护	河道、湖泊管理范围及其沿岸的防护林地	河道、湖泊管理范围及其沿岸必要的防护林地
	林地保护	国家和地方公益林、其他需要保护的林地	国家和地方公益林
	自然保护区	自然保护区	自然保护区的核心区、缓冲区
	水土保持	①水土流失严重、生态脆弱的地区,水土流失重点预防区和重点治理区; ②25°以上的陡坡地、其他禁止开垦坡度以上的陡坡地	①水土流失重点预防区和重点治理区; ②25°以上的陡坡地、禁止开垦坡度以上的陡坡地
	湿地保护	国家和地方重要湿地、其他需要保护的湿地	国家和地方重要湿地
	生态网络保护	①根据生态安全格局研究确定的为保证市域、城区和城市生态网络格局完整的区域; ②对于重要生物种群的生存和迁徙具有重要意义,需要保护的生态廊道、斑块和踏脚石	—

续表

生态空间要素类型		生态空间要素	严格管控范围的生态空间要素
大类	小类		
生态保育	其他生态保护	其他根据生态系统服务重要性评价、生态环境敏感性和脆弱性评价等科学评估分析，确定的生态敏感区和生态脆弱区	依据相关规范性文件、相关规划的要求，分析确定的生态极敏感和高度敏感区域，以及生态安全分析低安全格局的区域
风景游憩	风景名胜区	风景名胜区的一级保护区和二级保护区	风景名胜区的核心景区
	森林公园	各级森林公园	森林公园的珍贵景物、重要景点和核心景区
	国家地质公园	国家地质公园的地质遗迹保护区、科普教育区、自然生态区、游览区、公园管理区	地质公园中地质遗迹保护区的一级区、二级区和三级区
	湿地公园	国家湿地公园和城市湿地公园	①国家湿地公园的湿地保育区、恢复重建区； ②城市湿地公园的重点保护区、湿地展示区
	郊野公园	郊野公园	郊野公园的保育区
	遗址公园	遗址公园	遗址公园内的文物保护范围
防护隔离	地质灾害隔离	地质灾害易发区和危险区、地震活动断裂带及周边用于生态抚育和绿化建设的区域	地质灾害危险区、地震活动断裂带中用于生态抚育和绿化建设的区域
	环卫设施防护	环卫设施防护林带	法律法规、标准规范确定的环卫设施防护林带的最小范围
	交通和市政基础设施隔离	①公路两侧的建筑控制区及其外围的防护绿地； ②铁路设施保护区及其外围的防护绿地； ③高压输电线走廊等电力设施保护区及其外围的防护绿地	①公路两侧的建筑控制区； ②铁路设施保护区； ③法律法规、标准规范确定的高压输电线路走廊等电力设施保护区的最小范围
	自然灾害防护	防风林、防沙林、海防林等自然灾害防护绿地	作为生态公益林的自然灾害防护绿地

续表

生态空间要素类型		生态空间要素	严格管控范围的生态空间要素
大类	小类		
防护隔离	工业、仓储用地隔离防护	工业、仓储用地卫生或安全防护距离中的防护绿地	法律法规、标准规范确定的工业、仓储用地卫生或安全防护距离中的防护绿地的最小范围
	蓄滞洪区	经常使用的蓄滞洪区	蓄滞洪区的分洪口门附近和洪水主流区域
	其他防护隔离	其他为保证城市公共安全,以规避灾害、隔离污染、保证安全为主要功能,以绿化建设为主体,严格限制城乡建设的区域	其他法律法规、标准规范确定的防护隔离绿地的最小范围
生态生产	生态生产空间	集中连片达到一定规模,并发挥较大生态功能的农林生产空间	—

3.3 市域绿地系统规划

随着我国城市绿地系统规划实践工作不断地深入发展,业内普遍认为,城市绿地系统建设不仅要关注城市内部的绿地,更要关注城市外围大环境地区的绿化生态建设。与之相对应,城市绿地系统规划必然包括市域和城区两个空间层次的内容。在《城市绿地系统规划编制纲要(试行)》(建城〔2002〕240 号)和《城市绿地规划标准》(GB/T 51346—2019)中,都明确规定了市域绿地系统规划是城市绿地系统规划的重要组成部分。

3.3.1 市域绿地的内涵与特点

1. 市域绿地的内涵

目前,我国对于“市域绿地”的定义和分类,尚无相关标准及规范作出明确的解说。《城市绿地系统规划编制纲要(试行)》(建城〔2002〕240 号)在规定市域绿地系统规划的内容时,只是明确了需要“阐明市域绿地系统规划结构布局和分类发展规划,构筑以中心城区为核心,覆盖整个市域,城乡一体化的绿地系统”,并没有对“市域绿地”的范围、定义和分类给出具体解释。

根据国家标准《城市规划基本术语标准》(GB/T 50280—1998)的规定,“市域”指城市行政管辖的全部地域。学术界一般认为,“市域绿地”指在整个市域范围内所有自然、人工绿化的区域,包括森林、水域、湿地、风景名胜区、自然保护区和以农业生产为主的耕地、园地、林地、果园、牧草地等。它覆盖了广大市域范围内所有非城镇建设用地，即城市行政管辖区域内“城市规划区”范围以外的全部绿地。

在《城市绿地分类标准》(CJJ/T 85—2017)中提出了“区域绿地”的概念，其定义为“位于城市建设用地之外，具有城乡生态环境及自然资源和文化资源保护、游憩健身、安全防护隔离、物种保护、园林苗木生产等功能的绿地”，包括风景游憩绿地（如风景名胜区、森林公园、湿地公园、郊野公园、其他风景游憩绿地）、生态保育绿地、区域设施防护绿地、生产绿地等（不包括耕地）。从上述定义可以看出，区域绿地已经突破了传统的城市用地范围，所包含的内容延伸到了整个市域范围内的各种大型绿地、湿地、林地等，且与学术界对“市域绿地”的讨论较为一致，因此可将区域绿地理解为市域绿地。这种绿地在改善城市大生态环境、维系城市生态安全格局、保护生物多样性等方面均具有重要的作用。

2. 市域绿地的特点

与城区绿地相比，市域绿地具有以下明显的特点。

1）面积大

市域绿地分布于城市建成区的外围地带，大多不纳入城市建设用地范围。就整体而言，市域绿地单块绿地的面积及绿地的总面积均比城区绿地大得多。

2）类型多

市域绿地包括森林、水域、湿地、风景名胜区、自然保护区，以及以农业生产为主的耕地、园地、林地、果园、牧草地等，类型较为复杂。在生物多样性保护方面，城区绿地无法与之相比。

3）生态效益突出

面积巨大的森林是城市的“肺”，大面积的湿地是自然的“肾”，市域绿地的状况对城市气候有着直接影响，是整个市域的生态支撑体系及安全屏障。

4）产业效益明显

市域绿地内可开展农业、林业、旅游业等各类生产活动，它担负着为社会提供农副产品的生产任务。通常情况下，城区绿地在产业效益上不作过多要求。

3.3.2 市域绿地的功能与规划建设意义

1. 市域绿地的功能

与城区绿地相比较，市域绿地表现出特有的功能，特别是在维系城市生态安全格局、保护生物多样性及绿地生产功能的发挥等方面，具有城区绿地不可比拟的优势。具体而言，主要表现在以下方面。

1）生态安全功能

市域绿地的主体是各类天然和人工植被，以及各类水体和湿地，它们对涵养水源，保持水土，固碳释氧，缓解温室效应，吸纳噪声，降尘，降解有害物质，提供野生生物栖息地和迁徙廊道，保护生物多样性，抵御洪、涝、旱、风灾及其他灾害对城市的破坏，提供城乡发展的缓冲和隔离空间，调控城市的拓展形态等，均具有极为重要的功能。

2) 产业经济功能

园地、林地和草地是市域绿地的重要组成部分,它们数目巨大,产业经济功能是它们的首要功能,它们能在较短的时间内为人类提供衣食住行所需的产品或原材料。例如,植树造林的林地可以为人类提供大量的木材和燃料。

另外,市域绿地的产业经济功能还表现在通过改善投资环境带动周边土地增值上。绿地创造的良好空间环境能带动绿地周边土地普遍升值,这种升值甚至超过了绿地植物本身所产生的经济效益。

3) 游憩活动功能

随着社会的进步,回归自然、营造天人合一的人居环境已成为现代都市人追求的时尚,城市居民越来越需要多样的游憩活动及空间。

随着城市用地的日益紧张,考虑到现代人出行休闲需求以及游憩行为规律,单一的城市公园绿地已经不能满足人们的要求,城市居民不仅仅需要日常近距离的活动场所,同时也需要较远距离的多种选择和多样体验。将市域绿地或绿地周边开辟成能为居民提供游憩类活动的绿地(如风景名胜区、郊野公园、森林公园、湿地公园等),已经成为许多城市在进行绿地规划建设过程中,对城市游憩绿地资源的最佳补充和完善。

通过在市域范围内进行总体布局,形成从社区到城区,再延伸到近郊区的三层游憩绿地布局模式,构建多元化及多层次的游憩绿地格局,可为城乡居民提供内容多样、功能齐全、生态良好、环境优美的绿地,满足城乡居民在绿地中游览、休闲、运动、娱乐、保健、学习的需要,形成多元景观特色以适应居民不同的游憩活动要求。

2. 市域绿地的规划建设意义

市域绿地的规划建设意义重大、影响深远,主要体现在以下几个方面。

1) 维系生态安全格局,构建合理的生态网络

做好市域绿地系统的规划建设,有利于维系区域内在长期历史岁月中形成的地貌骨架和山水格局,构建安全稳定的生态网络,促进城乡自然生态系统和人工生态系统的有机协调。

2) 优化城乡空间结构,塑造合理的发展形态

市域绿地的规划与建设,可以有效地阻隔快速城市化过程中的城市无序扩展、恶性蔓延和环境的不断退化。通过大型绿地的合理布局,可逐步引导城乡空间形态向合理化方向转变,促进城市的集约发展。

3) 提升区域环境质量,实现城乡的可持续发展

市域绿地是区域性基础设施不可或缺的组成部分,是推动区域协调发展的重要保障。做好市域绿地系统的规划建设,有利于形成一个分布合理、相互联系、永久保持的绿色开敞空间系统,有利于提升区域环境质量,实现资源的永续利用和城乡的可持续发展。

4）利于实施区域管控，落实强制性内容

在市域绿地系统的规划与建设中，“绿线”的严格控制和保护，有利于将规划管理的重点从项目引向区域空间管制工作的落实；从而把城市规划管理的范围从“狭小”的城市延伸到周边“巨大”的市域，突出地体现了规划的宏观调控作用。

3.3.3 市域绿地系统规划的主要内容

根据《城市绿地规划标准》(GB/T 51346—2019)，市域绿地系统规划的主要内容如下。

①明确市域绿地系统的规划原则与目标。

②确定市域绿地系统布局。

③构建兼有生态保育、风景游憩和安全防护功能的市域绿色生态网络。

④明确市域绿色生态空间管控措施。

⑤提出重要区域绿地规划指引，以及下一级行政单元的绿地系统规划重点。

3.3.4 市域绿地系统的规划原则与规划目标

1. 市域绿地系统的规划原则

根据市域环境和用地的实际状况，为实现上述规划目标，改善城乡环境，实现城乡可持续发展，市域绿地系统规划应突出以下基本原则。

1）生态优先原则

市域绿地不同于城区绿地，其规划必须坚持生态优先的原则，在生态环境的保护与修复、生物多样性的保护、对区域环境的整体调控、构建区域生态安全格局等方面给予足够重视。

2）公平合理原则

城市以外广大的市域面临着多层面、多系统、多渠道的利益平衡问题，且问题错综复杂，其绿地系统的规划必须兼顾社会、经济和环境的整体效益，必须公平地满足城乡之间的发展需求。

3）城乡一体原则

城乡同属一个大循环系统，城市的发展离不开农村的支撑，“三农”问题的解决依赖于城市的发展。因此，市域绿地系统的规划应改变只重视城市发展的传统观念，应重视城乡整体功能的完善和协调，确保二者平衡发展。

2. 市域绿地系统的规划目标

市域绿地系统规划的总体目标是通过主导市域空间结构的构建，营造人与自然和谐统一的理想境界。从宏观上说，市域绿地系统的规划目标大致分为以下三个方面。

1）保护自然生态环境，修复废弃退化土地

保护自然生态环境，修复退化和被破坏的自然环境，实现城乡良性循环，促进人类聚居环境和自然的共生,保障、促进、引导城乡可持续发展。

2) 构建绿地网络体系,优化城镇空间结构

通过市域绿地系统规划,达到在市域范围内形成统一的绿地生态网络系统,并以此来优化和引导城镇空间形态的有序拓展,防止(特)大城市建成区的无序蔓延,阻止相邻的城镇连成一片。

3) 创造宜人城乡环境,促进当地经济发展

利用乡村的环境优势,构建与城市建设体系相平衡的自然生态体系,改善城市环境,为市民提供高质量的文化休闲场所,为城市发展创造一个良好的生态环境。

通过市域绿地系统规划,调整农村产业结构,发展绿色产业,促进当地的经济发展,提高农民的收入和生活水平,把绿化和农民致富结合起来。

3.3.5 市域绿地系统的布局

市域范围内存在的不确定因素太多,各地的经济发展水平、自然环境状况千差万别,市域绿地系统布局不可能也不应该有固定或现成的模式,具体布局应该视市域内的各种实际情况而定。

一般而言,市域绿地系统布局应该突出系统性、完整性与连续性,同时重点考虑:构建市域风景游憩体系应科学保护、合理利用自然与人文景观资源,构建绿地游憩网络;构建市域生态保育系统体系应尊重自然地理特征和生态本底,构建“基质—斑块—廊道”的绿地生态网络;构建城市安全防护体系应该统筹城镇外围和城镇间绿化隔离地区、区域通风廊道和区域设施防护绿地,建立城乡一体的绿地防护网络。

1. 影响布局的因素

夏祖华等(1997)认为,市域绿化系统的多元特征、动态特征及它同城市的交织特征,决定着它的结构布局受到多方面因素的影响,它涉及社会、经济、技术、地理、生态、人文等各个领域。在很大程度上与该城市的自然地理、城市形态、用地结构、经济结构等有关,是一项综合性系统工程。所以,研究影响布局的生态因子,是市域绿地科学布局的前提。

根据刘纯青(2008)的研究,有关市域绿地系统规划布局的影响因素,包括以下几个方面。

1) 自然人文资源

自然环境因素是影响市域绿地结构布局的基础条件,它制约着城市的性质和规模,决定着城市的发展方向、形态、结构和功能,也孕育和塑造了城市的特色和魅力。每一个地区、每一座城市都存在着与周边地域不同的历史文化和人文精神,这是人们精神文化生活长期积淀的结果,是一个地方宝贵的精神财富。在高度发达的信息时代,保存地方文化特色显得弥足珍贵。因此,市域绿地系统规划要尊重并顺应城乡自然与人文的原有格局,分析影响格局的多种因素,或疏或导、或扬或弃,优化组合。

2）城市空间结构

城市空间结构指城市各功能区的地理位置及其分布特征的组合关系，它是城市功能组织在空间地域上的投影，也是千百年来各种城市活动作用力下物质环境演变的表现，是市域绿地系统规划必须尊重的基本要素。

市域绿地系统布局模式在诸多方面影响着城市形态的发展。因此规划前首先要考虑市域特有的地理环境、地形、地貌、水文、地质、城市自然风貌等，体现地区特色。同时，市域绿地系统的结构布局又受现有城市空间结构的制约，故而结构布局模式应符合城市空间布局形态。

3）城市发展方向

市域绿地系统规划的主要功能就是主导市域的空间结构，实现市域层面的有机空间组织优化布局，这种布局应该与城市发展战略方向保持一致。规划时应从宏观层面明确城市发展战略对市域绿地的定位和需求，绿地系统规划应如何满足城市发展的需求，进而推动城市的环境建设，使城市发展与绿地规划相辅相成、相互促进。

总之，绿地系统布局只有同时充分考虑与自然人文资源、城市发展方向和城市空间结构的有机融合，以绿地系统布局来引导城市规划与城市布局，将绿色空间作为城市的有机组成部分纳入规划体系，贯彻绿地系统主导城市空间布局的思想，才能真正体现城市的特色，引导城市的可持续发展。

2. 市域绿地系统规划的布局方法

刘纯青（2008）认为，市域绿地的布局可以根据某一主导因素来进行分类和总结，具体方法如下。

1）以自然空间为主导的布局方法

（1）概述

该布局方法以规划区的山、水、林、田、湖、草、海等限定的自然空间特征为主要依据，划定绿地范围，利用绿色廊道等规划手段将它们联系起来，成为绿色网络体系。

（2）实例

以《广州市绿地系统规划（2020—2035）》的布局为例，该规划从大市域出发，依托山、水、林、田、湖、海资源本底，整合优化自然保护地体系，保护南亚热带地区生物种质资源，充分保护和建设修复生态空间，建设“森林环城、绿廊织城、公园满城”的美丽绿色生态空间，构筑以自然资源集中分布区域为生态源地、以重要自然公园为生态节点、以生态廊道网络为纽带的“九片、六核、八廊”的市域绿色生态空间网络，共同构成多层次、多功能的复合型网络式生态廊道体系（见图 3-1）。

案例

（3）特点

该布局方法能最大限度地与城市自然生态特征相协调，能以较少的投入获得最大的绿地综合效益，规划区的原有自然格局能得到较好的保护，适用于自然生态特征明显的城市。

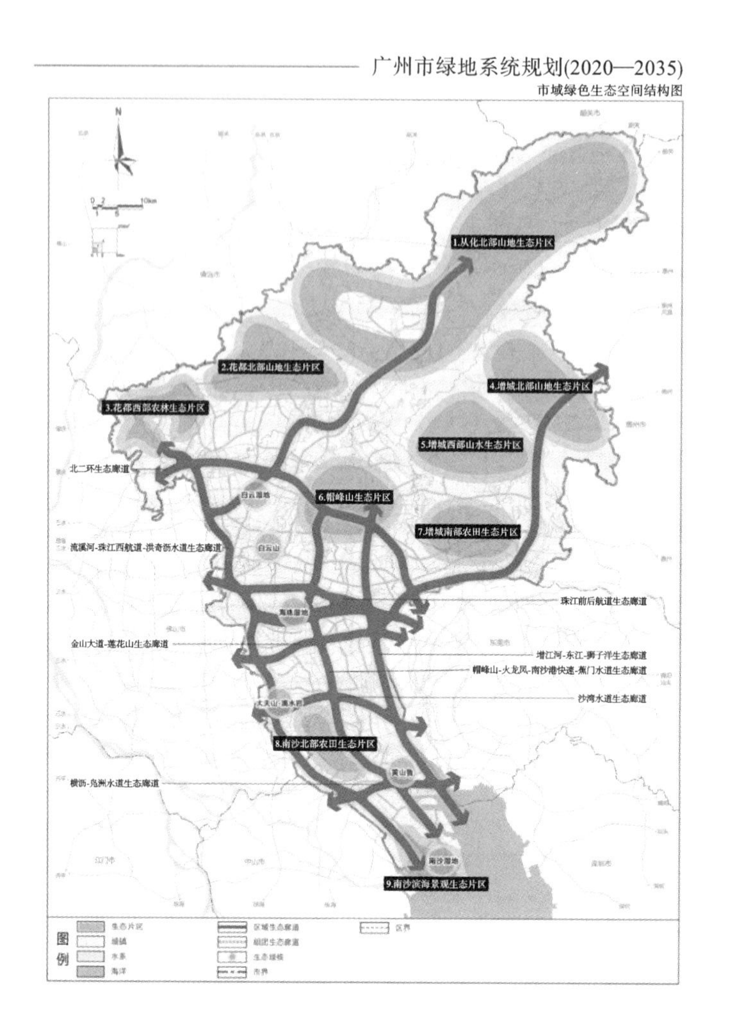

图 3-1 广州市市域绿地系统规划图

2）以绿地功能为主导的布局方法

（1）概述

该布局方法以绿地的功能为依据，根据各类绿化要素在生态、景观、游憩、经济等方面的不同作用，有机组合、科学匹配，充分发挥不同功能类型绿地的合力，形成绿地系统的最佳结构。张晓佳(2006)根据不同类型绿地的功能差异，分别探讨了控制建设绿地、游憩活动绿地、生态保护绿地三种类型绿地的布局方式。控制建设绿地主要采用楔形控建绿地的形式，以形成引导城市发展的空间走向；游憩活动绿地的规模，根据距离城区的远近采用近小远大的布局模式，重点强调其相对城市的均匀分布，为居民提供就近的游憩活动空间；生态保护绿地的布局重点在于挖掘规划区内自然资源及可形成规模的线性空间，形成网络化结构。三者组合最终形成了城市规划区范围内的绿地系统的结构(见图 3-2)。

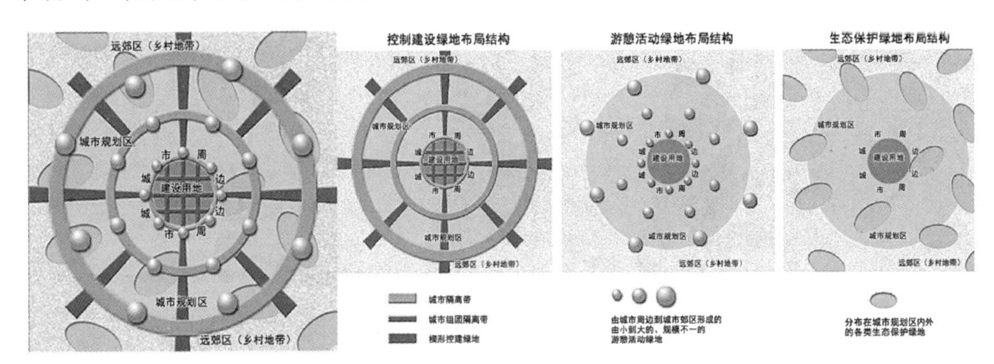

图 3-2 城市规划区绿地系统结构模式图

(2) 实例

深圳的绿地系统布局就是采用的该布局方法。规划布局突破了传统绿地系统规划中的“点、线、面”布局方式,在市域和城区两个层面上,从绿地的生态性、景观性和人文性三大功能入手,将城市绿地系统分解为生态型绿地子系统、游憩型绿地子系统、人文型绿地子系统三大部分,构筑多层次、多结构、多功能的市域绿地系统结构。其中,生态型绿地子系统由“区域绿地—生态廊道体系—城市绿化空间”所组成,游憩型绿地子系统由“郊野公园—城市公园—社区公园”等组成的公园体系为主,而人文型绿地子系统则由表现地区文化特色的人文景点、风景名胜、历史遗迹等组成。

(3) 特点

该布局方法最大的特点是能促进绿化与土地使用在功能上的联系,能最大限度地满足不同景观的最佳布局方式。

3) 以城市发展模式为主导的布局方法

(1) 概述

该布局方法是以城市发展形成的基本形态作为市域绿地系统结构布局的主要依据,在充分尊重城市基本格局的某些关键要素的组成及重大城市设施的空间分布形式的前提下,决定市域绿地系统的结构布局。

(2) 实例

最有代表性的实例是丹麦首都哥本哈根的手指状城市结构布局(见图 3-3)。由于该市早在郊区实行了铁路电气化,为城市发展走廊的伸展提供了物质条件,城市由中心沿铁路交通线路向外进行轴向开拓,犹如五根“手指”由中心区向外延伸,形成手掌形城市布局。由于在轴间留有大片开放空间,于是绿地系统规划注重在“手指”与“手指间”楔入绿地及农田等绿色基础设施,形成指状绿地布局形态。

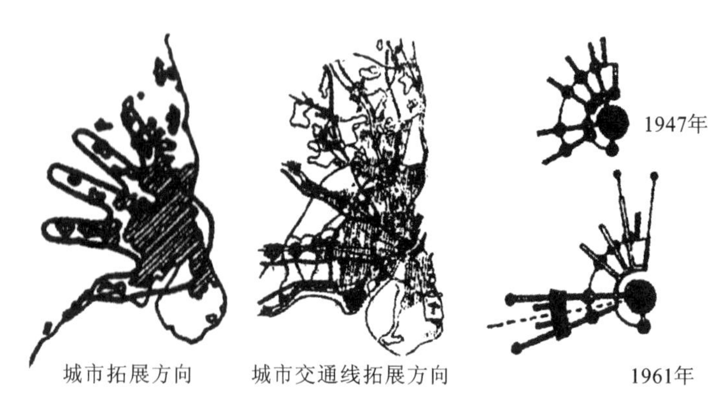

图 3-3 哥本哈根城市手掌形布局

(3) 特点

该布局方法能较好地顺应城市协调发展的需求,建设适应并促进城市发展的绿地系统,保证城市经济、社会的高效发展。这种布局方法适用于城市空间结构明显、城市建筑颇具特色的城市。该方法的运用应处理好城市发展与自然山水格局之间的关系。

4) 以景观生态学为主导的布局方法

(1) 概述

该布局方法强调景观生态学的运用,通过对绿地景观要素的组成及其功能的详细分析,形成"斑块—廊道—基质"的系统建设,构建绿色网络体系。

(2) 特点

该布局方法充分遵循景观生态学的相关原理,对各景观要素进行分类,进行优化配比与构建,使城市绿地体系在空间布局上呈现均匀分布态势,形成完善的绿地服务体系,能较好地发挥各景观要素的生态效益。

3.3.6 市域绿地的分类规划

根据《城市绿地分类标准》(CJJ/T 85—2017),区域绿地(EG)包括风景游憩绿地(如风景名胜区、森林公园、湿地公园、郊野公园、其他风景游憩绿地等)、生态保育绿地、区域设施防护绿地、生产绿地等(不包括耕地),并规定城镇开发边界内规划人均区域绿地的面积不小于 20 m^2。上述类型绿地的规划要求如下。

1. 风景游憩绿地(EG_1)

构建风景游憩绿地体系是市域绿地系统规划的重要内容,依托各类自然和人文资源发展建设多元类型的郊野游憩空间,并通过绿道、绿廊整合联络。

市域风景游憩绿地体系的规划应整合风景名胜区、郊野公园、森林公园、湿地公园、野生动植物园等绿色空间,结合城镇和交通网络布局,提出风景旅游布局结构策略,优化区域绿道、绿廊及游憩网络体系。

风景游憩绿地选址应优先选择自然景观环境良好、历史人文资源丰富、适宜开展自然体验和休闲游憩活动，并与城区之间具有良好交通条件的区域。风景游憩绿地规划应遵循保护优先、合理利用的原则，协调与城镇发展建设的关系。

在规划指标方面，市域人均风景游憩绿地面积不应小于 20 m^2，其中城镇开发边界内不应小于 10 m^2。

1）风景名胜区

风景名胜区选址和边界的确定应有利于风景名胜资源及其环境的完整性，便于保护管理和游憩利用。

2）森林公园

森林公园选址应有利于保护森林资源的自然状态和完整性，单个森林公园的规划面积不宜小于 50 hm^2。

3）湿地公园

湿地公园选址应有利于保护湿地生态系统的完整性、湿地生物的多样性和湿地资源的稳定性，有稳定的水源补给保证，应充分利用自然、半自然水域，可与城市污水、雨水处理设施相结合。单个城市湿地公园的规划面积宜大于 50 hm^2，其中湿地系统面积不宜小于公园面积的 50%。城市湿地公园规划应以湿地生态环境的保护与修复为首要任务，兼顾科学、教育和游憩等综合功能。

4）郊野公园

郊野公园应选址于城区近郊公共交通条件便利的区域，并有利于保护和利用自然山水地貌，维护生物多样性。单个郊野公园的规划面积宜大于 50 hm^2；应规划配备必要的休闲游憩和户外科普教育设施，不得安排大规模的设施建设。

5）绿道体系

绿道体系规划应以自然要素为基础，串联风景名胜区、历史文化名镇名村、旅游度假区、农业观光区、特色乡村等城乡休闲游憩空间，构建兼顾生态保育功能和风景游憩功能的城乡绿色廊道体系。

2. 生态保育绿地（EG_2）

生态保育绿地是市域中承担生态保育功能的核心区域，包含自然保护区、湿地保护区、生态公益林、水源涵养林、水土保持林、防风固沙林、生态修复绿地、特有和珍稀生物物种栖息地等各类需要保护培育生态功能的区域。其规划应遵循以下规定。

①严格保护自然生态系统，维护生物多样性。

②不得缩小已有保护地的规模和范围。

③不得降低已有保护地的生态质量和生态效益。

④培育和修复生态脆弱区、生态退化区的生态功能。

3. 区域设施防护绿地（EG_3）

城区外的铁路和公路两侧应设置区域设施防护绿地，宽度不应小于现行国家标准《城市对外交通规划》（GB 50925—2013）规定的隔离带宽度，具体控制指标如下。

1）铁路

高速铁路两侧隔离带控制宽度从外侧轨道中心线向外不应小于50 m，普通铁路干线两侧隔离带控制宽度从外侧轨道中心线向外不应小于20 m，其他线路两侧隔离带控制宽度从外侧轨道中心线向外不应小于15 m。

2）公路

公路两侧隔离带规划控制宽度根据城市规划、公路等级、车道数量、环境保护要求和建设用地条件合理确定。城镇建成区外公路红线宽度和两侧隔离带规划控制宽度应符合表3-7的要求。

表3-7　城镇建成区外公路红线宽度和两侧隔离带规划控制宽度

公路等级	高速公路	一级公路	二级公路	三级公路	四级公路
公路红线宽度/m	40～60	30～50	20～40	10～24	8～10
公路两侧隔离带规划控制宽度/m	20～50	10～30	10～20	5～10	2～5

城外的公用设施外围、公用设施廊道沿线宜参照相关防护距离的要求，规划布置区域设施防护绿地。

4. 生产绿地(EG_4)

1）确定规划指标

近年来，生产绿地的发展呈现出市场化和郊区化的发展趋势。为了满足城市绿化对苗木的需求，政府相关部门需要从宏观层面在市域范围内对生产绿地进行统筹安排，积极引导生产绿地的良性发展，并根据城市绿化的用苗量合理配置苗木花草的生产、培育，以及引种、驯化试验的各类苗圃、花圃、草圃，优先保障城市园林绿化专用永久性苗圃。

在指标方面，要求生产绿地总面积不宜低于规划城市建设用地总面积的2%。生产绿地可以在建设用地范围之内布局，也可在建设用地范围之外布局。

2）明确选址要求

①生产绿地要求邻近苗木用地，交通方便，有足够的劳动力资源和电力供应，特别是要有良好的自然环境条件。

②圃地应当具有地势平坦、土壤疏松、排灌方便等特点。土壤以土层深厚的砂壤土、壤土或黏壤土为宜，PH以6～7.2为好。圃地要有充足的水源，排水良好。

③苗圃选址应避开风口、水淹及霜害严重的地方，病虫害蔓延之地更不宜。

④苗圃区划以能保证苗木质量、便于经营管理和操作为原则。

3）拟定发展计划

①拟定苗圃用地指标及分期建设指标。

②确定苗圃的规模和发展特色。

③规划苗木的数量、质量和种类(包括新品种的培育、引种、驯化等工作计划)。

④苗圃投资估算及资金来源渠道。

⑤苗圃建设项目的可行性分析。

⑥苗圃与科研、旅游产业等结合的发展设想。

3.3.7 市域绿地的规划实践

在我国许多城市的绿地系统规划中，均进行了市域绿地系统规划的实践，并取得了一定的效果。现将上海、深圳两个城市的市域绿地系统规划简述如下。

1. 上海市

为了满足上海市作为现代化国际大都市的发展需求，上海市在2002年组织编制了《上海市城市绿地系统规划(2002—2020)》。该规划中有关市域绿地系统规划的内容如下。

1）规划特点

①将市域作为一个整体进行规划，而中心城和非城市化地区仅仅是整体中的一部分。

②根据绿化生态效应最优与城市主要风向频率的关系，结合农业产业结构调整，采取点状、环状、网状、楔状、放射状、带状相结合的布局形态，形成“主体”“网络”与“核心”相互作用的市域绿化大循环。

③按各类绿地的功能进行布局，包括生态保护功能、美化功能、观赏功能、教育功能、服务功能、生产功能等。

2）规划原则

①体现可持续发展的思想，强调人口、资源、环境协调发展，创建人与自然和谐的生态环境。

②体现大都市圈发展的思想，规划城乡一体的绿化体系。

③体现以人为本的思想，提高居住环境质量和绿化水平，满足市民生活需求。

3）规划目标

根据上海市城市总体规划，按照人与自然和谐的原则，规划上海城乡一体、各种绿地衔接合理、生态功能完善稳定的市域绿地系统。

4）市域绿地总体布局

城市化地区以各级公园绿地为核心，郊区以大型生态林地为主体，以沿“江、河、湖、海、路、岛、城”的绿地为网络，形成“主体”“网络”与“核心”相互作用的市域绿地大循环。市域绿地总体布局为“环、楔、廊、园、林”，使城在林中，人在绿中，为建设“林中上海、绿色上海”奠定基础(见图3-4、图3-5)。

①“环”——环形绿化：指市域范围内呈环状布置的城市功能性绿带，包括中心城环城绿带和郊区环线绿带，总面积约为242 km^2。

②“楔”——楔形绿地：指中心城外围向市中心楔形布置的绿地，共有8块，分别为桃浦、吴中路、三岔港、东沟、张家浜、北蔡、三林塘地区等，控制用地面积约为69.22 km^2。

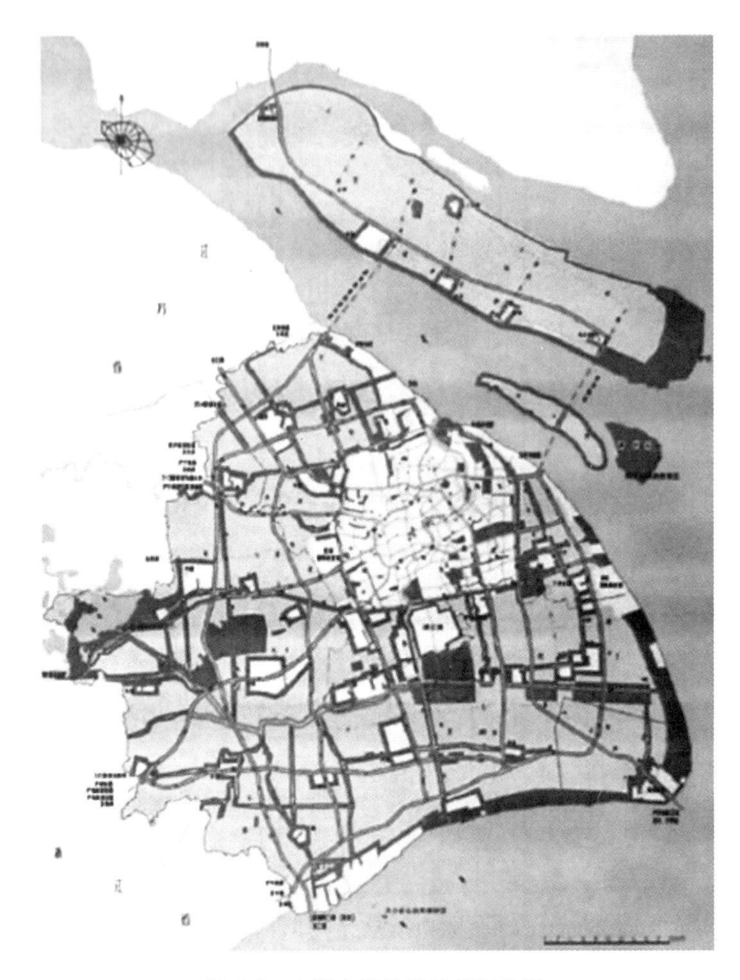

图 3-4　上海市绿地系统规划总图

③“廊”——防护绿廊：为沿城市道路、河道、高压线、铁路线、轨道线及重要市政管线等布置的防护绿廊，总面积约为320 km^2。

④“园”——公园绿地：指以公园绿地为主的集中绿地。它包括三部分，一是中心城公园绿地，二是近郊公园，三是郊区城镇公园绿地和环镇绿地，总面积约为221 km^2。

⑤“林”——大型林地：指非城市化地区对生态环境、城市景观、生物多样性保护有直接影响的大型片林生态保护区、旅游风景区及大型林带等，总面积约为671.1 km^2。

2. 深圳市

为了适应深圳市国际化大都市的发展需求，深圳市组织编制了《深圳市城市绿地系统规划(2004—2020)》。规划中有关市域绿地系统规划的内容如下。

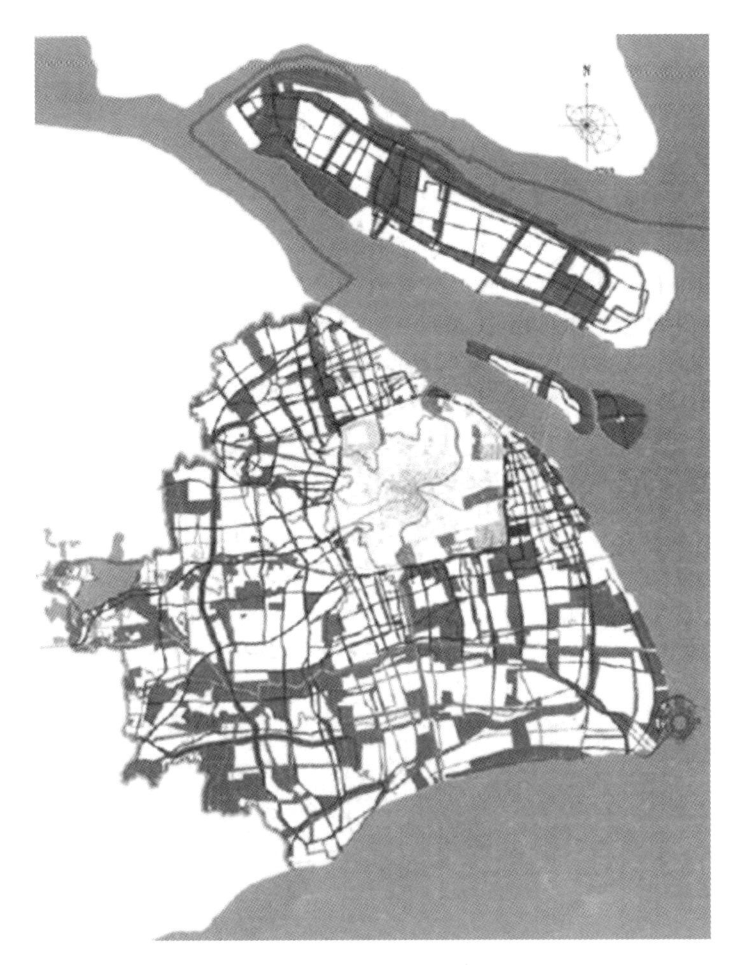

图 3-5 上海城市森林规划总图

1）市域环境存在的问题

①自然绿地的破碎度增加：伴随城市扩张、村镇建设、土地开发、高速公路的建设，城市迅速扩张，大型绿地被强制切割。

②生态通道联系的通达性降低：随着自然绿地破碎度的增加，自然生态环境之间的联系通道往往被割断破坏，如高速公路将自然栖息地一分为二，使得自然生态环境中断，生物多样性资源受损。

③区域性水土流失没有得到根本性改善：截至 2001 年 2 月底，深圳全市已推未建土地总量为 181.5 km^2，接近全市建成区面积的 40%，其中特区内有 41 km^2，特区外有 140.5 km^2。大量的已推未建地造成了水土流失。

2）指导思想和原则

①保护城市生态安全的绿色屏障，促进城市的可持续发展。

②形成控制城市发展的绿色界限，阻止大规模建成区的无限制蔓延，以及相邻

的几个城镇连成一片。

③构筑连续绿地生态系统,提高生物多样性。

④为市民提供室外运动和康乐的场所与机会。

3)市域绿地总体布局:构筑连续绿地生态系统

规划以"斑块—廊道—基质"分析模式来建立和组织绿地系统的总体构架,即规划符合生态要求的绿色廊道,维持和提高建成区内各个公园及街头绿地等"孤立绿地"(自然残留斑块),以及作为生物主要栖息繁殖地的自然山地、大型植被、水系之间的联系,构筑"大型生物自然栖息地—大型生态绿廊—城市复合廊道—城市绿化用地"的市域绿地系统四级系统形态,形成多功能、共生型的生态绿地网络系统(见图3-6)。

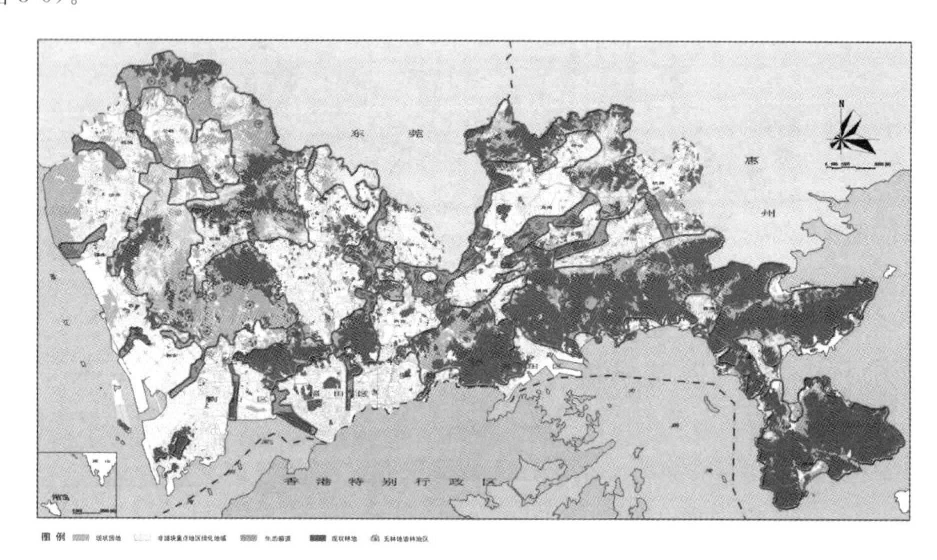

图3-6 深圳市市域绿地系统规划总图

①大型区域绿地(大型生物自然栖息地)规划。城市绿带主要由自然山体、大面积水域和农地(园地)构成,是城市绿地生态系统的主体骨架,属于城市生态系统中的最高层次。依据自然山体、大型水体、成片农业区的空间走向、分隔状况及类型的不同,在全市布局8个绿地。由西到东分别为:公明—光明—观澜大型区域绿地、凤凰山—羊台山—长岭皮大型区域绿地、塘朗山—梅林—银湖大型区域绿地、平湖东大型区域绿地、清林径水库—坪地东大型区域绿地、梧桐山大型区域绿地、三洲田—坝光大型区域绿地、西冲—大亚湾大型区域绿地(见图3-7)。

②大型生态绿廊(生物通道和城市大型通风走廊)规划。为了保持绿地系统的整体连续性,规划建设18条大型生态绿廊和生物通道,包括:光明—松岗绿廊、公明—松岗绿廊、松岗—沙井绿廊、福永绿廊、西乡—新安绿廊、新安—南山绿廊、大沙河绿廊、竹子林绿化带、福田中心区绿廊、石岩—坂田北绿廊、观澜—公明绿廊、平湖—布吉绿廊、罗湖—布吉绿廊、平湖—横岗—龙岗绿廊、坪地—龙岗绿廊、坪山—

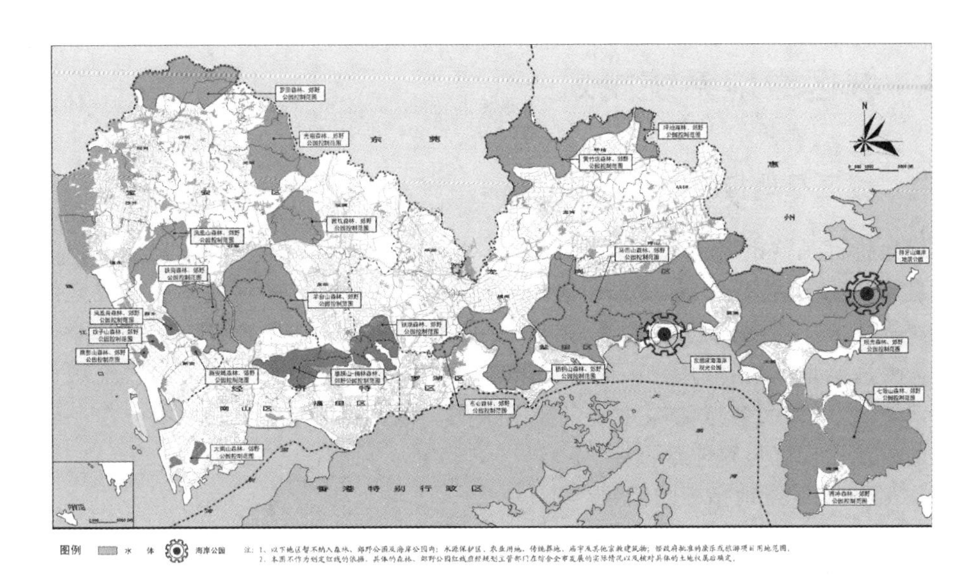

图 3-7　深圳市市域绿地系统规划——森林公园、郊野公园控制图

龙岗绿廊、坪山—坑梓绿廊、大鹏—南澳绿廊。这些廊道宽度一般控制在 1 km 以上，这些生态廊道与 8 块大型区域绿地一起，共同构成了深圳的绿色生态屏障主体（见图 3-8）。

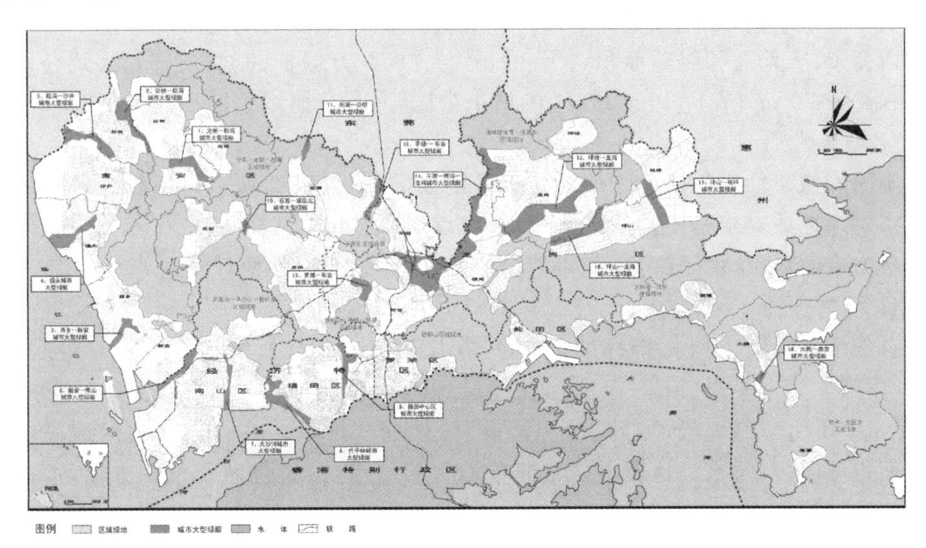

图 3-8　深圳市市域绿地系统规划——大型生态廊道范围控制图

③城市复合绿廊规划。包括建设全市穿越自然植被区和具有生态意义的地区道路廊道、城市密集区空气通道的道路绿廊、全市河流水系绿色廊道。

3.4 城区绿地系统规划

3.4.1 城区绿地指标的确定与计算

绿地指标是城市绿化水平的基本标志,它反映了城市一个时期的经济水平、环境质量及文化生活水平。通常采用人均公园绿地面积、建成区绿地率和建成区绿化覆盖率等几个主要指标进行确定。一般来说,随着时间的推移,城市中园林绿地的比重需要适当地增长,但是并不等于无限制地增长。过度增长一方面会带来城市用地的浪费,另一方面会造成绿化投资额的浪费。因此,如何合理确定城市在一定时期内的绿地指标就显得非常重要。

1. 影响城区绿地指标的因素

由于各个城市的具体情况不同,因此确定城区绿地的指标也应有所不同。主要从以下几大因素进行考虑。

1）时代发展

随着时代的进步和国民经济水平的提高,人们对城市生活环境质量的要求也相应地提高。从国内外的发展情况看,面积标准有不断增加的趋势。

2）城市规模

城市规模不同,绿地数量亦不同。例如美国就有这样的规定,即人口 50 万以下的城市公园,人均公园绿地面积约为 40 m^2;人口 50 万以上的城市公园,人均公园绿地面积约为 20 m^2;人口 100 万以上的城市公园,人均公园绿地面积约为 13.5 m^2。

3）城市性质

不同的城市性质对园林绿地的要求是不同的,如工商业城市与宗教、文化、政治性城市对绿地的要求是不同的。一般来说,以风景游览、旅游、休憩疗养、文化、政治等性质为主的城市,由于游览、美化功能的要求,其绿地指标相对高些。

4）自然条件

自然条件对城市绿化指标的影响主要表现在城市所处的纬度、地形、地貌、水文、地质等方面。一般而言,在低纬度地区绿地面积可以多些;城市用地地形起伏大、城市中不宜建筑地段(如陡坡、冲沟等)绿地面积可以多些;山岳、湖海地段城市绿地面积可以多些;水源比较丰富且分布均匀的城市,由于浇灌和维护方便,可以辟作绿地的可能性也就大些。

(5）国民素质

国民素质主要指文化修养的程度。一般来说,综合素质高,国民对城市绿地的要求也会相应地提高,因而绿地指标也就高。此外,每个国家的国民对自然的向往程度和爱好体育活动的内容不同,也会造成城市绿地指标的不同。

2. 城区绿地指标的确定

从上文可以看出,影响城区绿地指标的因素是复杂多样的,它与城市各要素之间是相互联系、相互制约的，因而不能单从某一个方面来进行考察。城区各项绿地需要多少才算合理需要经过严格的调查研究。在绿化指标进行确定时可以围绕以下几个因素进行综合考虑。

1）国外城市绿地发展水平

欧美等一些发达国家在城市绿地建设方面取得的成绩较为明显，主要城市的绿地水平普遍较高。例如，加拿大的渥太华人均公园绿地面积为 25.4 m^2，美国的华盛顿人均公园绿地面积为 45.7 m^2，瑞典的斯德哥尔摩人均公园绿地面积则高达 80.3 m^2。在森林覆盖率方面，这些国家的水平也普遍较高，基本上在 25%以上（见表 3-8）。一些城市不但绿化指标较高，而且城市绿地布局也比较合理，非常注重绿地系统的整体构建，如莫斯科、华沙等城市，均充分地利用了城市道路、河流等，将郊区森林与城市绿地连成了一个完整的系统，使城市绿地的综合功能得到了更为充分的发挥。规划时，国外绿化水平先进的城市可以作为参考。

表 3-8 世界主要城市公园绿地及相关项目比较

国名	城市名	市区面积/km^2	人口/万人	人均公园绿地面积/m^2	国家森林覆盖率/（%）
加拿大	渥太华	102.90	29.1	25.4	35
美国	华盛顿	173.46	75.7	45.7	33
瑞典	斯德哥尔摩	186.00	66.0	80.3	57
英国	伦敦	1579.50	717.4	30.4	9
法国	巴黎	105.00	260.8	8.4	25
德国	波恩	141.27	27.9	26.9	29
俄罗斯	莫斯科	994.00	880.0	18.0	35
意大利	罗马	1507.60	280.0	11.4	20
澳大利亚	堪培拉	243.20	16.5	70.5	50
日本	东京	595.53	858.4	1.6	68

本表来源：贾建中．城市绿地规划设计[M]．北京：中国林业出版社，2001.

2）城市环境保护科学的要求

城市绿地指标的确定除了需要参照国外一些代表城市的绿地指标，还应该从环保科学的角度进行考虑，这也是由城市绿地所承担的诸多功能和自身作用所决定的。

20 世纪 60 年代，德国专家首先研究得出：每个居民需要 40 m^2 质量很高的绿地，才能使空气中的二氧化碳和氧气达到平衡，满足人类生存所需的生态平衡。德国也因此制定了城市中公园绿地面积应该达到人均 40 m^2 以上的标准，近些年德国又提出了新建城镇人均公园绿地应该达到 68 m^2 的新标准。在 20 世纪 70 年代后期，联合国生物圈生态与环境组织提出城市的最佳居住环境标准是每人拥有 60 m^2 的公园绿地。自 1928 年以来，美国国家公园局和许多城市或相关组织先后提出了每人 40～80 m^2 公园绿地的建设标准。英国政府规定,旧城建设标准为人均 20 m^2 公园绿地,新城建设标准为人均 40 m^2 公园绿地。

苏联的舍勤霍夫斯基根据观测指出,当平静无风时,冷空气从大片绿化地区向无树空地的流动速度,可达 1 m/s。从改善城市小气候方面考虑,他提出,城市的园林绿地面积,应该占城市用地面积的 50%以上。日本的中岛严在《科学环境》一书中指出:在现实中,可以明显看到当绿被率(植物叶覆盖地表的比例)低于 30%～50%时,地表辐射热的曲线急速上升,环境开始恶化;为了保持城市环境,作为城市开发标准,绿化覆盖率可以确定为 30%。

3)《国家园林城市系列标准》(建城〔2016〕235 号)的相关规定

我国在《国家园林城市系列标准》(建城〔2016〕235 号)中,调整了国家园林城市、国家生态园林城市、国家园林县城和国家园林城镇的基本指标(见表 3-9)。同时,还给出了其他一些配套的建设指标。

表 3-9 《国家园林城市系列标准》基本指标

<table>
<tr><th colspan="2">指标类别</th><th>国家园林城市</th><th>国家生态园林城市</th><th>国家园林县城</th><th>国家园林城镇</th></tr>
<tr><td colspan="2">建成区绿化覆盖率/(%)</td><td>≥36</td><td>≥40</td><td>≥38</td><td>≥36</td></tr>
<tr><td colspan="2">建成区绿地率/(%)</td><td>≥31</td><td>≥35</td><td>≥33</td><td>≥31</td></tr>
<tr><td rowspan="2">人均公园绿地面积/m²</td><td>人均建设用地小于 105 m² 的城市</td><td>≥8</td><td>≥10</td><td rowspan="2">≥9</td><td rowspan="2">≥9</td></tr>
<tr><td>人均建设用地大于等于 105 m² 的城市</td><td>≥9</td><td>≥12</td></tr>
</table>

以下为《国家园林城市系列标准》中部分配套的建设指标。

①城市公众对城市园林绿化的满意率不小于 80%。

②城市公园绿地服务半径覆盖率不小于 80%(注:5 000 m^2(含)以上公园绿地按照 500 m 服务半径考核,2 000～5 000 m^2 的公园绿地按照 300 m 服务半径考核;历史文化街区采用 1 000 m^2(含)以上的公园绿地按照 300 m 服务半径考核)。

③人拥有综合公园指数不小于 0.06。

④市建成区绿化覆盖面积中乔木、灌木所占比例不小于 60%。

⑤城市各城区绿地率最低值不小于 25%。

⑥城市各城区人均公园绿地面积最低值 5 m^2。

⑦城市新建、改建居住区绿地达标率不小于 95%。

⑧园林式居住区(单位)达标率不小于 50%或年提升率不小于 10%。

⑨城市道路绿化普及率不小于 95%。

⑩城市道路绿地达标率不小于 80%。

⑪城市防护绿地实施率不小于 80%。

⑫公园免费开放率不小于95%。

⑬自然水体的岸线自然化率不小于80%，城市河湖水系保持自然连通。

⑭林荫路推广率不小于70%。

《国家园林城市系列标准》的制定，对全国城市的绿化建设起到了强有力的推动作用。从1992年建设部制定园林城市评选标准起，经过30年的大力建设，一些城市（如珠海、深圳、威海等）在人均公园绿地面积、建成区绿地率和建成区绿化覆盖率等指标方面已经接近或达到先进发达国家的平均水平（见表3-10）。

表3-10 2020年部分国家园林城市相关指标表

城市名称	人均公园绿地面积/m^2	建成区绿地率/(%)	建成区绿化覆盖率/(%)
北京	16.40	46.98	48.44
上海	8.73	32.31	36.84
大连	9.43	44.97	46.01
青岛	16.85	36.83	40.22
威海	16.42	43.10	45.61
杭州	13.55	36.99	40.58
苏州	12.20	37.61	42.09
南京	15.70	40.79	45.16
重庆	16.61	39.03	41.82
厦门	14.60	35.36	45.13
广州	23.72	39.91	45.50
深圳	15.00	37.36	43.38
全国平均指标	14.78	38.24	42.10

（引自：各城市统计年鉴，2015）

4）《城市用地分类与规划建设用地标准》(GB 50137—2011)的相关规定

①确定以10 m^2 作为人均绿地与广场用地面积控制的低限。

②为了维护城市（镇）良好的生态环境，提出人均公园绿地面积控制的低限为8 m^2，设区城市的各区人均公园绿地面积不宜小于7 m^2。

5）《城市绿地规划标准》(GB/T 51346—2019)的相关规定

①规划城区绿地率指标不应小于35%，设区城市各区的规划绿地率均不应小于28%。

②公园绿地分级规划及设置规定如下。

a. 公园绿地分级规划控制指标应与规划人均建设用地指标相匹配，并应符合表3-11的要求。

表 3-11　公园绿地分级规划控制指标　　单位:m^2

规划人均城市建设用地	＜90	≥90
规划人均综合公园	≥3	≥4
规划人均社区公园	≥3	≥3
规划人均游园	≥1	≥1

b. 公园绿地分级设置应符合表 3-12 的规定。同类型不同规模的公园应按服务半径分级设置,均衡布局,不宜合并或替代建设。

表 3-12　公园绿地分级设置要求

规模	服务人口规模/万人	服务半径/m	适宜规模/hm^2	人均指标/m^2	备　注
综合公园	＞50	＞3000	≥50	≥1	不含 50 hm^2 以下公园绿地指标
	20～50	2000～3000	20～50	1～3	不含 20 hm^2 以下公园绿地指标
	10～20	1200～2000	10～20	1～3	不含 10 hm^2 以下公园绿地指标
社区公园	5～10	800～1000	5～10	≥2	不含 5 hm^2 以下公园绿地指标
	1.5～2.5	500	1～5	≥1	不含 1 hm^2 以下公园绿地指标
游园	0.5～1.2	300	0.4～1	≥1	不含 0.4 hm^2 以下公园绿地指标
	—	300	0.2～0.4	—	—

注:①在旧城区,允许 0.2～0.4 hm^2 的公园绿地按照 300 m 计算服务半径覆盖率,历史文化街区可下调0.1 hm^2。

②表中数据以上包括本数,以下不包括本数。

③专类公园规定:小城市、中等城市人均专类公园绿地面积不应小于 1 m^2,大城市及以上规模的城市人均专类公园绿地面积不宜小于 1.5 m^2。

a. 植物园:直辖市和省会城市应设置综合植物园,地级及以上城市应设置植物园,其他城市可设置植物园或专类植物园,并应根据气候、地理和植物资源条件,确定各类植物园的主题和特色。

b. 动物园:直辖市和省会城市应设置大、中型动物园,其他城市宜单独设置专类动物园或在综合公园中设置动物观赏区,有条件的城市可设置野生动物园。

c. 儿童公园:大城市及以上规模的城市应设置儿童公园,Ⅰ型大城市(城区常住人口 300 万～500 万)及规模以上的城市宜分区设置儿童公园,中、小城市宜设置儿童公园。

3. 绿地指标的计算

绿地作为城市用地的一种类型,计算时应采用相应的人口数据和用地数据,以利于用地指标的分析比较,增强绿地统计工作的科学性。绿地面积应该以绿化用地的平面投影面积为准,山丘、坡地不能以表面积计算。每块绿地只计算一次,不得重复计算。

绿地的主要统计指标包括绿地率、人均绿地面积、人均公园绿地面积、城乡绿地率。

1）绿地率

绿地率 λ_g 计算式如下

$$\lambda_g = [(A_{g1} + A_{g2} + A_{g3} + A_{xg})/A_c] \times 100\% \tag{3-1}$$

式中 λ_g——绿地率，单位%；

A_{g1}——公园绿地面积，单位 m^2；

A_{g2}——防护绿地面积，单位 m^2；

A_{g3}——广场用地中的绿地面积，单位 m^2；

A_{xg}——附属绿地面积，单位 m^2；

A_c——城市的用地面积，单位 m，与上述绿地统计范围一致。

2）人均绿地面积

人均绿地面积 A_{gm} 计算式如下

$$A_{gm} = (A_{g1} + A_{g2} + A_{g3} + A_{xg})/N_p \tag{3-2}$$

式中 A_{gm}——人均绿地面积，单位 m^2；

A_{g1}——公园绿地面积，单位 m^2；

A_{g2}——防护绿地面积，单位 m^2；

A_{g3}——广场用地中的绿地面积，单位 m^2；

A_{xg}——附属绿地面积，单位 m^2。

N_p——人口规模，单位人，按常住人口进行统计。

3）人均公园绿地面积

人均公园绿地面积计算式如下

$$A_{g1m} = A_{g1}/N_p \tag{3-3}$$

式中 A_{g1m}——人均公园绿地面积，单位 m^2；

A_{g1}——公园绿地面积，单位 m^2；

N_p——人口规模，单位人，按常住人口进行统计。

4）城乡绿地率

城乡绿地率 λ_G 计算式如下

$$\lambda_G = [(A_{g1} + A_{g2} + A_{g3} + A_{xg} + A_{eg})/A_c] \times 100\% \tag{3-4}$$

式中 λ_G——城乡绿地率，单位%；

A_{g1}——公园绿地面积，单位 m^2；

A_{g2}——防护绿地面积，单位 m^2；

A_{g3}——广场用地中的绿地面积，单位 m^2；

A_{xg}——附属绿地面积，单位 m^2；

A_{eg}——区域绿地面积，单位 m^2；

A_c——城乡的用地面积，单位 m^2，与上述绿地统计范围一致。

5）绿化覆盖率

绿化覆盖面积指乔灌木和多年生草本植物的覆盖面积，按植物的投影面积测算，但是乔木树冠下重叠的灌木和草本植物不再重复计算。故城市绿化覆盖率指城市建设用地范围内全部绿化种植物垂直投影面积之和与建设用地面积的比率。目前，在城市绿化面积的测算方面已广泛采用了航测和人造卫星摄影的技术。

此外，绿地的数据统计可以按照表 3-13 进行汇总。

表 3-13 城市绿地统计表

代码	类别名称	面积/hm^2		占城市建设用地比例/(%)		人均面积/m^2		占城乡用地比例/(%)	
		现状	规划	现状	规划	现状	规划	现状	规划
G_1	公园绿地								
G_2	防护绿地								
G_3	广场用地								
	其中：广场用地中的绿地								
XG	附属绿地								
小计									
EG	区域绿地								
合计									

备注：_____年现状城市建设用地_____ hm^2，现状人口_____万人；
_____年规划城市建设用地_____ hm^2，规划人口_____万人；
_____年城市总体规划用地_____ hm^2；现状总人口_____万人；规划总人口_____万人。

注：广场用地中仅“广场用地中的绿地”参与小计及合计。

3.4.2 城区绿地系统的布局

城区绿地系统布局形式是城区绿地系统的内在结构与外在表现的综合体现，其主要目标是使各类型绿地合理分布、紧密联系、组成城市内外有机结合的绿地系统，满足城市居民文化娱乐、休憩，城市生活和生产活动安全，工业生产防护等方面的综合要求。各城市自然环境、风貌的各不相同，决定了城区绿地系统布局的不同，不同的布局形式同时也反映了不同城市的自然与人文特色。

1. 城区绿地系统布局的重点、原则与要求

1）城区绿地系统布局的重点

城区绿地系统布局的重点是布置组团隔离带和通风廊道，构建公园体系，布置防护绿地，优化城市空间结构。

2）城区绿地系统布局的原则

①应尊重城区的地理地貌特征，并与市域绿色生态空间有机贯通。

②应因地制宜，保护和展现自然山水和历史人文资源。

③应与城区规模、布局结构和景观风貌特征相适应。

④宜采用绿环、绿楔、绿带、绿廊、绿心等方式构建城绿协调的有机网络系统。

3）各类型绿地体系布局的要求

（1）组团隔离带

在城市各功能组团之间应利用自然山体、河湖水系、农田林网、交通和公共设施廊道等布置组团隔离带，并与城区外围的绿色生态空间相连接。

（2）公园体系

各类公园绿地再配置时应遵循分级配置、均衡布局、丰富类型、突出特色、网络串联的原则。各原则阐述如下。

①分级配置：应按服务半径分级配置大、中、小不同规模和类型的公园绿地。

②均衡布局：新城区应均衡布局公园绿地，旧城区应结合城市更新，优化布局公园绿地，提高服务半径覆盖率。

③丰富类型：合理配置儿童公园、植物园、体育健身公园、游乐公园、动物园等多种类型的专类公园。

④突出特色：应丰富公园绿地的景观文化特色和主题。

⑤网络串联：宜结合绿环、绿带、绿廊和绿道系统等构建公园网络体系。

（3）防护绿地

对于有卫生、隔离、安全、生态防护功能要求的下列区域设置防护绿地。

①受风沙、风暴、海潮、寒潮、静风等影响的城市盛行风向的上风侧。

②城市粪便处理厂、垃圾处理厂、净水厂、污水处理厂和殡葬设施等市政设施周围。

③生产、存储、经营危险品的工厂、仓库和市场，产生烟、雾、粉尘及有害气体等工业企业周围。

④河流、湖泊、海洋等水体沿岸及高速公路、快速路和铁路沿线。

⑤地上公用设施管廊和高压走廊沿线、变电站外围等。

（4）楔形绿地

楔形绿地布置应满足减少城市热岛效应、调节城市小气候等要求，应利用夏季盛行风向及自然地形、水系等条件，进行楔形绿地建设。

（5）带状绿地

带状绿地设置应满足道路景观、滨河景观、铁路景观及生态保护布局要求。

在实际操作过程中，可以从四个结合加以思考，即点（公园、游园）、线（道路绿化、休憩林荫带、滨水绿地）、面（分布广大的专用绿地）相结合，大、中、小相结合，集中与分散相结合，重点与一般相结合。将城区绿地构成一个有机的整体，发挥城区绿色网络体系的综合功能。

2. 城区绿地系统的布局模式

1) 基本布局模式

通常情况,城区绿地系统的基本布局模式有八种,分别为点状、环状、廊状、带状、放射状、楔状、指状、绿心状(见图 3-9)。

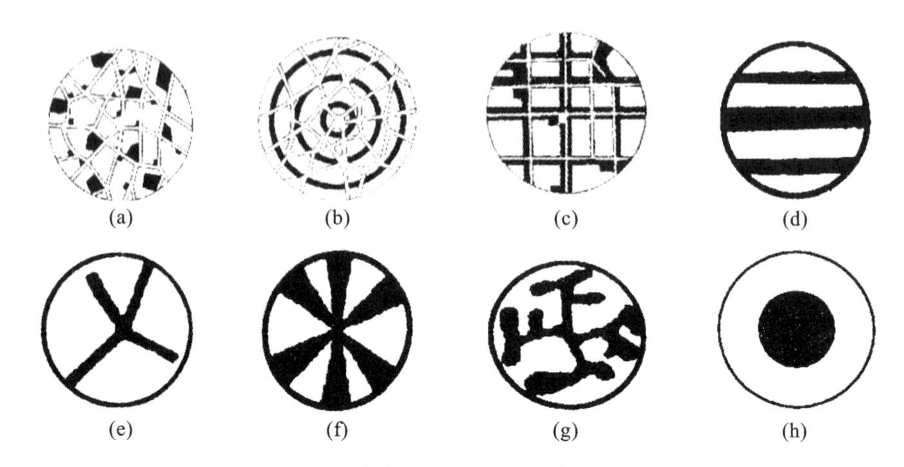

图 3-9 城市绿地系统布局基本模式

(a)点状;(b)环状;(c)廊状;(d)带状;(e)放射状;
(f)楔状;(g)指状;(h)绿心状

根据国内外城区绿地系统规划布局的实践情况看,以下几种布局模式较为常见。

(1) 点状绿地布局

点(块、园)指具有相对独立的结构关系和相对完整的用地范围,有着点状功能结构特征的各种园苑、绿地、景点,既包括大型公园、广场、生产绿地等集中绿地,也包括街头绿地、小游园、居住区附属绿地、单位附属绿地等小型零星绿地。它们在面积上有大、中、小的不同级别,在内容上有简与繁的差异,在分布上有聚与散的变化。

这种模式多出现在旧城改建过程中。由于旧城改造建设成本较高,大面积地进行绿块、绿带的建设,在一定程度上存在较大的困难,所以多以小面积的点状绿地出现。如上海、长沙等老城区的绿地建设(见图 3-10、图 3-11)。这种绿地布局模式可以做到均匀分布,与居住区的结合较为密切,居民可以方便使用,但对构成城市整体的艺术风貌作用不大,对改善城市小气候条件的作用也不太显著。

(2) 环状绿地布局

该模式在外形上呈现出环形状态。一般出现在城市较为外围的地区,多与城市环形交通线(如城市环线、环城快速路等)同时布置。绝大部分以防护绿带、郊区森林和风景游览绿地等形式出现。当然,也有一些城市的绿环还出现在城市内部,它们往往结合城市的老城墙、河流或内环交通线进行布置。如北京市的环城绿带规划(见图 3-12)和大伦敦的环城绿带规划(见图 3-13)。

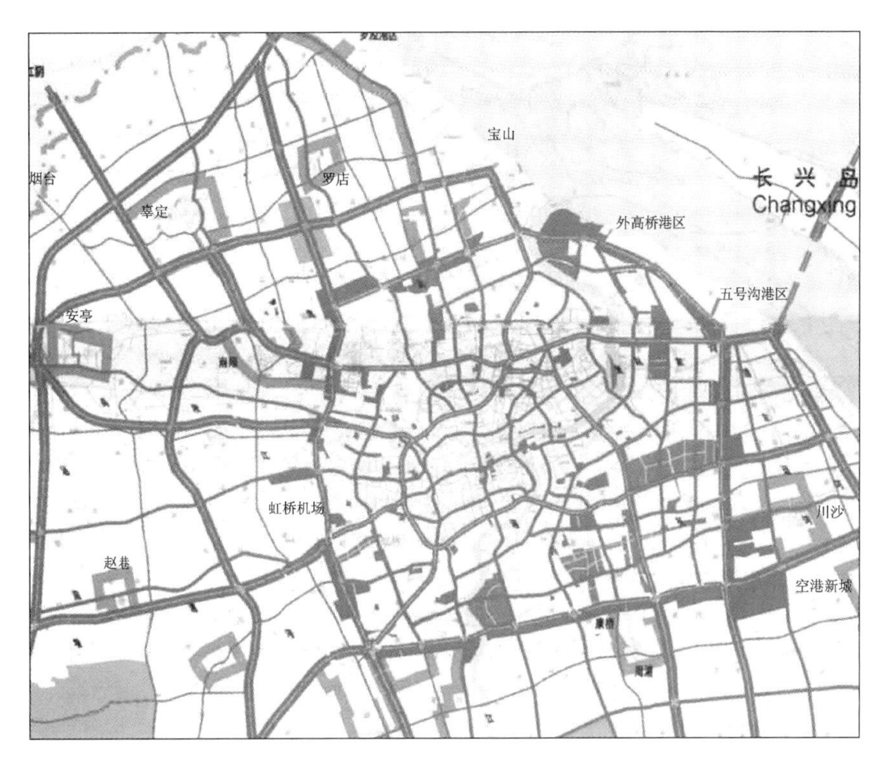

图 3-10　上海市老城区点状绿地布局模式

该模式的主要目的在于控制城市扩展，避免大城市扩展与周边城市融合，保护城市和乡村景观格局的特征差别。它在改善城市生态和体现城市艺术风貌等方面均有一定的作用。

(3) 廊状绿地布局

绿色廊道指具有较强自然特征的线性空间，多与城市河湖水系、主要道路、铁路、高压走廊、古城墙、带状山体等结合布局，也是连接点、线、面、片、环(圈)、楔的绿色通道和生态走廊等，它相对于“线”在宽度上有一定的要求，对于城市绿地系统起到了良好的内部连通和外部延伸作用，具有优良的生态功能，同时也综合了休闲、美学、文化等多种功能。它可以是一条两边有足够缓冲带的蓝道(包括两侧植被、河滩、湿地的水道)、公园道(源于欧洲林荫道，主要为引导人们进入公园的道路)；也可以是城市中的线性公园、狭长的自然保护区、防护林；还可以由废弃的铁路、公路等城市线性空间改造而成。如河北新乐市城市绿色廊道规划(见图 3-14)和波士顿的“翡翠项链”公园体系规划(见图 3-15)。

此布局模式最主要的作用是为野生动物迁徙提供安全路线，保护城市生物多样性。另外，对于引入外界新鲜空气、缓解城市热岛效应、改善城市气候，以及提高整个城市的景观效果和艺术风貌方面，绿色廊道都具有重要的作用。

图 3-11　长沙市中心片区点状绿地布局模式(2004—2020)

(4) 楔状绿地布局

从城市外围沿城市辐射线方向插入城市内的由宽到窄的绿地称为楔形绿地,其因在城市平面图上呈楔形而得名。它一般与城市的放射交通线、河流水系、起伏山体等要素结合并考虑市郊农田、防护林布局。同时,还应考虑与城市的主导风向一致,便于城市外围气流的进入。如合肥市外围的楔状绿地布局(见图 3-16)和莫斯科城市外围的楔状绿地布局(见图 3-17)。这种模式常常与其他模式组合应用,形成环楔式、楔向放射式等组合模式。

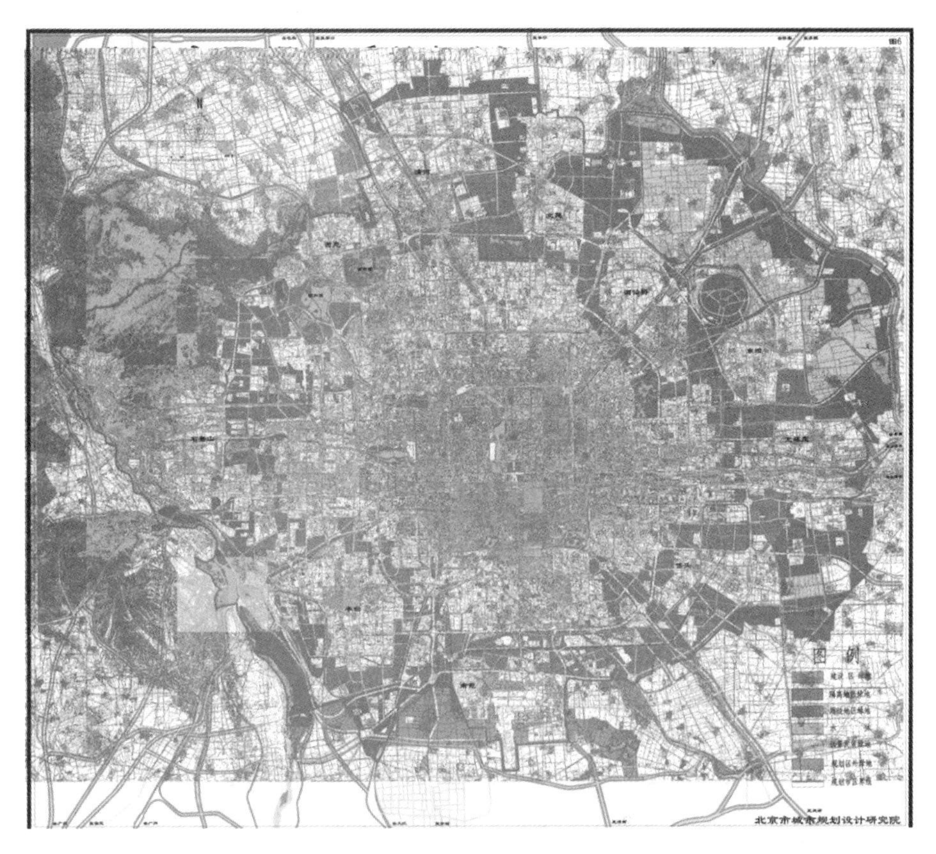

图 3-12　北京市环城绿带规划图

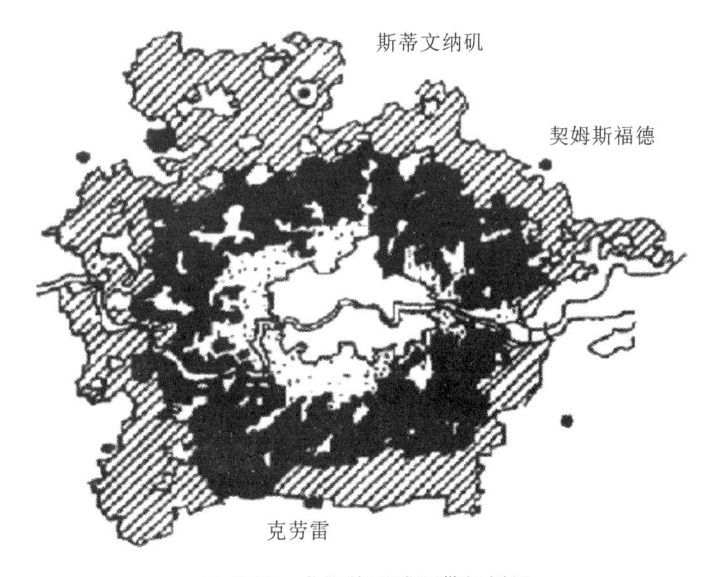

图 3-13　大伦敦环城绿带规划图

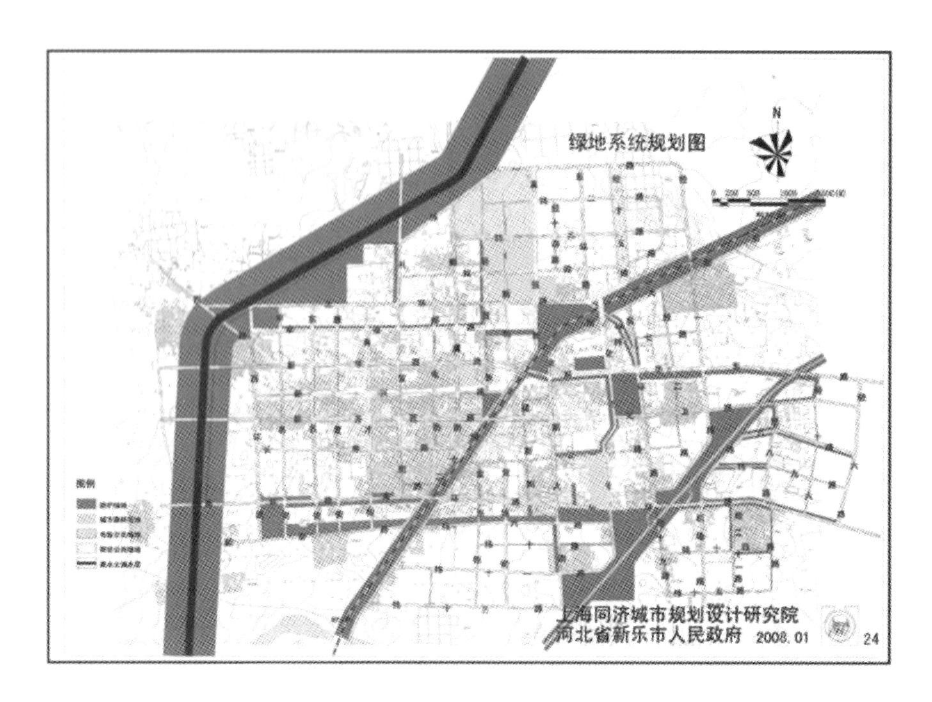

图 3-14 河北新乐市廊状绿地规划图(2007—2020)

图 3-15 波士顿的"翡翠项链"公园体系规划图

这种绿地布局模式的优点是改善城市小气候的效果尤其明显，它将城市环境与郊区的自然环境有机地结合在一起，促进城镇空气流动，缓解城市热岛效应，维持城市生态平衡。同时对于改善城市艺术面貌、形成人工和自然有机结合的现代化都市也有着重要的作用。

图 3-16 合肥市外围的楔状绿地规划图

图 3-17 莫斯科城市外围的楔状绿地规划图

(5) 绿心状绿地布局

此模式最为典型的特点是在城市中心区域布局大片中央绿地,通常称之为"绿心"与"绿肺",用以取代拥挤、密集、喧闹的传统城市中心区。

该布局模式的优势明显,城市中心区布局的大面积绿地能有效地改善中心区的生态环境,在降低城市热岛效应、提供氧源和游憩空间等方面均具有良好的表现。

国外典型代表如荷兰的兰斯塔德(见图 3-18)。国内代表如四川乐山市,其绿地系统布局以生态学理论为指导,结合乐山的自然、生态环境条件,中心城区采取"绿心环形生态城市"的布局结构,一改传统城市发展的同心圆理论,由大片的"绿心"取代喧闹、拥挤的中心城区,形成"山水中的城市、城市中的山林"大环境圈的总体构思(见图 3-19)。

2) 组合布局模式

根据一些城市的实际情况,将以上几种基本布局模式加以组合,可以组成许多新的组合布局模式,如环楔式、环网放射式、廊道网络式等。

图 3-18 荷兰兰斯塔德区域"绿心"规划图

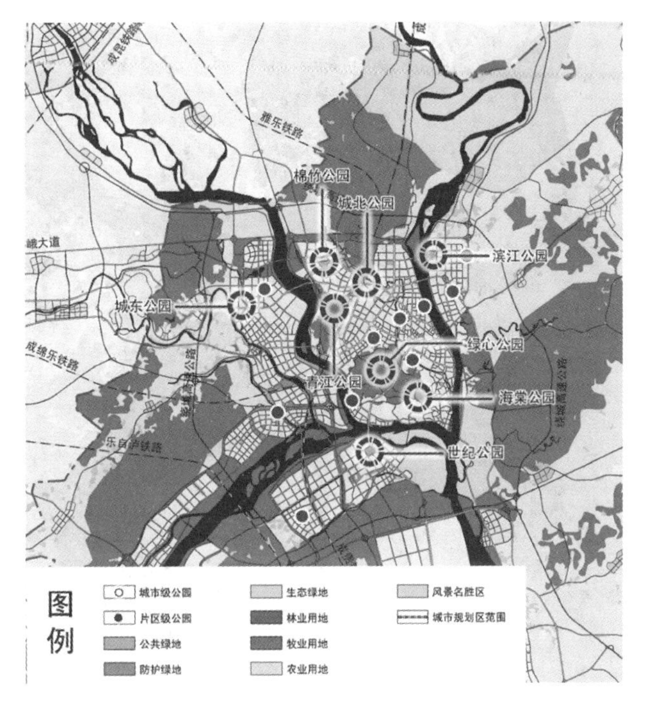

图 3-19 四川乐山市城市“绿心”规划图

(1) 环楔式绿地布局

环楔式绿地布局即城市外围以绿色空间环绕,楔形绿地连接嵌入城市郊区与城市建成区之间,形成环形与楔形绿地组合而成的环楔式绿地布局模式(见图 3-20)。如海南省海口市琼山区,其绿地系统充分结合城市内的水系进行布局,形成了完美的环楔式绿地布局(见图 3-21)。有些城市用地具有类似同心圆扩展的特征,城市中心区与城市建成区外围均以绿化环包绕,因而形成两个以上的环形绿带并由楔形绿地延伸进入建成区内部空间组合而成的形态模式,即多环楔形绿地布局模式,如北京市城区的绿地布局格局图(见图 3-22)。

图 3-20 环楔式绿地布局

图 3-21　海口市琼山区的环楔式绿地

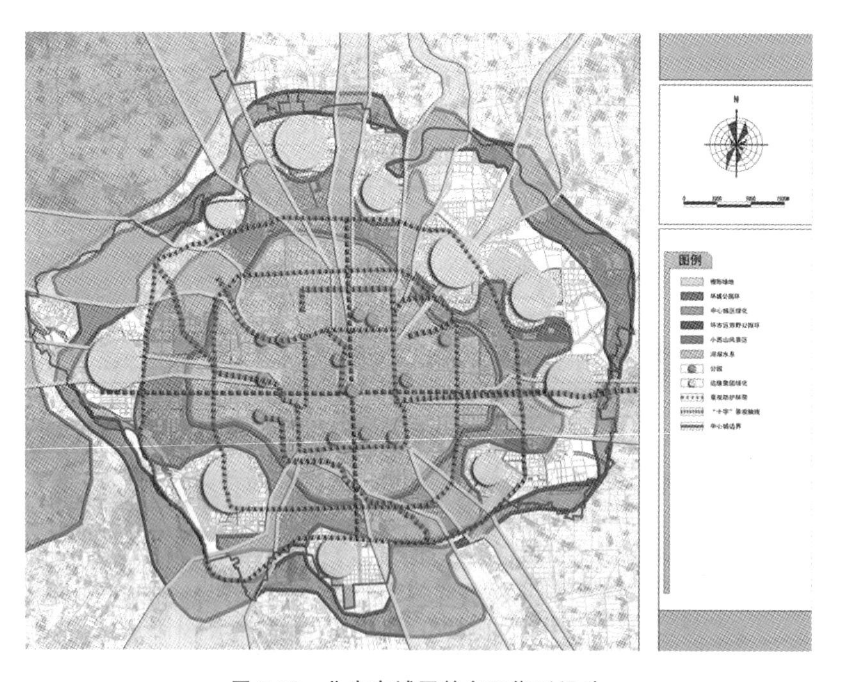

图 3-22　北京市城区的多环楔形绿地

（2）环网放射式绿地布局

绿地布局结合城市组团布局结构形成环形绿化控制带，从城市生态的角度出发，结合城市主要风向频率和农业结构调整，沿“江、河、湖、海、路、岛”以楔状绿地的形式将田园风光引入城市，并与郊区大型生态林地结合，形成以“环、楔、廊、园、林”为基础，区、片、林相交融的环网放射式绿地布局模式（见图 3-23）。由于这种模式可使城市的综合功能强大，目前，我国许多城市的绿地布局均采用这种模式，典型的如上海、合肥、南京等（见图 3-24）。

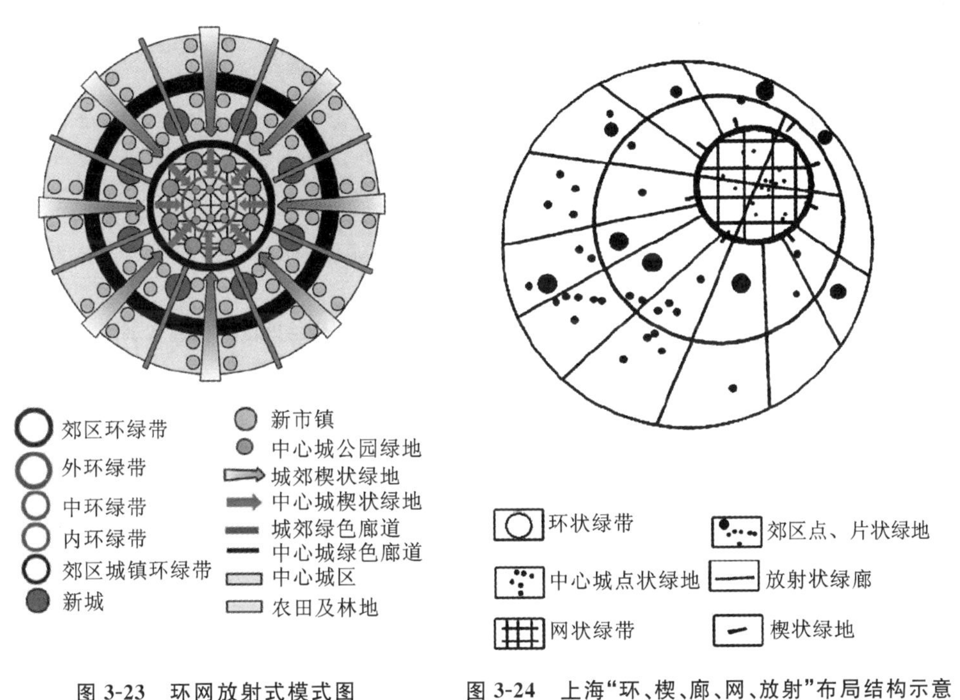

图 3-23　环网放射式模式图　　**图 3-24　上海“环、楔、廊、网、放射”布局结构示意**

（3）廊道网络式绿地布局

城市内部分布有多条带形绿地和“绿色廊道”，它们将城市中的各大绿色板块及城市周边的森林、农田等连接起来，共同形成网络交织的绿地布局模式（见图 3-25）。美国的新英格兰绿道网络规划可以称得上是绿色廊道网络应用的典范（见图 3-26），它提出了在多种尺度下相互连接的绿道网络，并具有一定的宽度。对于物种的迁移而言，廊道越宽越好，网络越密越好，但不同的物种对廊道宽度的要求也是不同的。

由于组合布局模式克服了基本布局模式的缺点，同时吸收了各种基本布局模式的诸多优点，与单一的基本布局模式相比综合优势明显，因此在国内外许多城市的绿地系统规划中被经常采用。其优势主要体现在以下四个方面。

①可以很好地与城市的各种要素，如工业用地、住宅用地、道路系统、山水地形、植被条件等进行结合，尽可能地利用原有的水文地质条件、名川大山、名胜古迹，形成独特的绿地系统布局。

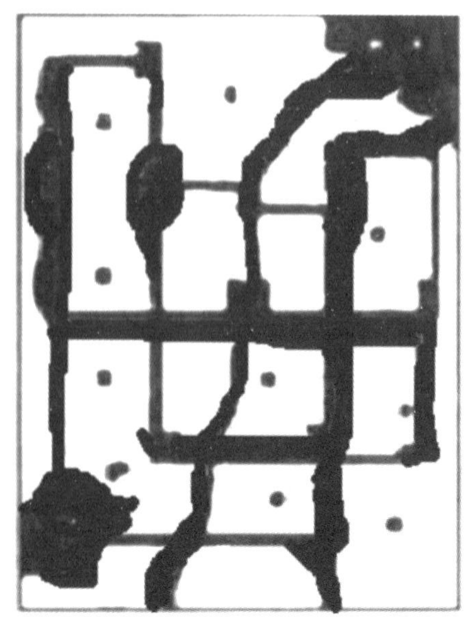

图 3-25　廊道网络式绿地布局模式

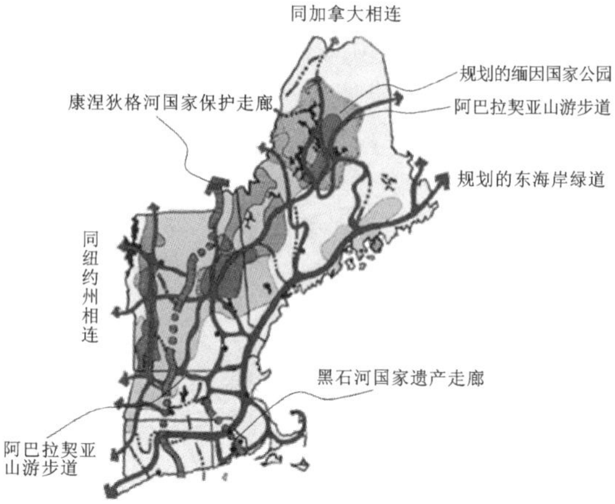

图 3-26　新英格兰地区绿色廊道规划图

②可以做到点、线、面的有机结合，便于组成完整的城区绿地体系。

③可以使生活居住区获得最大的绿地接触面，方便居民游憩娱乐，改善城市生态环境，改善城市小气候。

④有助于丰富和体现城市总体与局部地区的艺术风貌。

3）其他布局模式

根据张浪博士(2007)的总结，除上述布局模式外，部分城市还根据自身的地理、人文条件，以及侧重某种发展功能，探索了一些其他的布局模式。如结合城市地理人文特点而发展的模式、结合城市山水格局的模式、以功能性为主导的模式等。

(1) 结合城市地理人文特点而发展的模式

在具有山水格局的城市或组团式发展的城市，在城区之间形成多条带状的城市绿带，或将城市分隔成几个绿地组团。

如 1946 年吉伯德(F. Gibberd)规划的英国哈罗新城(Harlow)，在保留和利用原有地形及植被的条件下，采用与地形相结合的自然曲线，造就一种绿地与城市交织的宜人环境(见图 3-27)。再如 1954 年的平壤重建规划，城市绿地系统以河流等自然条件为骨架，把城市分隔为几个组团，绿地系统与城市组团形成了相互交织的有机整体(见图 3-28)。

(2) 结合城市山水格局的模式

根据城市自身的自然山水条件、人文景观或独特的城市地形，建立独特的城市山水格局。如杭州，充分利用其自身优越的自然山水条件及人文景观，通过建立“山、湖、城、江、田、海”的都市区生态基础网架及构筑“两环一轴生态主廊”的结构，同时配以多条次生态廊道和斑块生态绿地，形成环绕中心城区的环状绿地系统和与

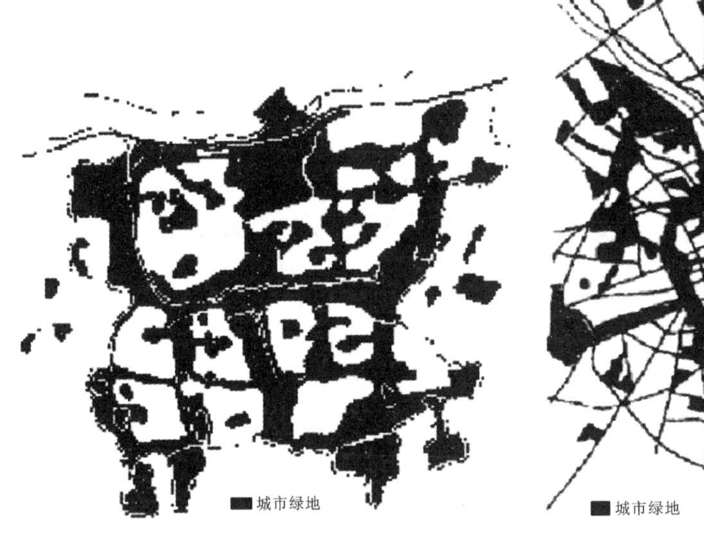

图 3-27 哈罗新城绿地系统规划图

城市绿地

图 3-28 平壤绿地系统规划图

楔形绿地相结合的布局形态，体现独具魅力的山水城市格局(见图 3-29)。再如兰州，城区受地形限制沿河谷呈带状布局，盆地型地形结构决定了绿地系统的空间结构以改善生态环境、缓解城市污染为出发点和立足点，形成了带状骨架、环状围合、楔状与点状补充的城区绿地系统格局(见图 3-30)。

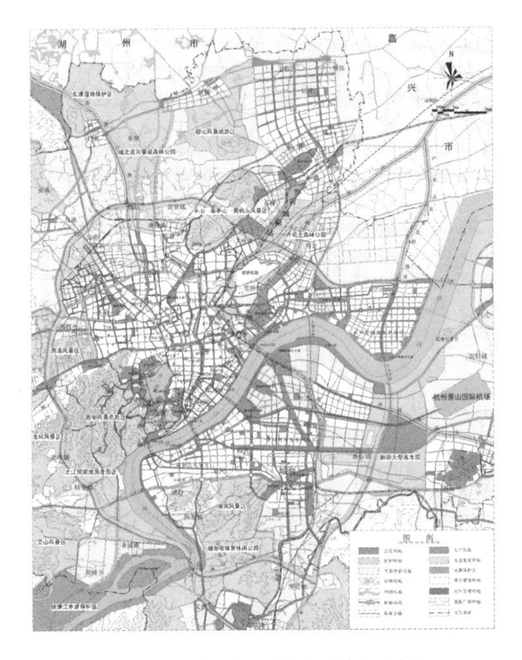

图 3-29 杭州市绿地系统规划图

(资料来源：杭州市城市规划设计研究院)

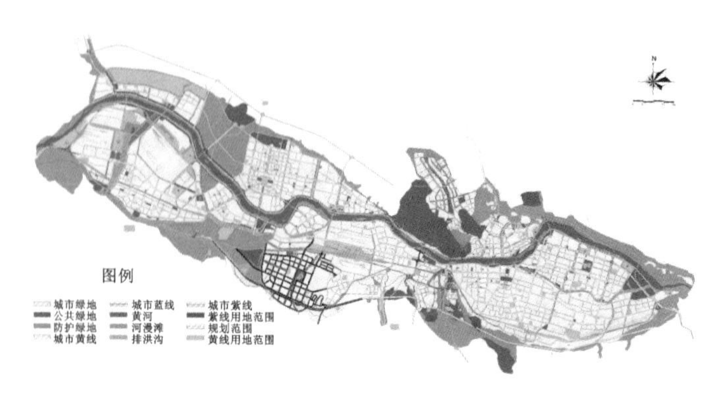

图 3-30　兰州市绿地系统规划图

(3) 以功能性为主导的模式

此模式以深圳为代表。这种模式分别在市域和城区两个层面的绿地系统规划方面,突破了传统的"点、线、面"结构,从绿地的生态性、人文性和景观性三大功能入手,将城市绿地系统分解成生态型城市绿地子系统(由"区域绿地—生态廊道体系—城市绿化空间"所组成)、游憩型城市绿地子系统(由"郊野公园—城市公园—社区公园"等组成的公园体系为主)、景观型城市绿地子系统三大部分,构筑多层次、多结构、多功能的绿地系统结构。

事实上,城区绿地系统的布局式样非常多,从目前的发展态势来看,环网放射式绿地布局模式代表了目前城区绿地系统布局的趋势和走向,在未来将会得到更加广泛的使用。

客观地说,在城区绿地系统规划布局实践中,虽然存在上述多种布局模式,但很难找到一个通用的布局模式。事实上,在现有的绿地系统布局实践中,也很少能够看到整个城市只采用单一的布局模式,更多的是呈现出组合式的布局态势。

任何一个城区的绿地布局都要从城市的自然条件、人文条件及绿地现状出发,结合城市的总体规划,最终达到规划布局合理的目的,形成完整的绿色网络结构。这也正好给规划师在实践中充分发挥主观能动性、积极实施规划创新留下了巨大的创作空间。

3.4.3　城区绿地的分类规划

为了使城区绿地系统规划能够适应城市的发展,同时验证绿地系统空间布局的合理性,需要对城区绿地的各大类绿地作出规划,使规划绿地的概念落到实处。根据我国城市多年的规划工作实践,各类城区绿地的规划内容和编制要点大致如下。

1. 公园绿地(G1)规划

公园绿地是向公众开放,以游憩为主要功能,兼具生态、美化、防灾等作用的绿地。其数量和质量是衡量城市绿化水平的重要标志。其规划要点包括以下几个内容。

1）选址分析

公园绿地的选址一般需要综合考虑以下因素。

①城市中现有河流、山川、名胜古迹、革命遗迹、人文历史所在地及周围地区，原有林地及大片树丛地带，城市不宜建筑的地带（山洼、低洼地等）等，比较适合建城市公园。

②公园应方便市民日常游憩使用。

③公园应有利于创造良好的城市景观。

④公园至少应设置一个与城市道路相衔接的主要出入口。

⑤公园用地应考虑将来发展的可能性，留出适当面积的后备用地。

⑥利用山地环境规划建设公园绿地的，宜包括不少于 20%的平坦区域。

⑦公园不应布置在有污染隐患的区域，确有必要的，对于存在的隐患应有确保安全的消除措施。

2）分级配置

不同层次和类型的公园绿地，在大小、功能、服务职能等方面都有所不同，这决定了公园绿地系统的理想配置模式应该是分级配置，只有做到了分级配置，城市（特别是特大、大中城市）中不同类型公园的功能才能得到最佳的发挥，更有效地服务城市居民。

（1）面积级配

城区的公园绿地，应该大、中、小型的公园绿地都具备，从单个绿块的面积上看是存在级配关系的，即在单个绿块的面积上一般要满足"综合公园＞社区公园＞游园"的布局规律。

（2）数量级配

各类公园绿地的绿块个数同样需要遵循级配规律。一般而言，面积小的公园绿地在城区中的分布数量多，面积大的分布数量少，即在绿块的数量上一般要满足"游园＞社区公园＞综合公园"的布局规律。

需要强调的是，数量众多的中小型公园绿地（如社区公园、游园等），在我国许多城市（特别是特大、大城市）的使用实践中表明，此类公园绿地与市民接触最多，利用率相当高。在规划当中应该给予足够重视，配足配好中小型公园绿地，完善公园绿地的级配系统。

3）分类规划

分类规划包括综合公园、社区公园、专类公园、游园四大类公园绿地的规划。

（1）综合公园（G11）

根据《城市绿地规划标准》（GB/T 51346—2019），规划新建单个综合公园的面积应大于 10 hm^2。综合公园至少应有一个主要出入口与城市干道相衔接，并且宜优先布置在空间区位和山水地形条件良好、交通便捷的城市区域。综合公园可配置儿童游戏、休闲游憩、运动康体、文化科普、公共服务、商业服务等基本设施，应符合表3-14

的规定。

表 3-14　综合公园设施设置规定

设施类型		公园规模/hm²		
		10～20	20～50	≥50
1	儿童游戏	●	●	●
2	休闲游憩	●	●	●
3	运动康体	●	●	●
4	文化科普	○	●	●
5	公共服务	●	●	●
6	商业服务	○	●	●
7	园务管理	○	●	●

注:“●”表示应设置,“○”表示宜设置。

(2) 社区公园(G12)

社区公园应根据城市居住用地分布独立选址设置,满足一定社区范围内居民,特别是老人、儿童就近开展日常休闲活动需要。规划单个新建社区公园的面积宜大于 1.0 hm²,应设置儿童游戏、休闲游憩、运动康体、文化科普、公共服务、商业服务、园务管理等基本设施,应符合表 3-15 的规定。

表 3-15　社区公园设施设置规定

设施类型		公园规模/hm²		
		1～2	2～5	5～10
1	儿童游戏	○	●	●
2	休闲游憩	●	●	●
3	运功康体	△	○	●
4	文化科普	△	○	○
5	公共服务	△	○	●
6	商业服务	—	△	○
7	园务管理	△	○	○

注:“●”表示应设置,“○”表示宜设置,“△”表示可设置,“—”表示不可设置。

(3) 专类公园(G13)

专类公园包括儿童公园、动物园、植物园、历史名园、遗址公园、风景名胜公园、游乐公园、体育健身公园、纪念性公园等。由于各专类公园在城市中所承担的功能各有侧重,因此,各专类公园的用地规模、选址、园内设施、景观要求等的要求也不尽相同。专类公园应结合城市发展和生态景观建设需求,因地制宜、按需设置。专类公园规划应符合以下规定。

①历史名园和遗址公园:应遵循相关保护规划要求,公园范围应包括其保护范围及必要的展示和游憩空间。

②植物园:应选址在水源充足、土质良好的区域,宜有丰富的现状植被和地形地貌,以满足科研、科普、游憩、景观的需要。植物园面积宜大于 40 hm^2,专类植物园面积宜大于 2 hm^2。

③动物园:应选址在河流下游和下风方向的城市近郊区域,远离工业区和各类污染源,并与居住区有适当的距离;野生动物园应选址在城市远郊区域。

④体育健身公园:应接近城市居住区的区域,园内绿地率应大于 65%。

⑤儿童公园:应选址在地势较平坦、安静、避开污染源、与居住区交通联系便捷的区域,面积宜大于 2 hm^2,并应配备儿童科普教育内容和游戏设施。

⑥滨水、沿路设置呈条带状的公园:应满足安全、交通、防洪和航运的要求,宽度不应小于 12 m,宜大于 30 m,并应配置园路和休憩设施。

(4) 游园(G14)

游园指用地独立,规模较小或形状多样,方便居民就近进入,具有一定游憩功能的绿地。绿化占地比例应不小于 65%。游园的利用率非常高,也应予以足够重视。

2. 防护绿地(G2)规划

1) 防护绿地分类

防护绿地大致分为以下类型。

(1) 卫生安全防护绿地

卫生安全防护绿地主要包括饮用水源周围,二、三类工业用地外围,工业用地与居民区之间,仓储、垃圾填埋场及污水处理厂等周边的防护绿地,以及减噪隔声林等。

(2) 道路防护绿地

道路防护绿地包括城市干道、城市快速路、铁路、公路、高速公路两侧的防护绿地。

(3) 变电站及高压走廊绿带

变电站及高压走廊绿带包括变电站及穿越城市用地的高压走廊下的安全绿化隔离带。

(4) 组团隔离带

为了防止城市无序蔓延和连成一片,在城市组团之间需要布局大型绿化隔离带。

(5) 防风防火林带

防风防火林带包括防风林带(主要集中在北方地区的城市、滨海城市),加油站、液化气站及化工厂周边的防火林带等。

(6) 其他防护绿地

例如,在文物古迹周边结合城市绿地建设,依据保护区的范围设置的具有防护功能的林带。

2）防护绿地控制指标

参照《城市绿地规划标准》(GB/T 51346—2019)和国家其他相关标准、规范,以及国内城市的规划建设实践,各类防护绿地的具体控制指标如下。

(1) 卫生安全防护绿地

①饮用水源周边:饮用水源保护区不纳入建设用地范围。作为饮用水源的河段两岸不准建设区的宽度不小于 100 m,水库两岸不准建设区的宽度不小于 500 m。

②给水设施:水厂厂区周围设置宽度不小于 10 m 的绿化带,泵站周围设置宽度不小于 10 m 的绿化带。

③产生有害气体及污染工厂:周边防护绿地规划宽度不应小于 50 m。

④二、三类工业用地与居住区之间:二类工业用地的防护绿地宽度不宜小于 30 m,三类工业用地的防护绿地宽度不宜小于 50 m。

⑤垃圾转运码头:周边应设置宽度不小于 5 m 的绿化隔离带。

⑥粪便码头:周边应设置宽度不小于 10 m 的绿化隔离带带。

⑦生活垃圾卫生填埋场:内沿边界应设置宽度不小于 10 m 的绿化隔离带,外沿周边宜设置宽度不小于 100 m 的防护绿带。

⑧污水处理厂:周边宜设置宽度不小于 50 m 的防护绿带。

⑨城市内河、海、湖泊等防护绿地规划宽度不应小于 30 m。

(2) 道路防护绿地

①城市干道:主城区内城市干道规划红线外两侧建筑的后退地带,除按照城市规划设置人流集散场地外,还应建造绿化防护隔离带,宽度、大小不等。

a. 城市干道红线宽度在 26 m 以下的,两侧绿化隔离带宽度为 2～5 m。

b. 城市干道红线宽度在 26～60 m 的,两侧绿化隔离带宽度为 5～10 m。

c. 城市干道红线宽度在 60 m 以上的,两侧绿化隔离带宽度不小于 10 m。

②公路:公路规划红线外侧的不准建筑区,除按照城市规划设置人流集散场地外,还应建造绿化防护隔离带,宽度、大小不等,具体如下。

a. 国道两侧各 20 m。

b. 省道两侧各 15 m。

c. 县(市)道两侧各 10 m。

d. 乡(镇)道两侧各 5 m。

③城市快速干道:两侧的防护隔离带宽度为 20～50 m。

④铁路及城际铁路:两侧的防护隔离带宽度不小于 30 m。

⑤高速公路:在城市外围高速公路两侧进行防护绿地建设,以防止噪声和汽车尾气污染,两侧各控制 50～200 m 宽的防护绿化带。

(3) 变电站及高压走廊绿带

①变电站(室外)周边:110 kV 以上的变电站(室外),宜根据变电站的电压等级设定防护绿地,一般设置的宽度在 15 m 以上。

②穿越城市用地的高压走廊下设置的安全绿化隔离带，宜根据所在地城市的地理位置、地形、地貌、水温、地质、气象条件及当地用地条件，按表 3-16 的规定合理确定。

表 3-16 市区 35～1 000 kV 高压架空电力线路规划走廊宽度

线路电压等级/kV	高压线走廊宽度/m
直流±800	89～90
直流±500	55～70
1 000(750)	90～110
500	60～75
330	35～45
220	30～40
66、110	15～20
35	15～20

(4) 防风防火林带

①防风林带：受风沙、风暴潮侵袭的城市，在盛行风向的上风侧应设置两道以上的防风林带，每道林带宽度宜大于 50 m。

②防火林带：目前，有关防火林带的宽度尚无统一标准，根据文定元(1998)的研究，一般南方地区防火林带的宽度为 6～17 m；郑焕能(1995)认为，在山地条件下，防火林带的宽度为 15～20 m，这样规格的林带可以阻止树冠火的蔓延。

(5) 城市组团隔离带

城市组团隔离带的宽度一般要求在 500 m 以上。

3. 广场用地(G3)规划

1) 选址原则

①应符合城市规划的空间布局和城市设计的景观风貌塑造要求，有利于展现城市的景观风貌和文化特色。

②应保证可达性，至少与一条城市道路相邻，可结合公共交通站点布置。

③宜结合公共管理与公共服务用地、商业服务设施用地、交通枢纽用地布置。

④宜结合公园绿地和绿道等布置。

2) 规划要点

①不同城市规模规划新建广场的面积应符合表 3-17 的规定。

②广场用地的硬质铺装面积占比应根据广场类型和游人规模具体确定，绿地率宜大于 35%。

③广场用地内不得布置与其管理、游憩、服务功能无关的建筑，建筑占地比例不应大于 2%。

表 3-17 不同城市规模规划新建单个广场的面积控制规定

规划城区人口/万人	面积/hm^2
<20	≤1
20～50	≤2
50～200	≤3
≥200	≤5

注:表中数据以上包括本数,以下不包括本数。

4. 附属绿地(XG)规划

1) 类型与作用

附属绿地指城市用地中除绿地与广场用地之外的各类用地中的绿地,包括居住用地、公共管理与公共服务设施用地、商业服务业设施用地、工业用地、物流仓储用地、道路与交通设施用地、公用设施用地等中的绿地,是城区绿地系统中的重要组成部分,也是反映城市普遍绿化水平的主要标志。

城区园林绿化建设水平和绿量,不仅仅体现在城区的公园里,更重要的是存在于大面积与市民生活、工作直接相关的附属绿地中。此类绿地在城市内部中占地多、数量多、分布广。因此,做好这部分绿地的规划建设,是形成完善的城区绿地系统,提高城市环境质量的重要环节。附属绿地不参与城市用地平衡。各类城市建设用地内的附属绿地的绿地率应符合国家有关规范。

2) 发展指标和规划导则

在城区绿地系统规划中,需要根据国家有关规范和城市未来发展的要求,对城市内各类附属绿地的发展、控制指标进行研究确定。

一般而言,附属绿地的绿地率指标,确定了城市内各类城市用地中绿地所必须达到的最低标准。为了最大限度地改善城市生态环境和方便市民使用,应鼓励在城市详细规划阶段和景观设计阶段超越上述指标,并提倡进行垂直绿化和屋顶绿化建设,以达到在不占用土地面积的情况下增加城市的绿化量。根据国家相关规范,附属绿地绿地率控制指标如下。

(1) 居住用地附属绿地(RG)

《城市绿化规划建设指标的规定》(建城〔1993〕784 号)中规定,居住区附属绿地的绿地率不应小于 30%;《城市绿线划定技术规范》(GB/T 51163—2016)中规定,居住用地绿地率不应小于 30%。

根据城市居住区规划建设发展的新形势,居住用地附属绿地的绿地率控制可根据不同住宅类型分类控制。绿地率控制指标要求参考《城市居住区规划设计标准》(GB 50180—2018)的规定执行,如表 3-18 所示。

表 3-18 不同建筑气候区划居住街坊用地绿地率最小值控制指标

序号	住宅建筑平均层数类别	建筑气候区划		
		Ⅰ、Ⅶ	Ⅱ、Ⅵ	Ⅱ、Ⅳ、Ⅴ
		绿地率最小值/(%)		
1	低层(1～3 层)	30	28	25
2	多层Ⅰ类(4～6 层)	30	30	30
3	多层Ⅱ类(7～9 层)	30	30	30
4	高层Ⅰ类(10～18 层)	35	35	35
5	高层Ⅱ类(19～26 层)	35	35	35

注:绿地率是居住街坊内绿地面积之和与该居住街坊用地面积的比率(%)。

(2) 公共管理与公共服务设施用地附属绿地(AG)

由于公共管理与公共服务用地的类型和层级较多,绿地率的控制难以一概而论,应根据用地面积、形状、功能类型等具体确定。《城市绿线划定技术规范》(GB/T 51163—2016)规定,公共管理与公共服务用地绿地率不应小于 35%。

(3) 商业服务业设施用地附属绿地(BG)

根据《城市绿化规划建设指标的规定》(建城〔1993〕784 号)的规定,商业中心绿地率不低于 20%。《城市绿线划定技术规范》(GB/T 51163—2016)规定,商业服务业设施用地绿地率不应小于 35%。由于商业设施必须保证一定的通行铺装面积和停车空间,《城市绿地规划标准》(GB/T 51346—2019)建议,商业服务业设施用地绿地率一般控制在 20%～25%较为合适。

(4) 工业用地附属绿地(MG)

根据《工业项目建设用地控制指标》(国土资发〔2008〕24)规定,工业企业内部一般不得安排绿地。但因生产工艺等特殊要求需要安排一定比例绿地的,绿地率不得超过 20%。《城市绿线划定技术规范》(GB/T 51163—2016)规定,工业用地绿地率宜为 20%,其中产生有害气体及污染物工厂的绿地率不应小于 30%。基于此,本着集约高效利用城市土地的要求出发,《城市绿地规划标准》(GB/T 51346—2019)中规定,工业用地绿地率不得超过 20%。

(5) 物流仓储用地附属绿地(WG)

《城市绿线划定技术规范》(GB/T 51163—2016)规定,物流仓储用地绿地率不应小于 20%。《城市绿地规划标准》(GB/T 51346—2019)建议,物流仓储用地附属绿地指标参照工业用地附属绿地指标执行。

(6) 道路与交通设施用地附属绿地(SG)

城市道路绿化规划应明确各级各类道路的绿地率和主要道路的绿化风貌特色,明确道路交叉口、交通岛、交通广场和停车场的绿化设计要求。滨临江、河、湖、海等水体的道路一侧,在安全和交通条件允许的情况下,宜结合水面与岸线地形规划滨水公园绿地。

道路绿化应符合以下规定:应满足道路交通安全要求;快速路、主干路应充分体现城市绿化景观风貌,构建城市绿化骨架;应与城市功能分区特点相融合,合理确定园林景观路和风景林荫路;毗邻山河湖海的道路绿化应结合自然环境,突出自然景观特色;应选择适应道路环境条件、生长稳定、观赏价值高和环境效益好的道路绿化植物。

《城市绿线划定技术规范》(GB/T 51163—2016)规定,道路与交通设施用地绿地率不应小于20%。《城市综合交通体系规划标准》(GB/T 51328—2018)规定,城市道路路段的绿化覆盖率宜符合表3-19的规定。

表3-19　城市道路路段绿化覆盖率要求

城市道路红线宽度/m	>45	30～45	15～30	<15
绿化覆盖率/(%)	20	15	10	酌情设置

注:城市快速路主辅路并行的路段,仅按照其辅路宽度适用上表。

《城市道路绿化设计标准(征求意见稿)》指出,城市景观道路可在规定的基础上适度增加城市道路路段的绿化覆盖率,园林景观路路段的绿化覆盖率不应小于60%,宜大于80%。城市快速路宜根据道路特征确定道路绿化覆盖率。停车场宜设计为林荫停车场,结合停车间隔带种植高大庇荫乔木,并宜种植隔离防护绿带,绿化覆盖率宜大于30%。

(7) 公用设施用地附属绿地(UG)

《城市绿线划定技术规范》(GB/T 51163—2016)规定,公用设施用地绿地率不应小于30%。

3.4.4　城区绿地的分期建设规划

为了使城区绿地系统规划在实施过程中便于政府相关部门操作,在人力、物力、财力及技术力量的调集、筹措方面能有序进行,一般按照城市发展的需要,分近、中、远期三个阶段作出分期建设规划。在分期建设规划中,应包括近期建设项目与分年度计划、建设投资概算及分年度计划等内容。

1. 分期建设规划的原则

编制城区绿地系统分期建设规划的原则如下。

①与城市总体规划和土地利用规划相协调,合理确定规划的期限。

②与城市总体规划提出的各阶段建设目标相配套,使城市绿地建设在城市发展的各阶段都具有相对的合理性,满足市民游憩生活的需要。

③结合城市现状、经济水平、开发顺序和发展目标,切合实际地确定近期绿地建设项目。

④根据城市远景发展要求,合理安排园林绿地的建设时序,注重近、中、远期项目的有机结合,促进城市环境的可持续发展。

2. 分期建设规划的安排

在实际工作中，城区绿地系统的分期建设规划一般宜按下列顺序来统筹安排项目。

①对城区近期面貌影响较大的项目优先发展。如市区内主要道路的绿化，河道水系、高压走廊、过境高速公路的防护绿带等，这些项目的建设征地费用较少，易于实现。

②与城市居民生活、城市景观风貌关系密切的项目优先发展。如综合公园、社区公园、游园等，这些项目的建设能使市民感受到环境的变化和政府的关怀，对美化城市面貌也起到很大的作用。

③容易建设的项目优先建设，近期建设能为后续发展打好基础的项目（如苗圃）应优先建设。

④对提高城区环境质量和绿地率影响较大的项目（如生态保护区、城区大型绿地等），对减少城市的热岛效应能起很大作用的，规划上应予以优先安排，尽早着手建设。

⑤在完善城区绿地的同时，还应控制城市发展区内的生态绿地空间不被随意侵蚀。

3.5 城市绿地系统规划的实施措施

3.5.1 法规性措施

①城市绿地系统规划一旦审批通过，应严格执行。根据《中华人民共和国城乡规划法》，依法审批、公示城市绿地系统规划，同时设立专门工作班子，组织制定城市绿线控制法定图则，并向社会公布，全面实施城市"绿线管制"制度。

②规划文件经地方政府批准后，应与城市总体规划、土地利用规划、分区规划和控制性规划等配合实施。绿地详细规划应按照总体规划要求规定绿地指标，并严格按规划建设执行。

③加强城市园林建设立法工作，使管理法规和制度健全、配套，认真执行国务院《城市绿化条例》，制定《城市绿线、绿章管理办法》等法规性措施。在现有国家行政法规和地方有关管理规定的基础上，进一步完善有关规章制度，做到"依法建绿"。

④修订充实城市绿化地方法规和管理办法，从严执法，加强监督。园林主管部门应对全市绿地的养护管理负责检查、监督、指导，制定和完善各类绿地养护标准、管理规范，使各项建设过程内的绿地指标层层落实。

⑤加强城市绿地规划的实施管理。城市绿地不得随意改作他用，不得违反法律法规、强制性标准及批准的规划进行开发建设。对擅自改变城市绿线内土地用途、占用或者破坏城市绿地的，由相关行政主管部门，按照相关法律法规的规定进行严

厉处罚,追究责任。对超标完成绿地建设的单位给予奖励。

3.5.2 行政性措施

①进一步完善城市园林绿化行政主管部门机构,明确职能,行业管理到位,加强行政工作人员培训,积极引进人才、培养人才。

②地方城市规划、园林行政主管部门,按照职责分工,负责城市绿地的规划实施和监督管理工作,定期对绿线控制和绿地实施情况进行检查,并向同级人民政府和上级行政主管部门报告。土地行政主管部门应积极予以配合,保证绿化用地的控制。

③各级行政机关、部门及单位绿地的建设、维护实行领导目标责任制,将绿化任务层层分解落实。

④各类建设工程要与其配套的绿化工程同步设计、同步施工、同步验收。达不到规定标准的,不得投入使用。

⑤建设或者其他特殊情况需要临时占用城市绿地或改变绿地用途时,必须依照法定程序办理相关审批手续。

3.5.3 技术性措施

①加强全行业的科技普及和教育,提高全行业职工的业务素质。

②加强城市园林科研工作,研究探索适宜地方的自然、人文特色的园林绿化设计风格和园林绿地形式,开发和推广具有地域特色的应用植物物种。

③加强信息化建设。利用现代科技手段收集和整理全市绿地规划、建设、管理等相关信息资料,为地方园林事业发展提供真实、准确、快速的信息情报和科学依据。

④加强规划决策的前瞻性,保证绿化发展用地规划、管理的决策面向未来,在新区规划和旧区改造中应留足绿化用地,多留余地,并在财力、物力可能的条件下不断提高标准。

⑤建立城市建设系统的苗木基地,根据绿化建设的需要,定向培育不同规格的各类树木,引进良种,定向选优,保证城市园林建设用苗的需要。

⑥旧城区建设与改造抓好三个层次的工作:一是结合旧城区的改造和拆建,成片、成块的建设绿地,做到改造到哪里,绿化到哪里;二是加强现有旧城区的屋顶绿化、天台绿化、垂直绿化、阳台绿化和庭院绿化,增加城市绿量;三是在绿地指标地、绿化用地紧张的地段,挖掘地面种植潜力,做好绿化工作。

3.5.4 经济性措施

①立足实际,制定经济对策,多方筹集绿化建设资金。扩大政府用于绿地建设的财政支出比例,政府财政应根据年度预算,安排足够的资金投入,以确保园林建设任务的完成。同时要充分利用市场经济环境形成多渠道的园林建设投资体系,增加对园林绿化的投资力度,每年从城市建设投资中提取一定比例的资金作为园林建设

费，在各项过程建设项目中，拨出总投资的3%～5%作为绿化工程费。

②城市新、改、扩建工程项目和开发住宅区项目，应依法在基本建设投资中安排配套的绿化经费。充分调动社会各方面的积极性，制定城市绿地建设管理的具体实施办法，拓宽投资渠道，多方筹集资金用于绿地建设和维护。

③提倡公众参与，采取鼓励措施，充分调动单位、集体、个人的参与积极性，具体如下。

a. 积极开展全民义务植树活动。

b. 开展"园林式单位"评选活动，发挥各单位依法建绿的积极性，使全市达标单位占50%以上，先进单位占10%以上。

c. 鼓励单位、集体、个人参与承包、建设和管理维护城市绿地，鼓励各单位、各社区和居民个人开展庭院、阳台、屋顶、墙面绿化及绿地认养等绿化美化活动，切实改善工作和生活环境。

④加大城市基础设施中园林绿化建设资金的投入和实行收取异地绿化费制度。

⑤对吸引的社会资金投入给予土地、价格和税收等方面的政策倾斜。

3.5.5 政策性措施

①突出城市文化和民族特色，保护历史文化措施有力，效果明显，文物古迹及其所处环境得到保护。

②对于绿化用地，政府应给予一定的政策倾斜，特别是要保证大型公园绿地的建设。

③鼓励国内外投资者兴办园林绿化事业，兴建以绿化环境为主的游乐、体育事业，并在各方面给予优惠。

④利用优惠政策吸引各企业单位和个人投资建设，建议采用谁建设、谁经营、谁受益的政策，对超标完成任务者给予表扬、奖励。

⑤鼓励市民自觉爱护绿地，对于庭院、阳台、屋顶等绿化建设达标者给予奖励。

⑥实行领导保障体系，由政府牵头，组织各部门协同建绿、护绿。

⑦实行资金保障体系，每年由绿化主管部门列出绿化建设项目及投资概算，通过财政拨款等多渠道筹措资金，保证项目实施。

⑧实行建、管、护的全面保障体系，从政府、主管部门到责任人，分工合作，明确职责，保证绿地建设、管理、养护顺畅运作。

3.6 城市绿地系统规划中信息技术的应用

城市绿地系统规划是一项复杂的、综合的系统工程，历来是以地理空间信息作为其设计与管理的基础。这就要求工作人员必须掌握大量的、现势性强的、准确的、以空间地理位置为基础的综合信息，才能为城市发展预测、规划、决策、管理和建设等提供可靠的依据。现代信息技术包括计算机技术、因特网(internet)技术、3S(GIS、GPS、RS)技术、数字摄影测量技术、CAD技术、现代数据库技术、多媒体技术、虚拟现实技术在内的一系列高新技术,使得建立具有空间数据采集、海量地理空间数据存储、空间分析、信息处理及辅助决策等综合功能的城市绿地系统规划成为现实。

城市绿地系统规划信息化是实现城市绿地系统管理现代化、城市绿地系统规划策略科学化、城市绿地系统可持续发展的必然需求,城市绿地系统的数字化管理是"数字城市"与"数字林业"的一个重要组成部分,它充分应用遥感(RS)、全球定位系统(GPS)技术,快捷、高效地获取城市绿地的空间信息,结合人工调查获得的部分属性信息,以地理信息系统(GIS)为平台对其进行有效管理,可方便地对城市园林绿地系统信息进行浏览与查询,实现对城市绿地系统的实时监控,进而为城市园林绿化决策者提供决策支持,对于优化城市绿地的时空分布,实现城市园林绿化决策的科学化、智能化、数字化均具有十分重要的现实意义。

3.6.1 Auto CAD 的应用

Auto CAD是美国AUTODESK公司开发的专门用于计算机绘图设计的软件。随着Auto CAD功能的不断加强,其在规划行业也引起了技术革命,规划师抛开了图板等传统工具,利用Auto CAD绘图软件制作出了无数精美的图纸。可以说,任何规划(包括总体规划、分区规划、控制性详规、修建性详规、城市绿地系统规划、园林设计等)都可以用Auto CAD准确无误地绘制出来。Auto CAD具有良好的图形生成、图形编辑和图形组织功能,它使设计更加方便、迅捷。例如,在做公园设计时,可以利用Auto CAD强大的功能,把规划草案迅速地输入计算机,通过修改功能不断完善,最终制出总平面图。在总平面图的基础上,可以快速地分别制出结构分析图、道路系统规划图、竖向设计图、植物配置图、给水和排水规划图、电力电讯规划图等(见图3-31)。

3.6.2 航天遥感技术(RS)的应用

规划中掌握城市绿地的分布特性,一般情况下主要是通过现场勘测或者通过分析现状图和航空照片来判断各种绿地的分布。现场勘测需要花费大量的人力物力,利用现状图无法及时掌握城市绿地当前的分布状况,而航空照片虽然精度高,但是由于单张图片成本高而且覆盖的范围小,从经济的角度讲,不适宜拍摄较大空间尺度的城市绿地。近年来,随着科技的发展,航天遥感(RS)技术和地理信息系统(GIS)技术在城市绿地系统规划和监测管理中克服了传统手段的诸多弊端,发挥了重大作用,而且其运用也越来越广泛,典型用途主要表现在以下方面。

1. 地形测绘

目前,1∶50 000～1∶2 000的地形测绘广泛利用航空影像实现,更小比例的地

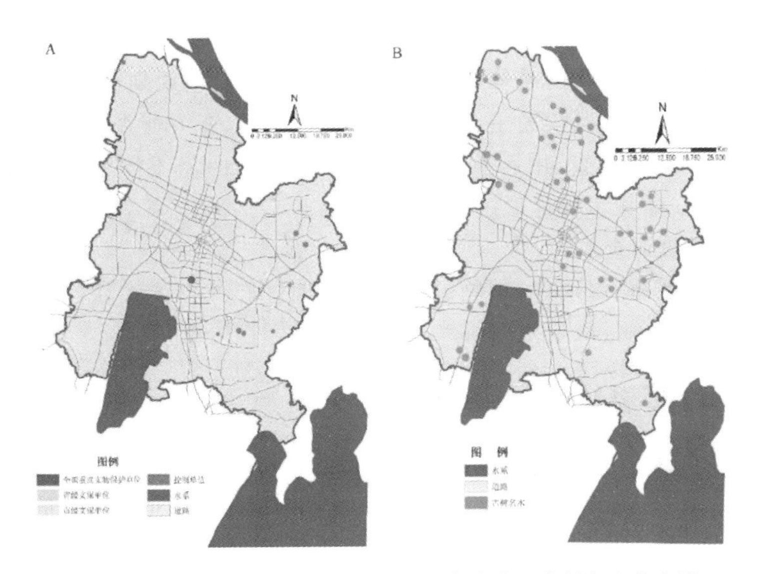

图 3-31 运用 CAD 技术制作的常州历史遗迹及古树名木分布图

形测绘可以利用卫星影像。经过几何校正的影像图，在很多情况下可以直接用作绿地系统规划的背景图，也可以在影像图上叠加道路红线、地块分界线、绿块界线、重要设施和地名等，使用起来非常方便，而且也直观(见图 3-32)。

图 3-32 高清的某城市城区遥感影像图

2. 用地使用调查

在大城市或特大城市的总体规划阶段和绿地系统专项规划阶段,城市土地使用调查可以以航空影像的判读为主、以实地调查和档案调查为辅来完成。诸如绿地这些专项性的土地利用调查,用影像图则更为合适。例如,将不同时相的影像图进行对比分析,可以了解城市绿地形态的变迁。

3. 绿化、植被调查

城市绿化覆盖率、绿地率、植物的生长状态通过影像判读往往比实地调查更为有效。

3.6.3 地理信息系统(GIS)的应用

地理信息系统(GIS)技术是一项以计算机为基础的输入、储存、查询、分析、表达地理的综合性技术。GIS 所具有的强大的空间分析功能可以把事物空间位置及有关的文字属性信息存入数据库中,建立联系,提供查询、分析工具,并以专题地图的方式表达出来,这是 GIS 技术的核心。由于 GIS 输入、输出地形图十分方便,并能通过对地理空间多因素的综合分析,迅速地获取满足应用需要的信息,其查询、分析工具又比较直观易懂,因此,很容易被城市规划人员和管理人员接受,成为现代城市规划与管理信息系统的核心技术。GIS 在规划中的典型应用如下。

1. 地理信息的表达

专题地图是 GIS 表达空间和属性信息最主要的方式,也是用户获得查询、分析结果的主要途径。专题地图就是将专门的信息以地图的形式表达出来,它和通用地图的差别是相对的。城市规划包括除工程设计图外的绿地规划,常用的现状图、规划图,尤其是分析图大都可以算作专题地图。GIS 可以在屏幕上将之快速显示,也可添上图例、标题、说明、统计报表、图框、辅助线和背景图案等,在此功能上 GIS 比一般的 CAD 要更灵活(见图 3-33)。

2. 空间要素分类

根据属性对空间要素进行分类是 GIS 最基本的分析功能,据此可以产生土地使用图、环境质量评价图、城市绿地类型图等,而且可以灵活地调整分类方法。

3. 几何量算

GIS 软件可以自动计算不规则曲线的长度(如河流的长度、绿化带的长度)、不规则多边形的周长和面积(如公园、广场、自然保护区的周长和面积)、不规则地形的设计填挖方。

4. 邻近分析

产生离开某些要素一定距离的邻近区是 GIS 的常用分析功能(英语称为 buffer,直译为缓冲区)。例如,产生道路和河流两侧等距离绿化边线包络区、公园绿地的服务半径包络区、自然保护区周边等距离的影响范围。在此基础上,利用多边形和多边形的叠合功能,将影响范围或服务范围多边形和人口统计多边形叠合,可以获得

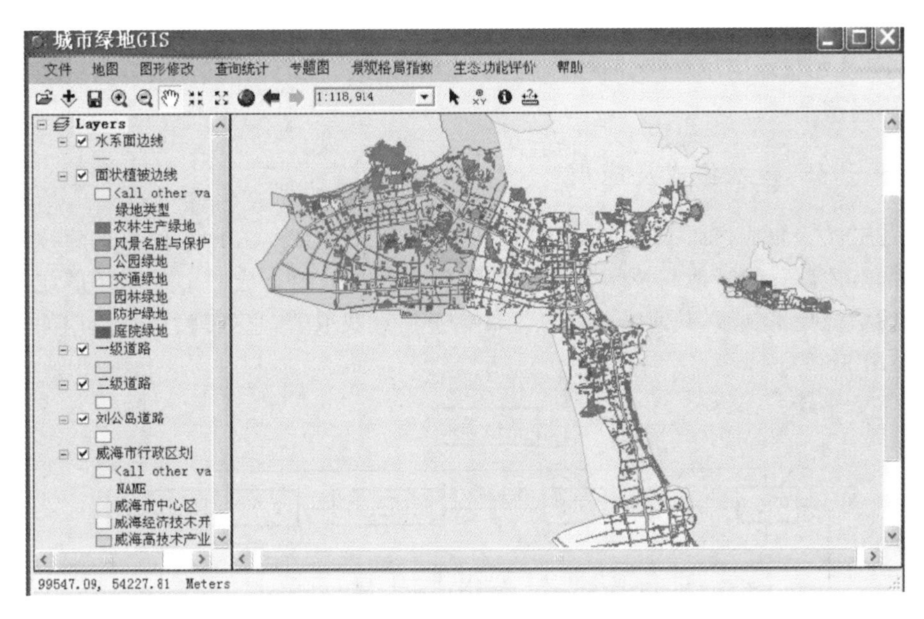

图 3-33 运用 GIS 制作的威海市城市绿地专题地图界面

不同服务半径或影响范围内大致的居住人口(见图 3-34)。

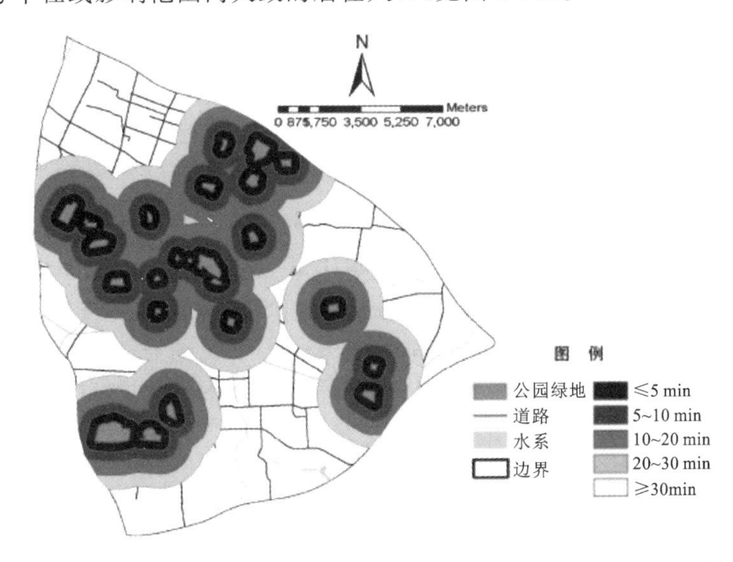

图 3-34 运用 GIS 缓冲区分析功能制作的某城区公园绿地服务半径图

3.6.4 GPS 的应用

GPS 全球卫星定位系统，是当今世界航天航空技术、无线电通信技术和计算机技术的综合结晶，是影响人类社会生活发展深远的技术之一。GPS 全球卫星定位系统与数字摄影测量技术相结合可以快速地得到高精度、信息丰富、直观真实、现势性强的数字正射影像图,这些信息既可作为城市绿地系统规划与管理的背景控制信息,又可从中提取用于空间分析和辅助决策的各种类别的地理信息、自然资源信息和社会经济信息。

3.6.5 “3S”技术集成及应用

“3S”技术集成指以 RS、GIS、GPS 为基础,将 RS、GIS、GPS 三种独立的技术领域中的有关部分与其他高技术领域的有关部分有机地组合成一个整体而形成的一项新的综合技术领域,其通畅的信息流贯穿于信息获取、信息处理、信息应用的全过程(见图 3-35)。

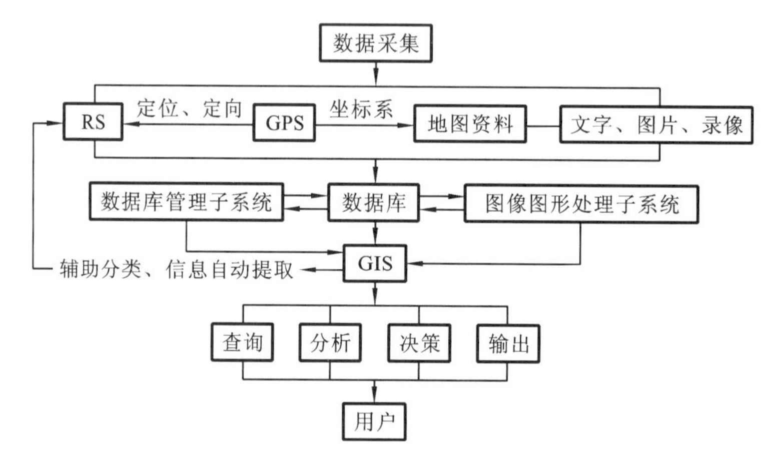

图 3-35 3S 技术集成及其应用

“3S”技术集成是 GIS、GPS、RS 三者发展的必然结果。三者最初独立发展,但各有其优缺点,因此有了“3S”的两两结合,其中应用最广泛、技术最成熟的当属 GIS 与 RS 的结合。后来,随着 3S 技术应用领域的拓展,“3S”的完全集成被推上了历史舞台,成为空间信息领域重要的研究方法和手段。

目前,在国外以计算机为支撑的“3S”技术,在城市绿地系统等相关规划领域有着广泛的应用,国内也积累了不少相关经验。经过申世广(2010)的归纳总结,“3S”技术集成在城市绿地系统规划中的主要应用如下。

1. 资料收集、数据共享与信息交流

在城市绿地系统规划中,基础资料特别是城市绿地数据资料的实时性、准确性是规划编制成功的关键所在。利用“3S”技术,可以获取卫星影像图、航测图、GPS 定位数据等最新、最准确的地面数据信息。例如,人们可以站在地球上的任何一个位置从仪器上精确地读出所在的经度、纬度和高程,并且随着位置的移动,还可以自动绘制出移动的轨迹,这使得对基地信息的实时准确收集工作变得非常轻松。

2. 信息提取与空间分析

地理信息系统(GIS)为城市绿地系统规划人员提供了直观而理性的空间分析工

具。通过 GIS 对遥感(RS)技术、全球定位系统(GPS)等收集来的各种资料进行相关信息的提取与分析,可以在绿地评价和规划中建立所需的空间数据库,并可以对各种信息进行查询,对反映基地的各种绿地要素信息进行统计以及对各种地图要素进行操作、编辑和输出等。运用 GIS 图层叠加功能,可以得到城市绿地系统具有多重属性的新层。这种技术在城市绿地系统规划过程中,可以通过对用地不同属性的分解与统计,形成专题图层,再根据不同的专题图层进行用地开发的适宜性评价,从而为规划提供依据。

另外,缓冲区分析、数字地形模型分析(见图 3-36)、网络分析等 GIS 所具有的强大分析功能,使城市绿地系统规划能在复杂的数据集合中提取有用的信息用于绿地的选址、规划范围的划定、休闲设施的布点等规划设计过程,并绘制各种分析图纸。利用 RS 技术和 GIS 技术还可准确测定绿地范围、面积,树种结构、种类,甚至树种的生长状况。例如,根据遥感图像的色调、纹理、形状,可以分析出哪些图像表示绿地,哪些图像表示不同的树种。甚至,利用 GIS 并根据专家的识别经验编制相应的计算机程序,可用于遥感图像中树种的比较、分析与识别等。

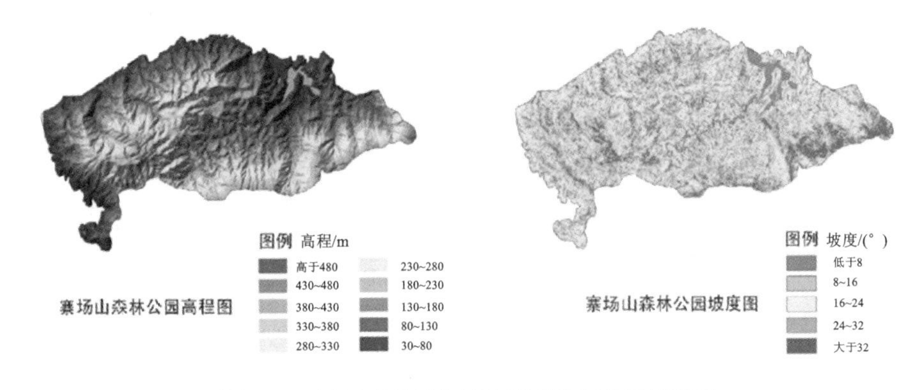

图 3-36 运用 GIS 制作的某景区数字地形模型图

3. 规划效果模拟与评价

运用“3S”等多种技术,可将规划的山、水、树、路、建筑等要素置于基地场景中,并通过视线分析、光线变化、气象模拟、植物生长模拟等手段,方便地分析出规划的不足,并及时作出调整。在强调大众参与决策的今天,这种方式更为理性。用 RS、GPS 获取的地形、地势、植被、水体、地质等数据通过 GIS 空间分析,可评价城市绿地植被景观质量,自动作出评价图。

4. 动态监测与规划

利用不同时期的遥感图像,通过 GIS 软件的叠加分析,可以对区域绿地变迁、城市绿地发展、园林绿地建设进行动态监测。如运用 1999 年和 2012 年两个时期的遥感图像,可以清楚地反映出长沙市都市区绿地分布的变化状况(见图 3-37、图 3-38)。对于各种绿地类型,综合运用“3S”技术,还可以建立城市绿地管理系统,以便对城市绿地系统进行高效、动态的监测和管理(见图 3-39)。

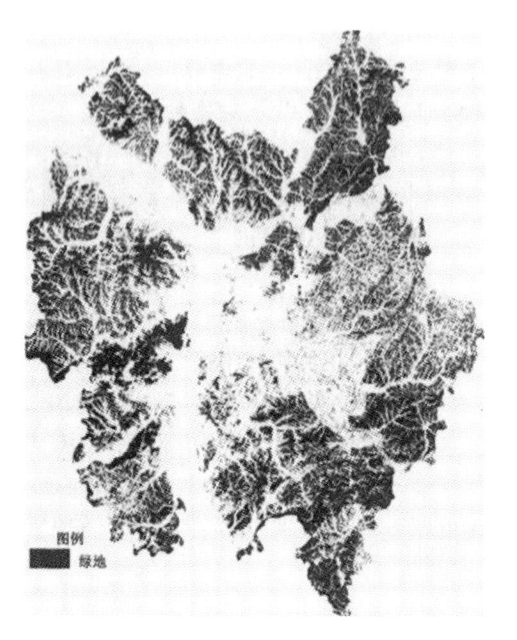

图 3-37 1999 年长沙都市区绿地分布

图 3-38 2012 年长沙市都市区绿地分布

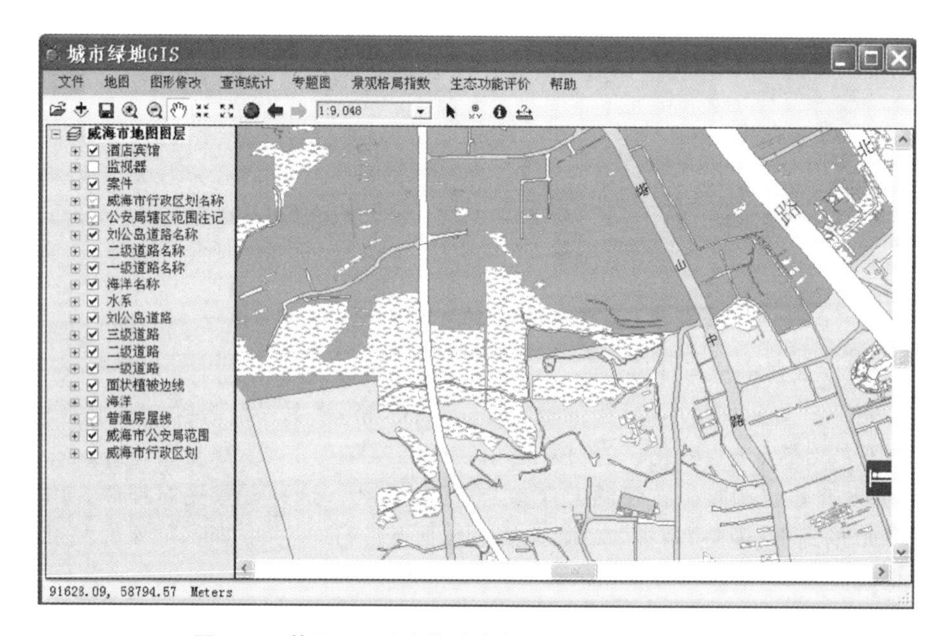

图 3-39 基于 GIS 平台的威海市城市绿地管理系统界面

5. 虚拟城市园林绿地技术

如今,"3S"融入多媒体动画的虚拟现实技术已渗入城市规划的相关领域。运用这种技术,人们带上特制的头盔(或眼镜)与数据手套等传感器,就可以置身于虚拟的场景之中进行各种操作,以达到学习知识、训练技能等目的。在城市绿地系统规划领域，同样可以通过建立虚拟园林绿地来表达规划成果或满足虚拟模拟的要求。

知识点拓展

【本章要点】

本章首先从城市绿地系统规划编制要求、基础工作、编制内容、编制成果等四个方面讲述了城市绿地系统规划编制的基本方法，从城乡空间角度论述了市域生态空间统筹及市域绿地系统的规划意义与规划内容、方法，进一步说明了城市绿地系统规划需有效依托于城乡范围内区域绿地，阐述了城区绿地指标制定的基本方法，在此基础上，从城市生态环境保护、城市游憩活动开展、城市景观表达等方面论述了城市各类绿地布局模式，并进一步对各类绿地规划指标和方法、实施措施、信息技术应用等分别进行了论述，形成了完整的城市园林绿地系统规划的内容和方法。

【思考与练习】

3-1　市域绿色生态空间统筹的基本方法和作用是什么？

3-2　市域绿地规划有什么时代意义？

3-3　市域绿地规划的基本模式有哪些？

3-4　城市绿地指标是如何制定的？

3-5　城市绿地基本布局模式有哪些？主要特点是什么？

3-6　在分类规划中，各类绿地规划要点是什么？

4 专业规划

4.1 专业规划的一般性规定

城市绿地系统规划的专业规划一般包括道路绿化规划、树种规划、生物多样性保护规划、古树名木保护规划、防灾避险功能绿地规划等。根据城市建设需要，还可增加绿地景观风貌规划、生态修复规划、绿道规划、立体绿化规划等专业规划。专业规划的一般性规定如下。

1. 道路绿化规划

道路绿化规划应当明确各级各类道路的绿地率和主要道路的绿化风貌特征。

2. 树种规划

树种规划应当确定城市绿化的基调树种、骨干树种和一般树种等名录，确定树种比例指标，提出不同类型绿地的适用树种，提出市树、市花的建议。

3. 生物多样性保护规划

生物多样性保护规划应当明确生物多样性保护规划的原则和技术要求，明确生物多样性保护规划的四条途径（物种多样性、基因多样性、生态系统多样性、景观多样性）。

4. 古树名木保护规划

古树名木保护规划应当明确古树名木及其后备资源名录、位置和保护级别，提出保护目标和措施。

5. 防灾避险功能绿地规划

防灾避险功能绿地规划应当明确防灾避险功能绿地的分级配置，明确各级防灾避险功能绿地的选址要求、位置、规模与有效面积，明确各级防灾避险功能绿地的容量与设施配置，明确防灾避险功能绿地的应急疏散通道，明确隔离缓冲绿带的位置与要求。

6. 绿地景观风貌规划

绿地景观风貌规划应当明确绿地景观风貌的特色定位，确定绿地景观风貌结构的原则，明确乡土植物景观风貌在城市绿地景观风貌中的基调作用并给出规划思路。

7. 生态修复规划

生态修复规划应当对城市生态资源和生态空间进行调查和评估，提出合理的生态修复目标，明确重点生态修复区域和重点生态修复项目，对重点修复项目进行指引。

8. 绿道规划

绿道规划应当提出绿道体系构建的总体设想，确定绿道的类型与等级，提出绿道的控制指标，给出绿道的建设指引。

9. 立体绿化规划

立体绿化规划应当明确立体绿化的重点区域，给出立体绿化分类设计指引。

4.2 树种规划

树木是植被的主体，绿化树种的规划是影响城市绿化速度快慢、质量优劣的关键问题，树种规划是城市绿地系统规划的一个重要组成部分。因此，做好树种规划意义重大。

现状本底植被物种的调查分析是树种规划的基础工作。基调树种、骨干树种和一般树种规划，市花、市树的选择与建议，主要植物应用类型的树种规划，城市绿化应用植物名录是树种规划成果的主要内容。

4.2.1 树种规划的基本原则

城市绿化树种规划应遵循以下几项基本原则。

1. 适地适树原则

选择树种时，应充分考虑城市的地理、土壤、气候等条件和森林植被地理区中的自然规律，坚持以当地具有代表性的地带性乡土树种为主，因为乡土树种对当地土壤、气候条件的适应性强，能充分表现地方特色。同时结合选用经过驯化的外来树种，按照树木的生物学特性和景观特性，结合立地条件和景观要求进行合理配置，增加城市的生物多样性，丰富城市景观。

2. 乔、灌、花、草及地被植物相结合的原则

从城市整体绿化来看，应以乔木绿化为主，乔、灌、花、草及地被植物相结合，形成城市立体绿化的植物景观，充分发挥绿地的生态效益，同时坚持常绿和落叶相结合的原则，以达到丰富植物季相的效果。

3. 速生树种与慢生树种相结合的原则

城市绿化近期应以速生树种为主，因为速生树种具有早期效果好、易成荫的特点，可以很快地达到绿树成荫的效果，但是寿命较短，一般在20年后需要更新和补充，所以还应考虑与慢生树种的结合。虽然慢生树种需要较长时间才能见效，但是它寿命长，可以弥补速生树种更新时带来的不利影响。

4. 生态效益、景观效益与经济效益相结合的原则

城市绿化树种的选择应从生态效益的角度出发，选择那些抗性较强，即对工业“三废”和病虫害等不利因素适应性强，以及对土壤、气候适应性强的树种，充分发挥绿化的生态效益，同时兼顾树种的美化功能和经济功能，多选择观花、观果、观形、观色的树种,构成复合型的植物群落,达到生态效益、景观效益和经济效益的三效统一。

4.2.2 绿化树种的调查与分析

对绿化树种进行调查和分析是树种规划的基础,所收集的资料应该准确、全面、科学。通过踏勘和分析,应当了解城市绿地植物的现状及问题,并对城市树种状况作出合理的评价。

树种调查的主要内容:调查当地的植被地理位置,分析当地原有树种和外来驯化树种的生态习性、生长状况等;目前树种的应用品种是否丰富;新优树种的应用是否具有针对性,是否经过了引种、驯化和适应性栽培;大树、断头树的移植比例是否恰当;种植水平和维护管理水平是否达到了相应的水平;目前绿化树种生态效益、景观效益和经济效益结合的情况,等等。掌握这些情况可为后续规划工作做好服务。

4.2.3 树种规划的主要内容

1. 确定基调树种

城市绿化的基调树种是能充分表现当地植被特色,反映城市风格,能作为城市景观重要标志的应用树种。如长沙市,根据城市的历史、现状及城市的发展要求,在树种规划中选用了香樟、广玉兰、银杏、枫香、桂花等13种乔木、竹类及棕树作为基调树种加以推广应用。

2. 确定骨干树种

城市绿化的骨干树种是具有优异的特点,在各类绿地中出现频率最高,使用数量大,有发展潜力的树种,主要包括行道树树种、庭院树树种、抗污染树种、防护绿地树种、生态风景林树种等,其中城市干道的行道树树种的选择要求最为严格,因为相比之下,行道树的生长环境条件最为恶劣。骨干树种的名录需要在广泛调查和查阅历史资料的基础上,结合当地的自然条件,通过多方慎重研究才能最终确定。

3. 确定树种的技术指标

合理规划城市绿化主要应用植物种类的种植比例,既有利于提高城市绿地的生物总量和生态效果,使绿地景观显得整齐、茂盛,也便于指导规划苗木生产,使绿化苗木供应的种类及数量能符合城市绿化建设的需要。

树种规划的技术指标主要包括裸子植物与被子植物比例、常绿树种与落叶树种比例、乔木与灌木比例、木本植物与草本植物比例、乡土树种与外来树种比例、速生与中生和慢生树种比例、城区种植土层深度、行道树种植规格等技术指标。

1)常绿树种与落叶树种的合理搭配

常绿树种与落叶树种的合理搭配,有助于实现三季有花,四季有景。在常绿树种与落叶树种比例方面,由于落叶树种生长快、易见效,常绿树种寿命长,但生长较慢,因此,一般在城市绿地建设初期,落叶树种的应用比重宜大些,几年后再逐步提高常绿树种的比重。相关研究显示,常绿树种与落叶树种的比例以(3~4):(6~7)

为宜。

2）乔木与灌木的合理搭配

乔木与灌木的合理搭配，不仅能够增加绿量，提升整体景观效果，而且还能形成稳定的植物群落，充分发挥园林树木的生态效益。一般而言，城市绿化建设应提倡以乔木为主，通常的乔木与灌木的比例以 7：3 左右较好。

3）乡土树种与外来树种的合理搭配

乡土树种与外来树种的合理搭配，可以充分发挥乡土树种对本地气候适应性强、维护成本低、生态效益好的综合优势。一般而言，乡土树种与外来树种的比例以 7：3 为宜，以乡土树种为主，外来树种可适量使用。

4. 市树和市花的选择

市树和市花的选择一般从以下几个方面进行综合考虑。

①主要从乡土树种或已有较长栽培历史的外来树种中进行选择。

②适应性强，能在本地城区广泛推广应用。

③具有良好的景观效果和生态功能。

④影响力大，知名度高，或为本地特有，或富有特殊文化品位。

⑤市树以乔木为佳，体现其雄伟，同时要求树形好、寿命长；市花要求花艳或花形奇特。

5. 不同应用类型绿化适用树种的选择

1）公园绿地和庭院绿化

公园绿地和庭院绿化树种选择应强调功能性、艺术性和文化性，选择在花、果、枝、径、叶等方面观赏性强的植物品种，突出植物的形态、质地、气味、色彩因素。

2）防护绿地

防护绿地应选择适应性和抗逆性强、不易受病虫害侵袭、管理粗放的树种。并根据不同类型防护绿地的要求，选择净化能力强、具有滞尘减噪功能的乡土植物。

3）道路绿地

道路绿地植物的选择重点是行道树。为了更好地发挥其在美化街景、纳凉遮阴、滞尘减噪等方面的功能，加上其立地条件相对苛刻，应选择树干挺拔优美、枝叶繁茂、根深且花果无污染、适应性强、抗逆性强、病虫害少的树种。

4）特殊绿化类型

根据城市的地理和气候特征、园林绿化的重点和特点，可确定特殊绿化类型，如湿生水生、山体绿化彩化、立体绿化、海滨防护、农田林网建设、大遗址绿化、生态修复等，并选择相应的绿化适用树种。

4.3 生物多样性保护规划

生物多样性是人类赖以生存和发展的基础，保护生物多样性是当今世界环境保护的重要组成部分,它对改善城市自然生态和城市居民的生存环境具有重要作用,是实现城市可持续发展的必要保障。

生物多样性指在一定空间范围内活的有机体(包括植物、动物、微生物)的种类、变异性及其生态系统的复杂程度,它通常分为四个不同的层次,即物种多样性、基因多样性、生态系统多样性和景观多样性,保护规划应体现多种途径的保护原则,其中物种多样性是生物多样性的核心内容。

生物多样性保护规划首先需要加强本底调研,确定当地所属的气候带和主导生态因子,确定当地所属的植被区域、植被地带,地带性植被类型和建群种、优势种,以及城市绿化中的乡土树种,编制出绿地的立地条件类型和城市绿化适地适树表,建立城市绿化植物资源信息系统,对城市鸟类和昆虫类等动物进行调查,并列出名录。然后从物种多样性、基因多样性、生态系统多样性和景观多样性等方面分别进行规划。

4.3.1 物种多样性保护规划

1. 本地植被气候带园林植物物种的发掘与应用

充分发掘乡土植物,对开发的园林植物进行生物学特性、生态学习性和在园林绿地中的适应性进行监测,筛选出生长势旺、抗逆性强、观赏价值高的植物种类,推广于园林绿地,逐步提高城市绿地植物物种的丰富度。

2. 相邻植被气候带园林植物的引种与应用

合理引种适生的外来植物,对引入的植物进行生态安全性的测定和适应性观测研究,经较长时期试种后,确定生长势旺、适应性和抗逆性强、景观效果好、与乡土植物能共生共荣的种类,可逐步推广于城市园林绿地。

3. 建立种质资源保存、繁育基地,提高园林植物群落的物种丰富度

结合生产绿地,建立种质资源基地,有针对性地开展彩叶树种、行道树、名花、水生花卉的种质资源选育。丰富层次,充分利用垂直空间生态位资源,建立树种组成和结构较丰富的园林植物群落。

4. 园林绿化建设中突出乡土植物景观特色,坚持园林绿化植物的多样性

园林绿化建设中加强生物多样性保护,应突出乡土植物景观特色,明确乡土植物的筛选、应用和推广,为各类地域性动植物营建适宜的生境条件。

园林绿化建设中加强生物多样性保护,应坚持园林绿化植物的多样性,提出新增适用园林植物和典型群落建议。

4.3.2 基因多样性保护规划

基因多样性保护主要包括就地保护、迁地保护和离体保护三种方式。就地保护主要是规划建设自然保护区,迁地保护主要是规划建设植物园,离体保护主要是建设种质资源库。

另外，园林绿化中还应充分利用种、变种和变型，利用植物栽培品种的多样性，利用植物起源的多样性。

4.3.3 生态系统多样性保护规划

生态系统多样性保证了物种正常发育与进化过程以及物种与其环境间的生态学过程，而且保护了物种在原生环境下的生产能力和种内的遗传变异机制，一般采取分类保护(如森林生态系统、湿地生态系统、农田生态系统、河流生态系统、湖泊生态系统等)的策略，分别制定相应的保护规划措施。

通过规划自然保护区，重点保护和恢复本植被气候地带各种自然生态系统和群落类型，达到保护自然生境的目的。丰富城市绿地系统类型多样性，积极采用模拟自然群落的设计方法，以形成复杂的城市生态系统食物网结构，支持丰富的生物种类共存。

同时，还应维护生态系统整体性，明确区域内重要的生物栖息地和迁徙廊道，提出相应的保育管控要求；明确对维护整体生态平衡有关键作用的物种、珍稀濒危物种，以及其原生境的空间分布，并提出相应的保育管控要求。

4.3.4 景观多样性保护规划

景观多样性保护是以景观元素保护为出发点，强调景观系统和自然空间整体保护，通过保护景观的多样性来实现生物多样性的保护。典型的景观多样性保护规划一般包括自然保护区、森林公园、风景名胜区和城市绿地等，规划措施主要包括：建立栖息地核心区、缓冲区、迁徙廊道和踏脚石，增加景观异质性，建立或恢复乡土景观斑块等。

4.3.5 珍稀濒危植物的保护

对于珍稀濒危植物，以就地保护为主、迁地保护为辅，扩大其生物种群，建立或恢复适生环境，保存和发展珍稀生物资源。

1. 就地保护

就地保护包括：建立保护区；增加景观的异质性；保护和恢复栖息地，减缓物种灭绝和保护遗传多样性；在城市市域周围建立完整的生物景观绿化带，保护湿地、山地生态系统等特殊生态环境和生态系统。

2. 迁地保护

迁地保护包括：建立植物园和有计划地建立重点物种的资源圃或基因库；建立和完善珍稀濒危植物迁地保护网络，保护遗传物质。

3. 具体保护措施

1）开展普查

普查生物多样性资源、提出资源评估报告、划定重点保护区、建立生态监测档案。

2）加强保护和发展城市公园及绿地系统生物多样性工作

城市公园及绿地系统是承担城市生物多样性的主要载体，要加强保护和发展城市公园及绿地系统的生物多样性工作。

3）加强植物园建设，开展科研和科普工作

加大植物的人工繁殖研究，形成一定数量的濒危植物保护群。

4.4 古树名木保护规划

古树名木是有生命的珍贵文物，是民族文化、悠久历史和文明古国的象征和佐证。通过对现存古树的研究，可以推测出成百上千年来树木生长地域的气候、水文、地理等自然变迁。古树名木同时还是进行爱国主义教育、普及科学文化知识、增进中外友谊、促进友好交流的重要媒介。

保护古树名木不仅是社会进步的要求，也是保护城市生态环境和风景资源的要求，对于历史文化名城而言，更是应做之举。

4.4.1 古树名木的含义与分级

1. 古树名木的含义

《全国古树名木普查建档技术规定》(全绿字〔2001〕15 号)明确，古树名木一般系指在人类历史过程中保存下来的年代久远或具有重要科研、历史、文化价值的树木。古树指树龄在 100 年以上的树木；名木指在历史上或社会上有重大影响力的中外历代名人、领袖人物所植或者具有极其重要的历史、文化价值、纪念意义的树木。

《城市古树名木保护管理办法》(建城〔2000〕192 号)明确，古树指树龄在 100 年以上的树木。名木指国内外稀有的以及具有历史价值、纪念意义和重要科研价值的树木。

2. 古树名木的分级及标准

《全国古树名木普查建档技术规定》(全绿字〔2001〕15 号)规定，古树名木的分级及标准：古树分为国家一、二、三级，国家一级古树指树龄在 500 年以上，国家二级古树指树龄在 300～499 年，国家三级古树指树龄在 100～299 年。国家级名木不受树龄限制，不分级。

《城市古树名木保护管理办法》(建城〔2000〕192 号)规定，古树名木分为一级和二级。凡树龄在 300 年以上，或者特别珍贵稀有，具有重要历史价值和纪念意义及重要科研价值的古树名木，为一级古树名木；其余为二级古树名木。

3. 古树名木后备资源

古树名木的后备资源一般指树龄超过 50 年(含)的古树名木。

4.4.2 古树名木的价值与特征

1. 古树名木的价值

古树名木具有以下六大价值。

1）生态价值

古树名木的树冠通常较大，在制造氧气、调节温度和空气湿度、阻滞尘埃、降低噪声等方面有较明显的生态价值，有的古树名木还具有吸收某些有害物质的功能。

2）科研价值

古树名木可用于当地自然历史的研究，从而了解当地气候、森林植被与植物区系的变迁，为农业生产区划提供参考。在引种中，外来的古树名木可作为参照系，或直接作为研究材料。

3）历史价值

某些古树名木与特定的历史时间相联系。例如，邓小平同志南巡期间在深圳仙湖植物园种植的高山榕就具有特殊的纪念意义。

4）文化价值

例如，黄山的迎客松被赋予特色的人文情怀，榕树常被作为长寿的象征，樟树代表着吉祥，木棉树被称为英雄树、攀枝花，是英雄和美丽的化身。这些古树由此具有了特殊的文化价值。

5）景观价值

有些古树名木树形优美，独木成林、成景，有些古树名木生长于悬崖峭壁之上，均可以形成一种人工难以造就的自然景观。

6）经济价值

某些古树名木可作为杂交育种的亲本；某些古树名木能提供可用于育苗、工业或药用的果实，如红豆杉、银杏等；某些古树名木的叶片、果实或种子可以开发成为旅游纪念品，如古菩提的树叶可以加工成书签。

2. 古树名木的特征

古树名木具有以下四大特征。

1）多元价值性

古树名木是多种价值的复合体。古树名木不仅具有一般树木所具有的生态价值，而且是研究当地自然历史变迁的重要材料，有的古树名木还具有重要的旅游价值。

2）不可再生性

古树名木具有不可再生性，无法以其他植物来替补。

3）特定时机性

古树名木形成的时间较长（至少需要 100 年），植树者在有生之年通常无法等到自己所种植的树变成古树，而古树名木的产生也有一定的机遇性。故无论是古树，还是名木,都不可能在短期内大量生产,具有特定的时机性。

4) 动态性

古树名木的动态性体现在两方面:一方面,随着树龄的增加,一些古树名木很可能因树势衰弱、人为因素而死亡、不复存在;另一方面,一些老树随着时间推移则会成为古树名木。

4.4.3 古树名木保护规划的主要内容

古树名木保护规划的主要内容如下。

①古树名木及其后备资源的数量、树种、分布情况和保护现状。

②纳入保护的古树名木及其后备资源的名录、位置和保护级别。

③古树名木保护的要求和措施。

4.4.4 古树名木保护规划的方法和措施

1. 挂牌登记管理

统一登记挂牌、编号、注册、建立电子档案;做好树种、树龄鉴定,核实有关历史科学价值的资料及生长状况、生长环境情况;完善古树名木管理制度;标明树种、树龄、等级、编号,明确养护管理的负责单位和责任人。

2. 技术养护管理

除一般养护(如施肥、除病虫害等)外,有的还需要安装避雷针、围栏等设施,修补树洞及残破部分,加固可能劈裂、倒伏的枝干,改善土壤及立地环境。定期开展古树名木调查、物候期观察、病虫害等自然灾害方面的观测,制定古树复新的技术措施。

3. 划定保护范围

防止附近地面上、下工程建设的侵害,划定禁止建设的范围。保护范围划定要求为:①成林地带外缘树树冠垂直投影以外 5 m 所围合的范围;②单株树同时满足树冠垂直投影及其外侧 5 m 宽和距树干基部外缘水平距离为胸径 20 倍以内。

4. 加强立法工作和执法力度

地方政府可以按照国家发布的《关于加强城市和风景古树名木保护的通知》所传达的精神,颁布一系列关于古树名木保护的管理条例,制定适应本地区的保护办法和相应的实施细则,严格执行,杜绝一切破坏古树名木的事件发生。

4.5 防灾避险功能绿地规划

我国是世界上遭受自然灾害较为严重的国家之一,随着城市化的迅速发展,人口和建筑密度高度集中,一旦发生重大灾害,人民群众的生命财产安全将受到严重威胁。目前,我国大多数城市缺乏必要的防灾减灾能力,城市绿地作为城市开敞空间的主要组成部分,能够承担避难通道、避难点或者灾害对策据点的功能。因此,应该充分重视绿地的防灾避险功能，每个城市都需要根据城市灾害特点编制绿地系统防灾避险规划，提高城市的防灾减灾应急能力。

防灾避险功能绿地指在城市灾害发生时和灾后救援重建中，为居民提供疏散和安置场所的城市绿地。其规划应与城市综合防灾规划相协调，遵循以人为本、平灾结合、合理兼顾、因地制宜、分级配置、系统布局的原则，以绿地常态功能为主，兼顾防灾避险功能，完善城市综合防灾体系。

4.5.1 防灾避险功能绿地的规划原则

1. 规划引领、因地制宜

根据城市的经济、社会、自然、城市建设以及易发生的灾害类型等实际情况，遵照城市综合防灾规划、城市绿地系统规划、抗震防灾规划、消防规划，以及地质灾害防治规划等基本要求，在对现有城市绿地进行全面摸底和调查评估的基础上，结合城市自身特点和灾害类型，因地制宜地完善现有城市绿地的防灾避险功能，并与其他防灾避险场所统筹部署、相互衔接、均衡布局，完善城市综合防灾体系。

2. 平灾结合、以人为本

应充分考虑城市防灾避险功能绿地的平灾转换，平时发挥好生态、游憩、观赏、科普等常态功能，灾时能实现功能的快速转换，发挥绿地防灾避险功能（见图 4-1），保护人民群众生命财产安全，尽可能地减少灾害损失。

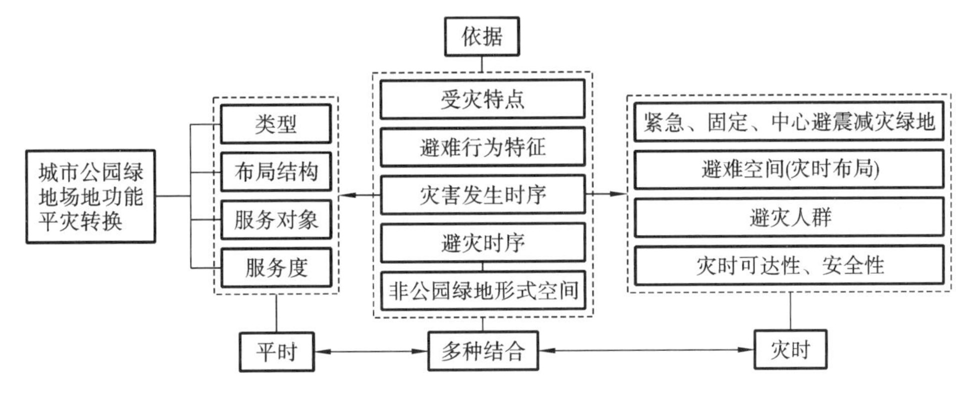

图 4-1 城市公园绿地场地功能平灾转换图

（资料来源：叶洁楠，王浩，费文君. 基于平灾转换的城市避震减灾公园绿地规划研究——以河北滦县公园绿地规划为例[J]. 西北林学院学报，2013，28(4)：204-208.）

3. 突出重点、注重实效

城市防灾避险功能绿地只承担有限的防灾避险功能，且防灾重点是地震及其次生灾害，适当兼顾其他灾害类型，不具备应对所有类型灾害的防灾避险功能。新建城市防灾避险功能绿地或提升现有城市绿地防灾避险功能，要结合实际，注重实效，确保生态、游憩、观赏、科普等城市绿地常态功能，同时兼顾防灾避险功能。

4.5.2 防灾避险功能绿地的类型

防灾避险功能绿地包括长期避险绿地，中、短期避险绿地，紧急避险绿地和城市隔离缓冲绿带四种类型。

1. 长期避险绿地

长期避险绿地指在灾害发生后可为避难人员提供较长时间(30 d 以上)生活保障、集中救援的城市防灾避险功能绿地。长期避险绿地应依据相关规划和技术规范要求，配置应急保障基础设施、应急辅助设施及应急保障设备和物资。长期避险绿地以生态、游憩等城市绿地常态功能为主，满足平灾结合、灾时转换等要求。

2. 中、短期避险绿地

中、短期避险绿地指在灾害发生后可为避难人员提供较短时期(中期 7～30 d、短期 1～6 d)生活保障、集中救援的城市防灾避险功能绿地。中、短期避险绿地一般靠近居住区或人口稠密的商业区、办公区设置，应依据相关规划和技术规范要求，配置应急保障基础设施、应急辅助设施及应急保障设备和物资。中、短期避险绿地以生态、游憩等城市绿地常态功能为主，适度兼顾防灾避险功能。

3. 紧急避险绿地

紧急避险绿地指在灾害发生后，避难人员可以在极短时间内(3～10 min)到达、并能满足短时间避险需求(1 h～3 d)的城市防灾避险功能绿地。紧急避险绿地以生态、游憩等城市绿地常态功能为主，兼顾灾时短时间防灾避险功能。

4. 城市隔离缓冲绿带

城市隔离缓冲绿带指位于城市外围，城市功能分区之间，城市组团之间，城市生活区、城市商业区与加油站、变电站、工矿企业、危险化学品仓储区、油气仓储区等之间，以及易发生地质灾害的区域，能够阻挡、隔离、缓冲灾害扩散，防止次生灾害发生的城市防灾避险功能绿地。

除以上分类外，根据城市防灾避险功能绿地在防灾避险中所起的作用及面积的差异，可将其划分为点状空间、线状空间和面状空间三类(见表 4-1)。

表 4-1 防灾避险空间类型与城市绿地分类关系

空间类型	防灾避险功能	绿地类型对应关系	规模要求
点状空间	紧急或临时避震减灾场所(将灾民临时集合并转移到固定避难场所的过渡性场所)	社区公园、居住用地附属绿地、公共管理与公共服务设施用地附属绿地、商业服务业设施用地附属绿地、工业用地附属绿地、物流仓储用地附属绿地、公用设施用地附属绿地	紧急减灾场所面积不小于 0.1 hm^2；临时避难场所面积不小于 1 hm^2

续表

空间类型	防灾避险功能	绿地类型对应关系	规模要求
线状空间	防灾避险通道	游园、防护绿地、道路与交通设施用地附属绿地、区域设施防护绿地	绿化带宽度不小于10 m
面状空间	固定或中心防灾避险场所(供灾民较长时间集中生活或城市重建和复兴的据点)	综合性公园、专类公园、广场用地、风景游憩绿地、生态保育绿地、生产绿地、带状公园、其他绿地	固定防灾避险场所面积不小于10 hm^2;中心避震减灾场所面积不小于50 hm^2

4.5.3 防灾避险功能绿地的级配与布局

设置城市防灾避险功能绿地宜以中、短期避险绿地和紧急避险绿地为主,规划城区人口规模300万及以上的城市和抗震设防烈度7度以上的城市,宜结合城市用地条件,按"长期避险绿地—中期避险绿地—短期避险绿地—紧急避险绿地"四级配置。防灾避险功能绿地应安全可达,至少应与2条以上应急疏散通道相连接;短期和紧急避险绿地应靠近居住区,便于快捷疏散。

各级防灾避险功能绿地的规模、有效避险面积和布置应符合下列规定。

①长期避险绿地的规模宜大于50 hm^2,其中有效避险区域面积占比宜大于60%,宜结合郊野公园等区域绿地布置。

②中期避险绿地的规模宜大于20 hm^2,其中有效避险区域面积占比宜大于40%;短期避险绿地的规模宜大于1 hm^2,其中有效避险区域面积占比宜大于40%;中、短期避险绿地宜结合广场用地、综合公园和社区公园等布置。

③紧急避险绿地的规模应大于0.2 hm^2,其中有效避险区域面积占比宜大于30%,宜结合广场用地、游园和条件适宜的附属绿地布置。

④城市隔离缓冲绿带以生态防护、安全隔离为主要功能,一般结合防护绿地、附属绿地等布置。

城市中心区、旧城区等人口稠密地区应优先布局防灾避险功能绿地,并与医院、学校和体育场馆等其他可用于防灾避险的场所统筹安排。另外,应根据有效避险区域面积合理确定防灾避险容量,按照防灾避险功能绿地的等级和容量合理配置防灾避险设施。

4.5.4 防灾避险功能绿地的选址

防灾避险功能绿地应选址于平坦开敞的安全地域,并应符合下列规定。

①不得选址于地震断裂带、洪涝、山体滑坡、地面塌陷、泥石流等自然灾害易发生地。

②不得选址于危险化学品、易燃易爆物或核放射物储放地、高压输电走廊等对人身安全有威胁或不良影响的区域。

③不得选址于需要特别保护的历史名园、动植物园和文物古迹密集区。

④不得选址于低于城市防洪标准确定的洪水淹没线以下的区域。

⑤不得选址于坡度大于15%区域的面积占比超过60%的绿地。

⑥不得选址于开敞空间小于600 m^2 的绿地。

⑦不应选择公园绿地中坡度大于15%的坡地、水域、湿地、动物饲养区域、树木稠密区域、建(构)筑物及其坠物和倒塌影响区域、利用地下空间开发区域作为有效避险区域。

4.5.5 防灾避险功能绿地的规划依据与指标

1. 规划依据

防灾避险功能绿地规划应与城市综合防灾规划相协调,具体规划依据包括《破坏性地震应急条例》《中华人民共和国防震减灾法》《城市综合防灾减灾"十四五"规划》《关于加强城市绿地系统建设提高城市防灾避险能力的意见》《城市绿地防灾避险设计导则》,以及各省市相关的标准条例。

2. 规划指标

1) 服务半径

具体的服务半径,需要结合城市特点、灾害类型,以及城市绿地周边的广场、学校、体育场等应急避险场所分布情况,进行专题评估确定。根据日本的经验,作为紧急避难疏散场地的防灾避险绿地,服务半径300~500 m,步行时间3~10 min。

2) 有效避险面积

有效避险面积指绿地总面积扣除水域、建(构)筑物及其坠物和倒塌影响范围(影响范围半径按建(构)筑物高度的50%计算)、树木稠密区域、坡度大于15%的区域和救援通道等占地面积之后,实际可用于防灾避险的面积。城市防灾避险功能绿地有效避险面积的设计要求如表4-2所示。

表4-2 城市防灾避险功能绿地有效避险面积的设计要求

分类		总面积/hm^2	有效避险面积比率	人均有效避险面积/m^2
长期避险绿地		≥50	≥60%	≥5
中、短期避险绿地	中期	≥20	≥40%	≥2
	短期	≥1	≥40%	≥2
紧急避险绿地		≥0.2	≥30%	≥1

4.5.6 防灾避险功能绿地的规划程序

1. 调查分析

从防灾减灾的角度看,调查内容主要是城市及其周边地域的灾害史与自然条件、各类城市规划中与防灾公园相关的内容、防灾公园在城市防灾中所处的地位、避难地域的状况(避难地域及其人口、邻近的社区及其布局、避难设施与防灾相关设施的分布、市区的危险程度、救援道路与避难道路的状况)、场地条件(地形、地质、植被、设施与管理条件)及城市有关机构对防灾减灾的要求等,如按照城市人口总体发展计划,确定不同年份(每隔5年)的城市居住人口总数。并对调查结果进行整理、分析,提出综合分析报告。

2. 场地选择

防灾避险功能绿地的选择必须高度重视安全性原则,各种防灾设施的配置场所应当便于灾时利用且地基有良好的抗灾性能。对于容易发生液化和松软的地基,应采用有效措施进行改良,优化设施配置与结构,确保灾后设施能够正常利用,即使局部场地受灾也不会严重影响整个防灾公园的防灾功能。在选择的场地内,应设雨水排水系统;合理规划适量的水面,平时作为公园的景观,灾时用作消防用水或安全用水。

防灾避险功能绿地不宜建在城市的低洼地区,以防发生洪灾和海啸时被淹没,而且北方地区应当避开风口,有防寒措施,南方地区应当避开烂泥地和水渠、池塘多的地方。

依据不同灾害的情况,推算需要避灾的人数。如发生地震时,根据不同的地震烈度和建筑物的抗震性能,计算建筑毁坏率,推算不同年份震时伤亡人数、无家可归者人数。按照总的有效避难面积,各类道路、防火隔离带以及其他用地的需求,计算避难所的总需求面积与各级防灾避险功能绿地的服务半径和规模。

3. 避难地域界定与避难人口统计

防灾避险功能绿地的主要功能之一是严重灾害发生后供邻近社区的居民避难。因此,防灾避险功能绿地的规模、内部区划及防灾减灾设施的设置,必须满足邻近社区防灾减灾的要求;在规划建设防灾公园时,必须对邻近的社区进行深入的调查研究,以便提高防灾公园的适应性和针对性;避难疏散道路的设计应当有助于各个社区居民快速、有序地安全避难。北京市元大都城垣遗址公园比较好地考虑了防灾公园与邻近社区的关系。该公园长4.8 km,外围周长呈现最大化,有助于迅速、有序地组织邻近社区的居民避难疏散;公园横跨6条街道,被自然划分为7个避难区,可以供邻近社区的25万居民紧急避难;比较合理地规划了各个社区居民安全避难的道路等,邻近各个社区的居民可以通过预先规划的避难道路安全到达预定的避难区域。

4. 确定防灾功能与防灾设施

防灾公园的主要功能是供避难者避难及对避难者进行紧急救援。具体包括:①临时或较长时间避难;②防灾减灾及提高避难空间的安全性;③情报的收集与传播;④实施消防、救援、医疗与救护活动;⑤为避难居民创造基本的生活条件;⑥进行防疫治病工作;⑦开展灾后恢复活动;⑧提供救灾物资运输条件。

防灾设施是防灾功能的基础与保障。防灾设施主要有情报设施(灾时广播设备、通信设备和标识、情报设备)、水设施(抗灾贮水槽、灾时用水井、散水设备及水池、水流等)、能源与照明设施(各种备用电源与太阳能照明设备)、防灾树林等植被、灾后用厕所、救灾物资储备仓库(内存确保居民基本生活条件的紧急救灾物资,例如灾后居民所需的 3 d 的饮用水,每天每人不能少于 3 kg),以及公园内的道路与广场(包括直升机降落场)等。规划防灾设施应当考虑防灾减灾性能、美观与安全、有利于平时使用、方便残疾人与伤病员、易于检修与管理等。

5. 确定区划规划

防灾公园的区划是为了从防灾减灾的角度合理利用公园的土地。区划以配置防火林带、避难广场、公园的主要防灾设施以及确保避难路线为中心,实现各个区划的防灾功能互补,有效地利用公园内的防灾空间和设施。为确保居民安全避难,必须充分考虑居民从社区到防灾公园的避难道路及其与其他道路和设施的关系。小型防灾公园避难道路的宽度为 5～12 m 或更宽,大型防灾公园避难道路宽度应大于 15 m。在防灾公园内应设救灾通道,小型防灾公园救灾通道宽度为 8～15 m 或更宽,大型防灾公园救灾通道宽度应大于 15 m。

避难道路两侧的建筑物倒塌后产生的废墟宽度设定为建筑物高度的 1/2,倒塌后应不覆盖,以免影响避难道路。

防灾公园若面向街道易燃建筑物,应设防火隔离带或树林带。紧急避难所防火隔离带的宽度为 10～15 m,固定避难所防火隔离带宽度应大于 25 m。大型避难所内应划分区块,区块之间亦应设防火隔离带。防火隔离带可以是空地、河流、耐火建筑或绿化带等。如果避难所周围有木制建筑群且风速较大,应当加宽防火隔离带。

规划避难所避难道路,是灾民从住宅到紧急避难所或从紧急避难所转移到固定避难所的道路。紧急避难所的避难道路宽度为 5～12 m 或更宽,固定避难所的避难道路应宽于 15 m。在避难所内应设救灾通道,紧急避难所的救灾通道宽度为 8～15 m 或更宽,固定避难所的救灾通道宽度应大于 15 m。由于地震灾害发生后,人流、车流密度都很大,为确保人员安全与交通畅通,避难道路与救灾通道不宜混用,而且在人流、车流高峰期应实施交通管制,在避难道路与救灾通道交叉处应设交通岗指挥交通。

6. 绘制设施配置规划平面图

为各个区划地域配置与其防灾功能相对应的设施,并绘制各个设施配置的平面图。设施配置时应当考虑各个设施之间的关系,充分发挥设施的综合防灾功能;确保避难道路、救援通道及消防通道畅通;处理好防灾设施与公园周边状况、相邻防灾设施的关系;设施配置与整体规划整合且不影响公园的平时使用。

7. 制定防灾植被规划

灾害发生时,植被有重要的防灾作用,例如,可以防止、延缓火灾蔓延,减轻建筑物等倒塌或落物造成的灾害,起界标作用,并对居民避难生活有辅助效果。规划防灾植被时,需按照市区的状况设定火灾规模,相应地规划植被带的构成。从火灾现场到居民避难场所划分为火灾危险区、防火植被区和居民避难区。防火植被区的树种以对火焰的遮蔽率高、抗火性能强的树种为主体。

4.5.7 相关案例——北京海淀公园

海淀公园位于北京西四环万泉河立交桥西北角，占地面积约为 40 hm^2，于 2004 年被确定为北京市首批应急避难场所之一。其作为海淀区的大型综合公园，平时为市民提供各种休闲娱乐场所，灾害发生时则成为重要的避难场所，可容纳70 000～80 000人。

公园主要包括北部展览区和主广场、中部的草坪区和水景区、南部及公园边界的山林景区。公园规划有紧急疏散通道、棚宿区、停机坪等防灾空间，满足灾时的避难疏散功能(见图 4-2)。紧急情况下，公园内部的开阔空间可以迅速转变为棚宿区，北部的展览馆也可以迅速变为应急指挥中心。公园内设置了便于识别的标示系统，方便发生灾害时快速引导市民到达防灾避难场所。为保证灾害时期避难人员的正常生活，公园西门内侧大草坪下还设置了一批应急厕所。公园内还设置了应急指挥中心、上下水设施、供电设备、紧急医疗设施、垃圾及污水处理设施等，还有专门储备应急医疗救援器械和生活保障物资的仓库，可以在地震、火灾等突发的城市灾害来临时发挥重要的防灾避难与救援的作用。公园西南部及公园边界为山林景区，通过地形的设计结合密林，不但可以阻挡外围的噪声及其他灾害，形成安静、安全的公园内部环境，也可以为灾时公园内部的安全提供保障。

图 4-2 海淀公园应急避难场所示意

海淀公园的应急棚宿区设置于面积较大的广场和开阔的疏林草坪间，此类场地空间开敞，便于搭建帐篷，且空气流通较易满足防疫卫生的要求，同时利于人群的疏导。民用帐篷规格为3 m×5 m，每顶帐篷可容纳6人。应急棚宿区分为五个区：第一区位于公园西北角，面积为4 hm^2，可容纳20 000人，可搭建帐篷3 333顶；第二区位于公园中部大草坪，面积为7.75 hm^2，可容纳38 750人，可搭建帐篷6 458顶；第三区位于公园东北角，面积为3.5 hm^2，可容纳17 500人，可搭建帐篷2 916顶；第四区位于公园中部大草坪南部，面积为3.25 hm^2，可容纳16 250人，可搭建帐篷2 708顶；第五区位于公园西南角，面积为2.5 hm^2，可容纳12 500人，可搭建帐篷2 083顶。

4.6 绿地景观风貌规划

4.6.1 绿地景观风貌的基本概念

城市绿地景观风貌是城市绿地景观所展现出的风采和面貌，是城市在历史文化、自然特征和市民生活的长期影响下，形成的城市绿地环境特征和空间组织。城市绿地景观风貌构成城市环境的绿色基底，绿地系统的规划建设有助于促进城市景观风貌的改善。

绿地景观风貌应与城市总体规划设计相协调，明确城市绿地景观风貌的特色定位，明确绿地系统景观结构和特色片区，提出展现地域自然文化特色和提升绿地景观风貌的措施。城市绿地景观风貌系统由城市绿地景观之“风”和城市绿地景观之“貌”组成。“风”展示了城市绿地景观的整体风格和文化精神等，“貌”承载了城市绿地景观的功能面貌和空间形态。

4.6.2 绿地景观风貌的特色定位

绿地景观风貌特色立足于城市发展定位，在自然和历史文化资源特色调查和评估的基础上，确定城市绿地景观风貌特色定位，引导城市整体形象和地方特色塑造。定位应特色鲜明、主题突出，打造城市名片。依据城市自然和人文资源特点，风貌系统可分为自然主导型、人文主导型和综合影响型。如山地城市、滨海城市、历史文化名城等，各类型绿地景观风貌特色应具有差异性。

4.6.3 绿地景观风貌的规划原则

1. 有利于保护和优化自然山水格局

尊重和利用现有地形、地貌、山水、植被等自然要素，因地制宜，顺应自然，形成山、水、城交融的整体景观风貌骨架和空间格局，加强结构性山水景观资源的整体保护。

2. 有利于强化城市整体风貌格局

城市绿地景观风貌规划应依托城市总体风貌定位、山水格局、城市色彩和空间肌理，强化城市空间秩序与整体风貌格局，串联重点景观节点。

3. 有利于完善城市空间结构

城市绿地景观风貌规划应利用城市绿地形成均衡布局、城绿相生的城市绿地系统结构，完善城市空间结构，协调城市生态、景观、游憩、防护和避灾等多种功能。

4.6.4 绿地景观风貌的结构

规划通过梳理城市面、线、点状绿地，构建总体结构清晰、层次分明，并与城市山水格局、功能分区、交通组织、景观轴线、景观节点和开放空间等相协调的绿地景观风貌结构，优化城市空间布局，使城市更具特色与可识别性。

1. 面

城中与城周山体、林地构成了面状绿地景观空间，起到非常好的背景作用。

2. 线

绿地景观风貌线性空间规划结合线性绿地、特色风貌轴和视线通廊等的规划，引导形成相对完整、连续的景观风貌界面，其具体功能包含风貌因子及风貌控制要点。

1）线性绿地规划

城市线性绿地按功能和形态可分为交通型、休闲游憩型、日常防护型和滨水型线性绿地等。通过线性绿地规划形成具有复合功能的绿色景观廊道，可以加强面状和点状绿地间的联系，提升绿地生态系统的稳定性。

2）特色风貌轴规划

打造特色风貌轴有助于凸显城市重要场所绿地景观风貌效果，衔接城市绿地景观和公共空间节点，形成相对连续、完整的城市认知系统。

3）视线通廊规划

视线通廊规划包括“山—山”“山—水”“山—城市开放空间”“山—周边重要观景点”“山—城市主要道路”等。通过山体的眺望视点，选择合适的眺望方向，确定合适的眺望区域，有意识地留出显山露水的绿色通廊，强化城市亲山近水的可识别度。

广东省中山市强化山水景观的管控，延续城市山水文脉，提升城市空间品质。其重点打造“一核六廊”景观廊道，“一核”以五桂山为绿核，是中山市的绿色基底；“六廊”则包括五桂山东余脉景观通廊、五桂山西余脉景观通廊、东山水景观通廊、西山水景观通廊、广澳高速景观通廊和翠亨快线景观通廊。同时，“城中有山，山中有城”是中山市中心城区的景观特色，规划以中心城区具有人文价值的山体为中心，构建起包括老城区、紫马岭、五马峰和华佗山等四大区域山体视线通廊，并要求严格控制各山体间视线廊道范围内的建筑高度，保障山与山之间的视线联系（见图 4-3）。

3. 点

通过对景观风貌节点的规划，实现在相对统一的城市环境基质中凸显城市自然环境和历史文化特色，打造城市生态绿核，强化城市的文化可识别性和标识性。景

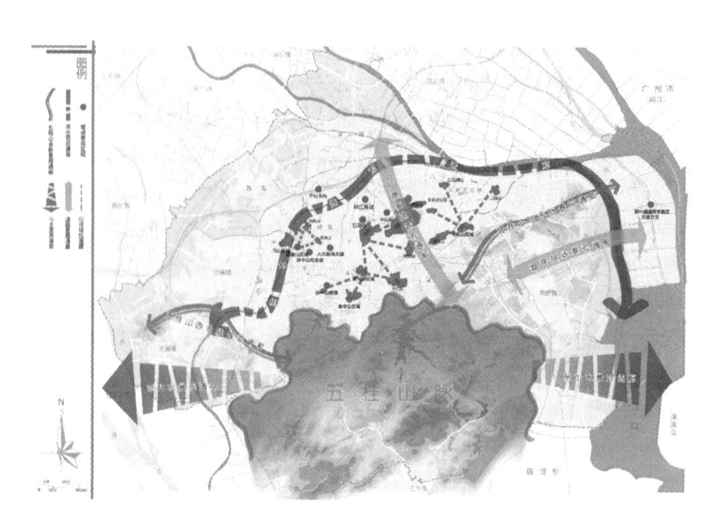

图 4-3 中山市中心城区景观通廊规划
(资料来源:中山市自然资源局)

观风貌节点主要包括城市中心节点、市民活动节点和交通枢纽节点。

4.6.5 绿地景观风貌的分区

城市绿地景观风貌分区以城市地域特征、用地布局和功能结构为依据,可结合历史人文风貌、自然生态风貌及城市功能的特色风貌进行分区。根据城市绿地景观风貌分区,提出相应的分区风貌特色控制要点。同时,宜以片区控制导则或设计导则的形式,有针对性、有侧重点地从功能定位、整体意象、植物选择、建筑风貌、天际尺度等方面提出设计引导要求。以下通过两个案例进行说明。

1.《深圳市国土空间总体规划(2020—2035 年)》

塑造"山、海、城"交织共融的城市整体风貌,强化自然与城市有机交融的风貌特色,构建"一脊一带十八廊"(见图 4-4)的生态骨架,将深圳最具代表性的海湾、山体、河流、大型绿地、生态绿廊等进行系统连接和生态复育,让绿色深入城区,使城市空间与自然野趣亲密相伴。加强对山海景观秩序的引导,充分发掘城市眺望景观点,让市民走得进山、亲得近水、赏得了城(见图 4-5)。

一脊:横贯深圳中部、连绵百千米的绿色山脊。

一带:串联大亚湾、大鹏湾、深圳湾、前海湾和珠江口的滨海蓝带。

十八廊:连通山脊与海岸带的生态景观廊道。

2.《广州市绿地系统规划(2020—2035 年)》

围绕"北、中、南"片区生态景观资源,打造具有地区鲜明特色的景观风貌。

1) 北部——田园山野景观风貌

保护延续北部特色的农业物产和独特的沙田风光,彰显地区独有的特色,可充分利用片区现状田园、农林用地资源发展都市农业观光,恢复某一时期农耕文化作

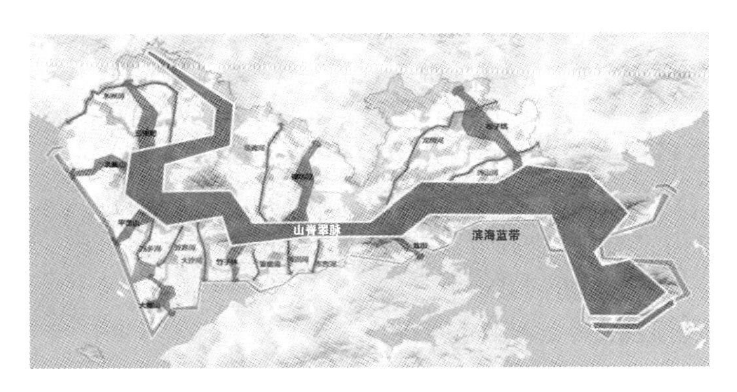

图 4-4 深圳“一脊一带十八廊”景观风貌结构图

（资料来源：深圳市规划和自然资源局）

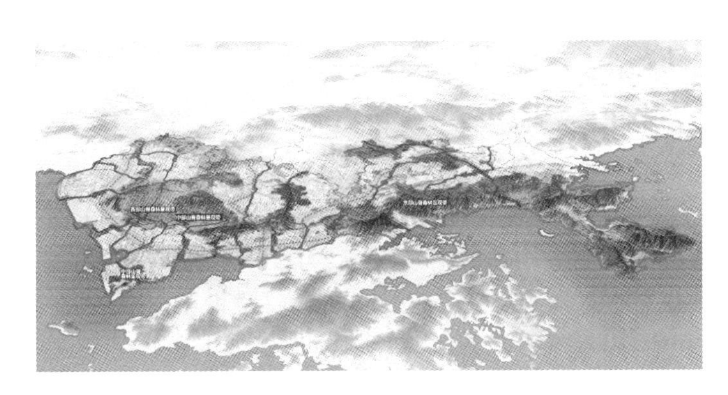

图 4-5 深圳城市景观风貌图

（资料来源：深圳市规划和自然资源局）

为体验区，重现岭南水乡生活情景，体现南沙特色，结合绿道、滨水岸线打造生态观赏、田园体验等旅游专线，在有条件的河岸采用软质驳岸，营造亲水空间，同时可结合城乡居民点布局块状公园绿地，形成围绕绿道网的生态旅游新经济增长点。

2）中部——滨海都市景观风貌

蕉门河中心区、明珠湾区等重要景观节点地区，是广州副中心城市重要的新门户，进行花卉园林景观设计，引入开花植物与彩叶植物，布置风格各异的花卉园林景观，增强绿化的可观赏性，打造滨海特色景观，提升滨海明珠的形象。依托城区南沙滨海公园、蒲洲花园、大角山海滨公园等城市公园以及主要景观道路，打造高品质城市绿地，以大山乸、黄山鲁等为重要景观节点，沿蕉门河、进港大道、环市大道，形成滨水、带状绿地环线与景观轴线。

3）南部——湿地水乡景观风貌

结合现状岭南水乡肌理，在现有生态格局基础上，重点加强蕉门水道、凫洲水道等区域河口湿地的保护与自然恢复，注重水绿结合维育湿地生境，提升生物多样性，强化生态服务功能。加强红树林沼泽和水草滩涂湿地的保护，形成与生态红树林的生境通廊,营造独特的湿地文化景观。在龙穴岛实施增绿计划,适度增加植物绿化的色彩,塑造港口产业与生态景观和谐交融的现代滨海景观带。

4.7 生态修复规划

近年来,伴随着城市化进程的快速发展,城市人口急剧增加,促进城市经济社会发展的同时,也带来了严重的城市生态环境问题,如热岛效应、城市雾霾、水体污染、垃圾围城等环境问题成为制约城市可持续发展的重要因素。2015 年中央城市工作会议提出,用“生态修复、城市修补”破解“城市病”,城市生态修复成为生态文明导向下的新型城市发展模式。《城市绿地规划标准》(GB/T 51346—2019)更是将“生态修复规划”作为新的专项规划来补充和完善城市绿地系统规划。

4.7.1 生态修复的基本概念

1. 生态修复的概念

“生态修复”一词源于恢复生态学,既具理论意义,也有实践价值,截至目前还未有普遍认同的定义。保罗·戈比斯特(Paul Gobster)认为,城市生态修复是改善城市环境,为人提供生态服务功能和游憩场所,为乡土植物和动物创造生境;皮克特(Pickett)认为,城市生态修复是通过人与环境之间的相互作用,修复城市复合生态系统的结构与功能,提升城市景观;周启星认为,城市生态修复是以生物修复为基础,结合物理、化学修复及工程技术措施,达到最佳效果和最低耗费的一种综合的修复污染环境的方法;俞孔坚认为,城市生态修复是提升城市生态系统调节、供给、生命承载以及文化与精神等服务功能的过程。

城市生态修复的对象是城市生态系统,其目的是降低城市发展对城市生态系统的影响,修复城市生态系统的结构和功能,提升城市生态服务功能,改善城市人居环境。

2. 城市生态修复的层次和类型

城市生态修复在空间尺度上分为三个层次。宏观尺度上,主要研究城市生态系统的结构修复,内容包括:通过绿楔、绿道、绿廊等结构性绿地,加强城市绿地、河湖水系、山体丘陵、农田林网等自然生态要素的衔接连通,构建区域宏观生态安全格局;保护生物栖息地和生物迁徙通道,保护和增加生物的多样性;构建完整、连续的水系网络等。宏观尺度上应识别需要加强保护和开展修复的生态空间,强调“保护优先”,防止“边修边破坏”。中观尺度上,主要研究各类城市生态要素的修复,内容包括:保护山体自然风貌,消除安全隐患;加强河、湖、湿地的水量、水质、水生态的修复;完善城市绿地系统等。微观尺度上,主要研究具体场地的生态修复设计,内容包括:开展控源截污、内源治理等生态工程;注重滨水景观带等敏感性场地的利用;适地适树、科学配置,营建乔、灌、草自然生长的植物群落;建设屋顶绿化、雨水花园、透水铺装等海绵设施。

依据修复的城市生态要素类型，城市生态修复可分为“山体、水系、废弃地、绿地”四大类型。①加快山体修复，加强对城市山体自然风貌的保护，严禁在生态敏感区域开山采石、破山修路、劈山造城。根据城市山体受损情况，因地制宜采取科学的工程措施，消除安全隐患，恢复自然形态。保护山体原有植被，种植乡土适生植物，重建植被群落。在保障安全和生态功能的基础上，探索多种山体修复利用模式。②开展水体治理和修复。全面落实海绵城市建设理念，系统开展江河、湖泊、湿地等水体生态修复。加强对城市水系自然形态的保护，避免盲目截弯取直，禁止明河改暗渠、填湖造地、违法取砂等破坏行为。综合整治城市黑臭水体，全面实施控源截污，强化排水口、管道和检查井的系统治理，科学开展水体清淤，恢复和保持河湖水系的自然连通和流动性。因地制宜改造渠化河道，恢复自然岸线、滩涂和滨水植被群落，增强水体自净能力。③修复利用废弃地。科学分析废弃地和污染土地的成因、受损程度、场地现状及其周边环境，综合运用多种适宜技术改良土壤，消除场地安全隐患。选择种植具有吸收降解功能、适应性强的植物，恢复植被群落，重建自然生态。对经评估达到相关标准要求的已修复土地和废弃设施用地，根据城市规划和城市设计，合理安排利用。④完善绿地系统。推进绿廊、绿环、绿楔、绿心等绿地建设，构建完整连贯的城乡绿地系统。优化城市绿地布局，均衡布局公园绿地。通过拆迁建绿、破硬复绿、见缝插绿等，拓展绿色空间，提高城市绿化效果。因地制宜建设湿地公园、雨水花园等海绵绿地，推广老旧公园提质改造，提升存量绿地品质和功能。乔、灌、草合理配置，广种乡土植物，推行生态绿化方式。

4.7.2 生态修复的理论基础

生态修复讫始于20世纪50年代，自20世纪90年代以来，生态修复主要集中在受损矿山、污染湖泊、废弃垃圾填埋场等具体场地或矿山、河流、湿地等的修复。城市生态修复是一项复杂工程，涉及自然、经济、社会等子系统，因此在城市生态修复的理论基础上呈现多学科交叉的态势。城市绿地系统规划中的生态修复规划是在以生态学原理为指导的基础上，以生态修复为依据和手段，交叉融合风景园林学、城乡规划学、植物学、物理学、化学、生物学、栽培学和环境工程学等多门学科原理，合理规划，维系城市生态系统的安全格局。

1. 景观生态学理论

景观生态学中的“斑块—廊道—基质”理论主要应用于大尺度的城市生态修复。理论的核心内容：由“斑块—廊道—基质”所组成的空间镶嵌体主要源自自然干扰、植物内源演替及人为干扰，其中必要格局、集中与分散相结合的原理是景观生态规划和自然保护的基础。斑块形成的空间格局和斑块内的变化构成斑块动态，对斑块组成、空间配置及景观基底特征进行优化，提高景观空间异质性，促进景观异质性的维持与发展，进而对生物多样性保护、生态系统管理和景观的可持续发展具有极大的促进作用。

2. 植物学理论

植物对于生态修复具有很大的作用。生态修复利用植物与环境间的相互关系来治理污染土壤、净化水体,以及净化空气、降低城市烟雾污染。

多数情况下,植物群落为生物提供赖以生存的栖息地,而植物生活的基底是土壤。但各地绿地土壤面临着城市化和工业化发展过程中带来的不同程度的重金属和有机物等污染。受污染的土壤通过植物修复具有经济环保、改善生态环境等优点,胡永红在上海辰山植物园植物生态修复时就提出了城市中的污染土壤可以通过植物进行可持续修复。对于城市一般污染场地,可选取降解植物对有机污染物直接进行吸收转化;对于重金属污染,可选用可以固定重金属的超积累植物、挥发植物;对于受损山体,可种植固化植物。在城区内及建成区外围种植对空气净化效果好的、能够吸收有害气体的植物和滞尘植物,可以有效控制城市雾霾等空气问题,同时能够降低热岛效应。此外,适宜的植物种植搭配不仅能够提高园林植物多样性及景观观赏性,通过增加抗性植物资源,还能降低生态受到破坏时遭受影响的程度。

4.7.3 生态修复规划的原则和目标

《住房城乡建设部关于加强生态修复城市修补工作的指导意见》(建规〔2017〕59号)指出,“城市双修”的基本原则包括:政府主导,协同推进;统筹规划,系统推进;因地制宜,分类推进;保护优先,科学推进。绿地系统规划的生态修复规划应以城市绿色生态空间的生态修复为主,并应遵循保护优先、统筹规划、因地制宜、分类推进、自然恢复与人工修复相结合的原则。

《住房城乡建设部关于加强生态修复城市修补工作的指导意见》同时指出,绿地系统规划的生态修复专项规划主要任务包括“加快山体修复、开展水体治理和修复、修复利用废弃地、完善绿地系统”。绿地系统规划的生态修复规划侧重于与上述四项任务相关的城市各类绿色生态空间的修复。在加强保护的基础上,强调以自然恢复为主、自然恢复与人工修复相结合。规划应聚焦城市生态问题,在评估的基础上提出合理的生态修复目标,明确重点生态修复区域和重点生态修复项目,并对重点生态修复项目进行指引,确保规划的可实施性。

4.7.4 生态修复规划的策略

绿地系统专项规划的生态修复规划应在生态问题评估的基础上,明确修复目标,确定重点修复区域和重点项目清单,提出重点修复项目规划指引等。

绿地系统专项规划的生态修复规划应针对城区范围内的山体、水体、废弃地和绿地面临的生态问题及其原因进行评估分析,确定需要进行生态修复的重点区域。

绿地系统专项规划的生态修复规划应根据问题评估结论,提出与城市发展水平相适应的近、远期修复目标和技术指标。

重点修复项目规划指引应根据生态环境受损程度，合理选择修复的主导策略，并应符合下列规定。

①对于人为破坏少、生态环境保持良好的区域，采取保护主导策略，提出严格的生态保护要求，提出禁止人为破坏和人工干扰的措施。

②对于已造成较大生态破坏的区域，采取工程修复主导策略，提出工程修复和植物恢复措施。

③对于受到一定人为干扰和破坏、生态系统尚在自然恢复能力内的区域，采取人工辅助下以自然恢复为主的策略，提出自然恢复促进措施和工程修复辅助措施。

4.7.5　生态修复规划的实践

绿地系统专项规划的生态修复规划应在生态问题评估的基础上，明确修复目标，确定重点修复区域和重点项目清单，提出重点修复项目规划指引等。下面通过三亚城市生态修复案例加以说明。

1. 城市概况

三亚作为中国唯一的热带滨海风景旅游城市，具有优良的生态环境和优美的自然景观资源，素有“山雅、海雅、河雅”三雅之称，“山—河—海”过渡的自然生态系统特征鲜明。

2. 生态修复工作内容

三亚城市生态修复是与城市功能修补同步开展的。首先进行调查评估，抓住三亚市城市生态“山、河、海”的关键门脉，即在充分尊重“指状生长、山海相连”整体空间格局的基础上，利用功能网格方法，综合分析山、海、河等自然生态要素现状，以及与之相邻的城市建设区域存在的主要问题，结合市民意见，确定生态修复工作的重点区域和主要工作。同时组织编制近20项有关生态修复的专项规划与工程设计导则。通过整体把握、系统梳理，协调相关规划目标、制定近期实施方案和年度行动计划，建立项目库，明确项目类型、数量、规模和建设时序等，充分发挥生态修复规划的引领作用（见图4-6）。

3. 分类修复规划

三亚市三面环山，一面临海，早期的城市是在沙坝上发展起来的。“山、海、河、城”四位一体构成了三亚的基本特色，因而“山、海、河”成为城市生态修复的3个主要系统。为了有效地针对3个系统分类施治，针对各要素分别编制了专门的保护修复规划。

1）山体修复

诊断发现，三亚山体生态破坏主要来自开山采矿和芒果林种植，因此，山体修复规划包括受损山体修复和芒果园退果还林两大专题。在受损山体修复规划中，结合地理信息系统分析，建立科学的评价体系，将全市51处受损山体分为生态恢复型、风景游憩型和再生利用型3种治理模式，同时根据山体破损面坡度、山体岩石类型的不

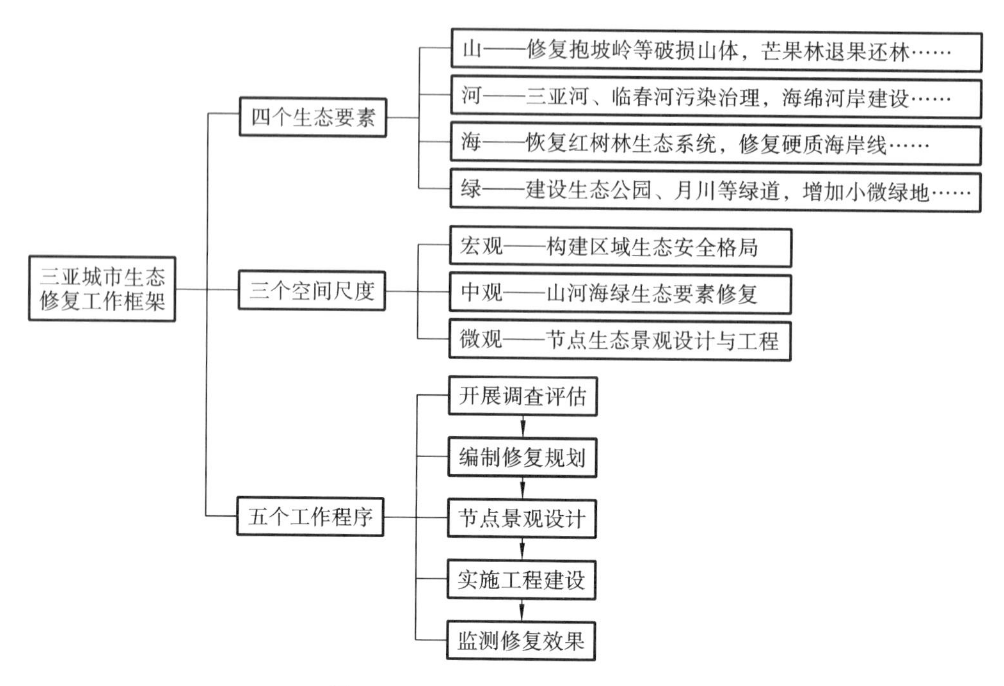

图 4-6　三亚市生态修复工作框架

同，将其分为坡度大于70°的裸岩、坡度为40°～70°的裸岩、坡度为10°～40°的裸岩和坡度小于10°的碎渣4类，并据此选择不同的修复工程技术。

2）河流修复

在三亚“山、河、海”三大自然要素构成的城市生态系统中，河流起着关键的物质能量传输作用，河流的污染、退化直接导致海湾海岸的改变。因此，三亚城市生态修复工作紧紧围绕两河四岸展开，编制相应的规划设计。生态修复需要尊重河流的自然规律。三亚两河是潮汐河，红树林既是生态系统的关键要素，也是特色景观要素，因此恢复和重建三亚河、临春河红树林群落系统是两河修复的重中之重。除恢复红树林外，两河的生态修复还包括打造海绵河岸、连通滨河绿道、修补景观空间、创建生态地标等工作。基于城市空间与生态空间的重要性叠加，选择两河交汇口进行重点修复治理，提出用“美丽之环”来缝合分散的绿地空间，恢复乡土植物群落，将水环境修复与海绵设施相结合，使之成为城市的“生态咽喉”。

3）城市绿地修补

案例

在人口、建筑密集的城市中心区域，通过“拆违建绿”“破硬复绿”“见缝插绿”等方式，深入挖掘空间资源潜力，并建设绿道将这些分散低效的破碎化绿地串联起来，有效实现“300 m见绿，500 m见园”的目标，极大地提升了区域环境品质。此外，在修复微小绿地时还特别注意了多种功能复合，与“微栖地”“微海绵”等结合，最大限度地发挥生态效益。

4.8 立体绿化规划

4.8.1 立体绿化的内涵

立体绿化指充分利用不同的立地条件，种植在各种建筑物、构筑物或其他空间结构之上，一般不从大地吸收营养(攀缘植物除外)，以灌木、地被和小乔木为主的绿化形式，包括桥梁、花架、棚架、栅栏、屋顶面、门庭、建筑墙面、阳台、廊、柱、枯树及各种假山与其他构筑物上的绿化。其中，墙面绿化、阳台绿化、棚架绿化、栅栏绿化、篱笆绿化、屋顶绿化、室内绿化是常见的几种立体绿化形式。

4.8.2 立体绿化的意义

立体绿化是绿化思维从二维空间向三维空间的一次飞跃，是改善城市生态环境的重要举措。立体绿化对于有效利用土地资源、开拓城市绿化新空间、提高城市绿化水平、扩大城市绿量、缓解热岛效应、丰富城市景观等方面均具有重要意义。如果一个城市大面积地实现立体绿化，城市的绿化覆盖率将会成倍增加，整个城市的生态系统也将大大改观。

近些年，国内许多省市都在积极探索立体绿化建设实践的方法，如广东、重庆、江西、广西、上海等，都推出了立体绿化技术指引，大大地促进了各省城市立体绿化的发展。

4.8.3 立体绿化规划的主要内容

根据相关研究成果和各地实践经验，立体绿化规划编制的主要内容如下。

1. 明确规划目标

明确规划目标即明确城市在近、远期立体绿化需要达到的理想目标，包括立体绿化空间体系构建目标、立体绿化景观体系形成目标、立体绿化增量目标等。

2. 筛选立体绿化的重点区域

对城区进行全面调查与分析，筛选出立体绿化的重点区域。一般而言，下列区域是城市立体绿化的重点区域。

①建筑密度高、绿化覆盖率低、热岛效应严重的旧城区。

②城市新区的重点景观区域。

③城区主要街道的立交桥、人行天桥等。

④具备条件的教育科研、公共服务和行政办公区等。

⑤具有大面积裸露边坡和立面的山体、河道、道路，以及其他桥隧。

3. 构建立体绿化空间网络

在全面分析城市立体绿化自身条件、筛选出立体绿化重点区域的基础上，依托城市公共景观核心区,重点发展平台和城市新区,构建城市的立体绿化空间网络(拟出立体绿化的重点轴线和重点区域),以重点轴线和重点区域为主要抓手,有序推进立体绿化建设发展。

4. 对立体绿化进行分类设计指引

对城市重点发展片区、历史城区、道路空间、滨水空间、桥梁等空间分别提出立体绿化设计指引,打造具有城市特色的立体绿化空间,并联动市政设施、桥梁、建筑设计与建设,推进立体绿化实施。

一般而言,分类设计指引的主要内容包括绿化形式、安全要求、技术要点、植物选择要求、植物推荐等。

5. 提出促进立体绿化的保障措施

为了保证立体绿化的顺利实施,城市相关主管部门还需出台系列配套政策与措施,包括出台立体绿化技术指引、重点地块规划设计方案的技术审查、立体绿化专项资金的拨付、促进立体绿化的奖惩制度、社会宣传引导等。

知识点拓展

【本章要点】

本章介绍了城市绿地系统规划专业规划中的道路绿化规划、树种规划、生物多样性保护规划、古树名木保护规划、防灾避险功能绿地规划、绿地景观风貌规划等的基本内容和基本方法,为各类专业规划指明了规划价值取向。

【思考与练习】

4-1 什么是城市绿地系统规划的专业规划?

4-2 树种规划的基本原则是什么?

4-3 简述树种规划的基本方法。

4-4 什么是生物多样性保护规划?生物多样性保护规划的要点有哪些?

4-5 简述古树名木的含义与保护的基本方法。

4-6 防灾避险功能绿地有哪些?其布局特点是什么?

4-7 什么是城市景观风貌?其组成结构有什么特点?

4-8 什么是生态修复规划?其主要策略有哪些?

4-9 立体绿化的内涵是什么?

5 公园绿地规划设计

“公园绿地是向公众开放，以游憩为主要功能，兼具生态、景观、文教和应急避险等功能，有一定游憩和服务设施的绿地；是城市建设用地、城市绿地系统和城市市政公用设施的重要组成部分；是表示城市整体环境水平和居民生活质量的一项重要指标。”公园绿地是随着近代城市的发展而兴起的。发展至今，公园绿地的种类、布局、形式、功能等越来越丰富，已成为城市绿地系统中最为重要的组成部分，是城市的“绿肺”。它作为城市主要的公共开放空间，不仅是城市居民的主要休闲游憩活动场所，也是市民文化的传播场所及科学知识教育的重要基地。其重要的生态价值、环境保护价值、保健休养价值、游览价值、文化娱乐价值、美学价值、社会公益价值与经济价值等多重价值，对于城市社会文化、经济、环境及可持续发展等方面都有着非常重要的作用和意义。

5.1 公园绿地规划的基本理论

5.1.1 城市公园的分类

按照国际惯例，公园可分为城市公园和自然公园两大类。其中，自然公园指大规模的森林公园和国家公园（自然保护区）。随着城市绿地的发展和人们需求的变化，城市公园绿地出现了许多种类，尽管目前世界各国对城市公园还没有形成统一的分类系统，但许多国家根据本国国情确定了公园分类系统。

1. 美国的公园分类

美国的公园分为以下12类。

①儿童游戏场。

②近邻运动公园、近邻休憩公园。

③特殊运动场：运动场、田径场、高尔夫球场、海滨游泳场、露营地等。

④教育休憩公园：动物园、植物园、标本园、博物馆等。

⑤广场。

⑥近邻公园。

⑦市区小公园。

⑧风景眺望公园。

⑨滨水公园。

⑩综合公园。

⑪保留地。

⑫林荫大道及花园路。

2. 德国的公园分类

德国的公园分为以下8类。

①郊外森林公园。

②国民公园。

③运动场及游戏场。

④各种广场。

⑤有行道树的装饰道路(花园路)。

⑥郊外的绿地。

⑦运动设施。

⑧分区园。

3. 日本的公园分类

日本公园的分类系统是以法律和法令的形式加以规定的,其中有《城市公园法》《自然公园法》《城市公园新建改建紧急措施法》《第二次城市公园新建改建五年计划》和《关于城市公园新建改建紧急措施法及城市公园法部分改正的法律的实行》等法律、法规。日本公园的分类系统如表5-1所示。

表5-1 日本公园的分类系统

<table>
<tr><th colspan="3">公园类型</th><th>设置要求</th></tr>
<tr><td rowspan="3">自然公园</td><td colspan="2">国立公园</td><td>由环境厅长官规定的、足以代表日本杰出的景观的自然风景区(包括海中的风景区)</td></tr>
<tr><td colspan="2">国定公园</td><td>由环境厅长官规定的、次于国立公园的、优美的自然风景区</td></tr>
<tr><td colspan="2">自然公园</td><td>由都、道、府、县长官指定的自然风景区</td></tr>
<tr><td rowspan="10">城市公园</td><td rowspan="3">居住区基本公园</td><td>儿童公园</td><td>面积0.25 hm²,服务半径250 m</td></tr>
<tr><td>近郊公园</td><td>面积2 hm²,服务半径500 m</td></tr>
<tr><td>地区公园</td><td>面积4 hm²,服务半径1 000 m</td></tr>
<tr><td rowspan="2">城市基本公园</td><td>综合公园</td><td>面积10 hm²以上,分布均衡</td></tr>
<tr><td>运动公园</td><td>面积15 hm²以上,分布均衡</td></tr>
<tr><td colspan="2">广域公园</td><td>具有休息、观赏、散步、游戏、运动等综合功能,面积50 hm²以上,服务半径跨越一个市镇、村区域,设置均衡</td></tr>
<tr><td rowspan="4">特殊公园</td><td>风景公园</td><td>以欣赏风景为主要目的的城市公园</td></tr>
<tr><td>植物园</td><td>配置温室、标本园、休养和风景设施</td></tr>
<tr><td>动物园</td><td>动物馆及饲养场等占地面积在20 hm²以下</td></tr>
<tr><td>历史名园</td><td>有效利用、保护文化遗产,形成与历史时代相称的环境</td></tr>
</table>

4. 中国的公园分类

目前中国的公园类型也很多。《城市绿地分类标准》(CJJ/T 85 2017)中根据各种公园绿地的主要功能和内容,将其分为综合公园、社区公园、专类公园、游园 4 个中类及 6 个小类(见表 5-2)。

表 5-2 《城市绿地分类标准》(CJJ/T 85—2017)中的公园绿地分类

类别代码			类别名称	功能含义
大类	中类	小类		
G1			公园绿地	向公众开放,以游憩为主要功能,兼具生态、景观、文教和应急避险等功能,有一定游憩和服务设施的绿地
	G11		综合公园	内容丰富,适合开展各类户外活动,具有完善的游憩和配套管理服务设施的绿地
	G12		社区公园	用地独立,具有基本的游憩和服务设施,主要为一定社区范围内居民就近开展日常休闲活动服务的绿地
	G13		专类公园	具有特定内容或形式,有相应的游憩和服务设施的绿地
		G131	动物园	在人工饲养条件下,移地保护野生动物,进行动物饲养、繁殖等科学研究,并供科普、观赏、游憩等活动,具有良好设施和解说标识系统的绿地
		G132	植物园	进行植物科学研究、引种驯化、植物保护,并供观赏、游憩及科普等活动,具有良好设施和解说标识系统的绿地
		G133	历史名园	体现一定历史时期代表性的造园艺术,需要特别保护的园林
		G134	遗址公园	以重要遗址及其背景环境为主形成的,在遗址保护和展示等方面具有示范意义,并具有文化、游憩等功能的绿地
		G135	游乐公园	单独设置,具有大型游乐设施,生态环境较好的绿地
		G136	其他专类公园	除以上各种专类公园外,具有特定主题内容的绿地。主要包括儿童公园、体育健身公园、滨水公园、纪念性公园、雕塑公园,以及位于城市建设用地内的风景名胜公园、城市湿地公园和森林公园等
	G14		游园	除以上各种公园绿地外,用地独立,规模较小或形状多样,方便居民就近进入,具有一定游憩功能的绿地

5.1.2 公园绿地系统的配置

城市内分布的类型多样、大小不一的公园绿地,都应相互联系形成一个有机整体——公园绿地系统。公园绿地系统的配置受到城市的形成时间、地理条件、大小、人口、交通、规划布局等多种因素的影响,目前公园绿地系统的配置类型主要有以下几种形式(见图 5-1)。

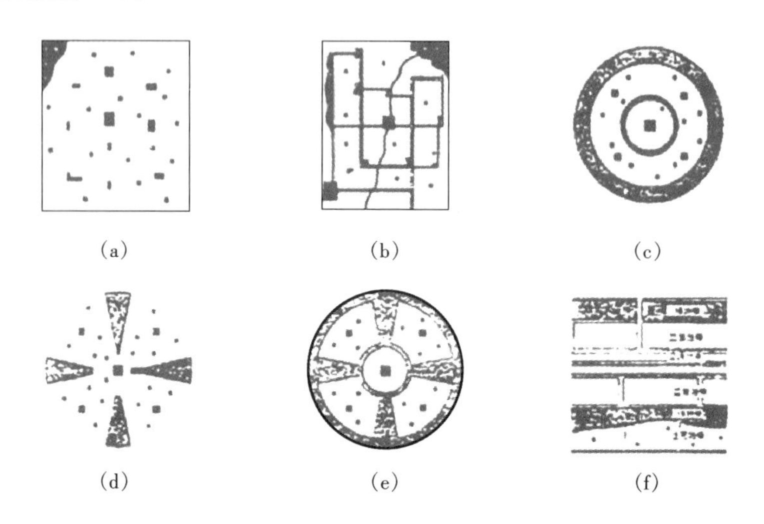

图 5-1　公园绿地系统的配置类型

(a)分散式;(b)联络式;(c)环状式;(d)放射状式;(e)放射环状式;(f)分离式

1. 分散式

分散式指集中成块的公园以点状分散在城市各个部分。这种形式没有充分利用街道公园绿地以及滨河、滨江等带状公园绿地,缺乏公园间的联系网络。近代的城市公园大多以此种形式存在。

2. 联络式

联络式又称为绿道式,是沿城市河岸、街道、景观通道等的带形城市公园,也包括在城市外缘或工业地区侧边防护林带形成的带状绿地,使城市生活与工作场所均能与自然连成一片。这种形式的优点是联络较好,但缺乏较大面积的城市公园绿地。

3. 环状式

在城市内部或城市的外缘布置成环状的绿道或绿带,用以连接沿线的公园等绿地,或是以宽阔的绿环限制城市向外进一步蔓延和扩展。这种形式在欧洲的一些旧城市中常见,其环状公园绿地为旧有的城墙遗迹或护城河,成为散步道或线性公园。新中国成立后,梁思成对北京的规划便采用此种形式,将北京旧城墙开辟为环状城市公园。合肥的环城公园采用的也是这种配置方式。

4. 放射状式

城市公园绿地以自然的绿地空间形式自郊外楔入城区中心,以便居民接近自然,同时有利于城市与自然环境的融合,提高生态质量。这种形式可以使得放射状绿地附近的地区得以迅速地发展,而其射线间的间隔部分则保留大片的自然空间。这种形式的例子有德国的汉诺威、威斯巴登及美国的印第安纳波利斯的公园绿地。

5. 放射环状式

放射环状式为放射状式和环状式的综合形式，结合了二者的优点，是 ·种理想的城市公园绿地形式。德国科隆的公园绿地系统便采用此形式，但是这种形式多用于新建城市中，在一般的城市中则较难实施。

6. 分离式

前五种城市公园绿地系统形式，均是在城市布局呈圆形、四边形或多边形的发展前提下采用的，如果城市沿河流水系或山脉带状发展时，便不能再采用，而应采用平行分离绿带形式，在住宅区与工商业地区之间，用公园绿带加以分离，充分发挥其公园的功能。

在当今追求城市可持续发展，追求人与自然和谐共存的时代背景下，城市公园系统的配置模式也正在由元素单元化逐渐走向元素多元化、结构趋向网络化和功能趋向生态合理化的方向发展。多元化、生态化的配置，使得城市形成“点上绿树成景、线上绿树成荫、面上绿树成林、环上绿树成带”的公园绿地系统格局，确保城市具有优质的人居环境，城市公园规划的发展趋势正从土地和植物两大要素向水文、大气、动物、微生物、能源、城市废弃物等要素延伸；公园绿地在城市中的布局也由集中到分散，由分散到联系，由联系到融合，逐步呈现出网络联结、城郊融合的发展趋势。(见图 5-2)。

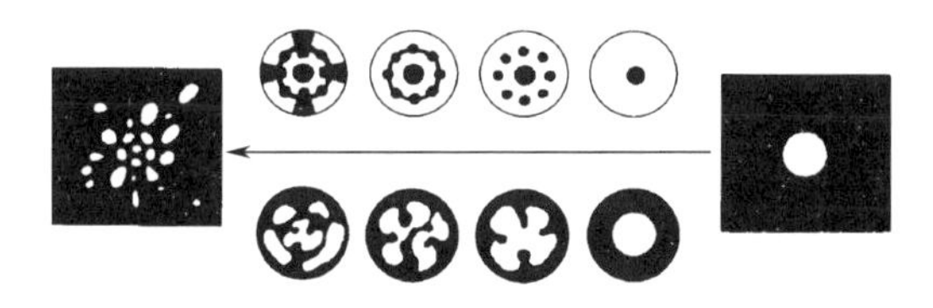

图 5-2 城市公园系统配置的演变趋

5.1.3 公园绿地规模容量的确定

1. 公园游人容量

公园设计必须确定公园的游人容量，它是公园确定内部各种设施数量及规模、功能分区、用地面积的依据，是进行公园管理、控制游人量的依据，是避免公园因超容量接纳游人而造成人身伤亡和园林设施损坏等事故的依据，也是城市规划部门验证绿化系统规划的合理程度的依据。

国外采用旺季休息日游人量为定额标准。公园游人容量为服务区范围内的居民人数的 15%～20%，50 万人口的城市公园游人容量应为全市居民人数的 10%。游人容量估算法是根据公园陆地总面积和开展水域空间游览总面积估算游人容量的。

公园游人容量 C 计算式为

$$C = A_1/A_{m1} + C_1 \tag{5-1}$$

式中 C——公园游人容量,单位人;

A_1——公园陆地面积,单位 m^2;

A_{m1}——人均占有公园陆地面积,单位 m^2;

C_1——公园开展水上活动的水域游人容量,单位人。

其中,人均占有公园陆地面积指标应符合表 5-3 规定的数值;②公园有开展游憩活动的水域时,水域游人容量宜按 150～250 m^2/人进行计算。

表 5-3 公园游人人均占有公园陆地面积指标

公园类型	人均占有公园陆地面积/m^2
综合公园	30～60
专类公园	20～30
社区公园	20～30
游园	30～60

注:人均占有公园陆地面积指标的上下限取值应根据公园区位、周边地区人口密度等实际情况确定。

公园中的游憩、服务、公用、管理等设施应根据其规模设置,与游人容量相适应。大于或等于 10 hm^2 的公园按游人容量的 2%设置厕所蹲厕位(包括小便斗位数),小于 10 hm^2 者按 1.5%设置,男女蹲厕位比例宜为 1～1.5。厕所服务半径不宜超过 250 m,各厕所蹲厕位数应与公园内游人分布密度相适应,儿童游戏场附近应设置方便儿童使用的厕所。公园中的座椅、座凳的座位数应按游人容量的 20%～30%设置,一般每公顷陆地面积上的座位数应在 20～150 位之间,分布应合理。

2. 设施容量的确定

公园内游憩设施的容量应以一个时间段内所能服务的最多人数来计算。其公式为

$$N=\frac{P\cdot\beta\cdot\gamma\cdot\alpha}{p} \tag{5-2}$$

式中 N——某种设施的容量;

P——参与活动的人数;

β——活动参与率;

γ——某项活动的参与率;

α——设施同时利用率;

p——设施所能服务的人数。

其中,β 和 γ 的值需通过调查统计来获得。

这个公式是单项设施容量的计算方式,其他设施容量也可利用此公式进行类似的计算,从而累计叠加确定公园内的整体设施容量。

通过对空间规模和设施容量的计算,我们可以得到关于公园的一个准确的定量指标。同时,在城市公园的规模、容量确定之时,还应考虑一些不定性的因素,如服务范围的人口、社会、文化、道德、经济等因素,公园与居民的时空距离,社区的传统

与习俗，参与特征，当地的地理特征及气候条件等，从而对城市公园的空间规模与设施容量根据具体情况作出一定的变更。

3. 公园规划的面积标准

国别不同，公园功能不同，公园规划的面积标准也各不相同。目前，中国公园面积大小主要由城市总体规划和该市的绿地系统规划中分配的面积而定，一般与该公园的性质、位置关系密切。规划人均公园绿地面积应符合现行国家标准《城市用地分类与规划建设用地标准》(GB 50137—2011)的规定。设区城市的各区规划人均公园绿地面积不宜小于 7.0 m²。根据《城市绿地分类标准》(CJJ/T 85—2017)，综合公园的规模宜大于 10 hm²。小城市、中等城市人均专类公园面积不应小于1.0 m²；大城市及以上规模的城市人均专类公园面积不宜小于 1.5 m²。公园绿地分级规划控制指标应与规划人均城市建设用地指标相匹配，并符合表 5-4 的规定。

表 5-4 公园绿地分级规划控制指标

规划人均城市建设用地面积/m²		＜90.0	≥90
规划人均综合公园面积/m²		≥3.0	≥4.0
规划人均居住区公园面积/m²	社区公园	≥3.0	≥3.0
	游园	≥1.0	≥1.0

5.1.4 公园绿地的服务半径与级配模式

1. 公园绿地的服务半径

不同类型、规模等级的公园绿地，其服务覆盖的区域是各不相同的(见表 5-5)，而各个公园的服务半径应在维护城市生态平衡的前提下，按照理想社会发展的要求，根据城市的生态、卫生要求、人的步行能力和心理承受距离等多方面因素，结合当前城市的发展水平与城市居民对城市公园的实际需求和各城市的总体社会经济发展目标进行拟定。

表 5-5 公园绿地分级设置要求

类型	服务人口规模/万人	服务半径/m	适宜规模/(m²/人)	平均指标/(m²/人)	备注
综合公园	＞50.0	＞3 000	≥50.0	≥1.0	不含 50 hm² 以下公园绿地指标
	20.0～50.0	2 000～3 000	20.0～50.0	1.0～3.0	不含 20 hm² 以下公园绿地指标
	10.0～20.0	1 200～2 000	10.0～20.0	1.0～3.0	不含 10 hm² 以下公园绿地指标

续表

类型		服务人口规模/万人	服务半径/m	适宜规模/(m^2/人)	平均指标/(m^2/人)	备注
居住区公园	社区公园	5.0～10.0	800～1 000	5.0～10.0	≥2.0	不含5 hm^2 以下公园绿地指标
		1.5～2.5	500	1.0～5.0	≥1.0	不含1 hm^2 以下公园绿地指标
	游园	0.5～1.2	300	0.4～1.0	≥1.0	不含0.4 hm^2 以下公园绿地指标
		—	300	0.2～0.4	—	—

注:①在旧城区,允许0.2～0.4 hm^2 的公园绿地按照300 m计算服务半径覆盖率;历史文化街区可下调至0.1 hm^2。

②表中数据以上包括本数,以下不包括本数。

2. 公园绿地的级配模式

城市公园从小到大,有不同的种类和层次,彼此在城市中发挥着不同的功能。如何使这些不同层次和类型的公园取得彼此间的联系,使其具有系统化的网络层次,这就需要从公园的配置着手,使之达到一个完整的系统。

不同层次和类型的城市公园,其大小、功能、服务职能等方面的不同,决定了公园系统的理想配置模式应是分级设置,只有做到分级设置,城市中不同类型的公园的职能才能得以最佳发挥,更为有效地服务城市居民。特别是对于人口密度极高的大城市和特大城市来讲,具有良好的公园级配尤其重要。其分级设置应符合表5-5的规定。同类型不同规模的公园应按服务半径分级设置,均衡布局,不宜合并或替代建设。理想的级配模式如图5-3所示。

5.1.5 公园绿地的用地选择与用地平衡

1. 公园绿地的用地选择

公园绿地的用地选择应在每个城市做城市总体规划时,结合城市的地形、地貌和河湖水系、道路系统、居住用地、商业用地等各项规划综合考虑,符合城市绿地系统规划中确定的性质和规模,与其他绿地能建立有机联系,共同构成完整的绿地系统,有利于整个城市生态环境的改善和城市景观效果的加强。其具体位置应在城市绿地系统规划中确定。

公园绿地的用地选择应注意如下几点。

①不应布置在有安全、污染隐患的区域,确有必要的,对于存在的隐患应有确保安全的消除措施。

②应方便市民日常游憩使用。

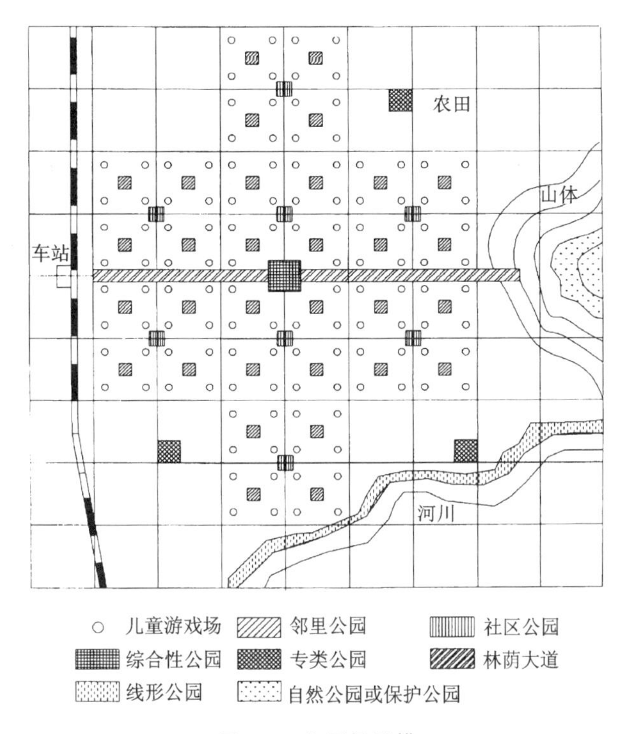

图 5-3 公园级配模

③应有利于创造良好的城市景观。

④应能设置不少于一个与城市道路相衔接的主要出入口。

⑤应优先选择有可以利用的自然山水空间、历史文化资源以及城市生态修复的区域。

⑥利用山地环境规划建设公园绿地的，宜包括不少于 20％的平坦地区。

2. 公园绿地的用地平衡

公园用地面积包括陆地面积和水体面积，其中陆地面积应分别计算绿化用地、建筑占地、园路及铺装场地用地的面积及比例。公园用地比例应以公园陆地面积为基数进行计算，并应符合表 5-6 的规定。表 5-6 中未列出的公园类型，其用地指标按其他专类公园用地指标取值。

园路及铺装场地用地，在公园符合下列条件之一时，在保证公园绿化用地面积不小于陆地面积 65％的前提下，可按表 5-6 的规定值增加，但增值不宜超过公园陆地面积的 3％，且应符合下列要求。

①公园平面长宽比值大于 3。

②公园面积一半以上的地形坡度超过 50％。

③水体岸线总长度大于公园周边长度，或水面面积占公园总面积的 70％以上。

表 5-6 公园用地比例 单位:%

陆地面积 A_1/hm^2	用地类型	公园类型					
		综合公园	专类公园			社区公园	游园
			动物园	植物园	其他专类公园		
$A_1<2$	绿化	—	—	＞65	＞65	＞65	＞65
	管理建筑	—	—	＜1.0	＜1.0	＜0.5	—
	游憩建筑和服务建筑	—	—	＜7.0	＜5.0	＜2.5	＜1.0
	园路及铺装场地	—	—	15～25	15～25	15～30	15～30
$2\leqslant A_1<5$	绿化	—	＞65	＞70	＞65	＞65	＞65
	管理建筑	—	＜2.0	＜1.0	＜1.0	＜0.5	＜0.5
	游憩建筑和服务建筑	—	＜12.0	＜7.0	＜5.0	＜2.5	＜1.0
	园路及铺装场地	—	10～20	10～20	10～25	15～30	15～30
$5\leqslant A_1<10$	绿化	＞65	＞65	＞70	＞65	＞70	＞70
	管理建筑	＜1.5	＜1.0	＜1.0	＜1.0	＜0.5	＜0.3
	游憩建筑和服务建筑	＜5.5	＜14.0	＜5.0	＜4.0	＜2.0	＜1.3
	园路及铺装场地	10～25	10～20	10～20	10～25	10～25	10～25
$10\leqslant A_1<20$	绿化	＞70	＞65	＞75	＞70	＞70	—
	管理建筑	＜1.5	＜1.0	＜1.0	＜0.5	＜0.5	—
	游憩建筑和服务建筑	＜4.5	＜14.0	＜4.0	＜3.5	＜1.5	—
	园路及铺装场地	10～25	10～20	10～20	10～20	10～25	—
$20\leqslant A_1<50$	绿化	＞70	＞65	＞75	＞70	—	—
	管理建筑	＜1.0	＜1.5	＜0.5	＜0.5	—	—
	游憩建筑和服务建筑	＜4.0	＜12.5	＜3.5	＜2.5	—	—
	园路及铺装场地	10～22	10～20	10～20	10～20	—	—
$50\leqslant A_1<100$	绿化	＞75	＞70	＞80	＞75	—	—
	管理建筑	＜1.0	＜1.5	＜0.5	＜0.5	—	—
	游憩建筑和服务建筑	＜3.0	＜11.5	＜2.5	＜1.5	—	—
	园路及铺装场地	8～18	5～15	5～15	8～18	—	—
$100\leqslant A_1<300$	绿化	＞80	＞70	＞80	＞75	—	—
	管理建筑	＜0.5	＜1.0	＜0.5	＜0.5	—	—
	游憩建筑和服务建筑	＜2.0	＜10.0	＜2.5	＜1.5	—	—
	园路及铺装场地	5～18	5～15	5～15	5～15	—	—

续表

陆地面积 A_1 /hm^2	用地类型	公园类型					
		综合公园	专类公园			社区公园	游园
			动物园	植物园	其他专类公园		
$A_1 \geqslant 300$	绿化	>80	>75	>80	>80	—	—
	管理建筑	<0.5	<1.0	<0.5	<0.5	—	—
	游憩建筑和服务建筑	<1.0	<9.0	<2.0	<1.0	—	—
	园路及铺装场地	5～15	5～15	5～15	5～15	—	—

注："—"表示不作规定；上表中管理建筑、游憩建筑和服务建筑的用地比例指其建筑占地面积的比例。

5.1.6 公园绿地规划设计的基本方法

1. 城市公园绿地构成元素

城市公园绿地一般认为有地形（含水体）、植物、园路、园林建筑与小品等四大基本构成元素。这些构成元素也是公园绿地规划设计的要素。

1）地形

地形构成园林的基底和骨架，是户外活动空间最基本的自然特征，其在户外空间设计中具有分隔空间、控制视线、影响游览线路及速度、改善小气候、组织排水等众多美学功能和使用功能。地形也是城市公园绿地规划设计最基本的要素和出发点，牵涉到公园的艺术形象、山水骨架、种植设计的合理性及土石方工程等。

水体是城市公园绿地中不可或缺的最活跃的景观要素，它能使景园产生很多生动活泼的景观，形成开朗明净的空间和透景线。水体不仅有构景和界定空间的作用，还具有游憩、改善小气候、降低噪声、防灾等多种实用功能。水体的形式和状态丰富多变，既有河、湖、涧、泉、瀑等自然式水体，又有渠、潭、池等几何形水体。此外，水体还有大小、主次之分，有静水、动水之别，大型水体不仅参与了地形塑造，更是空间构成的要素。水体不仅仅是被观赏的对象，更重要的是它提供了两岸对望的距离，限制了游人与景点的接触方式，控制了人与景点间的视距。

2）植物

植物是园林设计中富有生命力的元素，是构成公园绿地的基础材料，它占地比例最大，为公园绿地总面积的70%，是影响公园环境和面貌的主要因素之一。植物包括乔木、灌木、竹类、藤本植物、花卉、草坪地被、水生植物等。各类植物具有各自不同的空间构成特性和景观用途，而且不同地区、不同气候条件适合生长的植物种类也有差别，因此容易体现公园的地方性。植物在公园绿地中具有建造功能，通过不同的植物配置可构成各种不同特征的空间，植物的色、香、姿、声、韵及其季相变化的观赏特性，是公园造景的主要题材和内容。

3）园路

园路是公园的脉络，是联系各景区、景点的纽带，是构成园景的重要因素。它有组织交通、引导游览、划分空间、构成景观序列、为市政工程创造条件的作用。公园园路的布局要根据公园绿地内容和游人容量大小来定，要求主次分明，因地制宜，和地形密切配合。园路线形设计应与地形、水体、植物、建筑物、铺装场地及其他设施结合，形成完整的风景构图，创造连续展示园林景观的空间或欣赏前方景物的透视线。

园路按功能分为主路、支路和游憩小路。主路是公园内主要环路，是连接各景区及各主要活动建筑物的道路，要求方便游人集散，蜿蜒、起伏、曲折并组织大区景观，在大型公园中主路宽度一般为5～7 m，中、小型公园中主路宽度为2～5 m，经常有机动车通行的主路宽度一般在4 m以上，纵坡8%以下，横坡1%～4%；支路是各景区内部道路，引导游人到各景点、专类公园，自成体系，组织景观，在大型公园中支路宽度一般为3.5～5 m，在中、小型公园中支路宽度为1.2～3.5 m；游憩小路是景区内通向各景点的散步、游玩小道，布置自由、行走方便、安静隐蔽、路面线形曲折，在大型公园中游憩小路的宽度一般为1.2～3 m，在中、小型公园中游憩小路的宽度为0.9～2.0 m。园路及铺装场地应根据不同功能要求确定结构和饰面，面层材料应与公园风格相协调，并宜与城市车行路有所区别。

4）园林建筑与小品

园林建筑与小品在公园绿地中占地比例虽小，但在公园的布局和组景中却起着重要作用，往往是游人的视觉中心，有时建筑与小品合二为一。公园的建筑主要包括科普展览建筑，音乐厅、露天剧场等文体游乐建筑，亭、榭、廊、舫、楼、阁、台等游览观光建筑，餐厅、茶室、宾馆、小卖部等服务类建筑，以及管理类建筑等。它们常常被用作园林中的点睛之笔，其设计出发点都是基于公园环境的需要，使其与地形、植物、水体等自然要素统一协调。

2. 城市公园规划布局

城市公园由若干景点、景区组成，如何根据现状基址的实际情况，合理安排公园的各个组成部分，因地制宜地组织各种类型的园林空间，即为公园的规划布局问题，中国传统造园中称之为“经营位置”。规划布局是进行公园规划设计的第一步，一个公园设计的成功与否与这一步密切相关。布局阶段的意义在于通过全面考虑、总体协调，使公园的各个组成部分得到合理的安排、综合平衡，构成有机的联系；妥善处理公园与全市绿地系统、局部与整体之间的关系；满足环境保护、文化娱乐、休息游览、园林艺术等各方面的功能要求；合理安排近期发展与远期发展的关系，以保证公园的建设工作按计划顺利进行。

1）公园规划结构

(1) 景区划分(景色分区)

景色分区是我国古典园林所特有的规划方法，在现代公园中利用自然的景色或人工创造的景色构成景点，并通过若干个景点的联系组成景区，完成规划结构构思过程。按公园的规划意图，组成一定范围的各种景色地段，形成各种风景环境和艺术境界，以此划分成不同的景区，称为景色分区。不同的景区应有不同的景观特色，而通过不同的植物搭配、不同风格的建筑小品，以及不同的水体可以创造出不同的景观特色。各景区应在公园整体风格统一的前提下，突出各自的景区特点，同时还应注意景观序列的安排，通过合理的游览线路组织景观序列空间。景色分区要使公园的风景与功能使用要求相配合，增强功能要求的效果。在同一功能区中，也可形成不同的景色，使得景观有变化、有节奏、有韵律、有趣味，以不同的景色给游人以不同情趣的艺术感受。公园的布局要有机地组织各个景区，使景区之间既有联系，又有各自的特色；全园既有景色的变化，又有艺术风格的统一。

公园中构成景点主题的因素通常有山水、建筑、动物、植物、民间传说、文物古迹等。一般来说，面积小、功能比较简单的公园，其主题因素比较单一，划分的景区也少；面积大、功能比较齐全的公园，其主题因素较为复杂，规划时可设置多个景区。如杭州花港观鱼公园(1952 年建)，面积为 18 hm^2，共分为 6 个景区，即鱼池古迹区、大草坪区、红鱼池区、牡丹园区、密林区、新花港区(见图 5-4)。

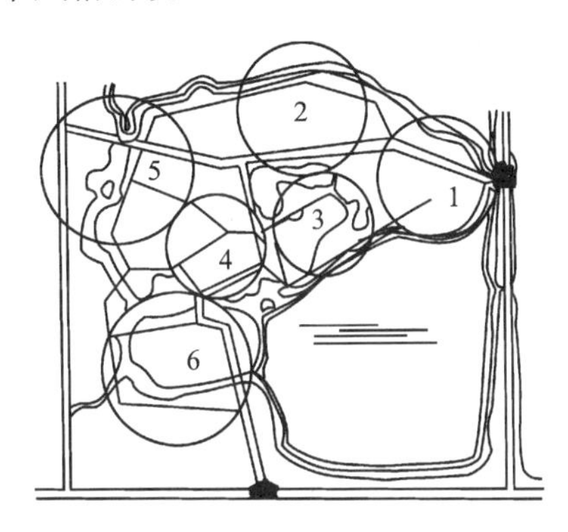

图 5-4　杭州花港观鱼公园景色分区示意

1—鱼池古迹区；2—大草坪区；3—红鱼池区；4—牡丹园区；5—密林区；6—新花港区

(2) 功能分区

任何一个公园都是一个综合体，具有多种功能，面向各种不同的使用者，有多种不同的活动形式，而这些不同的活动需要各自适合的空间载体和设施。为了避免各种活动相互的交叉干扰，在公园绿地的规划设计中应有较明确的功能分区，即对不同的功能空间进行界定划分。由于活动性质不同，各功能空间应相对独立，同时又相互联系。根据各项活动和内容的不同，概括起来公园绿地一般可分为文化娱乐区、观赏游览区、安静休息区、儿童活动区、园务管理区及服务区等。功能分区规划体现着设计师的技巧，分区绝不是机械地划分，应因地、因时、因物、因人而"制宜"，有分有合，结合各功能分区本身的特殊要求，以及各区之间的联系、公园与周围环境之间的关系来进行通盘考虑，合理、有机地组织游人在公园内开展各项活动。

2) 公园规划布局的基本形式

公园形态的形成包含了复杂的因素，不同的自然条件和文化传统孕育了形式各异的世界园林。概括起来主要有自然型、规则型以及两种形式混用的混合型。

(1) 自然型

自然型又称为风景式、不规则式。自然型园林在中国、日本和西方国家的传统园林中都曾占有重要地位。尤其在中国,不论是皇家宫苑还是私家宅园,都以自然山水园林为源流。在西方最著名的自然型园林是英国的风景式园林。此类园林的设计,有人称之为“山水法”,因为山水地形是其骨架。设计手法体现为“巧于因借”“精在体宜”“自成天然之趣,不烦人事之工”,等等。

自然型园林讲究“师法自然”“相地合宜,构园得体”。把自然景色和人工造园艺术巧妙地结合,达到“虽由人作,宛自天开”的效果。在园林中再现自然界的峰、谷、崖、岭、峡、坞、洞、穴等地貌景观,在平原,多为自然起伏、和缓的微地形。水体再现自然界水景,水体的轮廓自然曲折,水岸为自然曲线,略有倾斜,主要使用自然山石驳岸。广场、道路布局多采用自然形状,避免对称,建筑也以灵巧、活泼多变为特点。植物配置力求反映自然界植物群落之美,避免成行、成排栽植;树木不修剪,配置以孤植、丛植、群植、密林为主要形式。不同地域的自然园林形态有一定差别,但共同之处是模拟自然,寄情山水。自然线形在平面中占有统治地位。

(2) 规则型

规则型又称作几何式、整形式、对称式、建筑式。传统的西方园林以规则型园林为主调。这类园林一般强调轴线的统帅作用,强烈、明显的轴线结构,具有庄重、开敞、明确的景观感觉。平面布局时,先确定主轴线。如果基地有长短两个方向,在长向设置主轴线;如果基地在各个方向长度差别不大,可以考虑由纵横两条相互垂直的直线组成控制全园布局构图的“十字架”。确定好主轴线后,再安排一些次轴线。可以从几何关系上找根据,如互相垂直、左右对称、上下对称、同心圆弧等。建筑由其所处位置的外部轴线确定对称主轴,植物即使不考虑几何型修剪,至少也要规则种植。

(3) 混合型

所谓混合型园林,主要指自然型、规则型园林形式交错混合,或没有贯穿基地控制全园的主轴线和次轴线,只有局部景区、建筑以轴线对称方式布局;或全园没有明显的自然山水骨架,单纯的自然格局不能形成显著特色。一般情况下,多结合现状地形进行布局,在原地形平坦处,根据总体规划的需要安排规则型;在原地形较复杂,具有丘陵、山谷、洼地等地段,结合地形规划为自然型。目前较多采用混合型的公园布局形式。

混合型园林完全融合了自然型和规则型两类的造园手法,但在二者的比例上要注意最好有主次差别,以免布局显得混乱。

3) 公园空间组织

空间组织与公园绿地的规划布局关系十分密切。公园空间与建筑空间有所不同,其所涉及的空间的类型、空间的大小规模、空间的组成要素更丰富,也更复杂。公园中每个空间都有其特定的形状、大小、构成材料、色彩、质感等,它们综合体现了空间的功能和特性。

(1) 公园空间的基本类型

公园的多种使用功能和景观需求赋予了公园多样的空间类型，有满足游人静赏、冥思的静态空间和适于游览、嬉戏、玩乐的动态空间；有视野开阔、空旷，给人以壮阔、开朗、畅快的感觉的开敞空间和幽闭、私密的闭合空间；有沿道路、街巷、河流、林带、溪谷等线性元素形成的狭长、幽深的纵深空间及利用拱穹形顶界面和四周的竖界面组织而成的拱穹空间；有多用于宏伟的自然景观和纪念性空间，气势壮观、感染力强、令人心胸开阔的大尺度空间；有较亲切怡人，适用于少数人交谈、漫步、坐憩、学习、思考等的小尺度空间，等等。

(2) 公园空间的组织

将开敞、闭合、纵深、内外等各种不同类型的空间按使用功能的要求以及静态、动态观赏的要求，在园林绿地中进行组织划分，使空间有大小、明暗、开闭、内外、纵深等变化，组成一个有节奏变化又统一的空间体系。多个空间的处理则应以空间的对比、渗透、序列等关系为主。

不同类型的公园绿地对空间的要求也各有特色，因此空间组织形式也各不相同，例如纪念性公园的空间，一般多对称严谨，较封闭，并以轴线引导前进，空间变换应少，节奏缓慢，营造严肃静穆的气氛。而对于游赏性的园林空间，变换应该丰富，节奏快，较开敞自由，营造活泼的气氛。整个公园的各个空间在静观时空间层次稳定，在动观时空间层次相应地交替变换。空间的组织与导游线、风景视线的安排有密切的关系。既有空间的起景、高潮、结景，又有空间的过渡，使空间主从分明，开闭适当，大小相宜，并富有节奏和韵律，形成自然、丰富的空间序列。杭州虎跑寺的规划便是空间组合的佳例。

空间的组织中，还应注意空间的可达性，使人们在游览过程中依自然之理顺畅、安全地到达所需空间；除了着重进行公园内各种可控空间的规划设计，也要注意公园界线外的不可控空间。如何因地制宜地利用或屏障城市环境是进行公园空间组织时必须注意的。

此外，虚空间的应用也日益受到人们的重视与喜爱，如柱廊、树干、漏窗等使空间似断仍连，水体使空间分隔但视线通透。它们既是景观，又是围合物，形成一种似有还无的虚空间，在进行空间的转折与过渡中起到较为重要的作用。

(3) 公园空间的转折

从一个空间过渡到另一个空间即为空间的转折。空间的转折有急转、缓转之分。在规则式的公园空间中，可采用急转，如在主轴、副轴相交处的空间，可由此方向急转为另一方向，由大空间急转为小空间，注意转折关节点一般选在道路的交叉点或另一条道路的开始点。缓转常有过渡空间的设置，如在室内外空间之间，布置外廊、花架、架空层三类过渡空间，使转折比较自然、缓和，一般在自然式布局的公园中常用。缓转应注意距离相近的两空间差别不要太大，应处理好过渡空间，使人感觉到空间是自然、合理地转向另一个空间。

3. 公园绿地规划设计的基本程序

公园绿地规划设计大致可分为调研分析、方案构思及成果制作三个阶段，其基本程序为：①现场踏勘和调查研究；②现状分析；③初步方案；④方案比选论证；⑤成果制作。

一般情况下，公园绿地规划设计应完成的图纸有分析阶段的现状分析图，构思阶段的功能关系图、构思图、总平面草图，成果制作阶段的总平面图、道路及竖向图、综合管网图等全系列成果。

5.2 各类公园规划设计

5.2.1 综合公园的规划设计

综合公园是城市公园绿地系统的“核心”组成部分，它不仅具有大面积的绿化景观，自然环境条件优越，而且还具有适合于多种多样的休闲、游憩、文化教育的空间场所和服务设施，是城市居民共享的“绿色基础设施”。它对于改善城市环境、加强生态保护、构建优美的城市景观、丰富人民群众业余生活、创建和谐社会有着重要作用。

1. 综合公园的规划要求

《公园设计规范》(GB 51192—2016)中规定：综合公园应设置游览、休闲、健身、儿童游戏、运动、科普等多种设施，面积不应小于 5 hm^2。根据《城市绿地规划标准》(GB/T 51346—2019)，规划新建单个综合公园的面积应大于 10 hm^2。每万人规划拥有综合公园指数不应小于 0.06。万人拥有综合公园指数计算方法应按下式计算

$$万人拥有综合公园指数=\frac{综合公园总数(个)}{建成区内的人口数量(万人)} \tag{5-3}$$

其中，纳入统计的综合公园应符合现行行业标准《城市绿地分类标准》(CJJ/T 85—2017)的规定，人口数量统计应符合《中国城市建设统计年鉴》的要求。

1) 全市性公园

全市性公园是为全市居民服务的市级公共绿地。它是面积较大、活动内容丰富和设施最完善的绿地，其用地面积依据全市居民总数的多少而有所不同，一般在 100 hm^2 左右。全市性公园在中、小城市设 1～2 处，其服务半径为 2～3 km，步行 30～50 min 可达，乘公共汽车 10～20 min 可达。

2) 区域性公园

在大城市中，区域性公园为一个行政区的居民服务，其用地属全市性公共绿地的一部分，其面积依据行政区的居民的人数而定，园内有较丰富的活动内容和设施。区域性公园一般在区内可设 1～2 处，其服务半径为 1～1.5 km，步行 15～25 min 可达，乘公共汽车 10～15 min 可达。

2. 综合公园设置的主要活动与设施内容

根据综合公园的服务功能，可设置多种形式的活动内容，主要包括如下几方面。

1）观赏游览

观赏游览主要包括以园内的山石水景、花草树木、名胜古迹、建筑小品、飞鸟游鱼等为对象的风景游赏。

2）安静休息

安静休息的主要内容包括散步、晨练、小坐、学习、绘画、垂钓、沉思、闲谈、品茗、棋牌活动等。

3）儿童活动

公园的游客中儿童的数量较多，比例在1/3左右。公园应开展适合于学龄前儿童与学龄儿童的各种器械活动、游戏娱乐活动、体育运动、集会及科普和文化教育活动，并设置相应的设施，如游戏娱乐广场、迷宫、少年宫、阅览室、少年自然科学园地等。

4）文娱活动

在公园中进行的各种群众文化娱乐活动主要有观赏电影、音乐、戏剧、舞蹈、杂技等节目，以及游戏、划船、戏水等自娱活动。一般需设置露天剧场、电影场、游艺室、俱乐部、浴场及群众表演的场所等。

5）体育活动

体育活动主要有游泳、攀岩、登山，羽毛球、网球等球类运动，滑旱冰等。

6）文化教育和科普宣传

通过展览、陈列、阅览、演说、座谈、科技活动等相关内容，对游人进行寓教于游、寓教于乐的文化教育和科普宣传。

7）服务设施

服务设施主要是游人在公园中进行游憩活动所需的各种服务设施，有餐厅、茶室、小卖部、公用电话亭、问讯室、指示牌、园椅、厕所、垃圾箱等。

8）园务管理设施

园务管理设施包括公园日常管理所需的管理机构、职工宿舍、食堂、仓库、通信供电设备、苗圃、温室等。

在综合公园设置儿童游戏、休闲游憩、运动康体、文化科普、公共服务、商业服务、园务管理等设施，应符合表5-7的规定。同时要考虑公园所在城市居民的风俗民情、习惯爱好，如四川人爱喝茶聊天，公园中茶室面积需相应扩大。公园项目内容设置还应考虑公园的位置、面积大小和附近的城市文化娱乐设施情况。处于城市中心区的公园，一般游人较多，项目设置应考虑不同年龄、爱好的游人的需求，游览内容和设施宜动静结合；位于城市边缘地带的公园则应较多考虑安静观赏的要求。面积大的公园，游人在园内游玩的时间长，对服务设施有更多要求；在面积较小的公园内不必设置大规模的运动区，也不必设置功能完善的儿童区或各种各样的文化娱乐设施，否则会减少绿地面积，不利于游憩。在小公园中可设置小型的球场、儿童游戏场，满足游人的要求；如果公园附近已有较大的文娱活动设施、专门的体育场或儿童乐园，则公园内可不需设置这些项目，不单辟体育场区、儿童区，但可以设置一些小型的、简单的儿童游戏场及乒乓球和网球场地。综合公园的内容和设施的安排应结合当地的自然条件，做到因地制宜。有山的公园可开展攀岩、登山等活动，有大面积水体的公园可设置水上项目。此外，随着时代的发展，人们的生活方式和活动内容会相应发生变化，这些变化也会体现在公园的活动内容上，因此，公园的项目设置也应与时俱进。

表 5-7　综合公园设施设置规定

设施类型		公园规模/hm²		
		10～20	20～50	≥50
1	儿童游戏	●	●	●
2	休闲游憩	●	●	●
3	运动康体	●	●	●
4	文化科普	○	●	●
5	公共服务	●	●	●
6	商业服务	○	●	●
7	园务管理	○	●	●

注：“●”表示应设置，“○”表示宜设置。

3. 综合公园的总体规划设计

总体规划的目的在于通过全面考虑、总体协调，使公园的各个组成部分得到合理的安排和布置；综合平衡、协调各部分之间的关系，使其成为有机联系的整体；满足环境保护、文化娱乐、休息游览、园林艺术等方面的要求；妥善处理局部与整体、近期与远期的关系，使公园的建设有计划地进行。

1）总体规划的任务

综合公园总体规划的主要任务：分析综合公园在城市园林绿地系统中的位置、用地规模、服务对象、服务半径、地形地貌现状和绿化现状；确定出入口的位置、公园的内容设置；进行分区规划；改造与利用地形；进行园路及广场、建筑的布局；规划植物种植、市政工程管网；制订建园程序及造价估算；编写规划说明等。

综合公园总体规划中各个部分的内容是相互联系和相互影响的。例如，公园出入口位置的改变，可能会引起全园建筑、广场及园路布局的重新调整；因地形设计的改变，导致植物栽植、道路系统的更换。所以，整个总体规划的过程就是公园功能分区、地形设计、植物种植规划、道路系统等诸方面矛盾因素协调统一的过程。

2）公园出入口的规划设计

（1）出入口位置的选择

公园出入口的位置和数量的选择，是公园总体规划的首要任务。它不仅影响游人进出公园和城市的交通组织，而且对公园内部的规划结构和分区也可能有极大影响。故具体的公园出入口的位置和数量的确定，应在既满足功能上方便游人进出公园，又利于在保持城市街景面貌的前提下，结合公园在城市中的位置与城市交通的关系、人流来向、公园用地的地形地貌、功能分区及园路系统规划布局等因素，进行综合协调。

公园的出入口一般分为主要出入口（1～2 个）、次要出入口（1 个或多个）和专用出入口（1～2 个）。主要出入口是公园大多数游人出入公园的地方，一般直接或间接通向公园的中心区域。它的位置要求面对游人的主要来向，直接与城市街道相连，应设置在位置明显的城市主要道路和有公共交通的地方，但应避免设于几条主要街道的交叉口上，以免影响城市交通组织。它还应与公园内道路联系紧密，同时要求有平坦的、足够的入口广场用地解决大量人流的集散问题。

次要出入口是辅助性的，是为方便附近居民使用和为园内局部地区或某些设施服务的，同时也为主要出入口分担人流量。次要出入口一般设在人流来往的次要方向，也可设在公园内有大量集中人流集散的设施附近，如园内的表演厅、露天剧场、展览馆等场所附近。

专用出入口是为完善服务、方便生产等园务管理需要而专设的，不供游览使用。为了不影响游人和景观，多选择在公园偏僻位置（通常在公园管理处附近）设置公园专用出入口。

（2）出入口的设计

公园出入口因功能所需，除公园大门外，还应设置的项目和设施有公园内、外集散广场，停车场，存车处，售票处，收票处，小卖部，休息廊，游客服务中心（提供问询、电话、寄存、租借、值班、办公、导游），以及丰富出入口景观的园林小品，如花坛、水池、喷泉、雕塑、花架、宣传牌、导游图等。出入口的布局方式手法也多种多样，一般与总体布局相适应，或开门见山，入园后就可见；或设置障景，先抑后扬、欲显还隐；或小中见大；或外场内院。既可采用对称均衡处理，也可采用非对称均衡处理（见图 5-5）。公园出入口的建筑应注意造型、比例尺度、色彩与周围环境的协调。

根据《公园设计规范》（GB 51192—2016）的规定，公园游人出入口宽度应符合以下要求。

①总宽度符合表 5-8 的规定。

②单个出入口最小宽度为 1.5 m。

③举行大规模活动的公园应设安全门。

园门内、外广场面积的大小和形状，一般与公园的规模、游人量、园门前道路宽度与形状、其所在城市街道的位置等因素相适应。内容丰富的售票公园游人出入口

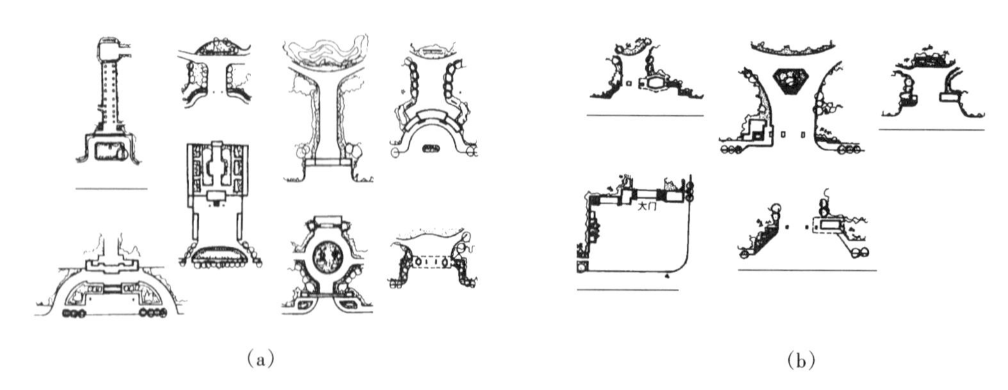

(a)　　　　(b)

图 5-5　公园出入口布置示例

(a)对称均衡处理;(b)非对称均衡处理

外集散场地的面积下限指标以公园游人容量为依据,宜按 500 m^2/万人计算。

表 5-8　公园出入口总宽度下限

游人人均在园停留时间/h	售票公园/(m/万人)	不售票公园/(m/万人)
＞4	8.3	5.0
1～4	17.0	10.2
＜1	25.0	15.0

3) 综合公园的功能分区

根据其活动内容特点和对场地、设施等的要求及周围环境的影响,综合公园应进行分区布置,分区应根据每个公园各自不同的用地条件、出入口的位置及公园的规模来进行划分,分区的目的是使在公园中开展的各种活动互不干扰,使用方便。但当公园面积较小、用地较紧张时,明确分区往往会有困难,常将各种不同性质的活动内容作整体的合理安排,可以将有些项目作适当的压缩或将一种活动的规模、设施减少合并到功能、性质相近的区域中。

根据内容和功能需要,综合公园一般可分为文化娱乐区、安静游览区、儿童活动区、老年人活动区、体育活动区、公园管理区等功能区。有条件或特殊要求的综合公园还可设置动物展览区、盆景园、专类公园等(见图 5-6)。

(1) 文化娱乐区

文化娱乐区是人流较为集中的活动区域,是公园中的"闹"区。该区的主要设施包括俱乐部、游戏广场、技艺表演场、露天剧场、影剧院、音乐厅、舞池、溜冰场、戏水池、展览室(廊)、演讲场地、科技活动场等。区内各设施应根据公园的规模大小、内容要求因地制宜地进行布局设置。

文化娱乐区是公园中主要人流和主要建筑集中的区域,是全园布局的重点。因此该区常位于公园的中部,用地选择应考虑较适于建筑修建的自然地形地段,并对建筑单体、建筑群的组合景观要求较高。布置时可利用建筑、地形、树木、水体等加

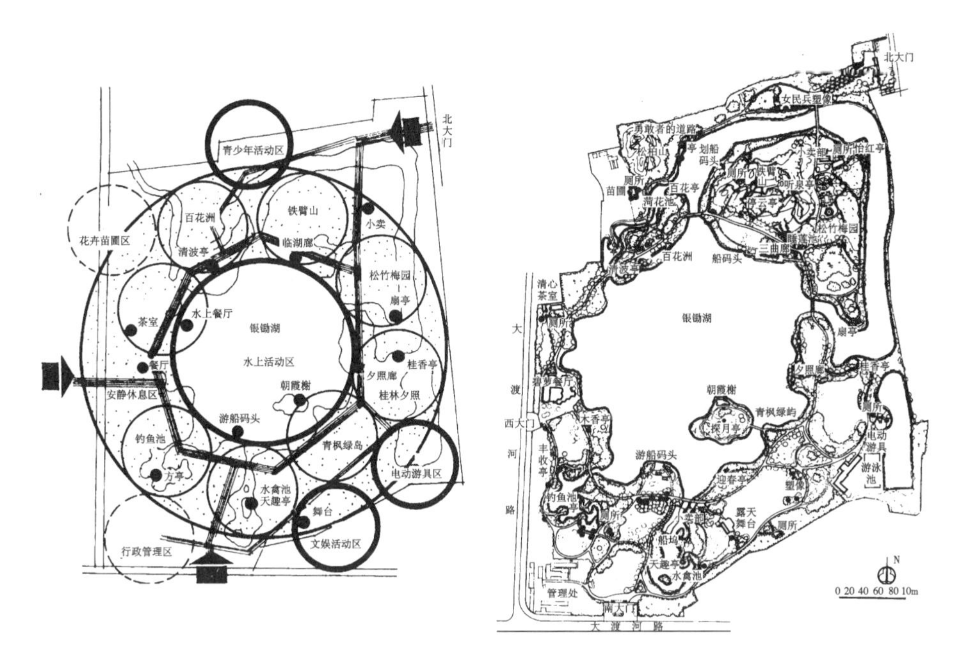

图 5-6 上海市长风公园功能分区及总平面

以分隔,使有干扰的活动项目之间保持一定的距离,避免区内各项活动的相互干扰。由于该区常常人流量较大,而且集散时间相对集中,所以要妥善地组织交通,尽可能在规划条件允许的情况下接近公园出入口,或在一些大型活动建筑旁设专用出入口,以快速集散游人。

为达到活动舒适、开展活动方便的要求,文化娱乐区用地人均达到 30 m^2 较好,以避免不必要的拥挤。文化娱乐区内游人密度大,要考虑设置足够的道路广场、餐厅、茶室、冷饮店、厕所、饮水处等生活服务设施。

(2) 安静游览区

安静游览区是公园的重要组成部分,主要用于观赏、游览参观,以及休息、学习等相对安静的活动,是游人喜欢的区域,在公园中占地面积最大。为达到良好的观赏游览效果,要求游人在区内分布的密度较小,以人均游览面积 100 m^2 左右较为合适。安静游览区一般选择地形变化丰富、景色优美的区域,如山地、谷地、溪边、湖边、河边、瀑布等,以及植被景观环境比较优越的地段。该区在公园内并不一定集中于一处,只要条件合适,也可根据地形分散设置,以确保为游人提供良好的游赏环境。其景观要求也比较高,自然风景条件及绿化条件也要较好,宜采用园林造景要素巧妙组织景观,形成景色优美、环境舒适、生态效益良好的区域。区内建筑布置宜散落不宜聚集,宜素雅不宜华丽;结合自然风景,设立亭、榭、花架、曲廊、茶室、阅览室等园林建筑。

由于主要为安静活动,一般选择远离出入口和人流集中地,并与文娱活动区、儿童活动区、体育活动区有一定间隔,但与老年人活动区可以靠近,必要时可与老年人活动区合并。

安静游览区的行进参观路线的组织规划是十分重要的,道路的平、纵曲线,铺装材料,铺装纹样,宽度变化都应根据景观展示、动态观赏的要求进行设计。

(3) 儿童活动区

儿童活动区一般可分为学龄前儿童区和学龄儿童区。主要活动内容和设施有游戏场、戏水池、运动场、少年宫、少年阅览室、科技馆等。人均用地最好能达到 $50\ m^2$(儿童),并按用地面积的大小确定所设置内容的多少。规模大的,其设置内容与儿童公园类似;规模小的,只设游戏场。儿童活动区位置应尽量远离城市干道(或有地形、绿化带隔离),宜选择背风向阳的位置,靠近公园出入口,并与其他功能分区之间有一定间隔,避免相互干扰,不可与成人活动区混杂在一起。公园的游览线不得穿行其间,须保持相对独立性。

儿童区的建筑、小品、设施的造型、色彩、质地的设计应符合儿童的心理及行为特征,满足儿童的活动尺度需要,适合少年儿童的兴趣,富有教育意义和想象力,可以以动画、童话、寓言的内容为素材;区内道路的布置要简洁明确,容易辨认,主要路面应能通行童车。

儿童区内植物种植应选择无毒、无刺、无异味的树木和花草,活动区域的植物应以满足夏季遮阴、冬季日照为设计依据。儿童区应以草坪、缓坡、广场为主,不宜用铁丝网或其他具有伤害性的物品,以保证活动区儿童安全。

儿童活动区还应考虑陪同照顾儿童的家长,要在附近留有可供他们停留休息的设施,如座凳、花架、小卖部等。

(4) 老年人活动区

随着老龄社会的到来,公园游人中的老年人比例越来越大,故公园中老年人活动区的设置是不可忽视的问题。

老年人活动区在公园规划中应考虑设在观赏游览区或安静休息区附近,要求环境幽雅、风景宜人。区内布局应注意动静分区,场地的布置应有林荫、廊、花架等,保证夏季有足够的遮阴、冬季有充足的阳光;环境设计和设施安排应考虑老年人的生理和心理特点,满足老年人的行为习惯和活动方式,注意安全防护与救护要求。

(5) 体育活动区

体育活动区是公园内以集中开展体育活动为主的区域,其规模、内容、设施应根据公园及其周围环境的状况而定(如果公园周围已有大型的体育场、体育馆,则公园内就不必开辟体育活动区)。体育活动区常常位于公园的一侧,设有专用出入口,以利于大量观众迅速疏散;体育活动区的设置一方面要考虑为游人提供体育活动场地、设施,另一方面还要考虑其作为公园的一部分,需与整个公园的绿地景观相协调。

该区是属于相对较喧闹的功能区域,应与其他各区有相应间隔,以地形、树丛、丛林等进行分隔较好;区内可设场地相应较小的篮球场、羽毛球场、网球场、门球场、武术表演场、大众体育区、民族体育场地、乒乓球台等,如条件允许,可设室内体育场馆,但一定要注意建筑造型的艺术性;各场地不必同专业体育场一样设专门的看台,可以以缓坡草地、台阶等作为观众看台,增加人们与大自然的亲密度。

(6) 公园管理区

公园管理区是为公园经营管理的需要而设置的内部专用区域。该区一般按功能分为管理办公部分、仓库部分、花圃苗木部分、生活服务部分等,包括办公室,值班室,广播室及水、电、煤、通信等管线工程建筑物和构筑物,维修处,工具间,仓库,堆场杂院,车库,温室,棚架,苗圃,花圃,食堂,浴室,宿舍等。既可集中设置于一处,也可分散至几处,公园管理区一般设在既便于公园管理,又便于与城市联系的地方。管理区四周要与游人有所隔离,对园内园外均要有专用的出入口,区内应能通车。由于管理区属公园内部专用区,规划布局应适当隐蔽,不宜过于突出而影响景观视线。

4) 植物景观与配置规划

植物是公园最主要的组成部分,也是公园景观构成的最基本因素,故植物景观与配置规划是进行综合公园规划设计时较为重要的一项内容,其对公园整体绿地景观的形成、良好生态环境和游憩环境的创造起着极为重要的作用。因此,在进行植物景观与配置规划时,应做到以下几个方面。

(1) 全面规划,突出主题,分区布局

公园的植物配置规划,必须按植物的生物学特性和配置的艺术性,从公园的功能要求出发来考虑,结合植物造景要求、游人活动要求、全园景观布局要求因地制宜地进行点、线、面的布置安排。公园用地内的原有树木和植物景观应尽量利用,有利于尽快形成整个公园的绿地植物骨架。

在公园植物景观营造时,首先必须确定公园主题,由公园主题支配、统一全园的植物配置,突出某一种或几种植物景观,形成公园的绿地植物特色。如杭州西湖的孤山(中山)公园以梅花为主景,曲院风荷以荷花为主景,西山公园以茶花、玉兰为主景,柳浪闻莺以垂柳为主景,这样各个公园绿地植物形成了各自的特色,成为公园自身的代表。

还应结合各功能区及景区的不同特征,区别对待,分别考虑,以保证充分发挥各区的功能。对适合表达这些特征的植物材料进行科学合理的配置,使各区特色更为突出。例如,公园出入口区人流量大,气氛热烈,则应选择色彩明快、树形活泼的植物,如花卉、开花小乔木、花灌木等,可用花坛、花境、花钵或灌丛突出园门的高大或华丽,也可用高大的乔木配以美丽的观花观叶灌木或草花,营造一个优雅的小环境。文化娱乐区人流集中,建筑和硬质场地较多,一般采用规则式的绿化种植,在大量游人活动集中的地段,可设开阔的大草坪,留出足够的活动空间,以种植高大的乔木为宜,应选一些观赏性较高的植物,并着重考虑植物配置与建筑和铺地等人工元素之间的协调、互补和软化的关系。安静游览区应以自然式绿化配置为主,结合地形和环境条件,可采用密林的方式绿化,在密林中分布很多的散步小路、林间空地等,并设置休息设施;还可设疏林草地、空旷草坪,把观花植物、形体别致的植物、观果植物等配置在一起,形成花卉观赏区或多种专类花园,让游人充分领略植物的美;或利用植物组成不同外貌的群落,以体现植物群体美。儿童活动区配置的花草树木应结合儿童的心理及生理特点,做到品种丰富、颜色鲜艳,同时不能种植有毒、有刺及有恶臭的浆果之类的植物。公园管理区一般应考虑隐蔽和遮挡视线的要求,选择一些枝叶茂密的常绿高灌木和乔木,使整个区域掩映于树丛之中。

(2) 植物基调及各景区主、配调搭配

注意植物基调及各景区主、配调的搭配,形成和谐统一的植物景观格局。公园植物规划在植物的配置上要有完整的主调、配调、基调,以造成全园既有变化又和谐统一的植物景观环境。应该有几个主要树种作为全园的基调,分布于整个公园中,在数量上和分布范围上占优势,以协调各种植物景观,取得统一感;还应视不同的景区突出不同的主调树种,形成不同景区的不同植物主题,使各景区在植物配置上各有特色而不相雷同。各景区植物除了有主调,还应有配调,以起到烘云托月、相得益彰的陪衬作用。全园的植物布局,要做到各景区既各有特色,又统一协调。

(3) 植物规划满足使用功能要求

植物规划应充分满足使用功能要求,注重植物品种搭配,结合场地特征,创造各具特色的宜人的公园绿地空间。

公园植物造景的目的是为人们创造舒适、休闲的活动空间,体现“以人为本”的设计思想。除了用建筑材料铺装的道路和广场,整个公园应由绿色植物覆盖起来。对于园路、服务设施周围,都要以能够满足人们游憩的需要为尺度进行植物配置。应注重绿地的使用性和实用性,避免一味强调植物的装饰性,使得绿地好看不好用。冬季有寒风侵袭的地方,要考虑防风林带的种植;主要建筑物和活动广场,在进行植物景观配置的时候也要考虑到创造良好小气候的要求;在儿童游戏场、游人活动较多的铺装广场(如作为露天演出的铺装广场),应栽植株距较大(8~12 m)、树冠开展的遮阴树;全园中的主要道路,应利用树冠开展的、树形较美的乔木作为行道树。一方面形成优美的纵深绿色植物空间,另一方面也起到遮阴的作用。规则的道路采用规则行列式的行道树。自然式的道路,多采用自然种植的形式形成自然景观。

根据人们对公园绿地游览观赏的要求,结合场地的环境特性,将各种常绿乔木、落叶乔木、灌木、花卉、草坪植物和地被、竹类等各类植物合理搭配,因地制宜地采用孤植树、树丛、树群、疏林草地、空旷草地、密林(混交林、纯林)、林带、树阵、绿篱、绿墙、花坛、花境、花丛等各种种植形式的巧妙组合,使空间有开有合,种植设计有疏有密,形成类型多样、舒适、优美、四时有景、多方景胜的园林空间。

此外,根据公园所在地的气候特征,全园的常绿树与阔叶树应有一定的比例。一般在华北地区,常绿树占30%~40%,落叶树占60%~70%;在华中地区,常绿树占50%~60%,落叶树占40%~50%;在华南地区,常绿树占70%~80%,落叶树占20%~30%。做到四季景观各异,保证四季常青。公园的植物配置规划还应以速生树、大苗为主，速生树与慢长树相结合，密植与间伐结合，乡土树种与珍贵树种相结合，近期与远期兼顾，营造各类型公园的特有景观。

(4) 注重植物造景的生态性，构建生态园林

适宜的生态环境条件是植物生长良好的前提，因此在植物造景过程中要遵循“适地适树”原则。《城市绿地设计规范(2016 年版)》(GB 50420—2007)规定，城市绿地设计应根据基地的实际情况，提倡对援用生态环境保护、利用和适当改造的设计理念，城市绿地范围内原有树木宜保留、利用。如因特殊需要在非正常期移植，应采用相应技术措施确保成活，胸径在 250 mm 以上的慢长树种，应原地保留。根据不同的立地条件选择适宜的造景植物，同时还应积极采用乡土植物，将乡土植物作为主要的植物素材，既能满足植物的生态性，又能形成植物造景特色。此外，应注重植物品种多样化。众多的植物材料丰富了公园的植物景观和物种多样性，也有利于提高公园绿地的生态效应。在植物配置时，要建立科学的人工植物群落结构、时间结构、空间结构和食物链结构，因地制宜地建立植物群落体系，在有限的土地面积上尽可能增加叶面积指数，创造出既有良好的生态环境，又有人工艺术美与自然美的和谐统一的生态园林空间。

5) 综合公园中广场的布局

根据公园总体设计的布局要求，应确定各种铺装场地的面积。广场应根据集散、活动、演出、赏景、休憩等使用功能要求做出不同设计；安静休憩场地应利用地形、植物与喧闹区隔离；演出场地应有方便观赏的适宜坡度和观众席位。

公园中广场的主要功能是供游人集散、活动、演出、休息等，其形式有自然式和规则式两种。由于功能的不同可分为集散广场、休息广场、生产广场。

(1) 集散广场

集散广场以集中、分散人流为主，可分布在出入口前后、大型建筑前、主干道交叉口。

(2) 休息广场

休息广场以供游人休息为主，多分布在公园的僻静之处。与道路结合，方便游人到达；与地形结合，如在山间、林间、临水，借以形成幽静的环境；与休息设施结合，如廊、架、花台、座凳、铺装地面、草坪、树丛等，以便游人坐憩赏景。

(3) 生产广场

生产广场有园务的晒场、堆场等。

公园中广场排水的坡度应大于 0.3%。《城市绿地设计规范(2016 年版)》(GB 50420—2007)规定：道路、广场等的铺装宜采用透气、透水的环保材料。另外，停车场和自行车存车处应设于各游人出入口附近，不得占用出入口内外广场，其用地面积应根据公园性质和游人使用的交通工具确定。

6) 综合公园中的建筑用地比重

《城市绿地设计规范(2016 年版)》(GB 50420—2007)规定：公园绿地内建筑占地

面积应按公园绿地性质和规模确定游憩、服务、管理建筑占地面积比例,小型公园绿地不应大于3%,大型公园绿地宜为5%,动物园、植物园、游乐园可适当提高比例;其他绿地内各类建筑占地面积之和不得大于陆地面积的2%。

4. 综合公园规划设计的主要内容

1)现状分析

对公园的用地现状进行调查研究、分析及评定,为公园的规划设计提供基础资料。用地现状的情况包括以下内容。

①公园在城市中的位置。了解公园用地在城市中的位置,分析周围建筑及道路交通的情况、游人的来向及数量、景观情况以及各项公园设施情况等。

②公园规划范围界线、周围道路红线及标高等。

③公园用地的历史沿革和现在的使用条件。

④当地历年的气象资料。如气温、湿度、降雨量、日照、风向、风力等。

⑤园内自然现状条件。首先对园内各地块的形状、面积、位置、坡度等情况进行分析评定,然后对土壤及地质进行分析评定,包括地基承载力、土壤酸度、肥力、自然稳定性、角度等。

⑥园内植被现状。对现有园林植物及古树名木等的品种、数量、分布状况、生长状况、覆盖范围、地面标高、观赏价值等方面进行分析评价。

⑦园内水体现状。现有水体及水系的范围、流向、水底标高、常年水位线、水质及岸线情况,以及地下水位情况的分析评定。

⑧园内建筑现状。现有建筑的位置,平面、立面形式,标高,质量,景观效果,面积和使用情况等。

⑨园内道路广场及公用设施现状。现有道路的宽度、走向、标高、铺装材料,现有道路与园外周围道路的联系,各种地下地上管线的种类、走向、埋置深度、标高、柱杆高度,以及变电所、垃圾站等公用设施的位置等。

⑩风景资源及风景视线的分析评定。对园内现有的人文及自然景点进行分析评定,对良好视线及不良视线、视线盲区及视线敏感区等进行分析评价。

以上的现状分析可形成一张或数张现状分析图,其中反映位置关系的区位关系图比例为1∶10 000～1∶2 000,其余各图常用比例为1∶2 000～1∶500。

2)总体规划

确定公园总体布局,对公园各部分作全面的安排,包括以下内容。

①划定公园的范围。确定公园范围,重点处理公园用地内外分隔的形式,协调公园与周围环境的关系,对园外良好景观加以借用及对不良景观加以阻挡等。

②计算用地面积和游人量,确定公园活动内容。

③确定各出入口位置并进行相关内容(如停车场、广场、服务设施等)的布置。

④进行功能及景区划分,布置活动项目和设施,确定园林建筑的位置,组织建筑空间。

⑤确定公园广场及道路系统，组织游览线和景观序列。

⑥规划公园河湖水系，控制水底标高、水面标高，设置水上构筑物。

⑦进行地形处理、竖向规划，估算土方量，进行土方平衡。

⑧进行园林工程规划，即变电站、厕所、垃圾站等设施的分布，灌溉、照明、消防等各种管线的布置。

⑨进行植物群落分布的规划、树木种植的规划，制订苗木计划，估算树种规格与数量。

⑩编写公园规划设计意图说明，制作土地使用平衡表，进行工程量计算、造价概算，制定分期建园计划等。

以上内容可形成公园规划总平面图、道路及竖向规划图、种植规划图、分期建设图等图纸。这些图的常用比例为1∶2 000～1∶500。

3）详细规划

在全园规划的基础上，对公园的各个地段及各项工程设施进行详细规划，常用图纸比例为1∶500或1∶1 000。主要内容如下。

①各出入口的设计。包括园门建筑、内外广场、服务设施、园林小品、绿化种植、市政管线、室外照明等的设计。

②各功能区的设计。包括各区的建筑物、室外场地、活动设施、道路广场、园林小品、植物种植、各种管线等的设计。

③各种园林建筑初步设计方案。包括建筑的平面、立面、剖面设计，建筑造型及材料的控制。

④确定各种管线的规格、管径尺寸、埋置深度、标高、坐标、长度、坡度，以及变电所或配电房的位置、室外照明方式和照明位置、消火栓位置等。

⑤地面排水的设计。确定分水线、汇水线、汇水面积、明沟或暗管的大小、管线走向，以及进水口、出水口和窨井的位置等。

⑥土山、石山设计。确定其平面范围、面积、坐标、等高线、标高、立面、立体轮廓、叠石的艺术造型等。

⑦水体设计。确定河湖的范围、形状及水面标高等。

⑧确定各种建筑小品的位置及选型。

⑨确定园林植物的品种、位置和配置形式，确定群植、丛植、孤植的乔木和灌木及绿篱的位置，花卉的布置，草坪的范围等。

4）植物种植设计

依据树木种植规划，对公园各地段进行植物配置，包括以下内容。

①树木种植的位置、标高、品种、规格、数量。

②树木配置形式。平面、立面形式及景观效果。

③蔓生植物的种植位置、标高、品种、规格、数量、攀缘与棚架情况。

④水生植物的种植位置、范围、水底与水面的标高、品种、规格、数量。

⑤花卉的布置。花坛、花境、花架等的位置、标高、品种、规格、数量。

⑥花卉种植排列的形式。图案式样、排列范围和疏密程度,不同花期、色彩、高低的草本和木本花卉的组合。

⑦草地的位置、范围、标高、地形、坡度、品种等。

⑧速生与慢生园林植物品种的组合,在近期与远期需要保留、疏伐与调整的方案。

⑨园林植物的修剪要求。自然的与整形的形式要求等。

⑩植物材料表。品种、规格、数量、生活习性等。

以上图纸比例常用 1∶200 或 1∶500,其中花卉图案布置图比例可为 1∶50 或1∶100。

5)施工详图

按详细设计的意图,对部分内容和复杂工程进行结构设计,制定施工的图纸与说明,各图纸常用比例为 1∶100、1∶50 或 1∶20,主要包括以下内容。

①给水工程。各种形式的水体、水闸、泵房、水塔、消火栓、灌溉用水及水龙头等的施工详图。

②排水工程。雨水进水口、明沟、窨井及出水口的铺设、厕所化粪池的施工图。

③供电及照明。配电间(或变电间)、各种照明设施等的施工详图。

④广播通信。喇叭的装饰、广播室的设计及公用电话亭、磁卡电话等的施工图。

⑤煤气管线、煤气表的施工图。

⑥废物收集处、废物箱的施工图。

⑦护坡、驳岸、挡土墙、围墙、台阶等园林工程的施工图。

⑧叠石、雕塑、栏杆、指示牌、饮水器等小品的施工图。

⑨道路广场硬质铺装及回车场、停车场等的施工图。

⑩园林建筑、庭院、活动设施及场地的施工图。

6)编制说明书及预算

对各阶段布置内容的设计意图、经济技术指标、工程的安排等用图表及文字形式说明,包括以下内容。

①公园概况。公园在城市绿地系统中的地位、公园四周情况等的说明。

②公园规划设计的依据、原则、特点及设计意图的说明。

③公园各个功能分区及景色分区的设计说明。

④公园的道路系统、游线组织、景观序列安排的说明。

⑤公园经济技术指标。游人量、游人分布、每人用地面积及土地使用平衡表。

⑥园林建筑物、活动设施及场地的项目、面积、容量表。

⑦公园施工建设程序的说明。

⑧公园建设的工程项目、工程量、建筑材料说明及价格预算表。

⑨公园分期建设计划说明(要求在每期建设后,均能在建设地段形成园林面貌

以便分期投入使用）。

⑩公园规划设计中要说明的其他问题。

为了更形象、具体地体现公园规划的设计意图，在完成以上图纸及文字说明的基础上，还可绘制轴测投影图、鸟瞰图、透视图或制作模型，或借助电脑制作三维动画效果。

5.2.2 儿童公园的规划设计

儿童公园是专为少年儿童设置的城市专类公园，其主要目的是为儿童创造娱乐、游戏、体育活动、科普教育等户外活动场所，使其能增强体魄、提高智力、完善性格、增长知识、热爱自然、热爱科学。如何科学地给儿童创造一个良好的教育条件和休息娱乐环境，是国家和社会都十分关注的问题。

儿童公园一般应选择在交通方便但车流量不大的城市干道或与居住区联系密切的城市地段。拟规划建设较完备的儿童公园不宜选择在已有儿童活动场所的综合公园附近，以免造成建设项目的重叠，资金的浪费。反之，邻近已有综合性儿童公园的区域，在城市公园规划中，就可以不考虑儿童活动区。因儿童体力有限，儿童公园面积不宜过大，一般比较适宜的面积在 2～5 hm^2。要有良好的自然环境，应选择日照、通风、排水良好，地形起伏不大，有较大面积的平坦区域；不受城市水体和气体的污染及城市噪声干扰，有良好的生态环境和活动空间；要有丰富的内容，保证儿童公园的各种活动和教育功能。

1. 儿童公园的类型

根据儿童公园的规模、内容及我国城市建设的具体情况，儿童公园一般分为以下三种主要类型。

1）综合性儿童公园

综合性儿童公园内容比较全面，能满足多种活动的要求，各项设施较齐备，设有各种球场、游戏场、小游泳池、电动游戏室、露天剧场、少年科技站、障碍活动场、戏水池、阅览室、小卖部等。根据服务范围及规模，综合性儿童公园分为市属和区属两种。

2）特色性儿童公园

特色性儿童公园强化或突出某项活动内容，围绕某个主题，并组成较完整的系统，形成某一特色。例如，哈尔滨儿童公园内儿童小火车的活动独具特色，深受少年儿童的喜爱。该园内的小火车全部由青少年管理、操作，他们参与了小火车活动的全过程，从而了解城市的交通设施、交通规则，具备管理小铁路的能力。特色儿童动物园的尺度和特征非常接近于儿童的接受能力，在特色儿童动物园所创建的独特景观，有助于挖掘儿童的创造性及想象力。

3）一般性儿童公园

一般性儿童公园主要是为区域少年儿童服务的，一般占地少、设施简单，活动内容不求全面。在规划过程中，因地制宜，根据具体条件而有所侧重，但其主要内容仍然是体育、娱乐方面。这类儿童公园在其服务半径范围内,具有大小酌情、便于服务、投资随意、可繁可简、管理简单等特点。

2. 儿童公园的规划设计要求

1) 儿童公园的功能分区及设施布置

根据不同年龄段儿童的生理和心理特点、活动要求、活动能力及兴趣爱好,以及管理的需要,一般将儿童公园分为以下各区。

(1) 幼儿活动区

该区是1.5～5岁的学龄前儿童的活动游戏场地。主要的设施有椅子,沙坑,草坪,铺装场地,供儿童游戏时使用的小房子、转椅、小跷跷板、滑梯、攀缘梯架、秋千、学步栏杆等设备玩具,休息亭廊,凉亭等。幼儿活动区周围常用绿篱或彩色矮墙圈围,活动场地一般呈口袋形,出入口尽量少些。该区的活动器械宜光滑、简单,尽可能做成圆角,避免幼儿碰伤。有些幼儿游戏场可设在沙地里,以免幼儿摔伤。

(2) 学龄儿童活动区

该区的服务对象主要为学龄儿童。学龄儿童开始出现性别差异而各有所求,一般男孩的活动量比女孩的要大些。一般的设施包括螺旋滑梯、秋千、大型攀登架、电动飞机、浪木等。此外,还要有供开展集体活动的场地及水上活动的戏水池、障碍活动场地等。

此外,还可针对小学四、五年级及初中低年级学生等年龄较大的学龄儿童,而另辟少年活动区,他们在体力和知识方面都要求在设施的布置上更有思想性,活动的难度更大些,如上海海伦儿童公园的"勇敢者之路"、湛江儿童公园的"万水千山"青少年活动区(见图5-7)。设施主要内容包括爬网、高架滑梯、溜索、独木桥、越水、越障、战车、索桥,以及爬峭壁、攀登高地等,以培养少年儿童奋发有为、百折不挠的精神。

(3) 体育活动区

该区是供儿童开展体育活动的场地。设施常有健身房、运动场、游泳池、各类球场(篮球场、排球场、网球场、棒球场、羽毛球场等)、单杠、双杠、乒乓球台、攀岩墙等,有条件的还可以设自行车赛场,甚至电动汽车竞赛场等。

(4) 文化娱乐、科学活动区

该区是进行文化娱乐和科普知识教育宣传的区域,设施主要有电影厅、演讲厅、音乐厅、游艺厅、少年宫、青少年科技文艺培训中心、少年之家、科普展览室、电动器械游戏室、图书阅览室、少年儿童书画室,以及动物角、植物角等。

(5) 自然景观区

在有条件的情况下可考虑设计一些自然景观区,让少年儿童投身自然、接触自然、融入自然,使他们在这里能观赏自然美景、感受鸟语花香。这里也是孩子们安静地读书、看报、听故事的最佳场所。

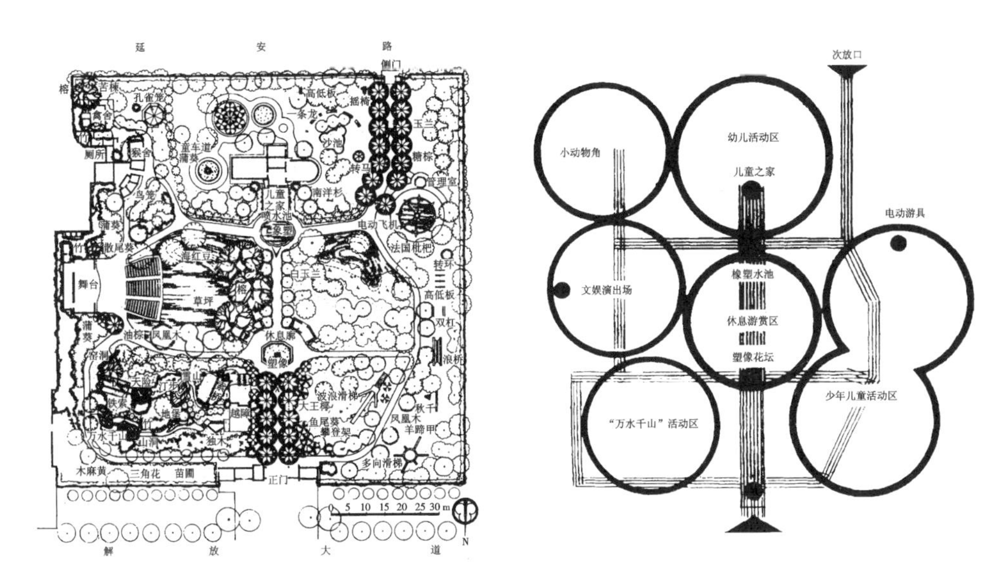

图 5-7 湛江儿童公园功能分区与总平面

(6) 办公管理区

管理区设有办公用房,与各活动区有一定的隔离设施。

此外,供陪游的成年人使用的如亭廊、花架、座椅等设施以及小卖部、厕所、垃圾箱等设施应视具体情况分布于各区。

2) 儿童公园的设计要点

由于儿童公园专对少年儿童开放,所以在设计过程中,应考虑儿童的特点,注意以下设计要点。

①儿童公园的用地应选择日照、通风、排水良好的地段。

②儿童公园的用地应经人工设计后具有良好的自然环境,绿地一般要求占60%以上,绿化覆盖率宜占全园的70%以上。

③儿童公园的道路规划要求主次路系统明确,尤其主路能起到辨别方向、寻找活动场所的作用,最好在道路交叉处设图牌标注。园内路面宜平整,不设台阶,以便于推自行车和儿童骑小三轮车进行游戏。

④幼儿活动区最好靠近儿童公园出入口,以便幼儿入园后,很快地进入游戏场地活动。

⑤儿童公园的建筑、雕塑、设施、园林小品、园路等要形象生动、造型优美、色彩鲜明。活动场地的题材要多样,主题要多运用童话、寓言、民间故事、神话传说,注重教育性、知识性、科学性、趣味性和娱乐性。

⑥儿童公园的地形、水体创造十分重要。地形的设计,要求造景和游戏内容相结合,使用功能和游园活动相协调。在儿童公园内自然水体和人工水景也是不可缺少的组成部分。

3）儿童公园的植物配置

儿童公园四周应以浓密的乔木、灌木和绿墙屏障加以隔离。园内各区之间有一定的分隔，以保证相互不干扰。在树种选择和配置上应注意以下四方面的问题。

①忌用有毒植物，即花、叶、果有毒或散发难闻气味的植物，如凌霄、夹竹桃、苦楝、漆树等；忌用有刺植物，即易刺伤儿童皮肤和刺破儿童衣服的植物，如枸骨、刺槐、蔷薇等；忌用有过多飞絮的植物，此类植物易引起儿童患呼吸道疾病，如杨树、柳树、悬铃木等；忌用易招致病虫害及浆果类植物，如乌桕、柿树等。

②应选用叶、花、果形状奇特、色彩新鲜，能引起儿童兴趣的树木，如马褂木、扶桑、白玉兰、竹类等。

③乔木宜选用高大荫浓的树种，分枝点不宜低于 1.8 m。灌木宜选用萌发力强，直立生长的中、高型树种，这些树种生存能力强、占地面积小，不会影响儿童的游戏活动。

④在植物的配置上要有完整的主调和基调，以营造既有变化但又完整统一的绿色环境。

5.2.3 动物园的规划设计

动物园以野生动物集中饲养展出为主要内容，是宣传普及有关野生动物的科学知识，对游人进行科普教育，对野生动物的习性、珍稀物种的繁育进行科学研究，同时为游人提供休息、活动的专类公园。

由于动物笼舍、动物活动场、游人参观场等占地较多，同时还需要有较大的绿化用地面积，才能满足卫生、安全防护、隔离和创造优美环境的要求，所以动物园应有较大规模。《公园设计规范》(GB 51192—2016）规定：综合性动物园面积宜大于 20 hm^2，而专类动物园面积宜大于 5 hm^2。

1. 动物园的类型

1）按动物展出方式分类

(1）城市动物园

城市动物园一般位于大城市的近郊区，用地面积大于 20 hm^2，动物展出的品种和数量相对较多，展出形式比较集中，以人工兽舍与动物室外运动场为主。

(2）人工自然动物园

人工自然动物园一般多位于大城市远郊区，面积较大的多达百公顷。动物展出的品种不多，通常为几十种。一般以人工模拟的自然生存环境群养、敞开放养野生动物为主，富有自然情趣和真实感。如深圳野生动物园、重庆永川野生动物世界、台北野生动物园均属此类。

(3）自然动物园

自然动物园一般多位于自然环境优美和野生动物资源丰富的森林、风景区及自然保护区。面积大，动物以非人工干扰状态生存，游人通过确定的路线、方式，在自然状态下观赏野生动物，富有野趣。如非洲、美洲、欧洲许多以观赏野生动物为主要景观的国家公园。我国四川省都江堰国家森林公园就是充分利用园内大熊猫、小熊猫、金丝猴、扭角羚、獐、天鹅等十多种国家重点保护动物，建立的森林野生动物园。但这类动物园在绿地分类标准中不属于公园绿地，而属于自然保护区类别。

2）按饲养动物的种类分类

（1）综合性动物园

综合性动物园内动物种类多，一般包括不同科属、不同生活习性、不同地域分布的许多动物，需要人为地创造不同环境以适应不同种类的生存要求。目前，大多数的动物园均属此类。

（2）专类动物园

专类动物园专门收集某一类动物，或某些习性相同的动物，供人们观赏，园内展出的动物品种相对较少，通常为富有地方特色的种类，面积较小，一般为 5～20 hm^2。这类动物园特色鲜明，如泰国的鳄鱼公园、蝴蝶公园，韩国的观鸟园，以及各地的海洋馆等均属此类。

2. 动物园的用地选择与用地规模

1）用地选择

动物园用地应根据城市园林绿地系统的布局需要考虑确定。由于动物园的许多动物需要安静、清新、洁净的环境，动物园用地一般选择在城市的近郊或远郊，并应远离垃圾场等会产生污染的项目或企业。同时，在卫生方面，因动物时常会狂吠吼叫或发出恶臭，并有传播疾病的可能，动物园应与居民区有适当的距离，并处在下游、下风地带。动物园用地还应满足来自不同生态环境的动物对生活环境的需要，应具有山冈、平地、水面等多种地形，以创造适合动物的生活环境，并营建良好的自然景观和绿化基础。一般而言，动物园的游人量大，尤其是儿童的比例高，再加上动物饲料的运输量也较大，需要与市区有方便的交通联系，特别是公共交通线。此外，从动物园建设和日常管理角度出发，要求有良好的供水、供电、通信等条件，以及良好的地质基础。

2）用地规模

动物园的用地规模主要取决于动物园的类型、展出动物的数量与品种、管理的方式、游人量等因素，同时也与城市的性质与规模、自然环境现状条件及经济条件等因素相关。其具体的确定依据如下。

①保证有足够的动物笼舍面积，包括动物活动场地、饲料堆放场地、管理用地及游人参观游览的用地面积。

②各类功能分区之间要有适当距离和一定规模的绿地缓冲带。

③要考虑为动物园发展规划留有足够的预留用地。

④有足够的游人活动和休息用地。

⑤要保证足够的管理办公后勤服务性用地和动物饲料生产加工基地。

3. 动物园的总体规划

1）动物园的功能分区

大中型综合性动物园一般由以下四大功能区组成。

（1）科普、科研活动区

科普、科研活动区是全园科普的中心，主要由动物科普馆组成，一般布置在出入口地段，有方便的交通、足够的活动场，便于游人对动物的进化、种类、生活习性、生存环境有全面的了解。

有的动物园还设有科研区，从事对野生动物的生态习性、驯化繁殖、寄生病理、遗传分类等方面的研究，科研区通常不对游人开放。

（2）动物展览区

动物展览区是动物园的主要组成部分，由各种动物笼舍及活动场地组成，还要有供游人活动的参观空间，其用地面积最大。在规划布局中应按一定的顺序，借有利地形，合理安排各类动物展区，使其相互间既有联系又有绿化隔离。

（3）服务休息区

服务休息区包括为游人设置的休息亭廊、接待室、餐厅、茶室、小卖部等服务网点及休息活动空间。可采取集中布置服务中心与分散布置服务点相结合的方式，均匀地分布于全园，便于游人使用，常常随动物展览区协同布置。

（4）经营管理区

经营管理区包括行政办公室、饲料站、兽疗所、检疫站等，应设在隐蔽处，单独分区，有绿化隔离，与动物展览区、动物科普馆等能方便地联系，应设专用出入口，以方便运输和对外联系。

对于职工生活区，为了避免干扰和卫生防疫，一般设在园外，如图 5-8、图 5-9 所示的杭州动物园。

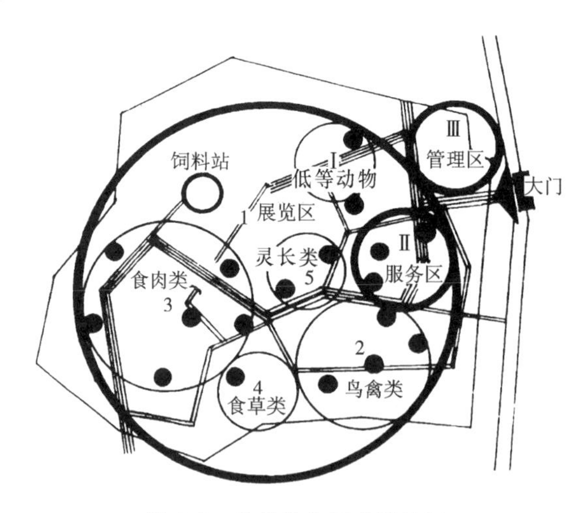

图 5-8　杭州动物园功能分区

图 5-9 杭州动物园总平面

2）动物园的游线组织

动物园的游线组织除了要遵循道路游线组织原则，还要考虑合理安排动物的展览顺序。一般动物园的动物展览布局方式主要有如下几种。

(1) 按动物的进化系统分类布局

我国大多数动物园是按这种方式布置的，突出动物的进化系统，即由低等动物到高等动物，按无脊椎动物—鱼类—两栖类—爬行类与鸟类—哺乳类的顺序排列，并结合动物生态习性、地理分布、游人爱好、建筑艺术等作局部调整。一般分为四个区，即鱼类（水族馆、金鱼廊等）、两栖爬虫类、鸟类（游禽、涉禽、走禽、鸣禽、猛禽等）、哺乳类（食肉类、食草类和灵长类）。各区所占用地比例：哺乳类可占用地 1/3～3/5，鱼类、两栖爬虫类、鸟类各占用地 1/6～1/4。在规划布局中因地制宜地充分利用各种地形安排笼舍，以利于饲养和展览动物，形成由数个动物笼舍组合而成的既有联系又有绿化隔离的动物展览区。这种布局方式的优点是科学性强,可以使游人了解动物进化概念,便于游人认识动物;缺点是许多属于同类的动物,生活习性往往差异很大,给管理工作带来许多不便。

(2) 按地理分布布局

根据动物原产地的不同,结合原产地自然环境及建筑风格布置,如按亚洲、欧洲、非洲、美洲(北美、南美)等地区排列。其优点是能使游人了解动物的地理分布、生活习性及原产地的自然风貌、建筑风格,有利于创造鲜明的景观特色。但投资大,不便于饲养和管理,也不便于完整地介绍进化系统概念。

(3) 按动物生态习性安排布局

根据动物生态习性,如按水生、草原、沙漠、冰山、疏林、山林、高山等布置。这种布局方式一般把各种生态习性相似且无捕食关系的种类布置在一起,并以群养为主,使不同种类的动物生活在一起,减少种群的单调与动物的孤独感,利于动物的生长与自然繁衍,园容也生动自然,是一种较理想的布置方式,但人为创造各种景观环境的造价较高,占地面积较大。

(4) 按游人爱好和动物珍贵程度、地区特产动物安排布局

将一般游人喜爱的动物、动物的珍贵程度、地区特产动物等进行游线组织,如将猴、金丝猴、猩猩、狮、虎、大象、熊、熊猫、长颈鹿等动物布置在全园的主要位置,突出地布置在导游线上。大熊猫是四川特产,成都动物园为突出熊猫馆,将其安排在出入口附近的主要位置。

(5) 混合式布局

融合上述多种布局方式,兼顾动物化系统、地理分布和方便管理等进行布局,较为灵活。此外,由于动物园一般面积较大,动物园的道路系统布局时,园路宜简捷地引导游人直达动物展览区(点),将各展览区(点)附近的园路放宽,自然转化为参观场地。因此,动物园的路网密度均值较综合公园低,为 225 m/hm^2 左右。根据现有动物园的情况调查,路网密度多集中分布在 160～300 m/hm^2 之间。

3) 动物园的植物配置

动物园的植物绿化除了遵循一般公园绿化的基本原则和满足基本的绿化功能,还应根据动物园的性质和特点进行配置设计,其中动物园的动物展示区是绿化配置的重点,应按生态相似性原则,以创造适合于动物生活的环境为主要目的,模拟各种动物生活的自然生态环境,包括植物、气候、土壤、水体、地形等,从而保证来自世界各地的动物能安全、舒适地生活。例如,熊猫展区可多植竹子,狮虎山可多植松树,产于热带的大象、长颈鹿等展区可栽种棕榈、芭蕉、椰子之类的植物。尽可能体现各类动物的原生生境,创造动物野生环境的植物景观,以增加展出的真实感和科学性。同时,应注意植物在形、色、量上的协调,以及与其他景观要素的协调,形成一个良好的景观背景。在游人活动的区域要注意考虑遮阴及观赏视线问题,为游人观赏动物创造良好的视线、场地、背景、遮阴条件等,并满足游人休息的需要。在动物园的外

围应设置一定宽度的防污、隔噪、防风、防菌、防尘、消毒的卫生防护林带。

4）动物园规划设计要点

①动物园在规划时应考虑分阶段实施的可能性，做到分期建设、近期建设与远期规划相结合。

②要有明确的功能分区，使各区既互不干扰，又有方便的联系；既便于动物饲养、繁殖和管理，又能保证动物的展出和游人的参观休息。

③动物园的游线组织应清晰，以景物引导，符合人的行走习惯（一般逆时针靠右），避免让游人走回头路，形成导游方向明确、等级清晰的道路游览系统；主要道路或专用道路要求能通行消防车及便于运送动物、饲料等。后勤、园务应有独立的出入口，使园务管理与游线不交叉干扰。处理好动物园道路与建筑的关系，使主要动物笼舍和服务建筑与出入口广场、导游路线有良好的联系，以保证游客全面参观和重点参观均很方便。

④展览区的动物笼舍要与动物的室外活动场地同时布置。动物笼舍的安排要求集中与分散相结合，建筑设计要注意因地制宜、结合地形，满足功能性艺术的要求，并注意建筑个性与总体的协调。

⑤动物园游人中儿童所占比例较大，因此应在适当地段布置儿童游戏场地，并结合其特点，设置一些园林小品及绿化雕塑以丰富游览内容。但园内不宜设置俱乐部、影剧院等喧哗的文娱设施，尤其是夜间要保证动物安静休息。

⑥规划设计时要注意动物展览与游人游览的安全性，笼舍要牢固，设隔离沟、防护带、安全网等。展览场与游人的隔离宽度要合理，要防止动物和游人相互伤害。建筑和植物材料的选择，均要考虑无毒、无尖刺，以免动物受伤。

5.2.4 植物园的规划设计

植物园是收集和栽培大量国内外植物，供研究和游览的场所。它是以植物的引种驯化、栽培实验为中心，从事国内外及野生植物物种资源的收集、比较、保存和育种，并扩大在各方面的应用的综合性研究机构，是人们普及植物科学知识的主要园地及中小学生和相关高等院校学生实习的教学基地，同时又以其种类丰富、形形色色的植物景观及多样化的园林布局形式，供市民观赏游憩，是集科研、科普和游览于一体，以科普性为主的公共绿地形式。

1. 植物园的类型

植物园按其性质和收集的植物的种类可分为综合性植物园和专业性植物园。

1）综合性植物园

综合性植物园收集、栽培的植物范围广、种类多，内容丰富，是兼科研、游览、科普及生产多种职能为一体，规模较大的植物园，也是目前世界上较普遍的一种类型。英国的邱园、剑桥大学植物园以及我国的北京植物园、上海植物园、南京中山植物园、庐山植物园、武汉植物园、华南植物园、贵州植物园、昆明植物园、西双版纳植物园等多数植物园均属此类。

2）专业性植物园

专业性植物园指根据一定的学科和专业内容布置的植物标本园、树木园、药圃等，一般规模较小，如浙江农林大学植物园、武汉大学树木园、中山大学标本园、南京药用植物园(属中国药科大学中药学院)等。这类植物园大多数隶属于某高等院校或科研单位，又可称为附属植物园。

2. 植物园的用地选择

植物园的用地选择对植物园的规划、建设起到决定性的作用，园址选择的条件应根据植物园的功能和任务、保证植物的良好生存环境、方便游人参观等综合因素来考虑。

植物园的用地选择应根据所建植物园的类型、属性、目的和主要服务对象，以及植物园所需面积的大小等问题来确定。侧重于科学研究的科学院系统的植物园，主要服务对象是科学工作者，其用地宜选择在交通较方便的远郊区；而主要面向城市居民、中小学生的侧重于科学普及和一般性研究的植物园，最好选择交通方便的近郊区；属于高等院校或农、林、医、园艺单位专用的植物园，宜选择在校园一角或靠近单位所在地。

植物园应远离工厂区和其他城市污染区，一般应设在城市的上风、上游处，以免植物遭受污染。

为了满足植物对不同生态环境和生活因子的要求，园址应选择在地形地貌较为复杂，具有不同小气候条件的用地。

植物园应选址于有充足的水源之地，水是植物园内生产、生活、科研、游览等各项工作和活动的基本保证，也是园内景观不可缺少的因素，最好具有丰富的地形及不同高度的地下水位，满足不同植物对水分的需要，有方便的灌溉系统、完善的给排水系统和供电系统。

要注意满足不同植物对土壤酸碱度、土壤结构和条件的要求，同时要求土层深厚、腐殖质含量高。保持土壤水分并让土壤渗水性适中，满足植物生长要求。

园址最好选择具有丰富天然植被的用地，可供建园时利用，对加速建园、早出效果十分有利。

3. 植物园的用地规模及用地比例

植物园的用地面积是由植物园的性质与任务、展览区的数量、展出植物品种、国民经济水平、技术力量、城市的规模与性质、现时状况及园址所处位置等多种因素综合决定的。由于具体情况不同，各国植物园用地规模相差较大。我国人口多，耕地少，因此面积过大、占地过多的植物园易造成浪费，同时又增大建设投资成本，也不便于游人游览，但面积太小又难以安排植物园的各项内容，不利于完成植物园的任务。从我国实际情况来看，一般综合性植物园的面积在 40 hm^2 以上(不包括水面)，通常以 65～130 hm^2 为宜。特大型城市及风景旅游城市，如北京、上海、杭州、广州等，可适当再大一些。大型植物园规模可达250～330 hm^2。专类植物园应以展出具有明显特征或重要意义的植物为主要内容，全园面积宜大于2 hm^2，独立的盆景园面积一般以大于2 hm^2 为宜（附属于其他公园内的盆景园面积不受此标准限制）。此外，植物园的用地规模应考虑今后的发展，留有预留用地。

一般展览区用地面积较大，可占全园总面积的40%～60%，苗圃及试验区用地占25%～35%，其他用地占25%～35%。

4. 植物园功能分区

综合性植物园一般具有科研、观赏、生产三大功能，主要由以下四部分组成。

1）科普展览区

科普展览区是植物园的主要部分，它以满足植物园的观赏功能和植物学知识普及为主，按自然规律，将各种类型的植物及其生态环境展示出来，供人们参观、游赏、学习（见图5-10、图5-11）。科普展览区位置的确定应考虑方便的交通，使游人易于到达；用地地形富于变化，满足不同生态要求的植物生长，有利于创造丰富的景观。偏重于科研、生产性的科普展览区，游人量较少或不对游人开放，宜布置在稍远的地点。

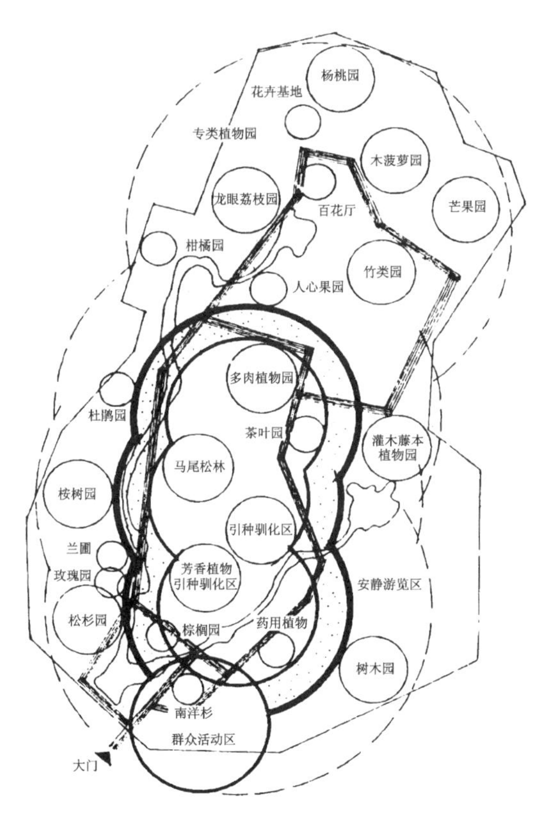

图5-10　厦门万石植物园功能分区图

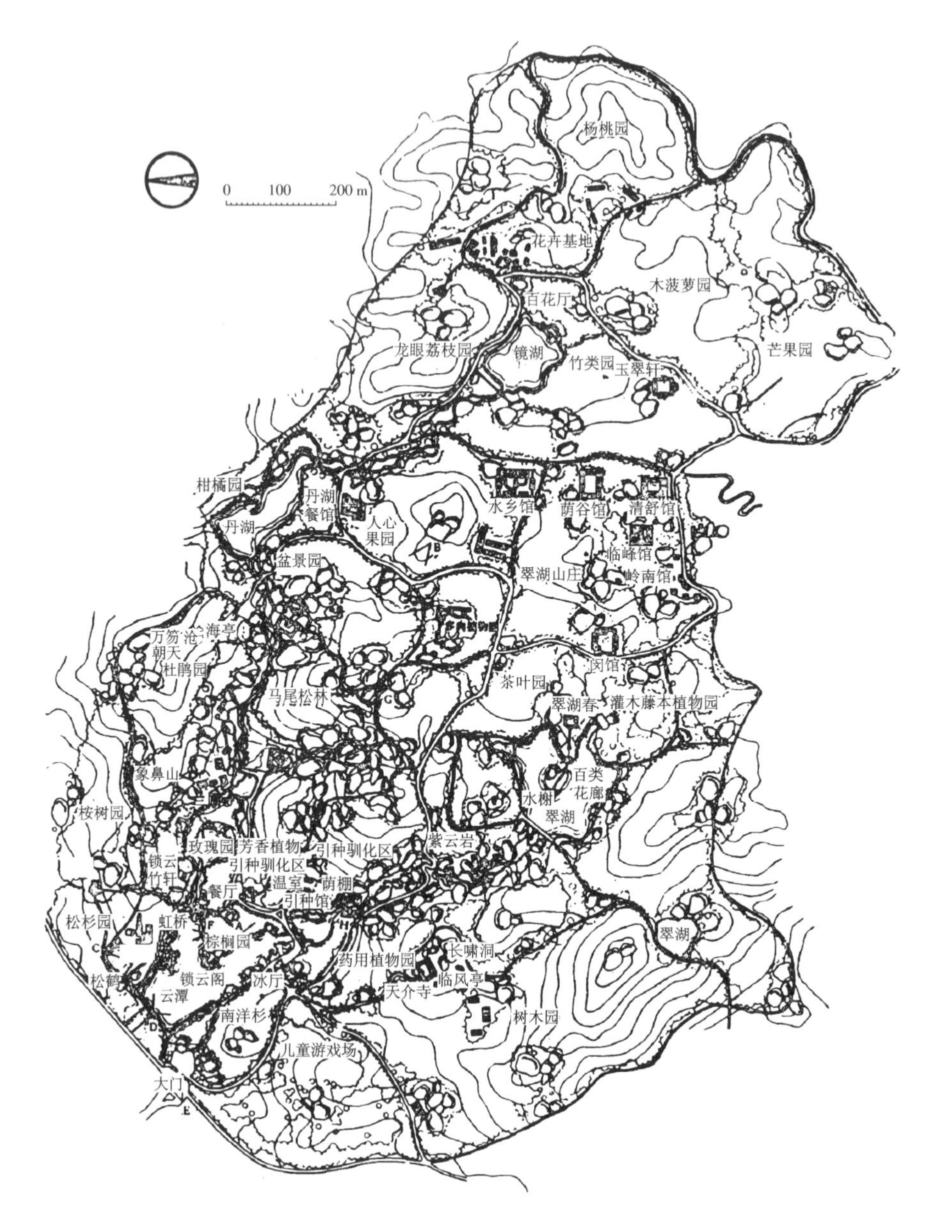

图 5-11　厦门万石植物园平面图

科普展览区的布局形式主要有以下几种。

(1) 按照植物进化原则和分类系统布置的科普展览区

该区按照植物进化系统分目、分科布置，反映出植物由低级到高级的进化过程，使参观者不仅能获得植物进化系统方面的知识，而且对植物的分类、各科属特征有一定的了解。但是往往在植物进化系统上相近的植物，对生态环境、生活因子的要求并不一定相近，在生态习性上要求相近的植物在分类系统上也不一定相近，所以在植物配置上要注意避免产生单调、呆板的景观，规划设计既要反映植物分类系统，又要结合生态习性要求和园林艺术景观效果，才能形成具有科学的内容、艺术的自然景观的园林风貌。

(2) 经济植物科普展览区

经济植物一般分为药用植物、香料植物、油料植物、橡胶植物、糖类植物、纤维植物、淀粉植物等。该区是按照植物的经济用途布置的，主要展示野生植物和栽培植物的经济用途，多以绿篱或园路为界进行划分。

(3) 按照植物的形态、生态习性与植被类型布置的科普展览区

按照植物自然地理分布类型和生态习性布置的科普展览区，是人工模拟在不同的地理环境和不同的气候条件下形成的不同的自然植物群落的植物配置。世界上的植被类型很多，主要有热带雨林、季雨林、亚热带常绿阔叶林、暖温带针叶林、亚高山针叶林、寒带苔原、草甸草原灌丛、温带草原、热带稀树草原、荒漠带等。一般只有通过人工手段去创造植物适生的生态环境，才能在某一地区布置各种不同地域、不同植被类型的景观。目前常用展览温室和人工气候室相结合的方法。展览温室可布置热带雨林、季雨林景观，也可布置以仙人掌及多浆植物为主题的热带荒漠景观；人工气候室在国外多有利用，可用来布置高山景观。

由于受建园条件的限制，同一植物园内不可能具备各种生态环境，所以往往在条件允许的情况下选择一些适合于当地环境条件的植被类型进行展区布置。如我国的庐山植物园、合肥植物园、贵州植物园、深圳仙湖植物园、杭州植物园、西安植物园、武汉植物园等都是景色秀丽、兼具水生植物景观和山水风光的植物园；银川植物园、新疆的吐鲁番沙漠植物园等都布置有白沙园、沙漠标本园、沙漠植物科普展览区等，形成在干旱荒漠气候条件下所特有的沙漠植物景观科普展览区；中国台湾、海南则利用其特有的地理条件、气候特点，建设了热带植物园。

此外，还可按照植物的形态和习性分为乔木区、灌木区、藤本植物区、球根植物区、一二年生草本植物区等科普展览区。这种科普展览区在归类和管理上较方便，所以建立较早的植物园科普展览区常采用这种方式。但也得注意这种形态相近的植物对环境的要求不一定相同，若不加分析地完全套用，在养护和管理上就会出现矛盾。

(4) 按照园林植物的观赏特性及园林艺术的表现方式布置的科普展览区

按照园林植物的观赏特性及园林艺术的表现方式布置的科普展览区，如图 5-12 所示的北京植物园。主要分类有以下几种。

①专类园区。大多数植物园内都有专类园，它是按分类学内容丰富的属或种专门扩大收集，辟成专园展出，常常是观赏价值较高、种类和品种资源较丰富的花灌木。常见的有松柏园、月季园、竹园、山茶园、杜鹃园、木兰园、梅园、鸢尾园等。

②专题花园。把不同科、属的植物配置在一起，展示植物的某一共同观赏特性，如以突出植物的芳香为主题的芳香园、以观叶为主的彩叶园、以水景为主的水景园、

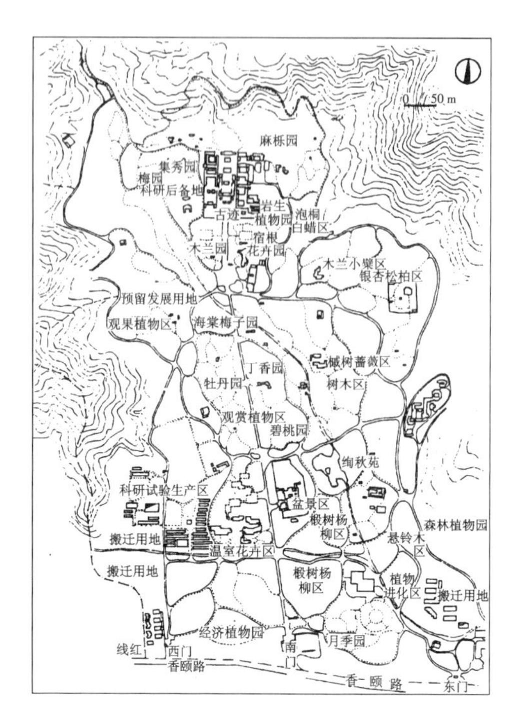

图 5-12　北京植物园平面图(北园)

以观果为主的观果园、以观花为主的百花园。

③园林应用示范区。该区指在植物园中设立的,向游人展示园林植物的绿化方法及其他用途的,具有示范、推广、普及作用的区域。一般包括花坛花境科普展览区、果树蔬菜作物示范区、庭院绿化示范区、绿篱科普展览区、家庭花园示范区、各国园林艺术示范区等。

2）科普教育区

科普教育区是集中设置科学普及教育设施的区域。该区包括少年儿童园艺活动区、图书馆、标本馆、植物博览馆、报告厅等。

3）科研试验及苗圃区

科研试验及苗圃区是专门进行生产和科学研究的用地,为了减少人为的破坏和干扰,一般不对游人开放,仅供专业人员参观学习。该区主要包括实验苗圃、繁殖苗圃、移植苗圃、原始材料圃、实验室、研究室、温室、荫棚、冷室、消毒室、冷藏库等。科研试验及苗圃区应与科普展览区隔离,应设有专用出入口,并且要与城市交通有方便的联系。

4）服务区与职工生活区

为方便游客,植物园应设置包括餐饮、小卖部及其他服务设施的服务区。由于植物园多数位于城市郊区,路途较远,为方便职工上下班,并满足职工生活需要,应设有相应的职工生活区,包括宿舍、浴室、锅炉房、综合性商店、托儿所、食堂、理发店等，且布置方式与居住区相似。

5. 植物园的建筑规划设计

植物园建筑应与植物园总的环境协调。不开放地区的建筑应在满足功能要求的前提下，尽可能地注意外观的艺术性。开放科普展览区的建筑应注意艺术性，特别是在以强化植物景观为主体的环境中，应充分发挥植物与建筑结合的优势，创造宜人的自然美景。

植物园建筑因其功能不同，分为展览性建筑、园林景观建筑、科学研究用建筑及服务性建筑四类。

展览性建筑包括展览温室、植物博物馆、展览荫棚、科普宣传廊等。其中，展览温室、植物博物馆是植物园的主要建筑，游人比较集中，应位于重要的科普展览区内，靠近主要入口或次要入口，常作为全园的构图中心。科普宣传廊根据需要，分散布置在各区内。园林景观建筑（含小品）主要作园林点景和游人休憩之用，如亭、廊、榭、塔、小桥、汀步、桌椅、园灯等。科学研究用建筑包括图书资料室、标本室、试验室、工作间、气象站等。服务性建筑包括植物园办公室、招待所、接待室、茶室、小卖部、食堂、休息亭廊、花架、厕所、停车场等，这类建筑的布局同公园相近。另外，布置在苗圃试验区内的还有繁殖温室、繁殖荫棚、车库等附属建筑。

6. 植物园的游线组织与道路系统

植物园要有清晰的游线组织。道路网应成环状，避免游人走回头路；道路系统最好与分区系统取得一致，以获得完整的内部秩序；通过对园路进行分级、分类，形成合理的游览流线和供科研生产的专用流线；在游人线路的组织上既要保证游人能顺利到达各科普展示区进行游赏，又要使道路系统合理布局；注意道路系统对植物园各区的联系、分隔、引导及在园林构图中的作用。

植物园道路系统的布局与公园有许多相似之处，一般可分为以下三级。

1）主路

主路作为整个科普展览区与科学试验及苗圃区或几个主要科普展览区之间的分界线和联系纽带，一般宽 4～6 m，是园中的主要交通路线，应便于交通运输，引导游人进入各主要科普展览区及主要建筑物。

2）次路

次路为各科普展览区内的主要道路，将各区中的小区或专类园联系起来，也作为这些小区或专类园的界线，一般宽 2～4 m，可以不通大型汽车，必要时能够满足小型车辆和消防救护车的通行要求。

3）小路

小路一般宽 1.5～2 m，是深入到各科普展览小区内的游览路线，一般不通行车辆而以步行为主，是为方便游人近距离观赏植物及日常养护管理工作的需要而设的，有时也起分界线作用。

目前在我国大型综合性植物园的道路设计中，入园后的主路多采用林荫道，形成绿荫夹道的气氛,其他道路多采用自然式的布置。主路对坡度有一定的限制,其他两级道路都应充分利用原有地形,形成婉转曲折的游览路线。道路的铺装图案设计应与环境相协调,纵横坡度一般要求不严,但应保证平整舒适和路面不积水。

7. 植物园的排灌工程

植物园的植物兼有展览与科研功能,要求品种丰富、生长健壮,养护条件要求较高,因此排灌系统的规划是植物园规划一项十分重要的工作,应与植物园的总体布局同时进行。排水一般利用地势的自然起伏,采用明排水或设暗沟,使地面水排入园内水体中;距水体较远或排水不顺的地段,需铺设雨水管,辅助排出。一切灌溉系统均以埋设暗管为宜,避免明沟产生不安全因素及破坏园林景观。

5.2.5 滨水公园的规划设计

滨水公园是与城市的河道、湖泊、海滨等水系相结合的带状公园绿地,它以带状水域为核心,以水岸绿化为特征,是城市公园绿地中涉及内容最广泛的一种绿地类型。另外,由于滨水地带对人类而言具有一种内在的、与生俱来的、持久的吸引力,所以滨水公园也是最受城市居民喜爱的城市公园绿地之一。

1. 滨水地区的特征

城市滨水地区既是陆地的边缘,也是水的边缘,是典型的生态交错区。这里物质、能量的流动与交换非常频繁,兼有水陆两种气候的特征,也是人类活动与自然过程共同作用最为强烈的地带之一。

城市滨水区由水面、滩涂、水岸林带等组成,这种空间结构为多种生物提供了良好的生存环境和迁徙廊道,对于维持城市生物多样性具有其他地方无法替代的作用,是城市中可以自我保养和更新的天然花园。滨水地区由于水面开阔、视阈深远,并且具有导向明确、渗透性强的空间特征,加之与城市发展的密切关系,城市滨水地区具有城市中最具生命力与变化的景观形态,是城市中理想的生境走廊,是最高质量的城市绿线,也是城市开发中重要的资源。

2. 滨水公园的规划设计要点

滨水公园的规划设计应充分利用滨水沿线的环境优势,确定其总体功能,并在此基础上考虑功能分区,理顺沿线与道路的关系,确定公园景观布局的方式。

1) 场所的公共性、功能的多样性

滨水绿地是城市公共游憩空间的重要组成部分,应保证滨水公园绿地与城市其他区域有便捷的交通联系;规划设计应以人为本,让全社会成员都能共享滨水的乐趣和魅力;应考虑城市居民休闲游憩的需要,提供多种形式的功能,如林荫步道、成片绿荫休息场地、儿童娱乐区、音乐广场、游艇码头、观景台、赏鱼区等,结合人们的各种活动组织室内外空间,点、线、面相结合。

2) 水体的可接近性

亲水性的设计主要包括对水体景观主题的考虑及人们亲水活动的安排,将优美的江、河、海风光组织到滨水风景观赏线中，给游人开辟以水为主的多样化的游憩机会。在保证水系沿岸对洪水等的防灾安全的前提下，利用岸线特点，通过设计不同形式的滨水活动场所和设施，可以吸引人们接近水。美国著名景观公司 EDAW 公司在苏州工业园区金鸡湖景观工程中的湖滨大道的亲水性设计使湖滨大道颇具吸引力和活力：首先在景观方面，设计将整个滨水的岸坡作出四个标高的划分，并以此形成与水的关系由疏至密的四个不同区域，即从城市往湖面靠近，依次为“望湖区”（宽 80～120 m 的绿化带区域）、“远水区”（高出湖滨大道，由乔木与灌木构成的半围合空间）、“见水区”（地处湖滨大道，9.4 m 的宽阔花岗岩大道）、“亲水区”（可戏水区域）（见图 5-13），这样的空间划分及景观设计，丰富了滨水公园临水的空间及景观层次，增强了人们对水的期待、渴望的心理感受（见表 5-9）；其次在亲水活动的安排上，设计者为了满足人们触水、戏水的要求，采用了亲水木平台、亲水花岗岩大台阶和挑出湖中的座凳三种不同的方式，促成人们与水的直接接触，通过这样一些处理，不管一年四季水位高低如何，人们都能与水亲密接触。

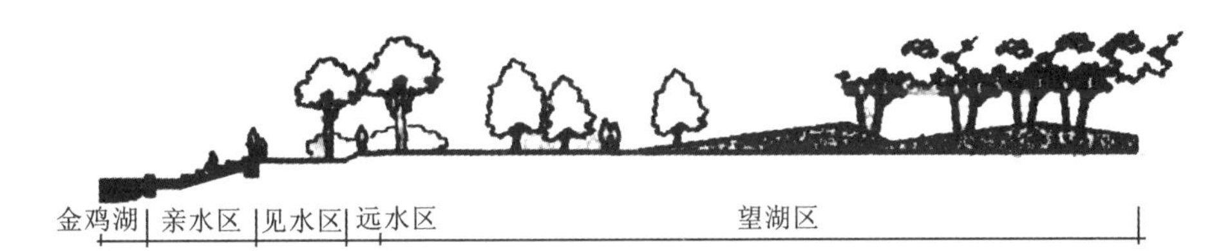

图 5-13 滨水区域亲水设计分区示意

表 5-9 滨水区人的行为与环境的关系

活动类型	场所特征	距离关系	主要设施
观赏类活动	视线通畅	近	驳岸、平台、栈道、桥、堤
		中	开阔草坪、休息广场
		远	提供眺望点的建筑物
游戏类活动	视野开朗	近	亲水台阶、沙滩、卵石滩
		浅水	戏水设施
运动类活动	水域空间开阔	近	垂钓设施
		水中	游船、赛艇、码头

同样成功的还有俞孔坚教授主持设计的中山岐江公园的栈桥式亲水湖岸。这种栈桥式亲水湖岸的具体做法：首先在最高和最低水位之间的湖底修筑 3～4 道挡土墙，墙体顶部可分别在不同水位时被淹没，墙体所围合的空间内回填淤泥，以此形成一系列梯田式水生和湿生种植台。根据水位的变化及不同深浅情况，在这些梯田式种植台中种植各种水生及湿生植物，形成水生—沼生—湿生—中生植物群落带。然后在此梯田式种植台上空挑出一系列方格网状临水栈桥。栈桥随水位的变化而出

现高低错落的变化，在各种水位情况下均能接触到水面及各种水生植物和湿生植物，不仅使得在各种水位条件下游客都能获得较好的亲水体验，同时也形成了良好的景观效果。

3）环境保护与生态化设计

滨水公园与一般城市公园绿地相比，更要重点突出生态价值。规划设计要遵循自然生态优先原则，根据调查中的生态资源状况，在有动、植物栖息的河道及河道两岸设立保护、恢复动物栖息生境和维护城市景观异质性的自然生态发展空间，保护生物多样性，在规划划定的自然生态发展空间内，要限定活动设施的布置；立足于环境保护，模拟自然江河岸线，以绿为主，运用天然材料，进行生态化设计，增加景观异质性；依据景观生态学原理，沿河流两岸控制足够宽度的绿带，并与郊野基质连通，从而保证河流作为生物过程的廊道功能，构架城市生境走廊，实现景观的可持续发展。例如，由中、美、韩三国的水利、城建、环保、园林和艺术家共同设计建造的成都府南河活水公园，是一个以水的整治为主体的生态环保公园：受到污染的水从府南河抽取上来，经过公园的人工湿地系统进行自然生态净化处理，最后变为“达标”的活水回归府南河，不仅丰富了府南河沿岸景观，而且促进了生态环保观念在市民中的普及。

生态驳岸指恢复后的自然河岸或具有自然河岸“可渗透性”的人工驳岸，它除具有护堤防洪的基本功能外，还可以充分保证河岸与河流水体之间的水分交换和调节功能，增强水体的自净功能，并有利于各种生物的生存、栖息与繁衍。滨水公园应该根据不同的地段及使用要求，进行不同类型的生态驳岸设计(见图 5-14)。

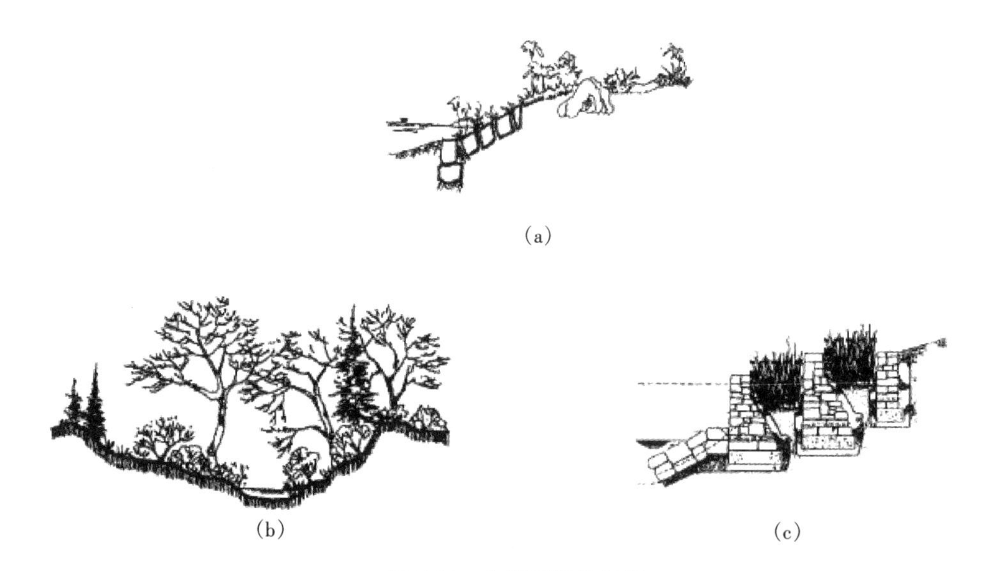

(a)

(b)

(c)

图 5-14 生态驳岸的类型

(a)自然型驳岸；(b)自然原型驳岸；(c)人工自然型驳岸

滨水公园造景植物的配置要注重生态要求，遵循自然水岸植被群落的组成、结构等规律，在水平结构上采用多树种混交林的形式，在垂直结构上采用林冠层、乔木层、灌木层和地被层多层次组合的形式。绿化植物的选择要充分考虑滨水地带生态因子的复杂性，应以乡土植物为主，以培育地方性的耐水性植物或水生植物为主，要避免在植物种类的选择上过多地追求新、奇、异、珍品种。同时，滨水植物景观的建设要在满足生态需要的前提下，以艺术构图原理为指导，运用植物造景艺术手法，表现出植物个体及群体的形式美及意境美。从建立优美的滨水绿带景观出发，应尽量采用自然化设计，避免采用几何式的造园绿化方式，植被的搭配——地被花草、低矮灌丛、高大树木的层次的组合，应尽量符合水滨自然植物群落的结构。

4）注重历史人文景观

滨水公园的规划设计应注重历史人文景观的挖掘，充分考虑区域的地理历史环境条件，尊重地域性特点，与文化内涵、风土人情和传统的滨水活动有机结合，保护和突出历史建筑的形象特色，形成独具一格的滨水景观特色。如上海杨浦滨江公共空间的设计与建造，将工业区原有的特色空间和场所特质重新融入城市生活之中，典型节点如“绿之丘”（见图 5-15），是由废弃的烟草仓库改造而成的集市政交通、公园绿地、公共服务于一体的包容复合的城市综合体。

图 5-15 上海杨浦滨江“绿之丘”

（图片来源：https://news.tongji.edu.cn/info/1003/71463.htm）

5）方便、舒适、合理、亲切的步行系统

方便、舒适、合理、亲切的步行系统，是滨水公园与自然和谐共生的重要体现，通过各种形式的林荫步道，串联各个公共开放空间，将沿线的景区、景点、观景平台、广场组织起来，形成丰富的步行交通空间，达到步移景异的园林空间效果。如上海杨浦滨江公共空间的贯通开放过程中，杨树浦水厂防汛墙长达 535 m 的岸线成为杨浦滨江贯通的最长断点，而杨树浦水厂栈桥的设置，利用水厂外基础设施进行更新和改造的机会，将景观步行桥整合其中，形成公共通道，同时创造了游人观赏江景和观赏水厂历史建筑的新角度，产生独一无二的漫游体验(见图 5-16、图 5-17)。

图 5-16　上海杨树浦水厂栈桥鸟瞰

(图片来源:http://www.archina.com/index.php? g=works&m=index&a=show&id=248)

图 5-17　上海杨浦滨江江上小舞台

(图片来源:http://www.archina.com/index.php? g=works&m=index&a=show&id=248)

知识点拓展

案例

【本章要点】

本章在较系统地介绍了国内外城市公园分类的基础上，对公园绿地规划基本理论展开较全面的阐述，包括公园绿地在城市中的布局规划理论、用地选择和用地平衡理论，以及公园规划设计技术指标和方法等。在公园绿地规划理论基础上，进一步阐述了各类公园的规划设计要点，体现了各类公园规划设计的特征。

【思考与练习】

5-1 城市中公园绿地如何进行系统配置?

5-2 公园绿地游人容量如何进行确定?

5-3 公园绿地如何进行“级配模式”的配置?

5-4 公园绿地的用地平衡包括哪些内容?

5-5 在综合公园的规划设计中如何进行功能分区和景色分区?

5-6 儿童公园的规划设计要点是什么?

5-7 滨水公园的规划设计要点是什么?

6 防护绿地规划设计

6.1 防护绿地规划基本理论与一般性规定

6.1.1 防护绿地建设的意义

防护绿地是城市中具有卫生、隔离、安全防护功能的绿化用地。它是城市绿地建设的重要组成部分。其功能是对自然灾害和城市公害起到一定的防护或减弱作用,不宜兼作公园绿地使用。

近几十年来,我国经历了迅速发展的城镇化进程,取得了举世瞩目的成就。与此同时,热岛效应、城市雾霾、水体污染、垃圾围城等各种"城市病"却日益凸显,尤其是2020年新冠肺炎疫情的爆发,对我们的生活和生命安全都构成了严重的威胁,使人们不得不正视人与自然的关系,重新思考人应该如何与自然和谐共存、共同发展。人类长期对自然进行开发利用,有些地方已出现盲目开发、破坏山林、过度放牧等现象,使得人与自然和谐发展的目标在短期内无法实现。为了减弱灾害对人类的影响,开辟防护绿地、营造防护林成了重中之重。防护绿地的主要功能是改善城市的污染环境、卫生条件,通风或防风、防沙,特别是夏季炎热的城市结合水系河岸形成楔形林带、透风走廊,使郊区新鲜空气进入城区,有效改善了城市生态环境,缓解了城市热岛效应。

防护绿地的建设,除了直接遮挡带来的物理性作用,还有植物的生物学特性所带来的生态作用,生理、病理性作用,以及美化作用。具体表现在四个方面:①防护林植物群体具有物理阻挡作用,如降低风速,减弱强风及强风所夹带的沙、尘等对城市的侵袭;②植物根系对土壤的拉结和地被植物对土壤的覆盖可防止径流,起到固沙保土、防止水土流失的作用;③通过植物枝叶的光合作用、吸附作用、遮蔽作用等,可吸收、降低大气中的有毒、有害气体,吸滞烟尘,降低噪声,净化水体和土壤,杀灭病菌,降温保温,发挥卫生防护作用;④通过艺术性的营造,防护林还可美化城市。

6.1.2 防护绿地的分类

防护绿地按不同的划分依据可分为不同的类型:①根据防护林的功能或主要防护的危害源种类分为防风林、治沙林、防火林、防噪林、防毒林、卫生隔离林、城市组团隔离带等;②根据主要的保护对象分为道路防护林、农田防护林、水土保持林、水源涵养林等;③根据防护林营造的位置分为环城防护林、江(或河、湖)岸防护林、海防林、郊区风景林、城市高压走廊绿带等。

防风林的主要作用是防止大风以及其所夹带的粉尘、沙石等对城市的袭击和污染，同时也可以吸附市内扩散的有毒、有害气体，减少对郊区的污染，还可以调节市区的温度和湿度。

卫生隔离林主要是建设在工业企业与城市其他区域之间的卫生防护林。工矿企业生产过程中经常散发煤烟粉尘、金属粉末甚至有毒气体，这对城市环境的污染相当严重。卫生隔离林对于减少城市污染、净化城市空气、保护城市环境起着至关重要的作用。

城市组团隔离带是为使城市各个组团避免相互干扰而在组团间设的隔离带。城市组团隔离带在空间上划分城市各个区，成为各个功能区的边界，起到隔离作用；在生态、社会、形象服务功能上又为相邻片区提供过渡软连接，发挥联系作用。

农田防护林是为了防止自然灾害，改善气候、土壤、水文条件，创造有利于农作物和牲畜生长繁育的环境，以保证农牧业稳产高产，并对人民生活提供多种效用的人工林生态系统。

道路防护林指在道路两侧营建，以保护路基、防止风沙和水土流失、隔声为主要目的，兼顾卫生隔离、农田防护和美化城市的防护林，包括铁路防护林、高速公路防护林、公路防护林和城市道路防护林。

城市高压走廊绿带指布置在高压线下、起到安全隔离作用的绿地。高压线路属于高度危险设施，从几万到几十万伏的电压可产生较强的工频电场辐射。根据同一或不同高压线下的不同电场辐射强度，布置一定宽度、不同树种搭配的防护绿地来过滤、吸收和阻隔电磁辐射，可以起到安全隔离作用。

6.1.3 防护绿地的规划原则与布局结构特点

1. 防护绿地的规划原则

1）科学性原则

防护绿地规划要建立在科学的基础上，要考虑城市经济社会发展水平、城市用地情况等诸多因素，能客观真实地反映防护绿地存在和发展的状态。

2）整体性原则

由于防护绿地和其他城市绿地是一个有机的整体，在进行防护绿地布局、结构的规划时，必须使防护绿地和其他绿地联系起来，组成一个统一的整体。

3）协调性原则

防护绿地的规划要和城市道路、河道及其他用地规划相衔接，符合相关标准和规划要求。

4）生态性原则

防护绿地应发挥防护功能，有效改善城市自然条件和卫生条件，根据防护功能在面积、宽度、数量上满足生态要求的下限值。

2. 防护绿地的布局结构特点

防护绿地承担着改善城市生态环境的重要功能,防护绿地的布局要更好地保证城市生态环境,发挥绿地的多种功能,展现城市景观风貌。防护绿地的布局可分为宏观和微观两个层面。防护绿地的宏观布局指在整个建成区层面上合理布置防风林、通风林,以及与气象因子息息相关的大气污染防护绿地。对于其他点、线污染源(如噪声污染、电磁辐射污染等)的防护,则进行具体的微观结构分析。防护绿地的布局结构存在多样的形式,包括时间、空间等四个维度的合理布置。同时,作为城市绿地的组成部分,防护绿地的布局要充分与整个城区的绿地布局相融合。

各类城市防护绿地的布局,需综合考虑污染源以及植物的特性。因所在位置和防护对象的不同,各类防护绿地的宽度和种植方式也各异,目前较多省市的相关法规针对当地情况有相应的规定,可参照执行。防护绿地的防护功能往往是多样的,并非针对某一污染源进行单一功能的防护,因此,需要根据其所在位置和防护对象,确定防护绿地的宽度、种植方式等结构内容,使其发挥最大功效。同一类防护绿地的布局结构也会随着城市特征、周围用地性质、地形、气象等因素的不同而各有侧重。对于卫生隔离林、道路防护林、城市组团隔离带这样具有多种生态功能的绿地而言,其布局结构需要考虑防护对象与绿地相互作用的过程,综合确定功能完善的绿地面积及结构形式。

6.1.4 《城市绿地规划标准》(GB/T 51346—2019)防护绿地相关规定

①城区内水厂用地和加压泵站周围应设置防护绿地,宽度不应小于现行国家标准《城市给水工程规划规范》(GB 50282—2016)规定的绿化带宽度。

②城区内污水处理厂周围应设置防护绿地;新建污水处理厂周围设置防护绿地,应根据污水处理规模、污水水质、处理深度、处理工艺和建设形式等因素具体确定。

③城区内生活垃圾转运站、垃圾转运码头、粪便码头、粪便处理厂、生活垃圾焚烧厂、生活垃圾堆肥处理设施、餐厨垃圾集中处理设施、粪便处理设施周围应设置防护绿地。其中,垃圾转运码头、粪便码头周围设置的防护绿地的宽度不应小于现行国家标准《城市环境卫生设施规划标准》(GB/T 50337—2018)规定的绿化隔离带宽度。

④城区内生活垃圾卫生填埋场周围应设置防护绿地,防护绿地宽度应符合现行国家标准《城市环境卫生设施规划标准》(GB/T 50337—2018)的规定。

⑤城区内 35～1 000 kV 高压架空电力线路走廊应设置防护绿地,宽度应符合现行国家标准《城市电力规划规范》(GB/T 50293—2014)高压架空电力线路规划走廊宽度的规定。

⑥城区内河、海、湖等水体沿岸设置的防护绿地的宽度应符合现行国家标准《城市绿线划定技术规范》(GB/T 51163—2016)的规定。

6.2 各类防护绿地规划设计

6.2.1 防风林

空气流动就会形成风，适度的风力可以降低高温、改善空气质量，能使人感到舒适，然而风力超过一定的程度，不仅会令人不适，还会带来破坏。在干旱地区，强风夹带着粉尘、沙土，轻者引起扬沙天气，重者形成沙尘暴，会严重威胁人们的正常生活，所以在有强季风通过的地区，需要在城市的外围营造防风林带，以减轻强风袭击造成的危害及沙尘对空气的污染，如三北防护林带被称为护卫京津的绿色长城（见图 6-1）。

图 6-1 护卫京津的绿色长城——三北防护林带

为了能使防风林带承担起减弱风势的作用，应了解和把握当地风向的规律，确定可能对城市造成危害的季风风向，以便在城市外围正对盛风的位置设置与风向相垂直的防风林带。如果受到其他因素的影响，可以与风向形成 30°左右的偏角，但须注意，若偏角大于 45°时，防风的效果就会大大减弱。

通常，要减弱风势，仅靠一条林带难以起到很大作用，需要依据可能出现的风力来确定林带的结构和设置量。一般防风林带的组合有三带制、四带制和五带制等几种，每条林带的宽度不应小于 10 m，而且距城市越近，林带要求越宽，林带间的距离也越小。防风林带降低风速的有效距离为林带高度的 20 倍，所以林带与林带间一般相距 300～600 m，间隔 800～1 000 m 还需布置一条与主林带相互垂直的副林带，其宽度应不小于 5 m，以便阻挡从侧面吹来的风。防风林的配置如图 6-2 所示。

防风林带的结构对于防风效果具有直接的影响。按照结构形式的不同，防风林带可以分为不透风林带、半透风林带和透风林带三种，如图 6-3 所示。

不透风林带由常绿乔木、落叶乔木和灌木组合而成，其密实度大，能够阻挡大风前行，防护的效果也好，据测定，在不透风林带的背后，风速能降低 70%左右，但大风

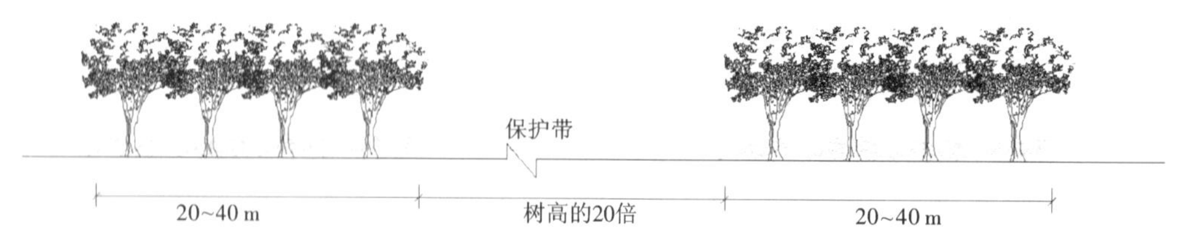

图 6-2 防风林的配置结构

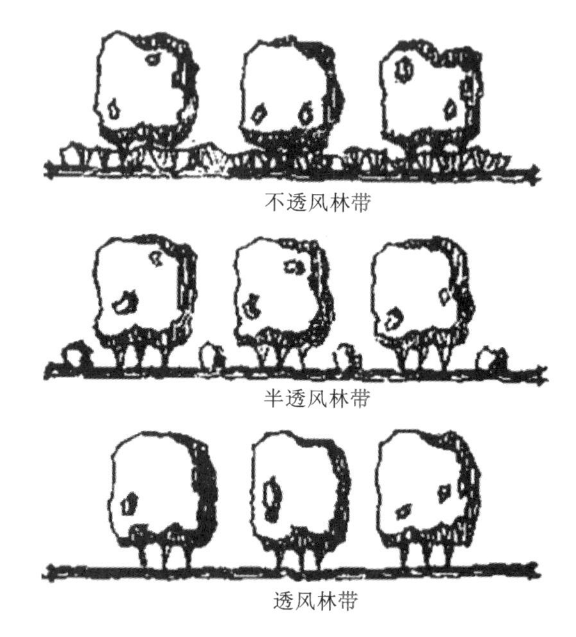

图 6-3 防风林带结构

遇到阻挡会产生湍流,并很快恢复原来的风速。半透风林带只在林带的两侧种植灌木。透风林带则由枝叶稀疏的乔木、灌木组成,或只用乔木,不用灌木,旨在让风穿越时,受树木枝叶的阻挡而减弱风势。林带树种的选择应以深根性的或侧根发达的为首选,以免在遭遇强风时被风吹倒。株距视树冠的大小而定,初植时大多定为2~3 m,随着以后的生长逐渐予以间伐或移植。

防风林带的组合一般是在迎风面布置透风林带,中间为半透风林带,靠近城市的一侧设置不透风林带。由透风林带到半透风林带以至不透风林带形成一组完整的结构组合,可以起到较为理想的防风效果,在城市外围设立一道结构合理的防风林体系,可使城市中的风速降低到最低限度。

当然,仅城市周边的防风林带还不足以完全改善城市内部的风力状况,因为与主导风向平行的街道、建筑会形成强有力的穿堂风,众多的高层建筑又会产生湍流及不定向的风,有时多股气流的叠加会使风速加剧。因此,在城市内的一定区域以及高楼的附近还须布置一定数量的折风绿地,以改变风向及削弱有害气流的强度。相反,在有些夏季炎热的城市中,为促进城市空气的对流以降低温度,可以设置与夏季主导风向平行的楔形林带，将郊外、自然风景区、森林公园、湖泊水面等区域的新鲜、湿润、凉爽的空气引入城市中心，以缓解由建筑辐射、人的活动以及各种设备产生的热量积聚造成的热岛效应。

单一的防风林带可以承担相应的物理功能，但如果情况允许，在经过合理设计的基础上予以适当的调整，也可形成兼防风功能与景观功能于一体，或集防风功能与游憩功能于一体的综合性绿地。

6.2.2 卫生防护林带

城市上空的大气污染源主要来自城市的工矿企业。由于生产工艺落后，工厂在生产过程中散发出大量的煤烟粉尘、金属粉末，并夹杂着一定浓度的有毒气体。依照对城市环境污染改造和治理的要求，充分运用乔木、灌木和草类能起到过滤作用，减少大气污染，同时能吸收部分有毒气体的性能，在工业区和居民生活区之间营造卫生防护林是很重要的一个措施。

案例

规划营造卫生防护林，可以根据污染源的具体情况，平行营造1～4条主林带，并设计与主林带相垂直的副林带。卫生部（现国家卫生健康委员会）曾对各种企业及公用设施同住宅街坊间营造卫生防护林的总宽度及卫生防护林主带的条数、宽度和间距做过具体规定。

1. 第一级工业企业及公用设施

第一级工业企业及公用设施包括氮及氮肥的生产企业、硝酸的生产企业、用亚硫酸纸浆和硫酸纸浆造纸的生产企业、人造黏质纤维和玻璃纸的生产企业、浓缩矿物肥料的生产企业、氯的生产企业、石油的加工企业、可燃性页岩的加工企业、煤炭的加工企业、动物死尸的加工厂、骨胶厂、大粪场及大型垃圾场、废弃物的掩埋场等。

上述工业企业及公用设施的卫生防护林总宽度应为1 000 m，防护林带的条数为3条或4条，每条主林带宽度为20～50 m，两条林带之间间距为200～400 m（见图6-4）。

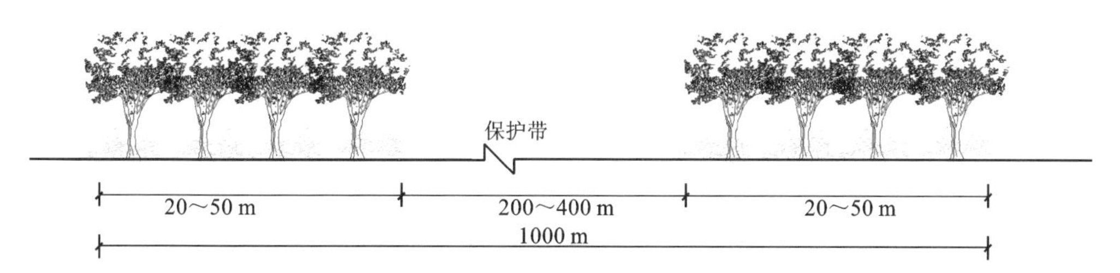

图6-4 第一级工业企业及公用设施卫生防护林带的配置结构

2. 第二级工业企业及公用设施

第二级工业企业及公用设施包括合成樟脑、纤维质酯类的生产企业，用纤维质酯类制造塑料的生产企业，用氧化法提炼稀有金属的生产企业，黑色和有色金属矿石及碎黄铁矿的烧结企业，高炉容积为500～1 500 m^3 的炼铁生产企业，用水溶液电解法提炼锌、铜、钴的生产企业,生产量低于15万吨的硅酸盐水泥生产企业,饲养数量1 000头以上的家禽场,屠宰场,垃圾利用场,污水灌溉场和过滤器(污水量每昼夜小于或等于5 000 m³),中型垃圾场,火葬场等。

上述工业企业及公用设施的卫生防护林总宽度应为500 m,防护林的主林带条数为2条或3条,每条主林带宽度为10~30 m,两条林带之间间距为150~300 m(见图6-5)。

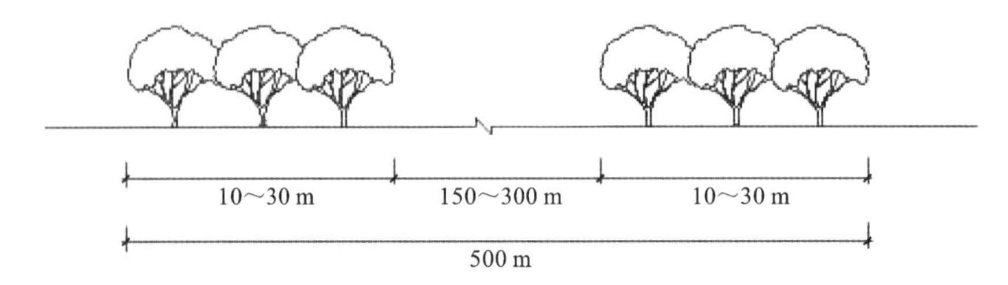

图6-5 第二级工业企业及公用设施卫生防护林带的配置结构

3. 第三级工业企业及公用设施

第三级工业企业及公用设施包括塑料的生产企业,橡皮及橡胶的再生企业,混合肥料的生产企业,高炉容积低于500 m³的炼铁生产企业,年产量低于100万吨的平炉、转炉炼钢生产企业,金属及非金属矿石(铅、砷及锰矿除外)的露天采掘场,玻璃丝、矿渣粉的生产企业,动物的生毛皮加工、染色或鞣制企业,甜菜制糖工厂,渔场,垃圾生物发酵室,污水处理厂,垃圾、粪便运输工具停留厂,能利用的废弃物的总仓库等。

上述工业企业及公用设施的卫生防护林总宽度应为300 m,防护林的主林带条数为1条或2条,每条主林带宽度为10~30 m,两条林带之间间距为150~300 m(见图6-6)。

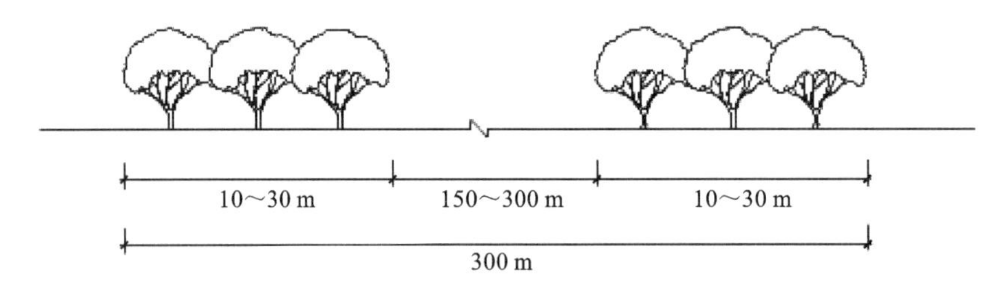

图6-6 第三级工业企业及公用设施卫生防护林带的配置结构

4. 第四级工业企业及公用设施

第四级工业企业及公用设施包括用现成纸浆和破皮造纸的企业、假象牙和其他蛋白质塑料(氨基塑料)的生产企业、甘油的生产企业、用醋酸法或氨基酸法制造人造纤维的生产企业、锅炉的生产企业、水银仪器企业(水银整流器)、用电炉炼钢的生产企业、石棉水泥及石板的生产企业、一般红砖及矽盐的生产企业、陶制品和瓷制品的生产企业、大型木船造船厂、螺丝工厂、漂染工厂、毛毡的生产企业、人造皮革的生产企业、酒精工厂、肉类联合工厂及冷藏肉制造厂、烟草工厂、基地和临时存放木加工的废弃物仓库等。

上述工业企业及公用设施的卫生防护林总宽度应为100 m,防护林的主林带条数为1条或2条,每条主林带宽度为10～20 m,两条林带之间间距为50 m(见图6-7)。

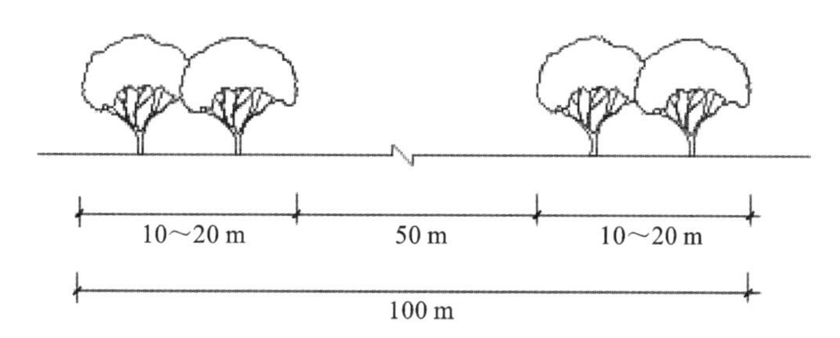

图6-7 第四级工业企业及公用设施卫生防护林带的配置结构

5. 第五级工业企业及公用设施

第五级工业企业及公用设施包括肥皂的生产企业,盐场,用废纸、现成纸浆和破皮制造不漂白的纸的生产企业,天然矿物颜料的生产企业,塑料制品(机械加工)的生产企业,二氧化碳和"干冰"的生产企业,香料的生产企业,火柴的生产企业,蓄电池的生产企业(小型企业),进行热处理而不进行铸造的金属加工企业,石膏制品的生产企业,毛毯及人造毛皮的生产企业,生皮革(200张以下)的临时仓库(不加工),啤酒酿造企业,麦芽酵母的制造企业,罐头的加工企业,糖果、糕点的制造工厂(大型企业)。

上述工业企业及公用设施的卫生防护林总宽度应为50 m,防护林的主林带设1条即可,林带宽度为10～22 m(见图6-8)。

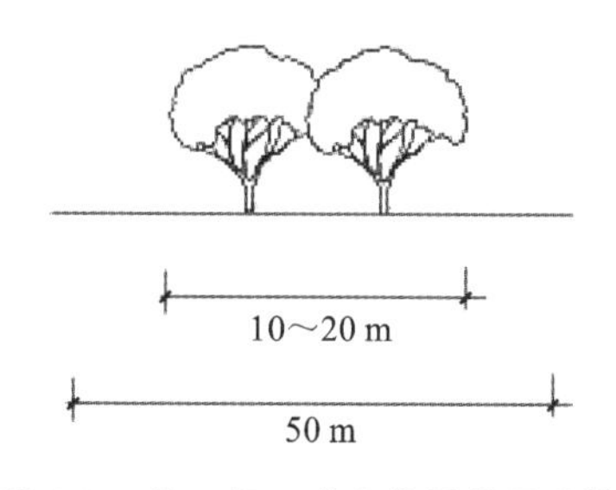

图6-8 第五级工业企业及公用设施卫生防护林带的配置结构

由于各种林带结构的防护林有其各自的防护作用和特点,所以应根据防护对象的具体要求加以选择。如紧密结构的防护林,作为消减噪声的卫生防护林,具有最佳的防护效果。但在实际情况中,大气中的污染源并非单一的环境污染,所以在严重污染区,为了达到最佳防护效果,可以在多条防护林区采用通风结构、疏透结构和紧密结构三种结构林带配合设置,作为三种吸滞净化的绿化带。

卫生防护林的树种选择应该尽量选择对有害物质有较强抗性或能够吸收有害物质和粉尘的乡土树种,还应注意选择杀菌能力强的树种。

对于易燃易爆厂房的防护绿地,最好在厂房、车间周围栽植两行或数行乔木、灌木树种，绿带间要留出 6 m 以上的空地，空地切忌铺草坪，最好用砖铺砌或设水池进行阻隔。防火树种要求叶片厚、叶面含水量多、树皮粗糙，因为叶片厚，散失水分时间长，可相应延长引火时间，最好是叶片密生和树冠小的阔叶树，忌用含油脂多的易燃树种。

卫生防护林带附近在污染范围内，不宜种植粮食及油类、蔬菜、瓜果等食材，以免引起食物慢性中毒，但可种植棉、麻及工业油料作物等。

虽然卫生防护林带是净化空气、保护环境卫生的重要措施之一，但并不是万能的。有些工矿企业污染很严重(例如化工厂)，再宽的卫生防护带也不可能完全清除污染，必须采取综合措施：一方面，从工厂本身的技术设备上加以改进，杜绝不符合排放标准的污染物的根源；另一方面，在规划时要考虑工业区的合理位置，尽量减少对大气和居住区的污染，加之卫生防护林带的设置，互相配合，才可能达到理想的效果。

6.2.3 高速公路防护绿地

高速公路防护绿地一般每侧宽度为 20～30 m，现多以单一落叶树种为主，考虑到远期发展，应以落叶树和常绿树结合种植，树种要求枝干密、叶片多、根系深、耐贫瘠干旱、不易发生病虫害等。

防护绿地目前采用行列排列的纯林种植形式，如果用地允许，可在靠近车行道一侧先铺草坪，再种植宿根花卉，然后种植灌木、小乔木、大乔木，由小到大、由低到高，形成多层次的植物景观，既可起到良好的防护作用，也可使视野开阔，舒缓司机的视觉疲劳。

高速公路防护林宜结合周围地形条件进行合理的设计，如田野、山丘、河流、村庄等，使高速公路防护林与农田防护林相结合，形成公路、农田的防护林网络。

为了防止行人穿越高速公路，现常用禁入护栏作为防护绿地的外围界线，但容易被破坏，而且景观效果差。针对这一问题，可以采用营造高速公路禁入刺篱防护带的办法，选用有刺植物进行绿篱栽植，形成防护绿带。一般选择 1～2 种分枝密、枝刺多而尖锐的篱墙植物作为禁入防护带的主体树种(常用的刺篱防护带树种有马甲子、九重葛、刺篱木、小果蔷薇、银合欢、香橼、枸橘等)，选择 2～4 种常绿、有花、净化功能好的藤本植物或观叶、观花、观果的小灌木作为配景树种，配置以主体树种为基本骨干，并搭配季相树种填补时间、空间上的功能缺陷，做到主次分明。

6.2.4 城市公路干道防护绿地

城市公路干道防护绿地规划设计要注意如下几方面。

①公路干道防护绿地应尽可能与农田防护林、卫生防护林、护渠防护林以及果园等相结合，做到一林多用、少占耕地，结合生产创造效益。

②公路干道防护绿地的种植配置要注意乔木、灌木相结合，常绿树与落叶树相

结合，速生树与慢长树相结合，实现公路绿地的可持续发展。

③在临近城市时，一般应增加防护林的宽度，并与市郊城市防护绿地相结合，如结合园林建设则能形成较好的城市外围景观，产生良好的生态效益和社会效益。

④在公路干道通过村庄、小城镇时，应结合乡镇、村庄的绿地系统进行规划建设，注意绿化乔木的连续性。如果公路两侧有较优美的林地、农田、果园、花园、水体、地形等景观，则应充分利用这些立地自然条件来创造具有特色的公路干道景观，留出适宜的透视线供司机、乘客欣赏。

⑤为了充分发挥树木的防风固沙作用，应合理加大种植密度，增加每平方米的绿树量，更好地发挥防护功能，尤其在平原地区，密植防风林的作用更加明显。还应根据当地经济条件和立地条件，适当选择常绿树组成防护林带，以抵御落叶树还未发芽时发生的沙尘天气，同时丰富冬季和早春景观。

6.2.5 铁路防护绿地

在铁路两侧种植乔木时，应距离铁路外轨不小于 10 m，种植灌木要距离外轨不小于 6 m，一般采用内灌外乔的种植形式，如图 6-9 所示。

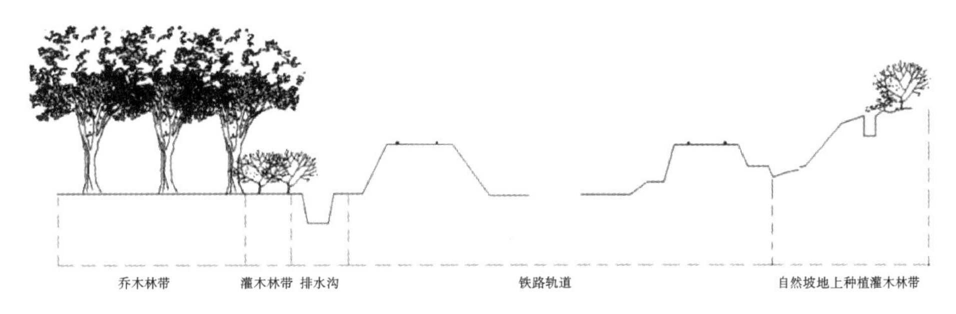

图 6-9 铁路防护绿地断面示意

铁路通过城市建设区时，在可能条件下应留出较宽的防护林带以防止噪声、废气、垃圾污染等；采用不通透防护林结构，靠近路轨一侧，采用自然种植形成景观群落，宽度在 50 m 以上为宜。

长途旅行会使旅客感到行程单调，如果铁路防护林能结合每个地区的特色进行规划，在树种、种植形式上产生变化，并结合地形、水体适当搭配，既可获得生态效益，又可取得良好的社会效益。

与高速公路防止行人穿越相同，铁路也存在防止行人穿越的问题，禁入篱的设置可以起到相应的禁入作用。

若铁路两侧有比较优美的景色，如绵绵远山、壮阔水景、江南风情、塞北风雪、名胜古迹、稻田花香，则应敞开不种树木，以免遮挡视线，当同一景色过长时再以防护林进行屏障防护。

6.2.6 滨水防护林

城市的江、河、湖、海等滨水区域,往往是招风的区域、导风的廊道与文化的发源地,是城市人赖以生存的源泉。滨水防护林由水岸林带、进水沟道林带和坝坡林带三部分组成。下面主要介绍水岸林带和进水沟道林带。

1. 水岸林带

水岸林带主要用以防止来自边岸的径流泥沙淤积于水体内,同时也可防止风浪对岸坡的冲蚀。水岸林带由三条林带组成:第一条林带是防波浪冲击地带,设置在低于正常水位线以下的地方,宜选用耐水淹的灌木树种,不宜选用高大乔木,林带营造宽度取决于可能产生的风浪的高度,风浪越高则林带越宽(风浪高度与风速有关,可由实际观测求得);第二条林带大致位于正常水位线与最高水位线之间,带内由耐湿性乔木和喜湿性灌木组成乔、灌混交林;第三条林带位于最高水位线以上的坡地地段(地下水位深度在 6 m 以下),由抗旱性能较好的乔木、灌木组成混交林。最后在林带靠上坡林缘处栽植一定宽度(5～8 行)的灌木带,林带宽度依水体和毗连斜坡的特点及坡度而定。水库防护林的配置如图 6-10 所示。

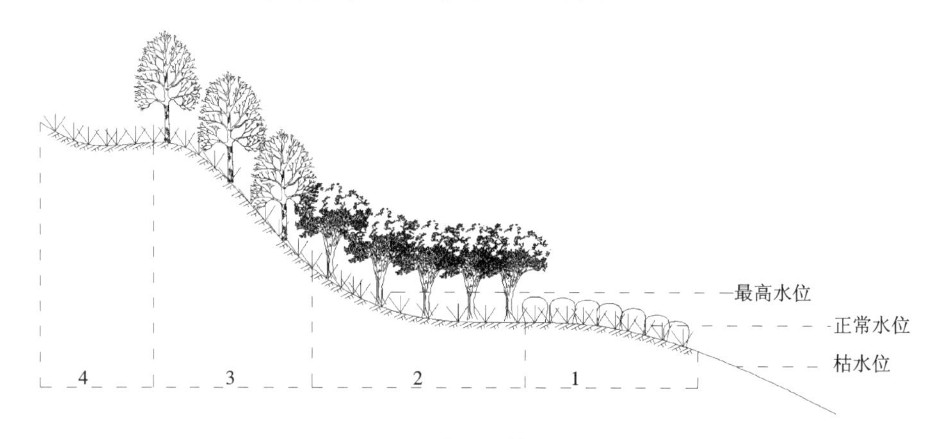

图 6-10 水库防护林配置

1—灌木林带;2—由喜湿速生树种组成的林带;3—由抗旱性能较好的树种组成的林带;4—耐旱灌木带

2. 进水沟道林带

在水体周围常有一定数目的沟道,这些沟道具有一定的集水面积,是水和泥沙流入的主要通道,为了防止淤积,应在沟道中营造挂淤林。这种林带通常由灌木组成,其长度(顺流方向)不应小于 40 m,沟道较长时每隔 100 m 设置一段,当沟道下游较宽时,可以留出水路。

知识点拓展

【本章要点】

本章从城市区域范围内来了解城市防护绿地建设的意义和规划设计要点;掌握各类城市防护绿地的组成分布特点;重点掌握城市防风林、卫生防护林带、道路防护绿地、滨水防护绿地的规划设计。

【思考与练习】

6-1 简述防护绿地的作用。

6-2 根据主要的保护对象，防护绿地可以分为哪几类？

6-3 防护绿地规划的原则是什么？

6-4 在一些工业区如何设置卫生防护林？

7 广场用地规划设计

城市广场的发展历史，最早可追溯至古希腊时期。当时，广场只是简单意义上的举行庆典、祭祀的场所，著名实例有古罗马的罗曼努姆广场、恺撒广场、奥古斯都广场和图拉真广场。在古罗马广场群中，各广场既独立又相互联系，平面较为规整、理性。

至中世纪，城市广场在功能和空间形态上较古罗马和古希腊时期有了很大发展。这个时期的广场分为市政广场、商业广场、宗教广场及综合性广场等类型，具有高度密实的城市空间特征，且具有较好的围合特性。这个时期的广场实例有锡耶纳的大广场、阿西西的圣弗朗西斯科广场等。

到文艺复兴时期，广场空间设计的模式初步成型，广场的建设侧重于在城市建设和对中世纪广场改造中体现人文主义的价值，追求人为的视觉秩序和庄严雄伟的艺术效果。这一时期的广场建设更加讲求精细化和理性化，透视原理、比例法则等美学理论被应用到广场建设中，形成了罗马市政广场、威尼斯圣马尔谷广场等一系列规模雄伟的城市广场。

现代的城市广场是为满足多种城市社会生活需要而建设的，在城市中承担着行政中心、文化中枢、娱乐场所、商业集合等多种复杂而综合的功能。城市广场是一座城市中最具公共性、最富艺术魅力、最能反映城市文化特征的开放空间，通常被比喻为城市的“起居室”和“客厅”。

7.1 广场用地规划设计的基本理论与一般性规定

7.1.1 功能与分类

《城市用地分类与规划建设用地标准》(GB 50137—2011)将“广场用地”划归G类，并命名为“绿地与广场用地”，住房和城乡建设部发布的行业标准《城市绿地分类标准》(CJJ/T 85—2017)沿用了该分类方式，同样将广场用地作为一级分类单独列出，将其定义为“以游憩、纪念、集会和避险等功能为主的城市公共活动场地”，并特别指出，广场用地不包括以交通集散为主的广场用地(该用地应划入“交通枢纽用地”)。

通常来讲，城市广场是为满足多种城市社会生活需要而建设的，以建筑、道路、地形、植物等围合，以步行交通为主，具有一定思想主题和规模的城市户外公共活动空间。在城市生活中，城市广场通常承担着以下几种功能：

①居民社会交往和户外休闲的重要场所；

②组织商业贸易交流等活动的场地；

③展示城市风貌的关键性场所；

④提供居民灾后避险及重建的场地。

城市广场的性质取决于它在城市中的区位与功能。依据广场的性质，可将广场分为宗教广场、市政广场、纪念广场、交通广场、商业广场五大类。

7.1.2 选址与空间形态

城市广场是市民生活中重要的集会和娱乐空间，具有功能复杂性、景观丰富性、活动多样性和多信息、大容量的特征，用以满足人们日常交往、娱乐活动、公共集会等需求。因此，在广场位置的选择上，应符合以下规定：

①应有利于展现城市的景观风貌和文化特色；

②至少应与一条城市道路相邻，可结合公共交通站点布置；

③宜结合公共管理与公共服务用地、商业服务业设施用地、交通枢纽用地布置；

④宜结合公共绿地和绿道等布置。

广场空间主要由铺装场地、绿地、建筑、雕塑、小品等要素界定，也可结合地形采用台式、下沉式或半下沉式等特定的地形组织广场空间。四面围合的广场封闭性强，具有较强的向心性和领域性；三面围合的广场封闭性较好，有一定的方向性和向心性；两面围合的广场领域感弱，空间有一定的流动性；一面围合的广场以流动性功能为主。广场形状通常为规则的几何形状，如面积较大，也可结合自然地形布置成自然的不规则形状（见图 7-1）。

图 7-1 广场的空间处理（乐嘉龙，1996）

广场绿地设计(见图7-2)是城市广场设计中的重要组成部分,配合交通疏导的广场绿地布置形式可采用封闭式布置;面积不大的广场绿地可采用半封闭式布置,即周围用栏杆分隔,种植草坪、低矮灌木和高大落叶乔木遮阴;至于休憩型广场绿地,可采用开敞式布置形式。

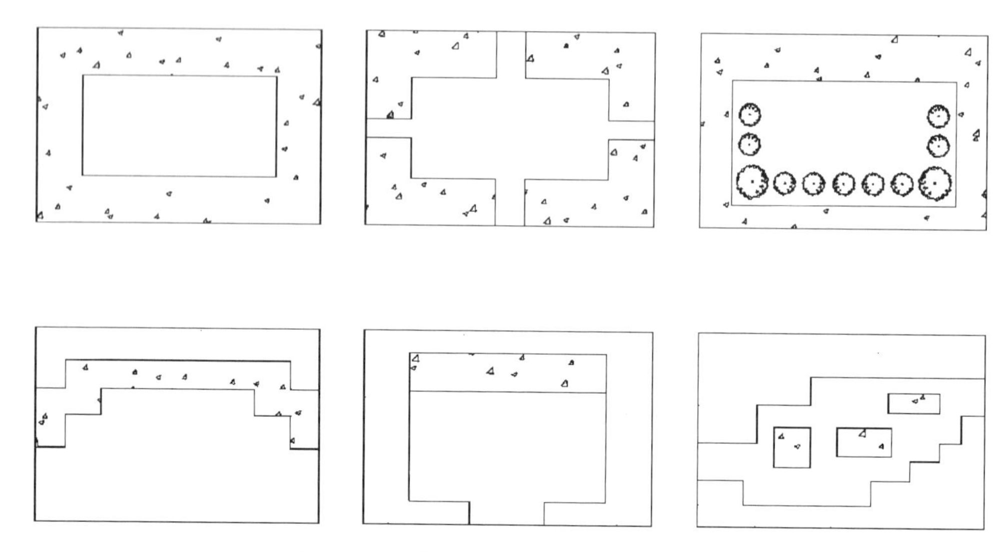

图7-2 广场绿地的空间处理(乐嘉龙,1996)

7.1.3 面积设置

规划新建的单个广场面积不宜过大,应考虑广场的服务人口,根据广场功能进行规划设置,规划新建单个广场的面积应符合表7-1的规定。

表7-1 规划新建单个广场的面积要求

规划城区人口/万人	面积/hm^2
<20	≤1
20~50	≤2
50~200	≤3
≥200	≤5

注:本表引自《城市绿地分类标准》(CJJ/T 85—2017)。

7.1.4 绿地率

广场用地的硬质铺装面积比例应根据广场类型和游人规模而定。基于对市民户外活动场所的环境质量水平的考量以及遮阴的要求,广场用地应具有较高的绿化覆盖率。

《城市绿地分类标准》(CJJ/T 85—2017)提出,广场用地的绿化占地比例宜大于或等于35%;其中绿化占地比例大于或等于65%的广场用地计入公园绿地。同时,根据《城市绿地规划标准》(GB/T 51346—2019),广场用地内不得布置与其管理、游憩和服务功能无关的建筑,建筑占地比例不应大于2%。

7.2 各类广场用地规划设计

7.2.1 广场的设计原则

不同类型的广场应有不同的风格和形式,尤其是广场的性质功能,更是进行广场绿化设计的重要指导原则。城市广场绿化设计以满足广场的功能设计要求为目的,利用植物的色(叶)相、姿态变化进行布置,适当运用园林小品和硬质铺装等园林手段,最终形成美观、实用的广场环境。城市广场绿地的设计总体上应遵循以下原则。

1. 人性化原则

人性化原则是评价城市广场设计成功与否的重要标准。人性化的创造是基于对人的关怀的物质建构,它包括空间领域感、舒适感、层次感、易达性等方面的塑造。同时,应提高城市广场绿地的利用率,供行人进行游憩,创造为人所沟通、交流、共享的人性空间。在广场空间景观组织中,要贯彻以人为本的原则,以人的物质、精神、心理、生理、行为规范诸方面的需求满足为设计目的,追求舒适和有人情味的空间环境。特别是各个国家和地区的市民对城市广场空间景观的需求是多层次、多方位的,不同的民族文化传统对广场的设计者提出不同的要求。

2. 整体性原则

城市广场作为城市的一个重要元素,在空间上与街道相联系、与建筑相依存,并且应注重自身各元素之间的统一和协调。同时,它又体现了城市文脉,成为城市人文环境的构成要素。

在针对巨大尺度的广场开展设计时,创造具有良好传统尺度感的空间,增强广场吸引力,是空间规划的重点。可以通过化整为零的方式,将广场划分为不同形态、不同大小、各具特色的空间序列,既满足了功能的要求,同时又有利于结合空间尺度进行人性化设计,方便在适宜的空间尺度内安排广场的地域特色内容。

3. 历史延续原则

具有生命力的可识别的城市广场应是一个市民记忆的场所,一个容纳或隐喻历史变迁、文化背景、民俗风情的场所,一个可持续发展的场所。广场绿化可选择具有地方特色的树种,反映城市地方特点。

4. 视觉和谐原则

视觉和谐原则是基于对广场空间的整体性、连续性和秩序性的认识提出的。视觉和谐原则是体现为人服务的基础原则之一。它表现为城市广场与城市周围环境的有机和谐和自身的视觉和谐(包括由宜人的尺度、合宜的形式、悦人的色彩和材料质感所引发的视觉美)。

5. 适应自然原则

城市广场是一个从自然中限定但又比自然更有意义的城市空间。它不仅是改善城市环境的节点,也是市民所向往的一个休闲的自然所在。追求自然景观是城市广场得以被市民所接受的根本。

6. 公共参与原则

俗语曰:"三分匠,七分主人。"市民作为城市广场的"主人",其参与是城市广场具有活力的保障之一。公共参与体现了两个方面的内容:一是市民参与广场的设计,二是设计者以"主人"的姿态进行设计。

7.2.2 广场主题特色的设计原则和设计方法

1. 广场主题特色的设计原则

广场作为城市空间艺术处理的精华,往往是城市风貌、文化内涵和景观特色集中体现的场所。因此,城市广场的主题和个性塑造在设计过程中十分重要。它或以浓厚的历史背景为依托,使人在闲暇徜徉中获得知识,了解城市过去曾有的辉煌,如南京新建的汉中门广场,以古城城堡为第一主题,辅之以古井、城墙和遗址片段,为游人创造了一种凝重而深厚的历史感;或辅之以优雅的人文气氛或特殊的民俗活动。在对城市广场的主题和特色进行设计时,可以从地理文化、环境文化和时代发展三个方面进行考虑。

1)地理文化

广场空间文化具有地域特色差异性。广场空间的形成与特定的地域特点之间有本质的联系,广场空间的构形一方面应与整体的地区自然条件、地形地貌相吻合,另一方面应与其所处地段的自然空间形态相适应。通过空间构形,展现出场地隐含的特性。地域特点包括两个方面的含义:一是地域的自然特点,包括地理、气候和生态等;二是地域的文化特点,包括风俗、习惯和技术等。地域特点在城市广场的空间构形中,主要反映出广场空间与地区自然环境及地区人文因素之间的联系。

2)环境文化

城市广场的空间构形面对的不仅仅是较为单一的自然地域环境,而且其还处于复杂的城市空间结构之中。环境特色既包括城市空间结构的物质属性,也包括可意会的文化体验氛围。它是从社会文化、历史事件、人的活动及空间形态的相互作用中获得文脉意义而形成的场所,体现了特定的社会特性和文化内涵。由此而构成的空间形态始终在于发觉和表现其潜在的社会文化特性和空间结构特征。发掘和表现场地的文化特征、探索和展示空间的形态特点是城市空间构成的基本支点,也是广场空间组织的基本原则。例如,南京夫子庙与上海老城隍庙的改造,给飞速发展的城市带来了多样和丰富的空间结构形态,成为城市片区城市景观的重要节点,吸引了大量的国内外游客,成为城市片区发展的支撑点和重要发展动力,同时强化了地方特定的环境文化内涵。

3）时代发展

就整体来说，社会传统文化环境（观念、意识）与科学技术的进步是互为作用的，科学技术的发展形成了新的对事物的认识、新的观念和新的思想。新观念反过来又促进科学与技术的进一步发展。城市空间的形成是一种历史的延续，是时间在空间上的累积，它的丰富性与多样性来自不同时代的不同价值选择，城市空间的构形总是把当时的社会文化观念作为空间表现的主题。

2. 广场主题特色的设计方法

在现代城市广场的景观设计中，广场空间景观设计应充分考虑设计地段的自然地理环境、社会文化及经济发展的地域特征。在设计中强调地域环境的特点，使城市广场空间景观因展现不同的环境、体现特有的文化与习俗、孕育地区特有的场所精神，而富有个性与特色。

当前我国的城市建设越来越多地呈现出向地域性、文化性发展的趋势。特别是在城市广场作为人类文化在物质空间结构的投影，其设计既应尊重传统、延续历史、继承文脉，又必须运用现代设计理念和现代技术，对现代文明成果进行综合应用，有所创新、有所发展，真正实现历史与现代的相汇和交融。

根植于地域文化的城市广场设计理念：广场空间的设计应充分考虑设计地段的自然地理环境、社会文化背景及经济发展的地域特征。在设计中强调地域环境的特点，使城市广场空间景观展现出不同的环境；同时体现出特有的城市地域文化与民风民俗，孕育出该地区特有的场所精神，且富有个性与特色，以设计出该城市特定历史文脉下、特定时代背景下的广场空间环境。

7.2.3 各类广场用地的设计要点

1. 市政广场

案例

市政广场是市政府定期与市民进行交流和组织集会活动的场所，多建在城市的行政中心区，一般与城市重要的市政建筑共同修建，成为城市的标志性场所。市政广场往往由政府办公楼等重要建筑物、构筑物、绿地等围合而成。这类广场在规划上应考虑与城市干道有方便的联系，并对大量人流迅速集散的交通组织以及与其相适应的各类车辆停放场地进行合理布置。广场的平面形状有矩形、正方形、梯形、圆形或其他几何图形等，其长宽比例以 4∶3、3∶2、2∶1 等为宜。广场的宽度最好为四周建筑物高度的 3～6 倍。

市政广场的设计应突出地方特色，承继城市本土的历史文脉，突出地方建筑艺术特色，有利于开展具有地方特色的民间活动，以增强广场的凝聚力和城市的旅游吸引力。如济南的泉城广场，代表的是齐鲁文化，体现的是泉城特色；西安的钟鼓楼广场，注重把握历史文脉，整个广场以连接钟楼、鼓楼，衬托钟楼、鼓楼为基本使命，并把广场与钟楼、鼓楼有机结合起来，具有鲜明的地方特色。

市政广场周边宜种植高大乔木；集中成片绿地的面积不应小于广场总面积的 25%，并宜设计成开放式绿地，植物配置宜疏朗通透；应因地制宜地配置草坪、灌木、乔木等生态要素;配置的植物以乡土树种为主,充分考虑城市特定的生态条件与气候特点,满足季节变化的要求,使广场在一年四季中可展示不同的自然生态景观。在塑造广场自然景观的同时,还应注重城市局部生态环境的改善。市政广场的绿化设计夏季以遮阴通风为主,冬季以向阳避风为主。因而,在冬季主导风向一侧可设计常绿树作为防风的屏障,而在向阳一侧种植落叶乔木、灌木,达到冬季不阻挡阳光,夏季遮阴的效果,改善广场的热环境质量。

以下为上海人民广场的设计实例(案例资料由上海园林设计研究总院前院长周在春先生提供)。

上海人民广场坐落于上海市中心,原是殖民主义者的乐园——“跑马厅”的旧址,新中国成立后,经设计改建成人民公园和人民广场。上海人民广场原本是绿化稀少、以大面积硬地(水泥地和沥青混凝土地面)为主(约80%以上)的大型集会广场、交通广场(约18 hm^2),1993年改建为现代观光游览、生态休闲型市民广场。上海人民广场规划设计采用传承传统文化与大胆创新相结合的理念,把中国和上海的历史文化内涵融入广场中,将现代功能与历史文化相结合,用大手笔规划设计建成“庄重、简洁、大气”的,具有生态、游览、观光、休闲功能的,富有中国精神、上海特色的大型现代化、生态型城市广场。如今上海人民广场是具有上海特色的大型园林化市民广场、绿色市政广场,已然成为上海的地标之一。

上海人民广场的总体布局创立了上海市中心的中轴线,采用中轴对称的方式塑造具有仪式感的广场空间(见图7-3)。在设计元素上融入了中国传统文化和上海历史文化艺术元素,体现了中国精神和上海特色,具有独特性;创建了位于城市中心的大型生态园林广场,形成上海中心绿肺。

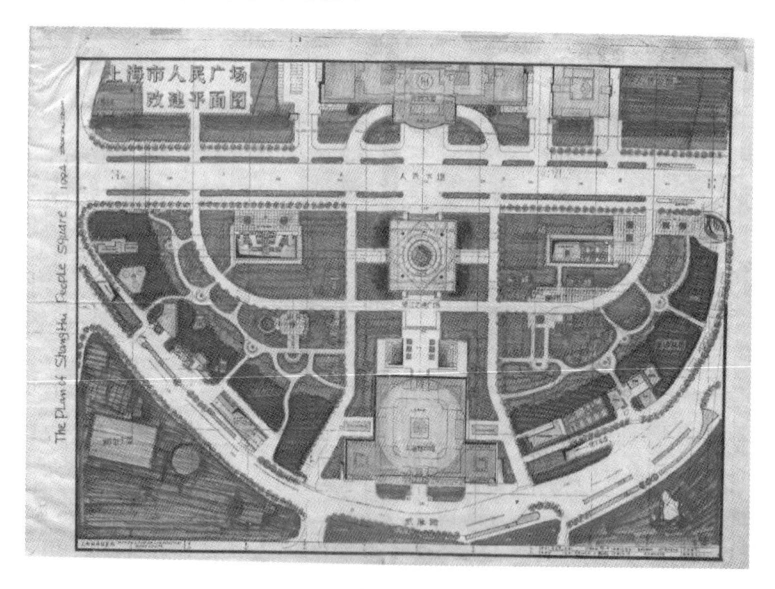

图7-3 1993年上海人民广场改建设计平面图

小品设计方面，在广场中特意设计创作了4座新型装饰雕塑——以传统青铜器“豆”形为原型，放大，并赋予实用灯光、广播、花盆、装饰雕塑功能，创作灯箱、音箱、花钵、雕塑四合一的装饰雕塑。设计最终形成了充满传统纹样、富有传统韵味、具有多种现代功能的紫铜装饰器具——“铜豆”雕塑。在兼顾景观效果的同时，展示了地域文化特色(见图7-4、图7-5)。

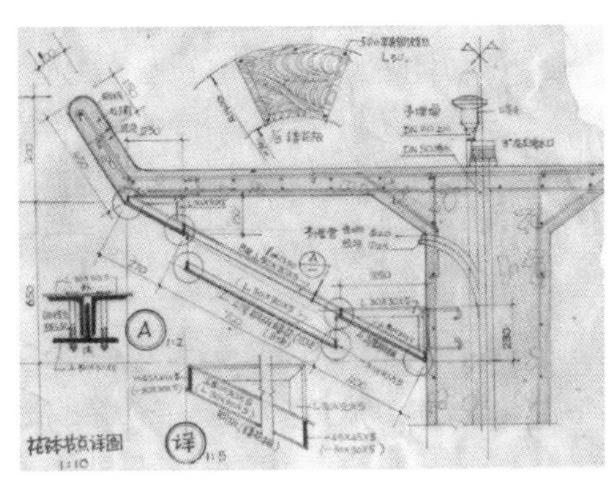

图7-4 “铜豆”雕塑设计手稿

图7-5 依据上海历史文化“申”“沪”的小品设计图

2. 交通广场

交通广场是城市中主要人流和车流集散点面前的广场。其主要作用是使人流、车流的集散有足够的空间，具有交通组织和管理的功能，同时还具有修饰街景的作用。

交通广场包括交通枢纽站前广场，建筑前广场和大型工厂、机关、公园前广场等。其中，火车站、长途汽车站、飞机场和客运码头前广场是城市的“大门”，也是旅客集散和室外候车、休憩的场所。广场绿化布置除了应满足人流、车流集散的要求，还应能体现所在城市的风格特点和广场周围的环境。

交通广场绿化可起到分隔广场空间与组织人流和车流的作用，为人们创造良好的遮阴场所，以及提供短暂逗留休息的适宜场所。绿化可减弱大面积硬质地面受太阳辐射而产生的辐射热，改善广场小气候。交通广场绿化包括集中成片绿地和分散种植。集中成片绿地的面积不宜小于广场总面积的10%；民航机场前、码头前广场集中成片绿地的面积宜为广场总面积的10%～15%。绿化布置按其使用功能合理布置：一般沿周边种植高大乔木，起到遮阴、减少噪声的作用；供休息用的绿地不宜设在被车流包围或主要人流穿越的地方。

3. 纪念性广场

纪念性广场根据内容主要可分为纪念广场、陵园广场、陵墓广场，一般以城市历史文化遗址、纪念性建筑为主体，或在广场上设置突出的纪念物。纪念性广场的主要作用是供人瞻仰，这类广场宜保持环境幽静，禁止车流在广场内穿越、干扰。

纪念性广场的绿化布置多采用封闭式与开放式相结合的手法，利用绿化衬托主体纪念物，创造与纪念物相应的环境气氛，并根据主题突出绿化风格。例如，陵园、陵墓类广场的绿化要体现出庄严、肃穆的气氛，多用常绿草坪和松柏类常绿乔、灌木；纪念历史事件的广场应体现事件的特征(可以通过主题雕塑体现)，并结合休闲绿地及小游园的设置，为人们提供休憩的场地。

4. 商业广场

商业广场指专供商业贸易建筑、商亭，供居民购物、进行集市贸易活动用的广场。随着城市主要商业区和商业街的大型化、综合化和步行化的发展，商业区广场显得越来越重要。人们在长时间的购物后，往往希望能在喧嚣的闹市中找一处相对宁静的场所稍作休息。因此，商业广场这一公共开敞空间要具备广场和绿地的双重特征，所以在注重投资经济效益的同时，还应兼顾环境效益和社会效益，从而起到促进商业繁荣的目的。

商业广场要有明确的界线，形成明确而完整的广场空间；广场内要有一定范围的私密空间，以获得环境的安谧和心理上的安全感。商业广场大多采用步行街的布置方式，使商业活动区集中，既便于购物，又可避免人流与车流的交叉，同时可供人们休息、郊游、饮食等。另外，商业性广场宜布置各种城市中独具特色的广场设施。

商业广场的设计应重点关注其动线、功能、场地、植物配置四个方面的设计。

1) 商业广场的动线

商业广场的设计需要关注主要人流方向，如地铁出入口、公交车停靠站、城市过街斑马线等。另外，也需要关注周边的建筑业态，如商业广场附近有办公楼，中午会有大量的办公人群进入；周围有住宅区，周末会有大量步行到达的居民。

车流动线除了考虑自驾车辆，出租车辆、公交车辆、非机动车等也都是应该考虑的内容。

2）商业广场的功能

商业广场的功能主要包括营销功能和配套功能。营销功能主要指为销售活动提供场地；配套功能要考虑绿地和硬质铺装的比例，机动车位和非机动车位的设置，公交车、出租车的停靠等。

3）商业广场的场地

商业最重要的功能是销售，室外场地为商业销售活动提供场所。商业活动包括平日的普通活动和节假日的重大活动，其需要的空间大小应根据活动规模和人群数量来设置。常规场地有树阵广场、休闲洽谈区等。

受到线上商业的冲击，国内线下商业更趋于休闲化、主题化、圈层化，在设计场地时需要根据商业的业态特征来规划功能场地。如以亲子业态为主的，室外可以规划儿童活动场地；以运动业态为主的，可以规划运动集合场；以餐饮为特色的，可以规划餐厅外延区，这些都是特色的主题功能。

4）商业广场的植物配置

在满足必要绿地率的条件下，商业广场的绿化区设置不要影响人流动线，苗木尽量选择枝叶疏松、骨干清晰的树种，以减少对商业广告的遮挡。

图7-6所示的项目地处上海市中心，周边有内环高架、中环高架及轨道M8线快速交通体系，由一幢25层的高档公寓式办公楼、一幢26层的五星级酒店式办公楼，以及一幢集办公、商业、泛会所于一体的4层综合楼组成。

整个项目由三园、五景、两广场组成。“三园”为香玫园、雅思园、铭水园；“五景”为石壁流泉、樟阴青坪、长波映霞、雅园静思、盈彩花廊；“两广场”为喷泉广场与林荫广场。

广场以圆形铺装为构图元素，中心喷泉在模纹花坛的环绕下流出涓涓溪流，流经水渠汇入水池，从而形成动静有致、光影交映、清静怡人，融视觉、听觉、触觉为一体的动态景观空间。在原本拘谨呆板的商务办公环境中，开辟出轻松、活泼的景致。在花坛中摆放四季时花，烘托热烈的气氛。

该广场正对主要步行入口，是中心绿地与外界商务广场的过渡地带。通过树池、座凳，把一个大空间分为若干个小空间，个人或群体可选择不同朝向及组合的座位，从而保证一定的私密度。以落叶乔木为骨干树种，如银杏、枫香、马褂木等；林下树池中种植耐荫地被，如麦冬、二月兰等。

7.2.4 广场绿地的植物配置

广场绿地的植物配置是广场用地设计的重要环节，包括两个方面：一是各种植物相互之间的配置，即根据植物的不同种类选择树丛的组合、平面和立面的构图；二是广场植物与广场其他要素（如广场铺装、水景、道路等）相互间的整体设计。

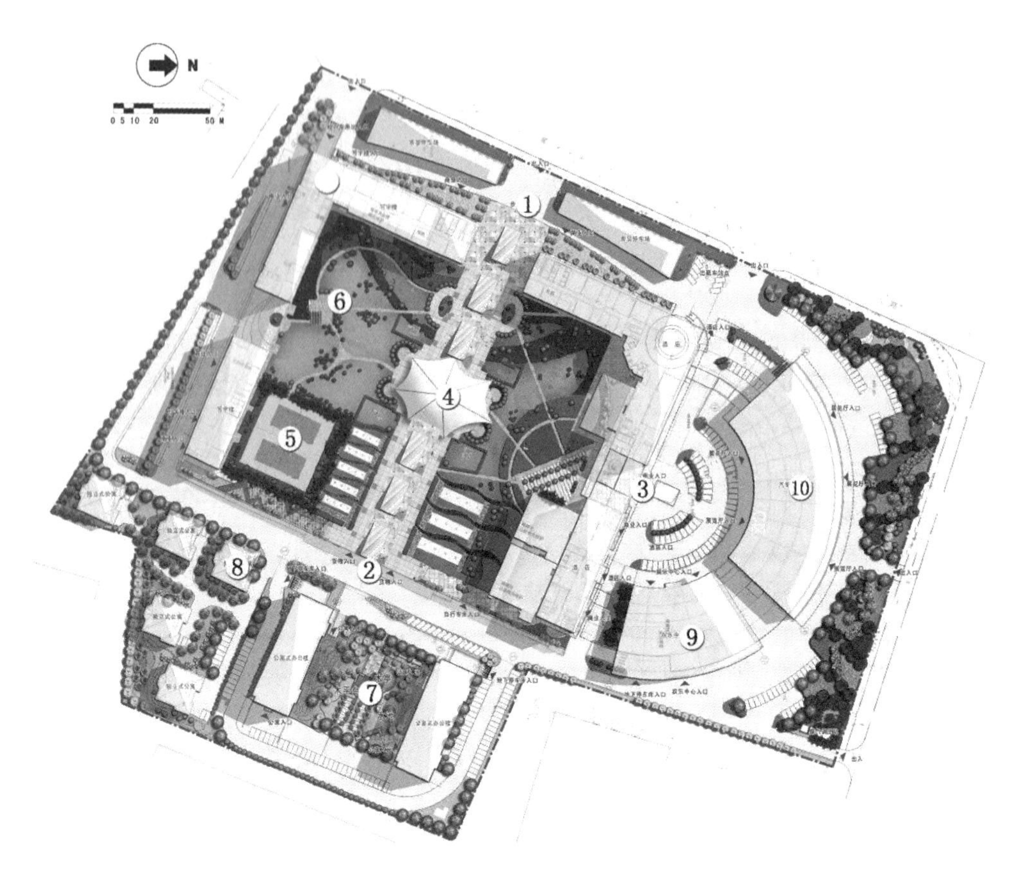

图 7-6 上海某商业广场规划设计

1—步行街入口;2—货物入口;3—商业入口;4—拉膜广场;5—羽毛球场;
6—木格栅花架;7—小游园;8—独立式公寓;9—娱乐中心;10—汽车展销大厅

植物的视觉功能是广场使用者对广场中植物最直接的印象。人们白天在高楼林立的都市环境中工作,单调的工作环境给人带来视觉上的疲劳与心理上的压力。因此,人们渴望在休息时能够感受大自然的清新,绿色的植物能有效缓解视觉疲劳,进而让人放松身心。

日本学者大野隆造提出了“环境绿视量的概念”。环境绿视量是从各个不同人的视点和角度来评价视环境构成中的绿视率。基本方法是模拟景观(包括天空、植被、建筑、地面等)在视网膜中的成像构成,输入计算机后进行数据分析。研究结果表明:当环境绿视量小于15%时,人工的痕迹明显增大;而当环境绿视量大于15%时,自然的感觉会增强。当绿化占视野15%时,大部分人对于环境绿化达到最低限度的满意。

因此,对城市广场绿化景观进行选择与配置时,应充分考虑空间分隔与绿化植物的多样性与遮阴效果。

灌木经常被用作分隔空间的围合元素,由于其高度较低,不会产生视线障碍,一般能起到暗示空间边界的作用。成排的乔木可以形成较好的秩序感，也可以暗示空间的分隔。植物叶丛的浓密程度，可以影响其对空间的围合感。叶丛较密的针叶树种具有较强的遮挡性，可以作为私密空间的围合元素，起到良好的遮挡效果。这类树木还可以削弱高层建筑之间产生的强风。叶丛较疏的阔叶树种具有较好的视觉通透性，一般较小的广场空间，应选择通透性较强的阔叶树种，可以保证良好的视线，形成半开敞空间。高大且枝叶茂密的乔木由于拥有庞大的树冠，可以形成一个带有顶棚的开敞空间，如果在树下设置相应的座椅供人休息，可形成独立且具有向心效应的空间场，起到吸引人流的作用。通过对高度、密度、形态、色彩各有不同的多种植物进行合理搭配，可以将面积较大的广场空间分隔成尺度较小、给人文雅亲切感的人性化空间，并能形成空间与空间的过渡，避免生硬感，对提升广场空间的活力产生积极的作用。

通过植物来分隔空间，能起到暗示、软化的效果，因此植物也被称为“软质景观”。广场上大面积的硬质铺装以及周围建筑给人的压迫感都可以通过植物的应用来削弱影响。研究表明，随着绿化量的增加，广场周边高层建筑给人的压迫感会减小，特别是对于板式高层建筑来说，建筑物下部 50%～60%的部位如被绿化遮挡，绿化对压迫感的缓和作用就更加明显。

选择遮阴位置逗留是人在广场空间中活动的一个生理需求和行为特征，尤其是女性使用者，对于广场遮阴的要求更为强烈与挑剔。广场中的大量硬质铺装，在夏季会给人燥热的感觉，而良好的植物遮阴可以有效改善广场的小环境。特别是高大的落叶乔木，具有很好的遮阴效果，一般应选择空间边界位置进行种植，这样既能满足大量人群在广场开敞空间中活动的需要，又能有效分割空间，提供良好的遮阴条件。

知识点拓展

【本章要点】

本章内容为广场用地规划设计，分为广场用地规划设计的一般性规定和设计方法两个部分。首先介绍了广场的功能及分类，然后对广场选址、规模、绿化率等方面的相关规定进行了归纳梳理，最后介绍了广场的设计原则和设计要点，将广场分为市政广场、交通广场、纪念性广场和商业广场四类，对其空间布局、场地设置、植物配置等进行了阐述。

【思考与练习】

7-1　城市广场的定义是什么？

7-2　城市广场的类型及其设计要点是什么？

7-3　城市广场的设计应当遵循哪些原则？

8　居住区绿地规划设计

1996年，联合国在土耳其伊斯坦布尔第二届人居大会上提出了两项具有全球性重要意义的目标，即“人人享有合适的居所”和“城市化进程中人类住区的持续发展”，对世界各国的居住区规划产生了深远影响。

统计数据显示，至2019年底，中国城镇和农村人均住房面积分别达到39.8 m^2和48.9 m^2。这表明我国大多数家庭已经拥有了一套满足基本居住需求的住宅，全国住房消费总体上达到了小康水平。与此同时，受到近年来人口老龄化、环境污染、生活节奏加快及虚拟网络等社会文化和高新科技的影响，人们的住房消费观念和居住理念发生了新的变化：一是消费总量扩大，每套住房面积增加；二是居住质量提高，住宅功能完善；三是住区环境优化，生态质量改善；四是地区特色显现，文化品位提升；五是市场机制主导，保障体系健全；六是多元需求并存，个性消费增多。而对于居住区环境的要求也有较大的提升，如居住环境的精致化、审美主题的多元化、材料技术的生态化、功能体验的人性化。因此，当代居住区绿地规划设计也应满足小康时代的住房消费特点和要求，居住区绿地规划设计是良好人居环境建设的关键。

8.1　居住区规划的基本知识

居住区绿地是居住区的一个重要部分，居住区的园林规划应该根据居住区规划的要求，在全面掌握居住区类型、规模、布局结构等基本条件的基础上进行。

8.1.1　居住区的类型

按照建设条件、所处位置或住宅层数等的不同，居住区可分为不同的类型。居住区按照建设条件的不同，可分为新建居住区与改建居住区；按照所处位置的不同，可分为城市内的居住区与独立的工矿企业居住区；按照住宅层数的不同，可分为低层居住区、多层居住区、高层居住区或各种层数混合修建的居住区，这类不同住宅层数的居住区对形成独特的城市景观风貌起着重要作用。

1. 按照建设条件的不同划分

按照建设条件的不同，居住区可分为新建居住区和改建居住区。新建居住区一般易于按照合理的要求进行建设，而改建居住区情况往往比较复杂，有的布局需要调整，有的传统格局和建筑风格需要保留和改造。一般来说，改建居住区比新建居住区的建设难度要大，特别是在实施过程中，还要解决居民的动迁、安置等问题。

2. 按照所处位置的不同划分

按照所处位置的不同，居住区可分为城市内的居住区和独立的工矿企业居住区。

城市内的居住区在用地上既是城市功能用地的有机组成部分，又具有相对独立性。在居住区内须设置主要为居住区服务的公共服务设施。

独立的工矿企业居住区主要是为某一个或几个厂矿企业的职工及其家属而建设的，因此居住对象比较单一。这类居住区大多远离城市或与城市交通联系不便，具有较大的独立性。因此，在这类居住区内除了需设置一般市内住所需要的公共服务设施，还要设置更高一级的加工厂（如食品加工厂）和设备较齐全的医院等公共设施。而且，这些设施往往还要兼为附近的农村服务。因此，独立的工矿企业居住区公共服务设施的项目和定额指标应比市内的居住区适当增加。

8.1.2 居住区的组成

根据《城市居住区规划设计标准》（GB 50180—2018），居住区用地按其功能可分为以下四类（见表 8-1 至表 8-3）。

表 8-1 十五分钟生活圈居住区用地平衡控制指标 单位：%

用地构成	多层一类（4层～6层）	多层二类（7层～9层）	高层一类（10层～18层）
住宅用地	58～61	52～58	48～52
配套设施用地	12～16	13～20	16～23
城市道路用地	15～20	15～20	15～20
公共绿地	7～11	9～13	11～16
合计	100	100	100

表 8-2 十分钟生活圈居住区用地平衡控制指标 单位：%

用地构成	低层（1层～3层）	多层一类（4层～6层）	多层二类（7层～9层）	高层一类（10层～18层）
住宅用地	71～73	68～70	65～67	60～64
配套设施用地	5～8	8～9	9～12	12～14
城市道路用地	15～20	15～20	15～20	15～20
公共绿地	4～5	4～6	6～8	7～10
合计	100	100	100	100

表 8-3 五分钟生活圈居住区用地平衡控制指标 单位：%

用地构成	低层（1层～3层）	多层一类（4层～6层）	多层二类（7层～9层）	高层一类（10层～18层）
住宅用地	76～77	74～76	72～74	69～72
配套设施用地	3～4	4～5	5～6	6～8

续表

用地构成	低层 (1层~3层)	多层一类 (4层~6层)	多层二类 (7层~9层)	高层一类 (10层~18层)
城市道路用地	15~20	15~20	15~20	15~20
公共绿地	2~3	2~3	3~4	4~5
合计	100	100	100	100

1. 住宅用地

住宅用地为住宅建筑基底占地及其四周合理间距内的用地(含宅间绿地和宅间小路等)的总称。该项用地所占比例最大,一般要占居住区总用地的50%~60%。

2. 配套设施用地

配套设施用地为对应居住区分级配套规划建设,并与居住人口规模或住宅建筑规模相匹配的生活服务设施用地,主要包括基层公共管理与公共服务设施、商业服务业设施、市政公用设施、交通场站及社区服务设施、便民服务设施等的用地。

3. 城市道路用地

城市道路用地包括居住区道路、小区路、组团路及非公建配建的居民汽车地面停放场地。

4. 公共绿地

公共绿地为居住区配套建设、可供居民游憩或开展体育活动的公园绿地。

8.1.3 居住区的规划结构

居住区按居住户数或人口规模可分为十五分钟生活圈居住区、十分钟生活圈居住区、五分钟生活圈居住区和居住街坊四级(见表8-4、图8-1)。

表 8-4 居住区分级控制规模

距离与规模	十五分钟 生活圈居住区	十分钟 生活圈居住区	五分钟 生活圈居住区	居住区街坊
步行距离/m	800~1 000	500	300	—
住宅数量/套	17 000~32 000	5 000~8 000	1 500~4 000	300~1 000
居住人口/人	50 000~100 000	15 000~25 000	5 000~1 2000	1 000~3 000

1. 城市居住区

城市中住宅建筑相对集中布局的地区,简称居住区,泛指不同居住人口规模的居住生活聚居地和特指城市干道或自然界限所围合,并与居住人口规模相对应,配建有较完善的、能满足该区居民物质与文化生活所需的公共服务设施的居住生活聚居地。

2. 十五分钟生活圈居住区

十五分钟生活圈居住区以居民步行15分钟可满足其物质与生活文化需求为原

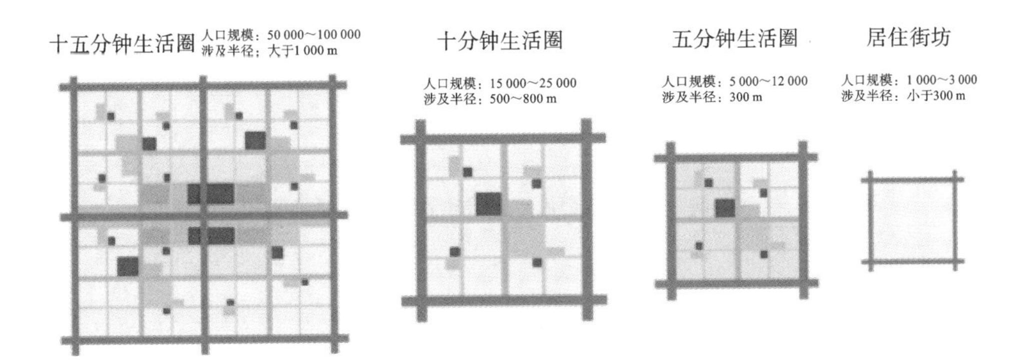

图 8-1 生活圈层布局形态模式

则划分的居住区范围，其一般由城市干路或用地边界线所围合，居住人口规模为 50 000～100 000 人(17 000～32 000 套住宅)，配套设施完善。

3. 十分钟生活圈居住区

十分钟生活圈居住区为以居民步行 10 分钟可满足其基本物质与生活文化需求为原则划分的居住区范围，其一般由城市干路、支路或用地边界线所围合，居住人口规模为 15 000～25 000 人(5000～8 000 套住宅)，配套设施齐全。

4. 五分钟生活圈居住区

五分钟生活圈居住区为以居民步行 5 分钟可满足其基本生活需求为原则划分的居住区范围，其一般由城市支路及以上级别城市道路或用地边界线所围合，居住人口规模为 5 000～12 000 人(1 500～4 000 套住宅)，配建社区服务设施。

5. 居住街坊

居住街坊为由支路等城市道路或用地边界线围合的住宅用地，是住宅建筑组合形成的居住基本单元；其居住人口规模在 1 000～3 000 人(300～1 000 套住宅，用地面积 2～4 hm^2)，并配有便民服务设施。

8.1.4 居住区建筑及其用地的规划布置

居住区建筑及其用地不仅量多面广，而且在体现景观风貌方面起着重要的作用。因此，在进行规划设计前，首先要研究居住区建筑的类型及其布置形式。

1. 居住区建筑的类型

以套为基本组成单位的居住区建筑的类型如表 8-5 所示。

表 8-5 居住区建筑类型

编号	住宅类型	用地特点
1	独院式	每户一般都有独用院落，层数 1～3 层，占地较多

续表

编号	住宅类型	用地特点
2	并联式	一般都用于多层和高层,特别是梯间式用得较多
3	联排式	
4	梯间式	
5	内廊式	
6	外廊式	
7	内天井式	第4、5类住宅的变化形式,由于增加了内天井,住宅进深加大,对节约用地有利,一般多见于层数较低的多层住宅
8	点式(塔式)	第4类住宅独立式单元的变化形式,适用于多层和高层住宅。由于体形短而活泼,进深大,故具有布置灵活和能丰富群体空间组合的特点,但有些套型的日照条件可能较差
9	跃廊式	第5、6类住宅的变化形式,一般用于高层住宅

注:低层住宅指1~3层的住宅,多层住宅指4~8层(低于24 m)的住宅,高层住宅为8层以上(超过24 m)的住宅。

2. 居住区建筑的布置形式

住宅组群平面组合的基本形式有三种,即行列式、周边式、点群式。此外,还有由这三种形式组合而成的混合式。

1)行列式

行列式指条式单元住宅或联排式住宅按一定朝向和间距成排布置。整齐的住宅排列在平面构图上有强烈的规律性,住宅的朝向、间距排列较好,日照通风条件较好,但形成的空间和路旁山墙景观往往单调、呆板,绿地布局可结合地形的变化,采用高低错落、前后参差的形式,借以打破建筑呆板单调的格局。

2)周边式

周边式指住宅沿街坊或院落周边布置,形成封闭或半封闭的内院空间,院内安静、安全、方便,有利于创造公共绿地,形成该区的绿地中心和较好的户外休息环境。此种形式适用于北方风沙较大的居住区。四周高大住宅的围合使该类型绿地有闭塞之感。

3)点群式

点群式住宅布局包括低层独院式住宅、多层点式住宅及高层塔式住宅布局。点群式住宅组成或围绕住宅组团中心建筑、公共绿地、水面有规律地或自由布置,日照条件较好,视野开阔,外围绿地面积较大,可采用自然式园林的布局手法。

8.1.5 居住区的道路系统

居住区内部道路担负着分离地块及联系不同功能用地的双重职能。良好的道路骨架不仅能为各种设施的合理安排提供适宜的地块，还可为布置建筑物、公共绿地等创造有特色的环境空间提供有利条件。居住区内部道路，根据规模大小和功能要求，可分为居住区内各级城市道路、居住街坊内附属道路（见图 8-2），其中附属道路包含机动车道、非机动车道、步行道路。

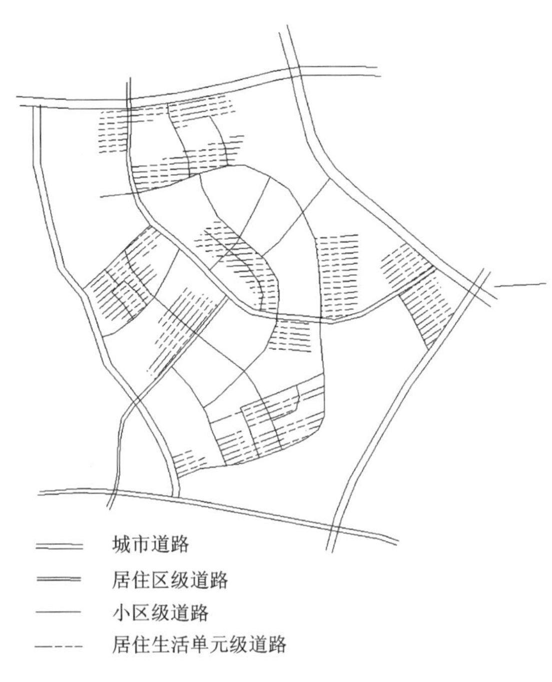

图 8-2　上海曹杨新村居住区道路系统（四级）

1. 居住区道路

居住区道路应遵循安全便捷、尺度适宜、公交优先、步行友好的基本原则，居住区的路网系统应与城市道路交通系统有机衔接，采取“小街区、密路网”的交通组织方式，路网密度不应小于 8 km/km^2，城市道路间距不应超过 300 m，宜为 150～250 m，并应与居住街坊的布局相结合。支路的红线宽度宜为 14～20 m，道路断面形式应满足步行及自行车骑行要求，人行道宽度不应小于 1.5 m，如图 8-3 所示。

2. 居住区附属道路

居住区附属道路的规划设计应满足消防、救护、搬家等车辆的通达要求。主要附属道路至少应有两个车行出入口连接城市道路，其路面宽度不应小于 4 m，其他附属道路的路面宽度不宜小于 2.5 m。人行出入口间距不宜超过 200 m。

8.1.6　居住区公共服务设施

居住区公共服务设施也称“配套公建”，主要满足居民基本的物质和精神生活方面的需要，主要为本区居民服务。根据居民在物质与文化生活方面的多层次需要，居住区公共服务设施分为教育、医疗卫生、文化体育、商业服务、金融邮电、社区服

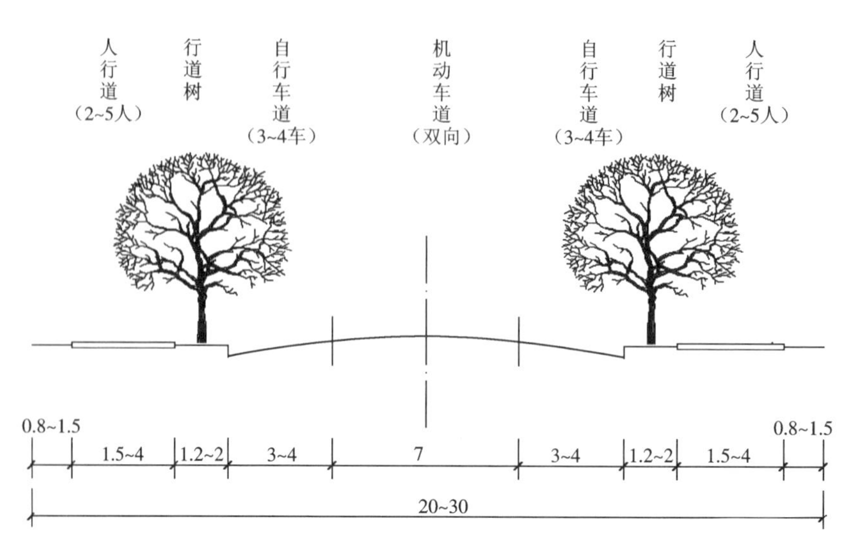

图 8-3 居住区道路立面(单位:m)

务、市政公用、行政管理等八类。

居住区公共服务设施的配建主要反映在配建的项目和面积指标两个方面。一般采用千人总指标和分类指标控制。

公共服务设施在居住区的规划布置采用集中与分散相结合的手法。居住区级的公共服务设施一般相对集中布置,主要是文化、商业服务设施,以形成居住区中心。商业服务网点一般情况下有以下几种布置方式。

1）集中成片布置

居住区中较大型的文化、商业服务设施集中设置。

2）沿街布置

沿街布置是常用的方法,方便居民,丰富街景。可沿街的一侧或沿街的两侧布置,还可与居住区主入口道路结合布置。

3）分散布置

将居民每天要去的服务设施(如早点铺、日用百货店、小副食店等)分散布置。

居住区公共服务设施应遵循配套建设、方便使用、统筹开放、兼顾发展的原则进行配置,其布局应遵循集中和分散兼顾、独立和混合使用并重的原则。对于十五分钟、十分钟和五分钟生活圈居住区公共服务设施,应依照其服务半径相对集中布局(见图 8-4)。

在十五分钟生活圈居住区公共服务设施中,文化活动中心、社区服务中心(街道级)、街道办事处等服务设施宜联合建设并形成街道综合服务中心,用地面积不宜小于 1 hm^2。

在五分钟生活圈居住区公共服务设施中,社区服务站、文化活动站(含少年、老年活动站)、老年人日间照料中心(托老所)、社区卫生服务站、社区商业网点等服务设

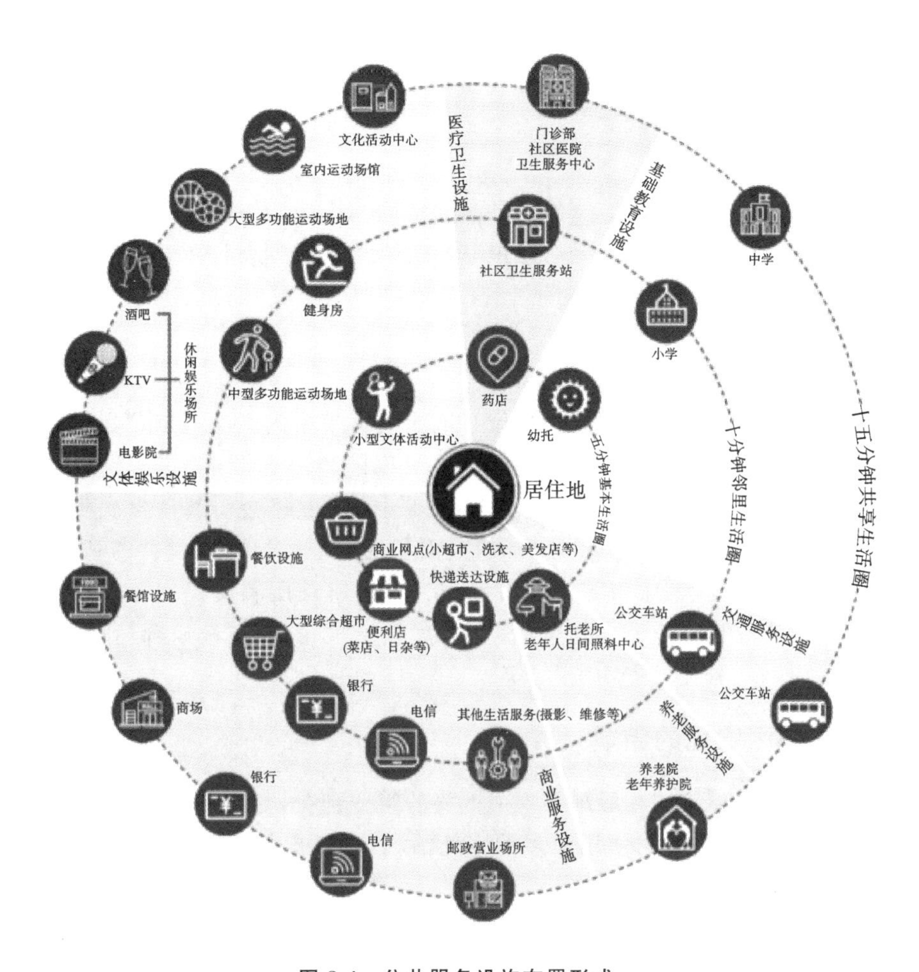

图 8-4 公共服务设施布置形式

施,宜集中布局、联合建设,并形成社区综合服务中心,用地面积不宜小于0.3 hm²。

8.2 居住区绿地概况

8.2.1 居住区绿地的功能

1. 生态功能

居住区绿地应当具备改善居住区局部生态环境,调节小气候,创造舒适的生活环境,促进人与自然和谐共存、协调发展的生态功能。居住区绿地规模越大,植被数量和种类越多,结构层次越复杂,生态效益越显著。

2. 美学功能

居住区绿地应当具有创造优美的景观形象、美化环境、愉悦人的视觉感受、振奋人的精神的美学功能。由于居住区建筑物占据了相当大的比例,因此居住区绿地设计应以植物、水体、地形等软质景观元素为主,以铺装、雕塑等硬质景观元素为辅,将自然美和人工美完美统一起来。

3. 游憩功能

居住区绿地为居民提供丰富的户外活动空间,具有满足户外活动需要的多种使用功能。亲近自然和与人交往是居民最基本的需求。规划设计中,应充分兼顾开辟开敞空间和相对私密的半开敞空间,同时设置适量的桌凳、路灯、凉亭等设施,方便居民游憩使用。

4. 防灾避难功能

完整的城市绿化带可以有效减少城市地质灾害带来的影响,城市绿地系统在防灾救灾中也具有显著作用。首先,城市绿地可以隔离灾害源,防止次生灾害发生。强烈地震等地质灾害除了造成建筑物本身的破坏,一般还会引起许多次生灾害,如火灾、山崩、滑坡、泥石流等,其危害巨大,大面积的绿地可以阻隔灾害的蔓延和减少次生灾害的发生。其次,城市绿地还可以作为临时避难所和灾民安置场所,救灾人员可以利用城市绿地建立临时医院,尽快开展救治工作;城市政府部门可以利用城市绿地调运、储存、分发救灾物资,等等。

8.2.2 居住区绿地的组成

居住区绿地是城市园林绿地系统中重要的组成部分,是改善城市生态环境的重要环节,同时也是城市居民使用最多的室外活动空间,更是衡量居住环境质量的一项重要指标。

根据《城市居住区规划设计标准》(GB 50180—2018),居住区绿地主要包括居住区公共绿地和居住街坊内绿地两大类,居住区公共绿地包括十五分钟生活圈居住区、十分钟生活圈居住区、五分钟生活圈居住区的内部绿地;居住街坊内绿地包括宅旁绿地和集中绿地。《城市绿地分类标准》(CJJ/T 85—2017)以绿地的功能和用途作为分类标准,将社区公园划归公园绿地(G1)。居住区用地内的配建绿地属于居住用地附属绿地,归于附属绿地大类。

1. 公共绿地

公共绿地是为居住区配套建设、可供居民游憩或开展体育活动的公园绿地,其位置适中,并靠近小区主路,适宜各年龄段的居民使用,其服务半径以不超过 300 m 为宜。具体根据居住区不同的规划组织结构类型,设置相应的中心绿地,以及老年人、儿童活动场地和其他的块状、带状公共绿地等。公共绿地集中反映了居住区绿地的质量和水平,一般要求有较好的艺术效果,对规划设计的要求也较高,如图 8-5 所示。

2. 宅旁绿地

宅旁绿地指行列式建筑前后两排住宅之间的绿地,其大小、宽度取决于楼间距,一般包括宅前、宅后及建筑物本身的绿化。宅旁绿地中一般布置简单的休息、健身设施或儿童活动设施。它是居住区绿地内总面积最大、居民尤其是老年人和学龄前儿童最常使用的一种绿化形式，一般只供本栋楼的居民使用，如图 8-6 所示。

图 8-5 小区公共绿地

图 8-6 宅旁绿地

3. 集中绿地

居住街坊内的集中绿地是最接近居民的公共绿地，往往结合居住街坊布置，以居住街坊内的居民为服务对象，应设置供幼儿、老年人在家门口进行日常户外活动的场地。居住街坊内集中绿地的规划设计应满足：新区建设不应低于 0.5 m^2/人，旧区改建不应低于 0.35 m^2/人；绿地宽度不应小于 8 m；居住街坊集中绿地设置应满足不少于 1/3 的绿地面积在标准的日照阴影线（即日照标准的等时线）范围之外的要求，以利于为老年人、儿童提供更加理想的游憩及游戏活动场所。例如，俱乐部、展览馆、商店等周围绿地，还包括其他块状观赏绿地等，其绿化布置要满足公共建筑和公共设施的功能要求，并考虑与周围环境的关系，如图 8-7 所示。

4. 道路绿地

道路绿地指居住区内道路红线以内的绿地。其靠近城市干道，具有遮阴、防护、丰富道路景观等功能，根据道路的分级、地形、交通情况等进行布置，如图 8-8 所示。

图 8-7 配套公建绿地

图 8-8 道路绿地

8.2.3 居住区绿地的定额指标

随着我国城市绿地规划的建设、人居环境不断得到改善,居住区绿地的定额指标成为衡量一个居住区绿地数量的多少和质量好坏的重要标准。目前,我国居住区绿地的定额指标主要有两项,即居住区绿地率和居住区人均公共绿地面积。

1. 居住区(小区)绿地率

居住区(小区)绿地率指居住区(小区)用地范围内各类绿地的总和占居住区(小区)用地面积的百分比,计算式为

$$居住区(小区)绿地率=\frac{居住区(小区)种类绿地面积}{居住区(小区)总用地面积}\times 100\%$$

2. 居住区人均公共绿地面积

居住区人均公共绿地面积指居住区用地范围内公共绿地(居住区中心绿地、居住小区中心绿地、组团绿地)面积与居住区居民人数的比值,其计算式为

$$居住区人均公共绿地面积=\frac{居住区公共绿地面积}{居住区居民人数}$$

《城市居住区规划设计标准》(GB 50180—2018)规定,新建各级生活圈居住区应配套建设公共绿地和供居民游憩或开展体育活动的公园绿地。其中,十五分钟生活圈居住区按人均 2 m^2 设置公共绿地(不含十分钟生活圈居住区及以下级公共绿地指标),十分钟生活圈居住区按人均 1 m^2 设置公共绿地(不含五分钟生活圈居住区及以下级公共绿地指标),五分钟生活圈居住区按人均 1 m^2 设置公共绿地(不含居住街坊绿地指标)(见表 8-6)。

表 8-6 居住区公共绿地控制指标

类别	人均公共绿地面积/m^2	居住区公园		备注
		最小规模/hm^2	最小宽度/m	
十五分钟生活圈居住区	2	5	80	不含十分钟生活圈及以下级居住区的公共绿地指标
十分钟生活区圈居住区	1	1	50	不含五分钟生活圈及以下级居住区的公共绿地指标
五分钟生活圈居住区	1	0.4	30	不含居住街坊的绿地指标

当旧区改建无法满足上述要求时,可采取多点分布及立体绿化等方式改善生活环境,但人均公共绿地面积不应低于相应指标的 70%。

对于居住街坊内集中绿地的规划建设,新区建设不应低于 0.5 m^2/人,旧区改建不应低于 0.35 m^2/人。

8.3 居住区绿地规划设计原理

8.3.1 居住区绿地规划设计的要点

1. 合理进行居住区景观设计定位

对于高层居住区，在设计定位上应该提高景观节点的数量和层次，采用多维度景观和高密度景观的布局形式。在考虑居民步入体验景观的同时，也要思考住宅的层数和高度与居民观景视觉的关系，比如高层居民的广袤视野与低层居民的局部视野所呈现的景观效果。因而，在景观设计的形式上可遵循一些平面图案构成原理，使景致表现出图案特征。对于中低层住宅而言，其景观节点的分布可以比高层居住区稍微离散一些，设计的手法上适当多变一些。中低层住宅的人口密度若比较低，可以多做半开敞、半私密的景观节点。地形设计的手法上尽量中庸，以平缓为宜。

2. 细致"谱写"居住区景观空间序列

从居住区的入口开始，对景观的空间按照人流轨迹的逻辑编排，细致划分空间的类别、性质、尺度，并以此为依据设定景观空间的序列。对于人流量大的区域，可设置开敞的、共享的开放景观空间；对于人流量适中的景观空间，应以半围合的形式编排在二级园路之间的交集处，并设置一些可供休憩的构筑物、设施等；对于人流量较小的景观空间，可以在尺度上缩小一点，附属于三级园路或支路。景观节点的布置与人的行为习惯相关，每隔 30～50 m 设计一处，可遵照前奏、渐强、高潮、渐弱、结束的思路进行景观序列的"谱写"。

3. 空间属性的设定

人群参与度高的景观可做一些地形空间变化，还可规划步行方式、观景方式等多种多样的景观参与方式。例如，依托地形进行种植的设计，将缓坡多做植物观景面的布置，再搭配水体、假山等其他景观元素，加大空间的包容性，从而设定为参与度高的共享型景观空间；将软质景观和硬质景观有机结合，在人流量不大的位置，利用大冠幅的高乔木为座凳、长椅等景观设施搭建"屋顶"与"家具"，从而设定围合感较好的私享型景观空间；将基地中的道路进行合理的组织和安排，采用多种手法设计道路铺装材质、道路绿化造型等，利用道路将共享型空间和私享型空间进行串联，从而形成引导行人流线的纽带空间。

4. 空间尺度的把控

人们在不同的景观空间尺度中能体验到不同的感受。因此，在居住区绿地规划设计的时候，除了要依据居住区整体的规模和尺度去设计景观空间，构筑不同的空间网络，还应当具体地依照使用者的行为、年龄等因素把控空间的尺度。例如，大面积的草坪必定会带给居民开阔的视野，人们会体验到自由、放松的观景感受，那么在草坪路径的设计上，要利用路径的方向去引导人的视线方向，把周边的景观节点潜移默化地渗入视野中;小尺度的院落会带给居民依赖、安全的感受,那么在院落的挡墙设计上可以增加材质、纹理、垂直绿化等细节,凸显景观设计的细致、用心。

5. 充分利用居住区现有景观条件

方案的设计不是简简单单的"一张白纸"或"推倒重来",而是在经济、环保的前提下进行合理而充分的再利用、再改造。在进行居住区绿地规划设计之初,要仔细踏勘用地情况,做好地块条件现状分析。无论地块处于什么样的自然状态,都应该提取和挖掘现有可利用的基地因素,注重原始自然条件的维持和保护。对于完全不能改造的劣地,也可以尽力运用种植的手段去优化和改善,逐渐改变不良的环境现状。

另外,在植物的选配和种植上也多以当地原生植物为主,遵循生态可持续的原则。一是要尽力维持原有的生物多样性,保持生物群落的丰富性,对成龄树、古树进行必要的保护和移栽,不打破生物演替的生态链;二是将屋顶绿地、宅间绿地、道路绿地、花园、广场绿地等进行统筹规划,新老绿地和谐共处,最终形成完整、统一、相互依存的共赢居住景观生态环境。

6. 多元化营造居住区的意境氛围

将形式美法则与空间设计的手段相结合,多元化营造居住区的意境氛围,使居民在满足基本生活需求的基础上,自发地欣赏、爱护居住区的环境。形式美法则中的统一与变化、对比与趋同、均衡与稳定、比例与尺度、节奏与韵律等,可以指导景观设计师去提升设计方案的艺术美感和居住区环境的审美价值,从而构建舒适宜人的居住环境。

7. 深度发掘地域性人居环境特色

在居住区绿地规划设计方案实施之前,除了研究硬件上的地理、气候、水文、动植物特性等自然因素,还应当将更多的时间和精力投入区域的人文、历史方面,去发掘居住区内在的文化内核,将地域性文化特色在居住区景观中体现出来。这一点可以与居住区的意境营造结合起来,也就是用多种具有艺术审美情趣的手段去诠释地域性的文化、历史内涵,避免近年来城市居住区建设过多、过快而显现出来的弊病,如"千篇一律""不伦不类"。应当多做调研、多思考,通过广泛的吸收、采纳,将地域性的文化特质通过艺术性的表现手法呈现出来。

8.3.2 居住区绿地规划设计的影响因素

1. 城市自然与人文特征

居住区空间环境设计要充分考虑居民的精神文化需求,遵循地方传统特征和区域文化内涵,理解当地民众的心态特征,用环境设计手法表现地方文化内涵,满足居民的精神文化需求。此外,在环境设计中还可以通过融入地方人文、历史、文化特色来突出居住区的风格特点,提升居住区空间环境的文化品位,从而确保居住区空间环境设计与城市文化系统相契合。

2. 居住区周边环境

1）边界

边界是居住环境的生态屏障，为了发挥其最大的生态效益，应使其具有一定宽度和尽可能的连续性；而强调连续性并不是代表全方位封闭，边界作为居住区内外视线、空间交流的要素，应根据具体情况利用地形、乔木、灌木等打开透景线，以延伸居住区视野并丰富街景。日本景观设计师德留弥称，日本已将围墙拆去，居住区与自然融为一体，安全问题可通过智能化软件解决。

2）入口

入口是居住区给人的第一印象，是反映居住区风貌的窗口，在入口的设计上，应该形成一种特制的景观形象，给居住者归属感和认同感；入口是人流、车流的通道，设计时应满足其功能要求和安全性，做到人车分流。

3）基线

基线指建筑基础和建筑环境的交接带，从景观生态学上来讲，对于居住区的整体环境，基线只能算作小的斑块，但其作用却不可或缺。

4）立面

立面在空间三个面中是视觉最敏感部分，对于空间分隔和组织景观都具有很重要的作用，空间的围合、收放都是通过立面来控制的。居住空间中，建筑立面所占比例最大，还有建筑、植物等围合的空间也不在少数，立面的围合可以创造各种各样的空间环境，佳则收之，俗则屏之。

3. 居住区建筑场地特征

居住区建筑和规划设计，应综合考虑用地条件、选型、朝向、间距、绿地、层数与密度、布置方式、群体组合和空间环境等因素后确定。

4. 居民人口组成

在进行居住区住宅设计时，要考虑不同人群的使用需求，包括老年人、青年人、儿童等不同层次人群的使用需求。

8.4 居住区绿地布局原则

在进行居住区绿地规划设计之前，应做好社会环境和自然环境方面的调查，特别是与绿化有密切关系的地形、植被、水系等的调查。调查主要包括：①居住区总体规划；②绿地现状；③居民情况，包括居民人数、年龄结构、文化素质、共同习惯等。

1. 统一规划、合理组织、分级布置、形成系统

居住区绿地规划应与居住区总体规划统一考虑。应合理组织各种类型的绿地，结合居住区的空间布局结构形成居住区级、小区级、组团级等不同级别和层次清晰的绿地体系。整个居住区绿地应以宅旁绿地为基础，以小区游园为核心，以道路绿化为网络，自成系统，并与城市绿地系统相协调。

2. 充分利用现状条件

居住区绿地规划应充分利用现状条件,对居住区内雨水的收集与排放进行统筹设计。如充分利用场地原有的坑塘、沟渠、水面,设计适宜居住区使用的景观水体;采用下凹式绿地、浅草沟、渗透塘、湿塘等绿化方式,特别要对古树名木加以保护。这些具有调蓄功能的绿化方式,既可美化居住环境,又可在暴雨时起到调蓄雨水、减少和净化雨水径流的作用,同时还能提高居住区绿化用地的综合利用效率。

3. 充分考虑居民的使用要求,突出"家园"特色

居住区绿地规划应注重实用性,在充分了解居民生活行为规律及心理特征的基础上,为人们日常生活及休闲活动提供绿化空间,满足不同年龄层次居民的使用要求,形成亲切自然的景观,突出"家园"的环境特色。

4. 绿化以植物造景为主

居住区的绿化应以植物造景为主,利用植物组织空间,改善环境小气候;植物配置应突出环境识别性,创造具有不同特色的居住区景观。

8.5 社区居住生活圈绿地规划设计

生活圈最早源于日本,是一种基于地理学的规划概念,随后被韩国、中国台湾地区等广泛运用,并根据自身建设情况而有所区别。近几年,国内(大陆)也有许多城市展开了关于社区生活圈的研究与实践。"十五分钟生活圈"的概念最早是在2016年发布的《上海市15分钟社区生活圈规划导则(试行)》中明确的,即在15分钟步行可达范围内,配备生活所需的基本服务功能与公共活动空间,形成安全、友好、舒适的社会基本生活平台。相较于传统规划,生活圈规划最大的区别在于规划思维方式的转变,在实现公共服务的均好性和基层性方面为建设宜居城市打开了新的规划思路。一方面,它倡导以人为本,从传统的"千人指标计算"转变为"步行可达",从居民实际使用角度出发,强调设施分布的均好性;另一方面,生活圈规划倡导各类专项设施统筹集中配建,打造"一站式"社区服务中心。简单来说,生活圈规划其实是在借鉴、学习邻里中心集中配建理念的基础上,努力寻求社区公共服务配套在集中共享和均好分布这两种布局模式之间的一种平衡状态,而这也正是园区邻里中心模式发展到现在所不断努力的方向。

8.5.1 十五分钟社区生活圈规划

1. 公共设施体系规划

公共设施的规划要以居民的需求为导向,采用共性和个性相结合、基础保障和品质提升相结合的方式。基础保障类设施是满足社区居民基本生活的一种设施,是强制性设置的类型,包括养老、医疗等。品质提升类设施的规划需要根据人口结构和行为特征进行个性化的规划设计,可以对附近的居民进行需求类的调查。品质提升类设施主要包括体育健身、文化教育和生活服务三项。

在体育健身设施方面，除了要增加健身活动站等场所，还要鼓励企业及学校开放内部资源，从而构建多样化且无处不在的体育健身空间；在文化教育设施方面，针对城市双职工家庭子女托养需求，社区规划可以重点完善0～3岁的幼儿托管服务，增加十五分钟社区生活圈内的养育托管点；在生活服务设施方面，针对当代年轻人的生活特点，增加食堂、生活服务点、便捷小菜店的设置，满足居民便捷购物及家政服务等基本生活需要。

中心城市十五分钟社区生活圈规划应注重提高城市生活的便捷性，尤其要关注弱势群体及特殊群体的要求，特别是老年人和儿童，他们对周边设施的依赖程度更高。因此，社区生活服务圈要关注老年人的养老、就医、日常托管，以及家庭护理等各方面基础设施的完善。

2. 交通路径的规划

十五分钟社区生活圈规划要求规划人员要时刻关注最优路径的设置问题。传统社区在规划上讲究设施的配置总量与人均面积的达标，如果对于设施的服务半径考虑不周，会造成一些设施在投入使用后，由于路径问题使用率低下。因此，在十五分钟社区生活圈的交通规划上，对公共设施的设置主要以步行可达作为参考依据。以步行为主要出行方式的基础设施设置，决定了老年人和儿童的生活质量。老年人和儿童的日常生活高度依赖居住区的基础设施。随着我国人口老龄化的不断加剧，如何让老年人的生活更便捷也是十五分钟社区生活圈规划需要考虑和解决的问题。学龄前儿童及70岁以上的老年人的活动范围基本在居住地300～500 m之内，在15分钟可达范围内提供比较完备的设施服务，可显著提高老年人和儿童的生活舒适度和幸福感。因此，建议在步行5分钟的范围内，建设幼儿园、公园、老年人活动中心，以及菜市场等。另外，居住区的公共活动中心与交通枢纽的间距宜为80～120 m。规划要关注街道的连续性，提高街道的活力，通过优化设计，特别是对沿街功能混合设施的设计，可以沿着街道设置各类公共服务设施，促进资源共享及社区交往活动的有序发生。通过采集机动车道和步行道的数据，可以分析人们实际的步行距离，反思"理论数据"，从而指导构建适合十五分钟社区生活圈的圈层规模(见图8-9)。

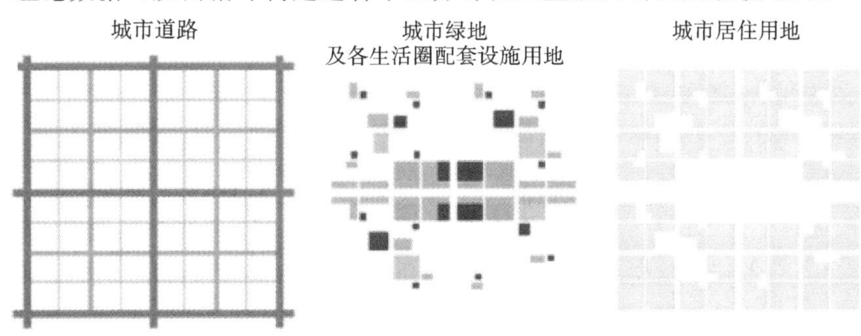

图8-9 十五分钟生活圈居住用地布局形态

3. 健康融入十五分钟规划圈

对社区生活圈的规划，是城市发展到一定阶段之后，人们将考察的视角从物质空间转向人群，甚至转向个体的一种发展趋势。社区生活圈承载着更多、更丰富的社区治理功能，是促进城市发展、应对各种城市危机的一种复合型的载体。新冠肺炎疫情的发生使人们加强了对健康的重视，将健康融入十五分钟社区生活圈是从日常健康和新冠肺炎疫情应急两大类设施和服务上考虑的。随着人们生活压力的增大，慢性疾病及亚健康逐渐侵蚀着人们的生活，构建健康的生活圈，可以促进人们的体力活动和社会交往，从而优化人们的生活方式。可达性高的绿地和开放空间及慢行系统等，都可以促进人们在城市中更加便捷和舒适地进行步行及慢跑等行为。针对当下慢性疾病逐渐年轻化的现象，要加强社区层面的基本健康检测、慢性疾病防控及服务，加强社区照护系统，实现分级诊疗。另外，社区要完善针对新冠肺炎疫情的应急服务，基于居委会及其设施，规划设立覆盖范围广、步行可达的应急生活圈。

8.5.2 五到十分钟社区生活圈规划

1. “集中”+“分散”布局——根据用地条件选择适宜的建设模式

对于五到十分钟基层街坊级设施，规划采取沿街或嵌入式模式，强调设施分布的均好性，注重大分散、小集中(专类集中建设)。具体有四个原则：①鼓励学校文体设施对公众开放；②鼓励老年学校、职业培训中心等与社区文化活动中心共享空间，考虑错时使用、集约空间；③鼓励社区养老设施与卫生服务设施共建共享，全面推进基层医养融合；④鼓励社区商业与文化设施邻近布置，提升实体商业的活力与体验度。

从园区实际建设的经验来看，不能一味强调集中，也需要注重居民的实际需求，提升五到十分钟社区生活圈的基层设施，尤其是社区商业的活力。诚然，沿街的商业会对城市环境和交通造成一定的负面影响，但是设计师完全可以通过设计引导来规避这些不良影响，去创造既好看又好用的空间。

2. 差异化引导——考虑社区差异，定制个性化清单

生活圈规划应充分考虑不同类型社区的差异化需求，结合设施建设的现状评估，为不同社区定制个性化的设施建设清单，解决生活圈到底需要“建什么”的问题，尽量避免通过“一刀切”的规划统一配置。例如，根据年龄结构划分，80、90后更依赖餐饮业、家政服务等，注重个体间的交往娱乐；而对于50后、60后来说，他们往往对超市、菜场等住区配套设施的便利性有更高的需求，并需要提供一些适合老年人与儿童活动的空间。根据收入水平划分，则可以将设施分为基础保障型和品质提升型两类。前者包括社区便利店、平价菜场、维修店等基础服务，主要由政府保障提供或引导建设；后者包括家政服务、无人便利店、高端会所等品质更高的服务，主要交由市场配建。

8.6 宅旁绿地规划设计

宅旁绿地包括宅前、宅后和住宅之间的绿化用地(见图 8-10)。它是住宅内部空间的延续和补充,虽不像公共绿地那样具有较强的生态、游赏功能,却与居民日常生活联系最为紧密,最便于邻里交往。宅旁绿地能够较大程度地缓解现代住宅的封闭感和隔离感,既可以保护家庭的私密性,也可以满足以宅间绿地为纽带的社会交往活动。宅旁绿地是居住区绿地中重要的组成部分,从绿地分类角度来说,属于居住建筑用地的一部分。在居住小区总用地中,其面积不计入居住小区公共绿地指标。居住区用地平衡表只反映公共绿地面积和百分比。

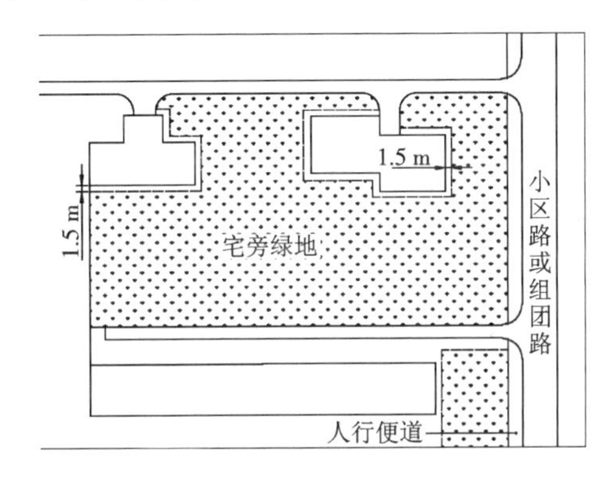

图 8-10 宅旁绿地面积计算起止界示意

8.6.1 规划设计要点

在居住区绿地中,宅旁绿地面积最大,分布最广,使用频率最高,对居住环境质量和城市景观的影响也最明显。因此,对规划设计过程中的各种因素要考虑周到。

第一,应结合住宅的类型和平面特点、建筑组合形式、宅前道路等进行布置,形成公共、半公共、私密空间的有效过渡。

第二,设计中应考虑居民日常生活、休闲活动及邻里交往等的需求,创造宜人的空间。由于老年人和儿童对宅旁绿地的使用频率最高,应适当增加老年人和儿童休闲活动设施。

第三,宅旁绿地的绿化设计应根据当地的土壤气候条件、居民爱好选用乡土树种,让居民产生认同感及归属感。

第四,宅旁绿地设计应考虑绿地内植物与近旁建筑、管线和构筑物之间的关系。一方面,避免乔木、灌木与各种管线及建筑基础的相互影响;另一方面,避免植物影响底层居民的通风和采光(见表 8-7)。

表 8-7 绿化植物与建筑物、构筑物的最小间距

建筑物、构筑物名称	最小间距/m	
	至乔木中心	至灌木中心
建筑物外墙(有窗) 建筑物外墙(无窗)	3～5 2	1.5 1.5
挡土墙顶内和墙脚外	2	0.5
围墙	2	1
铁路中心线	5	3.5
道路路面边缘	0.75	0.5
人行道路面边缘	0.75	0.5
排水沟边缘	1	0.5
体育用场地	3	3
喷水冷却池外缘	40	—
塔式冷却塔外缘	1.5 倍塔高	—

8.6.2 按不同领域属性及使用情况划分的宅旁绿地和设计要点

按不同领域属性及使用情况,宅旁绿地可划分为近宅空间、庭院空间、余留空间(见图 8-11)。

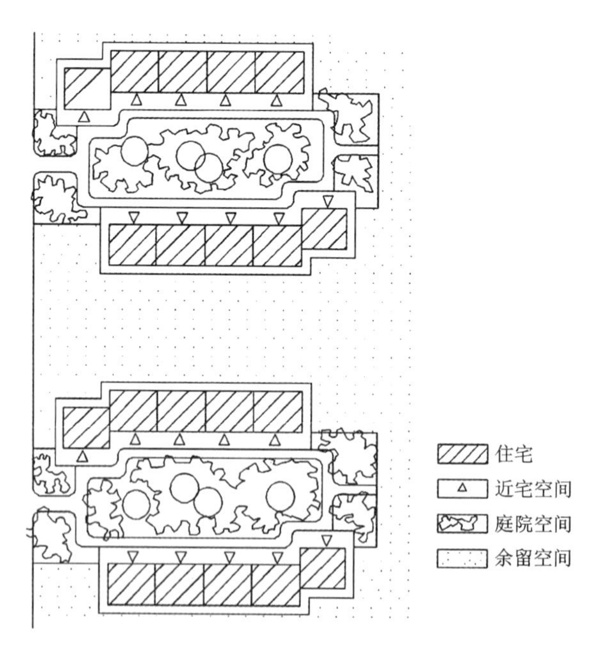

图 8-11 宅旁绿地空间构成示意

1. 近宅空间

近宅空间是居民每天出入的必经之地，是每幢住宅使用最频繁的过渡性小空间。居民在这里取信件、拿牛奶、逗留、等人、停放自行车等，同楼居民常常在此不期而遇。这个小空间体现着住宅楼的公共性和社会性，同时具有识别性和防卫作用，需要进行重点设计。

近宅空间可分为两部分：一部分为单元门前用地，包括单元入口、入户小路、散水等，为整个住宅单元所有；一部分为底层住宅小院和楼层住户阳台、屋顶花园等，这部分空间为用户领域。对于单元门前用地，宜适当扩大其使用面积，做一定的围合处理，如设置绿篱、矮墙、花坛、座椅、铺地等，适应居民日常行为，使这里成为居民乐于逗留、通过的人性化空间。对于底层住宅小院等私人空间，可由住户自行安排，在此不做讨论。

2. 庭院空间

庭院空间包括庭院绿化、各种活动场地及宅旁小路等，属于宅群或楼栋领域，主要供庭院四周的住户使用。

庭院空间的空间组织主要结合各种生活活动场地进行绿化设计，并注意各种环境功能设施的应用与美化。绿化设计以植物造景为主，力求为拥塞的住宅群加入尽可能多的自然元素，使有限的庭院空间产生最大的绿化效益。各种室外活动场地和设施是庭院空间的重要组成部分。为了保持安静，此处以3～6周岁幼儿的游戏场为主，一般不设置青少年活动场等对居民干扰大的场地。幼儿游戏场内可设置沙坑、铺地、草坪、桌椅等。另外，庭院空间也是老年人晒太阳、纳凉、聊天的好地方，可以放置一些木椅、石凳等。各场地之间宜用砌铺小路联系。

3. 余留空间

余留空间是上述两项用地范围外的边角余地，大多是住宅群体组合中领域模糊的消极空间，如山墙间距、小路交叉口、住宅背对背的间距、住宅与围墙的间距等。这类空间面积较小，不宜开辟活动的场地，可设计成封闭式的装饰绿地，用栏杆或装饰性绿篱围合，中间铺设草坪或点缀花木以供观赏。

8.6.3 按不同住宅建筑布局类型划分的宅旁绿地和设计要点

1. 高层住宅周围的宅旁绿地

高层住宅建筑层数多，住户密度大，宅旁绿地面积也相应较大。绿化设计应该以草坪为主，在草坪边缘散植树形优美的乔木或灌木、草花。考虑到高层住户高视点赏景的特点，可用常绿或开花植物组成绿篱、围合院落或构成各种图案，加强绿地的俯视效果。在树种选择上，要考虑植物的耐阴或喜光特性，还应注意在挡风面及风口必须选择深根性的树种，以改善宅间气流力度及方向。

2. 独立式及低层联排式住宅的宅旁绿地

这类宅旁绿地一般以建筑为界，分为前后两块。住宅前的宅旁绿地开敞或半开敞,用草坪、花坛及乔木等植物造景;独立式住宅后的绿地布置则较为封闭,可形成私密性生活空间。低层联排式住宅前可形成开敞或封闭的绿化空间,并可在住宅入口处扩大道路形成场地,供居民交往与小憩;住宅后的部分可设计成供底层用户独自使用的后院或供该幢住宅居民共同使用的半公共性的观赏绿地。

3. 多层住宅的宅旁绿地

多层住宅的宅旁绿地是最普遍的一种形式。住宅南面阳光充足,植物配置应以落叶乔木为主,采用简单粗放的方式,以利于底层住户夏季和冬季的采光。住宅北面由于地下管线多,又背阴,只能选择耐阴的灌木,布局简洁。住宅东西两侧宜种植一些落叶大乔木,或者设置绿色荫棚,种植攀缘植物,对朝东(西)的窗户进行遮挡,可有效减少夏季东西日晒(见图 8-12)。在靠近房基处种植一些低矮的花灌木,高大乔木要离建筑 5~7 m 以外种植,以免影响室内采光通风(见图 8-13)。两栋住宅间可布置休息座椅、儿童游戏设施等。尤其需要注意的是,由于多层住宅旁绿化是区别不同行列、不同住宅单元的识别标志,在植物配置形式上宜尽量有特色,既要注意植物种类、色彩、形式的相对统一,又要突出各幢楼之间的个性塑造。

图 8-12 宅旁绿地(一)

图 8-13 宅旁绿地(二)

此外,在城市用地十分紧张的今天,发展立体绿化,在墙面和屋顶进行绿化是扩大多层住宅的宅旁绿化面积的有效途径之一。如利用常绿或开花的攀缘植物结合住宅墙体进行绿化,可以形成绿墙,打破建筑线条的生硬感;与台阶、门廊结合,则可形成公共空间向私密空间的过渡。

8.7 配套公建附属绿地规划设计

8.7.1 配套公建附属绿地设计要点

配套公建附属绿地指居住区或居住小区中公共建筑及公共设施用地范围内的

附属绿地。这类绿地由各使用单位管理，使用频率虽不如公共绿地和宅旁绿地多，却同样具有改善居住区小气候、美化环境、丰富居民生活的作用。配套公建附属绿地应根据居住区公共建筑和公共设施的功能要求进行设计（见表8-8）。如商业、文娱活动中心周围绿地设计应留出足够的活动场地，供居民来往、停留；场地上种植冠大荫浓的乔木，灌木则以整齐的绿篱、花篱为主；节日期间可以摆放各种盆花，以增加节日气氛；铺地的材质、色彩宜丰富，路灯、座凳等设施的布置也要重点设计。

表8-8　居住区配套公建附属绿地的规划设计要点

设计要点 类型	绿化与环境 空间关系	环境措施	环境感受	设施构成	树种选择
医疗卫生，如医院门诊	半开敞的空间与自然环境（植物、地形、水面）相结合，有良好的隔离条件	加强环境保护，防止噪声、空气污染，保证良好的自然条件	安静、和谐，使人消除恐惧紧张感；阳光充足、环境优美，适宜病员休息	树木、花坛、草坪、条椅及无障碍设施，道路无台阶，宜采用缓坡道，路面平滑	宜选用树冠大、遮阴效果好、病虫害少的乔木、中草药及具有杀菌作用的植物
文化体育，如电影院、文化馆、运动场、青少年之家等	形成开敞空间，各建筑设施呈辐射状与广场绿地直接相连，使绿地广场成为大量人流集散的中心	绿化应有利于组织人流和车流，同时要避免遭受破坏，为居民提供短时间休息的场所	用绿化来强调公共建筑的个性，形成亲切、热烈的场所氛围	设有照明设施、条凳、果皮箱、广告牌；路面要平滑，以坡道代替台阶，设置公用电话、公共厕所等	以生长迅速、健壮、挺拔、树冠整齐的乔木为主，运动场上的草皮应是耐修剪、耐践踏、生长期长的草类
商业、饮食、服务，如百货商店、生鲜店、饭店、书店等	构成建筑群内的步行道及居民交往的公共开敞空间；应利用绿化点缀并加强其商业气氛	防止恶劣气候、噪声及废气排放对环境的影响；人、车分离，避免互相干扰	由不同空间构成的环境是连续的，从各种设施中可以分辨出自己所处的位置和要去的方向	具有连续性的、有特征标记的设施，如树木、花池、条凳、果皮箱、电话亭、广告牌等	应根据地下管线的埋置深度，选择深根性树种，根据树木与架空线的距离选择不同树冠的树种

续表

设计要点 类型	绿化与环境 空间关系	环境措施	环境感受	设施构成	树种选择
教育,如托幼、小学、中学等	构成不同大小的围合空间,建筑物与绿化庭院相结合,形成有机统一、开敞而富有变化的活动空间	形成连续的绿色空间,并布置草坪及文体活动场,创造由闹至静的过渡环境,开辟室外学习园地	形成轻松、活泼、宁静的气氛,有利于学习、休息及文娱活动	游戏场及游戏设备、操场、沙坑、生物实验园、体育设施、座椅或石桌凳、休息亭廊等	结合生物园设置菜园、果园、小动物饲养地,选用生长健壮、病虫害少、管理粗放的树种
行政管理,如居委会、街道办事处、房管所	以乔木、灌木将各孤立的建筑有机地结合起来,构成连续围合的绿色前庭	利用绿化弥补和协调各建筑在尺度、形式、色彩上的不足,并缓和噪声、灰尘对办公的影响	形成安静、卫生、优美、具有良好小气候条件的工作环境,有利于提高工作效率	设有简单的文体设施和宣传画廊、报栏,以活跃居民业余文化生活	栽植庭荫树、多种果树,树下可种植耐阴经济植物。利用灌木、绿篱围成院落
其他,如垃圾站、锅炉房、车库	构成封闭的围合空间,以利于阻止粉尘向外扩散,并利用植物作屏障、阻隔外部的视线	消除噪声、灰尘、废气排放对周围环境的影响,能迅速排除地面水,加强环境保护	内院具有封闭感,且不影响院外的景观	露天堆场(如煤渣等)、运输车、围墙、树篱、藤蔓	选用抗性强、能吸收有害物质的树种,枝叶茂密、叶面多毛的乔木、灌木,墙面屋顶用爬蔓植物绿化

8.7.2 幼托机构绿地规划设计

托儿所、幼儿园是对3～6岁幼儿进行学龄前教育的机构,在进行幼托机构绿地规划设计时,要充分考虑幼儿的行为习惯和心理特征。总体上,绿地形式宜以自然式为主,可多用流畅的曲线布局,造型形象化,色彩丰富,色泽鲜艳。

根据儿童活动内容区分，绿地设计应注意以下场地的区别。

1. 公共活动场地

公共活动场地是幼儿进行集体活动、游戏的场地，也是绿地相对集中区，常在场地内设置沙坑、涉水池、亭廊花架、动物造型小品和各种活动器械，如荡船、秋千、蹦床、滑梯等，这些儿童活动器具可采取儿童所喜爱的艺术形象和色彩，包括动物形象图案或一些卡通造型等。活动场地设计时应考虑儿童好动的特点，场地里各器械、设施要符合儿童的尺度。儿童的主要活动场地可以用彩色的塑胶铺装或木地板铺设。

在活动器械及活动场地附近，应种植树冠大、遮阴效果好的落叶乔木，使儿童免受夏日灼晒，冬季亦能获得阳光。场地周围宜设置绿带或绿篱、绿墙做适当隔离，以减少儿童活动噪声对周围居民的干扰。

2. 班组活动场地

幼儿园是按年龄分班的，托班 2～3 岁，每班 15～20 人；小班 3～4 岁，每班 20～25 人；中班 4～5 岁，每班 25～30 人；大班 5～6 岁，每班 30～35 人。合理的活动场地首先要符合各个班分别进行室外活动的要求。划分成班组专用活动场地的优点是考虑不同年龄儿童的不同活动量，避免大孩子冲撞和欺负小孩子，便于管理。分班活动场地一般不设游乐器械，通常是用无毒、无刺的绿篱围合起来的一个个单独空间，并种植少量遮阴效果好、抗病虫害能力强的落叶乔木。场地可根据面积大小，采用 40%～60%的铺装，图案要新颖、别致。其余部分可铺设草坪，也可设置棚架，种植开花的攀缘植物，如紫藤、金银花等。在角隅里及场地边缘种植不同季节开花的花灌木和宿根花卉，以丰富季相变化。

3. 科学观察场地

有条件的托幼机构，还可设果园、花园、菜园、小动物饲养场、鱼池等，以培养儿童的观察能力及热爱科学、热爱劳动的品质，其面积大小视具体情况而定。一般面积比较小，四周用低矮的绿篱或栏杆围合。

4. 建筑周围绿地

在建筑附近，特别是幼儿园主体建筑附近，不宜栽植高大乔木，以避免室内通风、透光受到影响，一般乔木应离建筑至少 5 m 的距离，且东南方向宜以落叶乔木为主；在建筑附近应栽植低矮灌木及宿根花卉，用作基础栽植。在主要出入口附近可布置儿童喜爱的色彩鲜艳、造型活泼的花坛、水池、座椅等。它们在起到美观及标志性作用之外，还可为接送儿童的家长提供休息场地。

5. 隔离防风绿带

在托幼机构周围应种植成行的乔木、灌木、绿篱，形成一条浓密、防尘、隔声的绿带，可以隔离外界对幼儿园的噪声干扰和冬季寒风，也可避免幼儿园对外界形成干扰。绿带宽度可为 5～10 m，如果一侧有车行道或冬季主导风向无建筑遮挡寒风，则应以密植林带进行防护，并考虑一定数量的常绿树，宽度应为 10 m 左右。

6. 铺装

幼儿园绿地中的铺装要特别注意平整性,不要设台阶,以免幼儿在奔跑时不慎跌倒;道牙尽量不要突出于道路,道路广场宜与绿地高度取平或稍低,以保证幼儿行走活动的安全。为了达到安全保护的效果,幼儿所使用的道路广场可采用柔性铺装。绿地中宜铺设大面积的草皮,选择绿期长、耐践踏的草种,以方便幼儿活动。

7. 植物选择

植物应选择株形优美、色彩鲜艳、季相变化明显的树种,使环境丰富多彩,气氛活泼,激发儿童的好奇心,同时也使儿童了解自然、热爱自然、增长知识。例如,春季有迎春、梅花、紫丁香、杜鹃点缀春景,夏季有草花争奇斗艳,秋季有各种果实可观,冬季茶花吐红、蜡梅透香,配上雪景也甚为美丽。

同时注意,在儿童活动范围内应尽量少植占地较多的花灌木,可防止儿童在跑动过程中产生危险。还要避免栽植多飞毛、多刺、有毒、有臭味、多花粉和易导致过敏的植物,如悬铃木、皂角、夹竹桃、海州常山、野漆树、鸢尾、凌霄、构骨、凤尾兰等。并且绿地中的落叶树应占一定比例,以保证冬季幼儿晒太阳的要求。

8.8 居住区道路绿地规划设计

居住区道路绿地是居住区“点、线、面”绿化系统中的“线”,具有利于通风、改善小气候、降低交通噪声、保护路面、美化街景等作用,并可以增加居住区的绿化覆盖面积,将居住区公共绿地、宅旁绿地等各级绿地自然地连接起来,达到整体绿化的效果。根据居住区的规模和功能,居住区道路可分为居住区道路、小区路、组团路和宅间小路四级,其绿化设计应密切结合各级道路的功能和特点。

8.8.1 居住区道路绿地

居住区道路是联系居住区内外的主要道路,红线宽度不小于 20 m。除人行外,车流量相对较大。

首先,设计时应考虑行车安全的需要,如在道路交叉口及转弯处的设计应满足车辆的行车视距,在此范围内一般不能密植高大乔木或种植高度大于 0.7 m 的灌木,设施小品的体量也应以小巧为宜。行道树的分枝高度应不影响车辆行驶,同时,要考虑道路交通的使用功能,在保证路面路基强度及稳定性等安全性要求的前提下,路面设计宜满足透水的功能要求,尽可能采用透水铺装,增加场地透水面积。透水铺装可根据城市地理环境与气候条件选择适宜的做法,例如,人行道及车流量和荷载较小的道路、宅间小路可采用透水沥青混凝土铺装,停车场可采用嵌草砖。其次,居住区道路既属于居住区,又是城市道路的一部分,因此,其绿化应体现居住区的特色,如选择体现居住区景观设计立意的行道树,或选择开花繁密、季相变化明显的植物。路边植物结合道路两侧的建筑物、各种设施进行配置。种植设计要灵活自然，富有变化，宜采用高大的乔木和低矮的灌木、草花植被，特别要注意纵向的立体轮廓线和空间变换，形成疏密相间、高低错落、富有节奏的道路景观。

8.8.2 小区道路绿地

小区道路是联系居住区各组成部分的道路，路面宽 6～9 m，以人行为主，车流量较少，对形成小区的景观面貌起到很大作用。

为了增强小区景观的识别性，每条道路可选择不同的树种、不同断面的种植形式，以示区分。如在一条路上选择一两种植物作为主景树，建造诸如玉兰路、丁香路等具有特色主题的景观道路。小区路的绿化布置应注意疏密有致、视线通透，可运用借景、透景等手法实现步移景异的效果，使小区道路与居民生活紧密联系起来。路口可种植色彩鲜明的孤植树或花灌木，或作对景，或作标志，起到标示作用。另外，布局上也可以活跃一点，适当拉大行道树的株间距，中间穿插种植花灌木，适宜的地方设置些座椅、花坛，创造“人看人”的机会，增加道路景观的丰富性和互动性。树种选择上可以多用小乔木及花灌木，特别是一些开花繁密、叶色变化的树种，如樱花、五角枫等。

8.8.3 宅间小路绿地

宅间小路是通向各住宅户或各单元入口的道路，路面宽不宜小于 2.5 m，主要供人行走。

宅间小路两侧的树木可以适当靠后种植，步行道的交叉口结合绿化适当放宽，以备必要时救护、搬家等车辆驶近住宅。这级道路一般不用行道树，绿化可根据具体情况灵活布置，植物既可连续种植，也可成丛配置。绿化布置时要注意，从树种选择到配置方式应尽量多元化，形成不同的景观，便于居民识别家门。

8.8.4 停车场绿化

居住区停车场主要有三种布置方式，其绿化布置和效果也相应不同。

1. 围合式停车场

围合式停车场地内地面全部铺装，场地周围用绿化围合起来，形成与周围环境的空间分隔。这种停车场的优点在于汽车调动灵活，集散方便，视线清楚，四周界线分明，场地防护方便，有利于减少视线干扰和居民的随意穿越，可有效遮挡车辆反光对居室的影响。而且围合式布置增加了停车场的领域感，美化了周边环境，但它也存在场地无树木遮阴、烈日下车内温度较高、车辆易损等缺点。

这类停车场的绿化设计要求密集列植灌木和乔木，乔木树干要求挺直；停车场周边也可围合装饰景墙，或运用攀缘植物进行垂直绿化设计。

2. 树阵式停车场

树阵式停车场地内种植成行、成列的乔木，车辆停置于树阵之中。这类停车场占地面积较大,适合用地宽松的居住区。其优点是带状绿化种植能产生行列式韵律感;多树荫,避免阳光直射车辆,夏季场内气温比道路上低,适宜人车的停留。缺点是面积较大,形式较单调。

这类停车场的绿化设计要求种植深根性、分枝点高、冠大荫浓的庇荫乔木。由于受车辆尾气排放影响,车位间绿化带不宜种植花卉。为了满足车辆垂直停放和植物保水要求,绿化带一般宽 1.5～2 m,乔木沿绿带间距应不小于 2.5 m,以保证车辆停放。

3. 沿建筑线性排列式停车场

这类停车场的优点是停车场靠近建筑物,使用方便。缺点是车辆噪声和反光对周围建筑有较大影响,景观上也显得杂乱;汽车清洗和排气时会污染环境,而且场地一般较小,车辆停放少。

这类停车场主要是地面铺装和植草砖的结合。植草砖宜选用耐碾压的草种,周边绿化主要运用建筑物旁的基础绿化、前庭绿化和部分行道树进行布置,种植一些能够吸收有害物质和粉尘的乡土树种进行防护。

8.9 居住区老年人及儿童活动场地规划设计

在居住区中,日常活动最频繁的是老年人和儿童,在现行的《城市居住区规划设计标准》(GB 50180—2018)中,老年人及儿童活动场地是各级公共绿地设置中不可缺少的内容。实践中,老年人及儿童活动场地也可以设置在宅旁、道路等绿地内,是居住区绿地人性化规划设计的重要表现,也是区别于其他城市绿地的特色。

8.9.1 老年人活动场地

随着我国城市人口老龄化现象的逐渐加剧,加强老年人活动场地的规划设计已经成为 21 世纪居住区建设中的一项重要内容。设置形式和内容在各个层次上都要体现对老年人无微不至的关怀,满足老年人的生理、精神需求。

老年人活动场地一般分为动态活动区和静态活动区。动态活动区应简单而宽阔,以供开展健身文娱活动。开放、生动、热闹的气氛能愉悦老年人的心情,增进邻里交往。考虑到老年人的体力特点,活动场地周围要设置座凳、亭、廊,有足够的坐憩空间,为老年人活动后的休息提供方便。含饴弄孙是老年生活中的一大乐事,老年人活动场地也可与儿童活动场地相邻布置,让老年人在看护儿童的同时也能互相交流。另外,在活动场地中设置足够的辅助性设施,如扶手、坡道等,可鼓励行动不便的老年人参与户外活动。

绿化设计应尽可能保持地面平坦,避免种植带刺及根茎易露出地面的植物,以免对老年人活动造成障碍。植物配置上,宜选用一些易管理、易长、少虫害、无飞絮、无毒、无刺激性、季相变化明显的优良树种,让老年人感受大自然的美丽和季节的变换，进而激发他们的生活热情。静态活动区场地宜以疏林草地为主，活动空间位于宁静的区域，避免被主要道路穿越或位于主要人流聚集处。场地最好能面对优美的景观，考虑适当的阳光和遮阴，充分利用大树、户外遮顶等，供老年人在此观景、晒太阳、聊天等。

8.9.2 儿童活动场地

儿童作为居住区中一个特殊的人群，其户外游戏特征表现为同龄聚集性、时间性、季节性和自我中心性等，因此，儿童活动场地的设计应充分考虑儿童的需要。一方面，儿童活动场地应结合居住区各级绿地合理布局，不但要满足日照、通风、安全的要求，也应注意尽量减少嬉戏的嘈杂声对周围环境的影响。从安全防范角度出发，活动场地应与居住区内主要道路保持一定的距离，活动空间和视域还要具有一定的开阔性，便于陪伴儿童的成人从周围进行目光监视。另一方面，由于不同年龄儿童的活动特点不同，在场地划分时应按年龄段进行分区，各区布置适于该年龄段的活动项目及设施，空间尺度、高程变化、标志标示等场地内容应符合儿童的行为心理特征，并注意不相互干扰。在以幼儿、儿童为主的活动场地中，游戏器械和设施的布局最好结合儿童喜欢的童话、动物的形象设计，以活泼的体态、鲜艳的色彩来吸引儿童。青少年的智力、体能开始全面发展，场地可布置较复杂的游戏设施，结合各种体育运动，以适应其年龄特点(见图 8-14)。

图 8-14　儿童活动场地与绿地的结合

绿化设计方面，儿童活动场地应配置姿态优美、形体高大的落叶树或设置花架，形成有覆盖的活动空间，游戏设施、休息座椅等可安置在树下。这样既能保证夏季遮阴消暑，又可以在冬季获得充足的日照。场地周围可以种植层次丰富、色彩绚丽的花灌木，矮小的灌木不会对儿童造成压迫感，儿童可以近距离地观察它们的生长、摸树叶、闻花香。这种设计不但可以形成亲切欢乐的空间氛围，又有益于培养儿童对于环境的热爱，家长也可以借此进行亲子教育，教给孩子有关植物、自然的知识。在场地周边，可以用浓密植物进行空间的围合，营造相对独立的活动空间，对可能产生的不利影响因素进行隔断。

8.10 居住区绿地的种植设计

植物是城市绿地中最重要的造景元素，不仅表现在植物对改善生态环境的巨大作用中，更表现在其美化生活空间的巨大精神价值上，在居住区绿地中更是如此。无论怎样的居住区，如果没有精心配置的各类植物，终究显得单调、呆板，缺少灵气，难以形成亲切宜人、层次分明、色彩丰富、风景如画的居住环境。居住区绿地植物配置时要求以生态学理论为指导，以再现自然，改善和维持小区生态平衡为宗旨，以人与自然和谐共存为目标，以园林绿化的系统性、生物发展的多样性、植物造景为主体的可持续性为使命，达到平面上的系统性、空间上的层次性、时间上的相关性。因此，居住区绿地的植物配置，除了要遵循一般绿地植物配置的原则，还应注意以下几点。

8.10.1 注重植物配置的生态性，构建可持续发展的居住区环境

适宜的生态环境条件是植物良好生长的前提。城市居住区的自然地理条件与一般公园绿地的不同，由于受到住宅建筑的影响，居住区的光照、温度、通风等条件较差，地下密集排布的各种管线也会对植物生长形成一定的制约，所以选择植物时尤其要遵循“适地适树”原则。根据不同的立地条件选择适宜的造景植物；积极采用乡土植物，将乡土植物作为主要的植物素材，既能满足植物的生长需要，实现居住区环境的可持续发展，又能形成居住区的地域特色。我国幅员辽阔，南方和北方、沿海和内陆气候条件各不相同。北方地区适宜栽种耐寒、耐旱的植物，如松柏类、国槐、白榆、刺槐等；南方地区则适宜栽种耐热、耐水湿的植物，如榉树、朴树、榕树等。各地乡土植物情况详见中国不同地域代表性树种。

除了正确的植物选择，合理配置植物群落也是构建可持续发展的居住区环境的重要内容。植物配置要充分运用植物生态位互补、互惠共生的原理，因地制宜地配置人工生态植物群落，形成结构合理、生物量高、功能健全、种群多样、丰富稳定的复层群落结构，促使植物与动物、微生物之间相生共荣，在有限的土地面积上尽可能提高生态效能，改善居住环境。例如，居住区公园采用乔木、灌木与藤蔓植物结合，常绿植物和落叶植物结合，速生植物和慢生植物结合的配置方式，适当地配置和点缀时令花卉或草坪，就能够模拟自然植物群落，组成层次分明、结构合理的人工植物群落。如北京星河湾居住区，根据北方居住区绿化中普遍存在的树种单调、种类少、植物配置缺乏层次等问题，重点考虑了树种选择和植物配置形式的多样性，各种层次

配置的交替运用，体现了植物的季相变化，保证了秋冬两季1/3落叶、1/3彩叶、1/3绿叶。

8.10.2　充分发挥植物的各种功能，结合场地设计，创造以人为本的宜人环境

居住区植物配置应充分发挥使用性和实用性，避免一味强调装饰性。儿童活动场地在进行植物配置时，应以大乔木为骨干，在房前屋后边角地带点缀花灌木，这样既可使儿童有充足的活动空间，实现冬天晒太阳、夏天遮阴玩耍，又能形成丰富的居住区景观。在儿童活动区的树种选择上，要充分考虑儿童的年龄特点，选择无絮无毒、不易发生病害的树种；在儿童可以到达、触摸到的地方，严禁种植有刺、有毒植物。

8.10.3　充分利用植物的观赏特性，创造丰富优美的景观

居住区植物配置宜精而忌繁杂。具体来说，一方面，应充分利用植物的观赏特性，运用植物叶、花、果实、枝条和干皮在一年四季中的变化来创造季相景观，做到一条带一个季相，或一片一个季相，或一个组团一个季相。如由迎春花、桃花、丁香等组成春季景观；由紫薇、合欢、石榴等组成夏季景观；由桂花、红枫、银杏等组成秋季景观；由蜡梅、忍冬、南天竹等组成冬季景观。

另一方面，由于居住区绿地内道路、围墙、居住建筑等形成的平行直线条较多，植物林缘线、林冠线的设计就显得尤为重要。在平行的直线条中突出林缘线的手法有：花灌木的近边缘栽植，利用矮小、茂密的贴梗海棠、海桐、杜鹃、金丝桃等密植，形成自然变化的林缘线；在树丛前散植球形植物，也可形成曲折的林缘线。形成起伏的林冠线的方法也有许多，如选用塔形、柱形、球形、垂枝形等不同树形的植物，像雪松、水杉、龙柏、香樟、广玉兰、银杏、龙爪槐、垂枝碧桃等，林冠线可变得起伏强烈、节奏感较强；不同高度的植物能构成变化适中的林冠线；利用地形的高差变化布置不同的植物产生的林冠线，变化较柔和，节奏感较慢。

8.10.4　配置保健型植物群落，构建以人为本的健康居住环境

丰富多彩的植物不仅能改善物质环境，有些植物释放的负离子及抗生素还能缓解人的身心压力，提高人体免疫力。在居住区配置具有保健功能的植物群落是体现“以人为本”设计的一个重要内容。不同的植物群落的保健功能不同，如栀子花丛、月季灌丛、丁香树丛、银杏树丛、桂花丛林等香花植物群落有益于消除疲劳；松柏林、银杏林、香樟林、枇杷林、柑橘林、榆树林等保健植物群落有益于身心健康；还有有益于招引鸟类的植物群落，如海棠林、火棘林、松柏林等。不同保健功能的植物应安排在不同的绿地当中，一些具有杀菌作用的植物（如合欢、侧柏等）可以在居住区公园、小区游园等开敞空间里种植；香花植物群落或松柏类植物则适合环境相对封闭的安静休息区以及晨练场所。

8.10.5 结合景观主题,创造特色鲜明的居住环境

每个居住区都有自己相对独特的地理位置和人文特色,同一居住区中的各个小区、组团也有各自不同的特点。居住区植物配置应综合协调建筑、设施小品、道路等因素,全方位展示这些特点,营造风格独特、主题鲜明的居住区绿地空间。如位于北京市亚运村北部立水桥附近的塞那维拉居住区,植物配置前自然环境较差,景观特色不明显。设计师经过理念深化,确定主题,以北方常见的杨树(新疆杨)为主要景观元素,简单地规则种植,力图以其高大挺拔的风姿将建筑掩映其间;林下以草坪和地被植物做基底,局部配置竹(早园竹)丛,点缀季节特征显著的花灌木,共同构成了极具北方特色的景观。

知识点拓展

案例

【本章要点】

本章在介绍居住区规划基本理论的基础上,重点阐述了居住区绿地的组成和定额指标、规划设计方法和各类居住区绿地的规划设计。结合近年来宏观政策和城市发展理念的转变,在拓展部分介绍了居住区规划设计方面的新理念、新趋势。本章要求重点掌握居住区各级公共绿地的规划设计要点;理解居住区绿地功能、居住区绿地的各种类型及规划要点;了解居住区的基本知识、居住区内各种用地的类型及内容。

【思考与练习】

8-1 居住区的绿地分类有哪些?

8-2 居住区分为哪几个生活圈?各生活圈的相应指标是多少?

9 城市道路绿地规划设计

20 世纪以来，道路类型在原有的城市干道、公路、铁路等类型的基础上，又相继出现了高架路、高速公路、轨道交通等类型。城市道路绿地是城市绿地系统的重要组成部分，同时也是城市景观生态系统中的生态廊道。现代道路绿化是一个城市乃至某个区域的生产力发展水平、公民审美意识、城市精神风貌的真实反映，具有相应的社会效益和一定的经济效益。现代道路绿化在发挥其普遍意义上的社会、经济及生态效益的同时，往往结合广场绿地形成连续的、具有地域特点的景观区域，从而成为城市的重要认知标志。

9.1 城市道路的基本知识

城市道路作为城市环境的重要表现环节，是构成和谐人居环境的支撑网络，也是人们感受城市风貌及其景观环境最重要的窗口。正如美国学者简·雅各布斯在《美国大城市的死与生》中写道：当我们想起一个城市时，首先出现在脑海里的就是街道。街道有生气，城市也就有生气；街道沉闷，城市也就沉闷。

9.1.1 城市道路的功能

凯文·林奇在《城市意象》一书中把构成城市意象的要素分为五类，即道路、边界、区域、节点和标志，并指出道路作为第一构成要素往往具有主导性，其他环境要素都要沿着它布置并与其相联系，可见道路在城市中有着举足轻重的地位。从物质构成关系来说，道路被看作是城市的"骨架"和"血管"；从精神构成关系来说，道路又是决定城市形象的首要因素。因此，城市道路不仅仅是连接两地的通道，在很大程度上也是人们公共生活的舞台，是城市人文精神和区域文化的灵魂要素，也是一个城市历史文化延续变迁的载体和见证。其主要功能归纳如下。

1. 交通功能

城市道路作为城市交通运输工具的载体，为各类交通工具及行人提供行驶的通道与网络系统。随着现代城市社会生产、科学技术的迅速发展和市民生活模式的转变，城市交通的负荷日益加重，交通需求呈多元化趋势，城市道路的交通功能也在不断发展和更新。

2. 构造功能

城市主次干路具有框定城市土地的使用性质，对城市商务区、居住区及工业区等不同性质规划区域的形成起分隔与支撑作用，同时由快速路、主干路、次干路、支路所组成的交通网络，构造了城市的骨架体系和筋脉网络，有助于城市形成功能各异的有机整体。

3. 设施承载功能

城市道路为城市公共设施的配置提供了必要的空间，主要指在道路用地内安装或埋设电力、通信、热力、燃气、自来水、下水道等电缆及管道设施，并使这些设施的服务水平能够保证提供良好的服务功能。此外，在特大城市与大城市中，地面高架路系统、地下铁道等也大都建在道路用地范围之内，有时还要在地下建设综合管道、走廊、地下商场等。

4. 防火避灾功能

合理的城市道路体系能为城市的防火避灾提供有效的开放空间与安全通道。在房屋密集的城市区内，道路能起到防火、隔火的作用，成为消防救援活动的通道和地震灾害的避难场所。

5. 景观美化功能

城市道路是城市交通运输的动脉，也是展现城市街道景观的廊道。因此，城市道路规划应结合道路周边环境，提高城市环境整体水平，改进市民生活质量，给人以安适、舒心和美的享受，并为我们的城市创造美好的空间环境。

9.1.2 我国城市道路的类型

城市道路指城市建成区域范围内的各种道路，不同规模的城市对道路交通的需求存在着很大的差异，根据《城市道路绿化规划与设计规范》(CJJ 75—1997)，将城市道路分为以下四类。

1. 快速路

快速路可在特大城市和长度超过 30 km 的带形城市中设置，与其他干路构成道路系统，联系市区和主要的近郊区、卫星城、对外公路等，为城市中长距离的快速交通服务。快速路上双向机动车道间应设置中央隔离带，与快速路交汇的道路数量应严格控制；快速路穿过人流集中的地区时，应设置人行天桥或地道；快速路两侧不应设置公共建筑的出入口，机动车道两侧不应设置非机动车道。机动车道的设计行车速度为 60～80 km/h。

2. 主干路

主干路为连接城市的主要工业区、住宅区、客货运中心等各主要分区的干路，以交通功能为主，是城市内部的交通大动脉。主干路上的机动车与非机动车应分道行驶；主干路两侧不宜设置公共建筑物出入口。若必须设置时，可将建筑红线后退，让出停车和人流的疏散场地。

3. 次干路

次干路与主干路结合组成城市道路网，是城市中数量最多的交通道路，起集散交通的作用且兼有服务功能。次干路两侧可设置公共建筑物、机动车和非机动车的停车场、公共交通站点和出租汽车服务站等。

4. 支路

支路是地区通向干路的道路，可以满足局部地区的交通需求，以服务功能为主。它能满足公共交通线路行驶的要求，也可作为非机动车道使用。支路可与次干路和居住区、工业区、市中心区、市政公用设施用地、交通设施用地等内部道路相连接；可与平行于快速路的道路相连接，但不得直接与快速路连接。在快速路两侧的支路需要连接时，应采用分离式立体交叉跨过或穿过快速路。

不同规模的城市中交通流量存在明显的差异，因此，将大城市中的城市道路分为Ⅳ级（快速路、主干路、次干路和支路），将中等城市中的城市道路分为Ⅲ级（主干路、次干路和支路），而将以步行和自行车为主要出行方式的小城市中的城市道路分为Ⅱ级（次干路和支路）。城市道路的分级与技术标准详见表9-1。

表9-1 城市道路的分级与技术标准

项目	级别	设计年限/年	计算车速/(km/h)	双向机动车车道数/条	机动车车道宽度/m	分隔带设置	横断面采用形式
快速路	—	20	80、60	4、8	3.75～4	必须设	双、四幅路
主干路	Ⅰ	20	60、50	4、6	3.75	应设	双、三、四
	Ⅱ		50、40	≥4	3.75	应设	双、三
	Ⅲ		40、30	4	3.5～3.75	宜设	双、三
次干路	Ⅰ	15	50、40	4	3.75	应设	双、三
	Ⅱ		40、30	4	3.5～3.75	设	单双
	Ⅲ		30、20	2～4	3.5	设	单双
支路	Ⅰ	10	40、30	2～4	3.5～3.75	不设	单幅路
	Ⅱ		30、20	2	3.5	不设	单幅路
	Ⅲ		20	2	3.5	不设	单幅路

随着市民机动车拥有率的高速增长和城市化的快速发展，交通基础设施供不应求的矛盾日益尖锐化。鉴于此，我国各大城市早在20世纪80年代就提出了优先发展公共交通的应对战略，目的在于提高城市居民的出行效率、节约城市土地资源、降低城市交通运行成本。其间，有人提出可根据道路使用性质建立城市公共交通系统、自行车交通系统、步行交通系统；也有人建议应根据道路本身的服务性特征及沿街建筑布置来划分道路的类型。总之，城市道路分类是一项长远且需不断完善的专业性问题。

9.1.3 城市道路系统规划的相关指标

城市道路系统是城市总体规划的内容之一，主要指城市范围内由不同功能、等级、区位的道路及不同形式的交叉口和停车场设施，以一定的方式组成的有机整体。

城市土地开发的容积率应与交通网的运输能力和道路网的通行能力相协调。其中城市道路网密度指道路总长与所在地区面积之比,以 km/km^2 表示。各类城市道路网的平均密度应符合规定的指标要求,如表9-2和表9-3所示。其中,城市道路网规划指标道路宽度中包括人行道宽度与车行道宽度,不包括人行道外侧沿街的城市绿化用的宽度。

表9-2 大、中城市道路网规划指标

项目	城市规模与人口/万人		快速路	主干路	次干路	支路
机动车设计速度/(km/h)	大城市	>200	80	60	40	30
		≤200	60~80	40~60	40	30
	中等城市		—	—	40	40	30
道路网密度/(km/km^2)	大城市	>200	0.4~0.5	0.8~1.2	1.2~1.4	3~4
		≤200	0.3~0.4	0.8~1.2	1.2~1.4	3~4
	中等城市	—	—	1.0~1.2	1.2~1.4	3~4
道路中机动车车道条数/条	大城市	>200	6~8	6~8	4~6	3~4
		≤200	4~6	4~6	4~6	2
	中等城市	—	—	4	2~4	2
道路宽度/m	大城市	>200	40~45	45~55	40~50	15~30
		≤200	35~40	40~50	30~45	15~20
	中等城市	—	—	35~45	30~40	15~20

表9-3 小城市道路网规划指标

项目	城市人口/万人	干路	支路
机动车设计速度/(km/h)	>5	40	20
	1~5	40	20
	<1	40	20
道路网密度/(km/km^2)	>5	3~4	3~5
	1~5	4~5	4~6
	<1	5~6	6~8
道路中机动车车道条数/条	>5	2~4	2
	1~5	2~4	2
	<1	2~3	2
道路宽度/m	>5	25~35	12~15
	1~5	25~35	12~15
	<1	25~30	12~15

城市道路网规划的形式和布局应充分根据土地使用、客货交通源和集散点的分布、交通流量流向，并结合地形、地物、河流走向、铁路布局和原有道路系统，因地制宜地确定。此外，还应特别重视如何把车（机动车和非机动车）、人（行人和司机）、周围环境等因素有机地结合起来考虑，创造出安全、快速、经济和便利的通行环境，以利于城市交通向机动化快速交通的方向发展。

9.2 城市道路绿化的概况

道路绿化是城市道路的重要组成部分，在城市绿地中占较大比例，并在城市各类绿地空间中起着过渡衔接的作用。我国现有国家园林城市评选标准中明确规定市区干道绿化带的面积不小于道路总面积的25%。随着城市机动车辆的增加，交通污染日趋严重，合理利用道路绿化改善道路环境、发挥其特有的生态绿化功能已成当务之急。

9.2.1 城市道路绿化的历史与发展

1. 国外道路绿化的历史

据记载，世界上最古老的行道树种植于公元前10世纪，建于喜马拉雅山山麓的街道上，称作大树路（grand trunk），在路中央与左右，种植三行树木。它是联系印度加尔各答至阿富汗之间的干道，传说亚历山大大帝曾率领大军由此行军。

罗马时代（公元前8世纪至公元4世纪）在神殿前广场（forum）与运动竞技场（stadium）前的散步道路旁种植法国梧桐，据记载，当时罗马城的主要街道种植意大利丝柏。

中世纪（公元5—14世纪）时期，欧洲各国于巡礼的街道上种植当地的乡土树种，主要是意大利丝柏。在农地的边界线上也常以很多树列作为标志。

1625年英国于伦敦市的摩尔菲尔斯地区，在格林公园以西、圣詹姆士公园（St. James Park）以北，设置了公用的散步道（public walk）兼作车道。这条路开创了都市性散步道栽植的新概念，即所谓的林荫步道（the mall），后来成为闻名于世的美国华盛顿市林荫步道（具有四排美国榆树的园林大道）之原型，是美国各大都市设计林荫道的典范，也是日本购物街（shopping mall）的起源。

十月革命后，苏联在街道绿化方面取得了较大的成就。例如，在城市绿化方面规定了林荫道的最低规模和一般应具备的功能。特别是在莫斯科等几个大城市中建立了街头游园和绿化广场。它们不仅与周围的环境协调，在比例、尺度上恰当，而且其内部的布局、配置层次都是完整的，这方面对我国也产生了一定的影响。

2. 我国道路绿化的历史

我国行道树的历史比较悠久。据《周礼》记载，公元前5世纪周朝由首都至洛阳的街道种有许多列树，来往的旅客可以在树荫下休息。公元前3世纪秦始皇为发展工商业,以都城咸阳为中心修建公路,"道广五十步,三丈而树,厚筑其外,隐以金椎,树以青松"。汉代都城长安(今西安),道宽平列十二辙,路面全用土筑,且用铜锤夯实,两旁种树木,城市就有了林荫路。以后城市建设有了很大的发展,每个朝代都兴建或改建了不少规模宏大的城市。这些城市的道路宽阔、平坦,道路两侧广植树木,有松、榆、槐、柳、樱桃、石榴、桃、李等果树。例如,唐代长安城内及通过洛阳的路旁种植了大量的槐树。诗人岑参曾写过"青槐夹驰道,宫馆何玲珑"的诗句。"正阳门外最堪夸,王道平平不少斜。点缀两边好风景,绿杨垂柳马缨花",清代一首竹枝词中如此描述北京前门大街的景致。可见,我国古代对道路绿化十分重视,不但树种丰富,形式多样,还有严格的养护管理制度,成就显著。

3. 现代城市道路绿化的发展概况

道路绿化的历史发展伴随着政治、经济和文化的发展,表现了一定时期的生产力水平和人们的愿望。近十几年来,工业高速发展,都市化进程加速,交通事业蓬勃发展。城市道路交通类型和网络越来越复杂,过去那种"一条路两行树"的简单模式已不能适应客观形势的变化,"行道树"的名称也被"街道绿化"所代替。

在我国城市绿化建设中,道路绿化发展很快,基本做到了边建设边绿化。现代意义上的道路绿化除行道树带外,还包括分车绿带、路侧绿带、交通岛和立交桥绿地、广场绿地、停车场绿地,以及道路用地范围内零散空地等处的绿化。树种选择和布置手法也更加丰富多彩,形成多层次的生态型植物景观廊道;形式上由规则式转向规则式与自然式相结合等多种形式相结合的布置形式。

随着现代社会的快速发展和人民物质文化生活水平的不断提高,人们的环境意识也日益增强,对城市道路绿化的作用和意义也有了进一步的认识。不少城市在建设的同时提前规划了城市绿地系统布局,调查和确定城市的乡土树种和道路绿化骨干树种,这在很大程度上有利于提升城市道路绿化的整体景观效益。

9.2.2 城市道路绿化的地位与功能

城市道路绿化将市区内外的公共绿地、居住区绿地、专用绿地等各类绿地串联起来,形成一个完整的绿地系统网络。近年来,全国各城市都加大了园林绿化力度,争创园林绿化先进城市,各省市园林部门更是纷纷把创"国家园林城市"作为重要任务,而道路绿化作为城市的"脸面"工程更是重中之重。

道路绿化不仅能美化街景,而且还有净化空气、减弱噪声、除尘、改善小气候、防风防火、保护路面、组织交通、维护交通等作用,同时也相应地带来一定的经济效益和社会效益。它的主要功能如下。

1. 环境保护功能

1)净化空气

降尘、飘尘、汽车尾气等烟尘是道路周边环境中主要的粉尘污染源。而植物可以截留道路周边环境中的粉尘、烟尘,并能防止二次扬尘,即使在树木落叶期,其枝干、树皮也能滞留粉尘。同时，植物可以吸收二氧化碳和二氧化硫等有害气体，释放氧气，不断循环，从而净化大气。

2）减弱噪声

据有关部门调查，70%～80%环境噪声来自地面交通运输，通过加大道路绿化的面积和合理配置形成绿墙，可以大大降低噪声，减少噪声污染给居民带来的危害。

3）调节改善道路小气候

道路绿化对调节道路附近地区的温度、湿度、风速等均有良好的作用。特别是当道路绿地布局与该地夏季主导风向一致时，市郊的清新空气即可顺风势进入城市中心地区，为城市的通风创造良好的条件。

4）保护路面和行人

据测试可知，不同质地的地面在同样光照条件下的温度完全不同。例如，当树荫地表温度为 32 ℃时，混凝土路面温度为 46 ℃，沥青路面温度为 49 ℃；中午在树荫下的混凝土路面温度比阳光直射下的路面低 11 ℃左右。因此道路绿化不仅能够遮阴降温，阻挡夏天强烈日晒，降低太阳辐射，利于行人通行，还可保护路面，延长道路的使用年限。

2. 安全功能

1）组织交通

在车行道之间、人行道与车行道之间、各类广场及停车场等处种植树木，可起到引导、控制人流和车流，组织交通并提高行车安全等作用。

2）抵御自然灾害

由于树体含有大量水分，因此可以减缓燃烧，阻止火灾进一步扩大。合理布局配置的道路林带（主要指其密度、高低、树种等）能起到防雪、防风、防火灾等多种功能。例如，北方地区常在道路两侧结合行道树种植防雪林，以防止冬季大风将冰雪吹到道路上，造成严重的交通障碍。

3）分隔空间、集中视线

道路绿化能够增强道路的连续性和方向性，并从纵向分隔空间，使行进者产生距离感。同时，高大的树木对空间具有分隔作用，通过绿化可以使视线集中。例如，常在交通岛、中心岛、导向岛、立体交叉绿岛等处用树木作为诱导视线的标志。

4）战备防御

行道树的枝叶覆盖路面时，可起到隐蔽和伪装军事设备的作用，有利于战时防空和掩护。必要时还可以砍伐树木作为工具来阻击敌人。由于道路线长、面广，易于就地取材，因此其战备服务的作用更加突出。

3. 景观功能

植物是创造城市优美空间的要素之一，利用植物所特有的线条、形态、色彩和季相变化等多种美学因素，以多样化树种选择、配置方式，配合路灯、候车亭、电话亭等小品设施，可创造出丰富多彩的道路景观。再者，利用树木自然柔和的曲线与建筑物的直线形成对比，可起到点缀城市、烘托临街建筑的艺术效果。特别是在一些城市的新老过渡街区，沿街建筑物新旧风貌、形体尺度、建筑风格等往往不够协调，而整齐有序、枝叶繁茂的道路绿化能巧妙地提高视觉统一感，隐丑蔽乱，改善道路空间乃至整个城市的整体景观效果。

4. 经济功能

在满足道路绿化的基本功能前提下，根据各地的气候特点种植果树、木本油料植物、用材树等，既可增收副产品，还能取得一定的经济效益。

除以上四种主要功能外，绿化带还可以作为地下管线、地上杆线埋设的用地和道路拓宽发展的备用地带。在绿地下铺设地下管线，维修时能避免开挖路面而影响车辆通行，带来一定的经济和社会效益。路侧绿带、林荫路、街旁游园等还可弥补城市公园面积的不足，满足沿街高层住宅居民对绿地的需求。

9.2.3 城市道路绿化设计的基本术语及相关规定

1. 城市道路绿化设计的基本术语

根据2019年底住房和城乡建设部发布的《城市道路绿化设计标准（征求意见稿）》，与道路绿化相关的概念如下。

1）道路绿带

道路绿带（见图9-1）指道路红线范围内的带状绿地。道路绿带包括分车绿带、行道树绿带和路侧绿带。

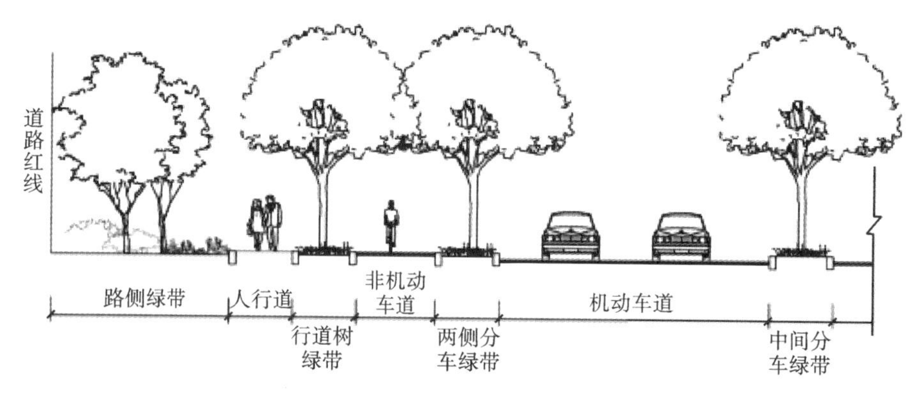

图9-1 道路绿带截面示意

（1）分车绿带

分车绿带指车行道之间可以绿化的分隔带，其位于上下行机动车道之间的为中间分车绿带；位于机动车道与非机动车道之间或同方向机动车道之间的为两侧分车绿带。

（2）行道树绿带

行道树绿带指布设在人行道与车行道之间，以种植行道树为主的绿带。

(3) 路侧绿带

路侧绿带指在道路侧方布设在人行道边缘至道路红线之间的绿带。

2) 交通岛绿地

交通岛绿地指可绿化的交通岛用地。交通岛绿地包括中心岛绿地、导向岛绿地和立体交叉绿岛。其中立体交叉绿岛指互通式立体交叉干道与匝道围合的绿化用地。

3) 其他相关概念

(1) 绿带净宽度

绿带净宽度指路缘石内侧之间、可实际栽植植物的绿带宽度。

(2) 通透式配置

通透式配置指道路绿带上配置的树木,在距相邻机动车道路面高度 0.9～3 m 的范围内,其树冠不遮挡驾驶员视线的配置方式。

(3) 园林景观路

园林景观路是强调沿线绿化景观,体现城市风貌和园林绿化特色的城市道路。

(4) 道路绿化覆盖率

道路绿化覆盖率指道路红线范围内乔木、灌木、草本等所有植被的垂直投影面积占道路用地面积的比例。

(5) 胸径

胸径指乔木主干离地表面 1.3 m 处的直径。

(6) 分枝点高

分枝点高指树木从地表面到树冠的最下分枝点的垂直高度。

(7) 道路绿化更新

由于安全隐患、道路改造、生长不良、自然灾害等原因,应对道路绿化植物采取科学的复壮、补植、更换等措施,使植物恢复正常生长状态,保持道路绿化各项功能正常的活动。图 9-2 可表示其中一部分。

2. 道路绿地率指标

按照《城市综合交通体系规划标准》(GB/T 51328—2018)中的相关规定,道路绿地的规划指标应符合表 9-4 的要求,城市景观道路可在此基础上适度提高,城市快速路则需根据道路特征确定绿地指标。

表 9-4 城市道路路段绿化覆盖率要求

城市道路红线宽度/m	>45	30～45	15～30	<15
绿化覆盖率/(%)	20	15	10	酌情设置

3. 城市道路绿化设计的基本要求

以乔木为主,乔木、灌木、地被植物相结合的道路绿化具有较强的防护效果,且具有良好的地面覆盖率,景观层次丰富,能更好地发挥其功能作用。目前,我国城市

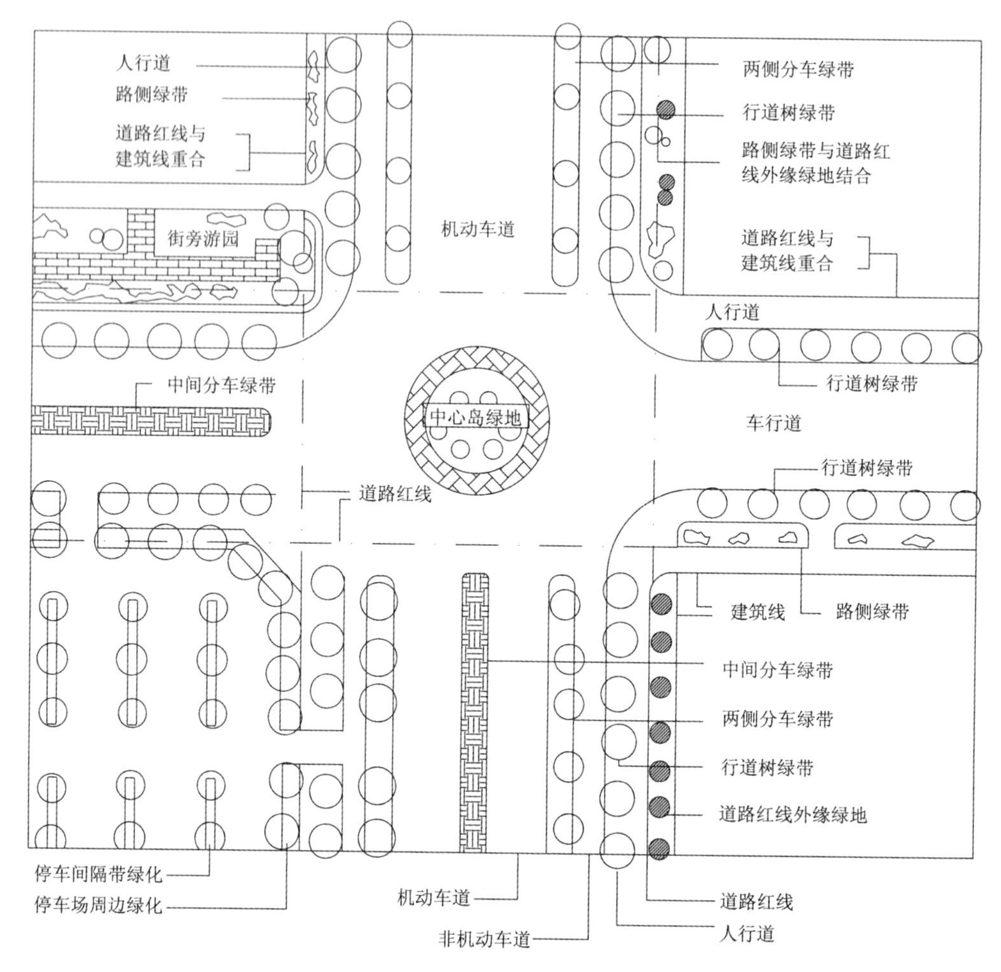

图 9-2 规范交通平面图

道路建设发展迅速,为使道路绿化更好地发挥生态功能,协调道路与相关市政设施的关系,利于行车安全,有必要统一相关技术规定,以适应城市现代化建设需要。

2018 年 9 月发布的《城市综合交通体系规划标准》(GB/T 51328—2018)提出,道路绿化设计应与城市道路的功能等级相适应,符合上位规划对道路的交通组织、设施布局、景观风貌、环境保护等要求。各类城市道路的绿化水平应与其功能相对应(见表 9-5)。

表 9-5 城市道路功能等级与绿化要求

道路分类	城市功能要求	绿化要求
快速路	为城市长距离机动车提供快速交通服务	保障畅通安全,以防护功能为主,兼顾绿化景观,宜与两侧景观相融合

续表

道路分类	城市功能要求	绿化要求
主干路	为城市组团间或组团内部的中、长距离联系交通服务	—
次干路	为干线道路与支线道路的转换以及城市内中、短距离的地方性活动组织服务	保障通行功能，注重与街道景观功能协调，保持慢行，连续遮阴，绿化配置突出多层次和多样性
支路	为短距离地方性活动组织服务	保障通行安全，注重慢行的畅通和舒适，绿化配置凸显生活性

1）道路绿化应符合行车视线要求

道路绿化应满足安全视距、交叉口视距与停车视距的要求。

（1）安全视距

安全视距指行车司机发觉对方来车、立即刹车恰好能停车的视距。安全视距计算式为

$$D = a + tu + b \tag{9-1}$$

式中 D——安全视距，单位 m；

a——汽车停车后与危险带之间的安全距离，一般采用 4 m；

t——驾驶员发现必须刹车的时间，一般采用 1.5 s；

u——规定行车速度，单位 m/s；

b——刹车距离，单位 m。

（2）交叉口视距

为保证行车安全，车辆在进入交叉口前一段距离内，必须能看清相交道路上车辆的行驶情况，以便能顺利驶过交叉口或及时减速停车，避免相撞，这一段距离必须大于或等于停车视距（见图 9-3）。

（3）停车视距

停车视距指车辆在同一车道上，突然遇到前方障碍物，而必须及时刹车时所需的安全停车距离（见表 9-6）。

表 9-6 停车视距建议

道路类别	停车视距/m
主要交通干道	75～100
次要（一般）交通干道	50～75
一般道路（居住区道路）	25～50
小区、街坊道路（小路）	25～30

为保证行车的“安全视距”，在道路交叉口视距三角形范围内和弯道内侧的规定

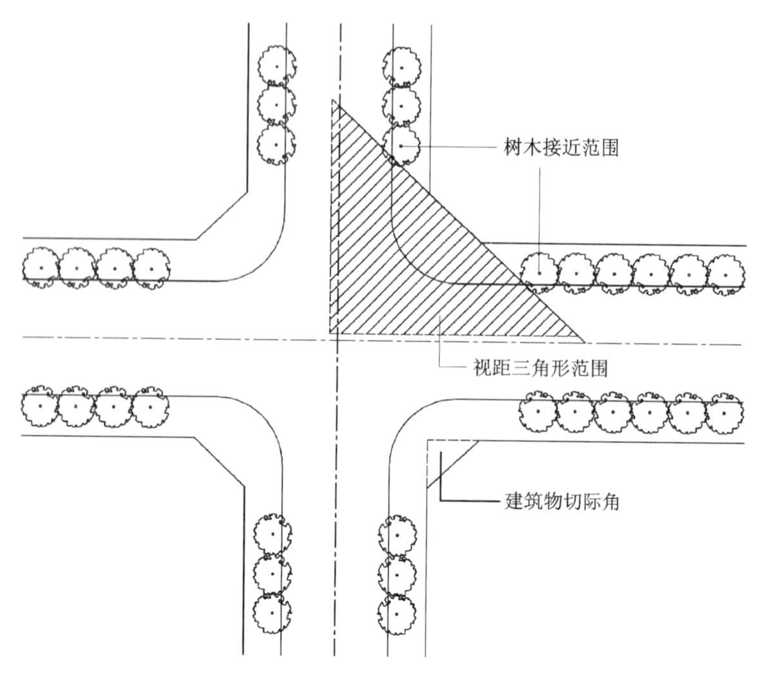

图 9-3　交叉口视距三角形

范围内种植的树木不应影响驾驶员的视线通透。

在道路弯道外侧沿边缘整齐、连续栽植树木能起到预告道路线形变化,引导驾驶员行车视线的功能。一般规定在视距三角形内布置植物时,其高度不得超过 0.7 m,宜选低矮灌木、丛生花草种植。

2）道路绿化应符合行车净空要求

在车辆运行必需的宽度和高度范围内不能有建筑物、构建物、广告牌,以及树木等遮挡司机视线的地面物。具体范围应根据道路交通设计部门提供的数据确定(见表 9-7)。

表 9-7　最小净高

行驶车辆种类	机动车			非机动车	
	各种汽车	无轨电车	有轨电车	自行车、行人	其他非机动车
最小净高/m	4.5	5.0	5.5	2.5	3.5

3）合理设置道路绿带

城市道路用地范围空间有限,在其范围内除安排道路绿化、车行道和人行道等外,还需安排地上架空线、地下管线、电缆等市政公用设施。道路绿化与市政公用设施的相互位置必须统一设计、合理布局,使其各得其所,减少矛盾。绿化树木生长需要一定的地上、地下生存空间,若得不到满足,树木不能正常生长发育,会直接影响其形态和树龄,进而影响道路绿化的综合功能。一般规定,种植乔木的分车绿带宽度不得小于 1.5 m，主干路上的分车绿带宽度不宜小于 2.5 m，行道树绿带宽度不得小于 1.5 m。

4）因地制宜的设计

道路绿化设计要综合分析道路的性质、功能、自然条件、城市环境、道路绿地坡向等诸多因素，合理地进行道路的绿化设计。

5）适地适树，保护古树名木

适地适树指根据本地区气候、栽植地的小气候和地下环境条件进行树种的选择，以利于树木的正常生长发育，抗御自然灾害，保持较稳定的绿化成果。植物伴生是自然界中乔木、灌木、地被等多种植物相伴生长在一起的现象，形成植物群落景观。伴生植物生长分布的相互位置与各自的生态习性相适应。在地上部分，植物树冠、茎叶分布的空间与光照、空气温度、湿度要求相一致，各得其所；在地下部分，植物根系分布对土壤中营养物质的吸收互不影响。

道路绿化可以通过营建人工植物群落，形成多层次植物景观，以最大限度地发挥有限的绿地的生态效益。植物群落的配置必须符合植物伴生的生态习性要求，具体要求如下。

①道路绿化应选择能适应道路环境条件、生长稳定、观赏价值高和环境效益好的植物种类。

②寒冷积雪地区的城市中，分车绿带、行道树绿带种植的乔木应选择落叶树种。

③行道树应选择深根性、分枝点高、冠大荫浓、生长健壮、适应性强的树种。

④花灌木应选择枝繁叶茂、花期长、生长健壮和便于管理的树种。

⑤绿篱植物和观叶灌木应选用萌芽力强、枝繁叶密、耐修剪的树种。

⑥地被植物应选择茎叶茂密、生长势强、病虫害少和易管理的木本或草本观叶、观花植物。其中草坪地被植物应选择萌蘖力强、覆盖率高、耐修剪和绿色期长的种类。

⑦设置雨水调蓄设施的道路绿化用地内植物宜根据水分条件、径流雨水水质等进行选择，宜选择耐淹、耐污等能力较强的植物。

古树指树龄在百年以上的大树，名木指具有特别历史价值或纪念意义的树木及稀有、珍贵的树种。道路沿线的古树、名木可依据《城市绿化条例》和地方法规或规定进行保护。

6）设计时遵循求同存异的原则

在城市绿地系统规划中，应确定园林景观路与主干路的绿化景观特色。同一道路的绿化宜有统一的景观风格，不同路段的绿化形式可有所变化；同一路段上的各类绿带，在植物配置上应相互配合，并应协调空间层次、树形组合、色彩搭配和季相变化的关系；毗邻山、河、湖、海的道路，其绿化应结合自然环境，突出自然景观的特色。

7）远、近期效果兼顾

道路绿化从建设开始到形成较好的绿化效果需要十几年的时间。因此，设计时要结合其远、近期效果综合考虑,绿化树木不宜经常更换、移植,在建设初始就要重视其景观效果,使其尽快发挥功能作用。

由于植物生长周期长的固有特性,道路绿化很难在栽植时就充分体现其设计意图,达到完美的效果。所以设计时要具备发展的眼光,对各种植物材料的形态、大小、色彩等现状和可能发生的变化有充分的了解,在各种植物生长的过程中不断地进行调整、养护,以期在鼎盛时期达到最佳效果。同时,道路绿化的近期效果也应十分重视,一般行道树苗木规格不可过小,快长树胸径不宜小于 5 cm,慢长树胸径不宜小于 8 cm。

8)树种选择的制约因素

道路绿化的树种选择要充分考虑土壤、大气、景观效果、市政设施、养护管理等因素。

(1)土壤

由于公路路基土源于筑路时取土土源,基本无追肥,土壤养分匮乏、不足,部分低洼地土质排水不良,对苗木生长相当不利。因此,选择的树种应该适应贫瘠的土壤并具有较强的生命力。

(2)大气

随着工业和交通的发展,工厂排放的有毒气体和车辆尾气已成为城市大气污染的主要来源。因此,吸收和消除大气污染成为城市道路绿化树种选择的重要指标,城市大气污染主要监测敏感指标包括二氧化硫、氟化氢、氟三项。在树种的选定中,选择抗污染或对有害气体吸收较强,病虫害少,生长慢,可长期抵抗土壤干旱、汽车排出废气和粉尘的树种是非常有必要的。

(3)景观效果

根据道路的性质和区间、周边设施的不同而选择不同的树种,以发挥更好的景观效果。

(4)市政设施

为保护市政设施,道路绿化千万不可侵犯到建筑界线和视距空间,必须选定那些枝叶的伸长界线不会超过种植限宽的树种种植。

(5)养护管理

对于道路绿化的管理当然是越简单越好,为此,最重要的是选择种植管理较粗放的树种。同时,飞絮和落果现在已经成为树木产生的主要污染源,解决这一问题的办法是选择雄性树种。

随着时间的积蓄,种植的效果会增加,因此,更新的周期越长越好,把寿命长的树种作为道路绿化的方法是很有效的。

4. 道路绿化与有关设施

1)道路绿化与架空线

在道路绿化的设计实践中,不时会遇到道路绿化上方存在架空线路的情况。原则上在分车绿带和行道树绿带上方不宜设置架空线。必须设置时，应保证架空线安全距离外有不小于 9 m 的树木生长空间，不足 9 m 时应对导线采取绝缘保护。架空线下配置的乔木应选择开展型且耐修剪的树种。树木与架空电力线路导线之间的最小垂直距离应符合表 9-8 的规定。

表 9-8　树木与架空电力线路导线之间的最小垂直距离

线路电压/kV	<1	1～10	35～100	220	330	500	750	1000
最小垂直距离/m	1.0	1.5	3.0	3.5	4.5	7.0	8.5	16

注：考虑树木自然生长高度。

架空电力线路导线在最大弧垂或最大风偏后与树木之间的安全距离应符合表 9-9 的规定。对不符合要求的树木应当依法进行修剪或砍伐。不满足最小安全距离要求的架空电力线应采取绝缘保护。

表 9-9　架空电力线路导线在最大弧垂或最大风偏后与树木之间的安全距离

电 压 等 级	最大风偏距离/m	最大垂直距离/m
30～110 kV	3.5	4.0
154～220 kV	4.0	4.5
330 kV	5.0	5.5
500 kV	7.0	7.0

2）道路绿化与地下管线

地下管线因位置受限，必须布置在绿化带下时，地下管线外缘与绿化树木的最小水平距离宜符合表 9-10 的规定；行道树绿带下方不得敷设管线。

表 9-10　乔木、灌木与工程管线之间的最小水平净距

<table>
<tr><th colspan="2" rowspan="2">管 线 名 称</th><th colspan="2">最小水平净距/m</th></tr>
<tr><th>至乔木中心</th><th>至灌木中心</th></tr>
<tr><td colspan="2">给水管线、闸井</td><td>1.5</td><td>1.0</td></tr>
<tr><td colspan="2">污水管线、雨水管线、探井</td><td>1.5</td><td>1.0</td></tr>
<tr><td colspan="2">再生水管线</td><td>1.0</td><td>1.0</td></tr>
<tr><td rowspan="2">燃气管线、探井</td><td>低压、中压</td><td>0.75</td><td>0.75</td></tr>
<tr><td>次高压</td><td>1.2</td><td>1.2</td></tr>
<tr><td rowspan="2">电力管线</td><td>直埋</td><td rowspan="2">0.7</td><td rowspan="2">0.7</td></tr>
<tr><td>保护管</td></tr>
<tr><td colspan="2">电力电缆</td><td>1.0</td><td>1.0</td></tr>
<tr><td rowspan="2">通信管道</td><td>直埋</td><td rowspan="2">1.5</td><td rowspan="2">1.0</td></tr>
<tr><td>管道、通道</td></tr>
</table>

续表

管线名称	最小水平净距/m	
	至乔木中心	至灌木中心
通信电缆	1.0	1.0
热力管线(道)	1.5	1.5
管沟	1.5	1.0
直埋蒸汽管道	2.0	—
排水盲沟	1.0	—

此外，绿化栽植的植被类型应根据综合管廊覆土深度确定，植物生长区土壤应与周围实土相接。

3）道路绿化与其他设施

由于道路绿化普遍存在于城市各处，与各类设施均存在交接部分，但由于树木自然生长及出于对其他设施安全距离的控制，应对道路绿化中树木种植与其他设施最小水平距离进行控制，其距离应符合表9-11的规定。

表9-11 树木与其他设施最小水平距离

设施名称		最小水平距离/m	
		至乔木中心距离	至灌木中心距离
围墙(高2 m以下)		1.0	0.75
挡土墙顶内和墙角外		2.0	0.5
路灯杆柱		2.0	2.0
电力、电线杆柱		2.0	2.0
消防龙头		1.5	1.2
测量水准点		2.0	1.0
建筑物外墙	有窗	3.0	1.5
	无窗	2.0	1.5
铁路中心线		5.0	3.5
道路路面边缘		0.75	0.5
人行道路面边缘		0.75	0.5
道路侧石边缘		0.5	0.5
排水沟边缘		1.0	0.3
体育用场地		3.0	3.0

9.3 城市道路绿带设计

道路绿带指道路沿线范围内的带状绿地。道路绿带以“线”的形式广泛分布于全城，联系着城市中分散的“点”和“面”的绿地，是城市园林绿地系统的重要组成部分。道路绿带的形式由城市道路的横断面形式决定，包括分车绿带、行道树绿带、路侧绿带等。城市道路绿带设计的具体内容包括分车绿带设计、行道树绿带设计、路侧绿带设计等。

9.3.1 城市道路的横断面形式

城市道路的横断面是由机动车道(快车道)、非机动车道(慢车道)、分隔带(分车带)、人行道及路侧绿地几部分组成的。目前常见的城市道路的横断面形式有以下几种。

1. 一板二带式

一板二带式由一条车行道与两条绿带组成，是城市道路中最常用的一种形式(见图 9-4)。在车行道两侧人行道分隔线上种植行道树，适用于路幅较窄、车流量不大的次干道和小区内的道路等。其优点是简单整齐、用地经济、管理方便；缺点是车行道过宽时行道树的遮阴效果较差，不利于机动车辆与非机动车辆混合行驶时的交通管理。

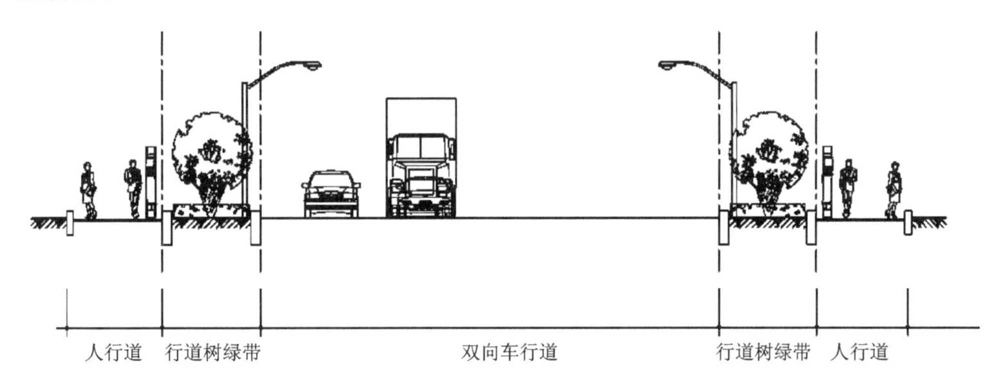

图 9-4 一板二带式道路绿地断面图

2. 二板三带式

二板三带式即在车道中间以一条绿带分隔成单向行驶的两条车行道，并在道路两侧布置行道树(见图 9-5)，适用于机动车多、夜间交通量大而非机动车少的道路，此外，也较多地用于高速公路和入城道路等。这种布置形式的优点是有利于绿化布置、道路照明和管线敷设，生态效益较显著。车辆呈单向行驶，大大解决了对向车流相互干扰的矛盾，但由于车道中机动车和非机动车混行，因此仍然存在着一定的交通隐患，且车辆行驶机动性差，转向需要绕道，所以在城市中心地区人流量较大的道路不宜采用这种形式。

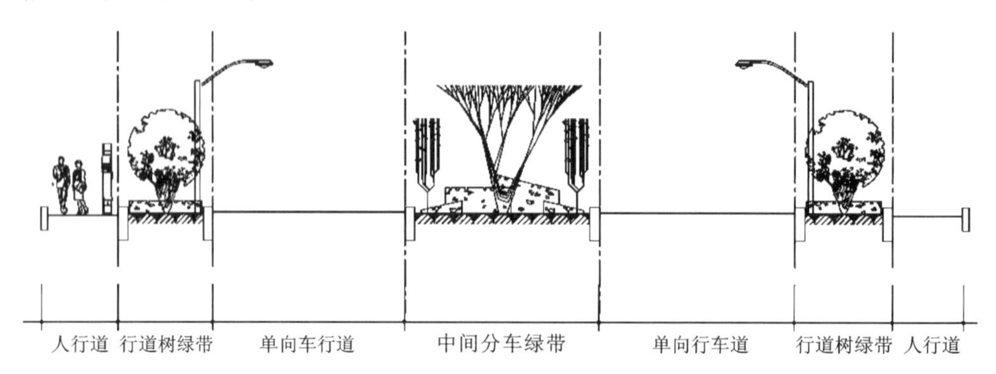

图 9-5　二板三带式道路绿地断面图

3. 三板四带式

三板四带式即利用绿化分隔带把车行道分成三块,中间为机动车行驶的快车道,两侧为非机动车行驶的慢车道,连同车道两侧的行道树共为四条绿带(见图9-6),适用于路幅较宽、车流量大的主要交通干道。其优点是绿化量大,庇荫、吸尘、减噪等效果良好;组织交通方便且安全可靠,解决了各种车辆混合互相干扰的矛盾。

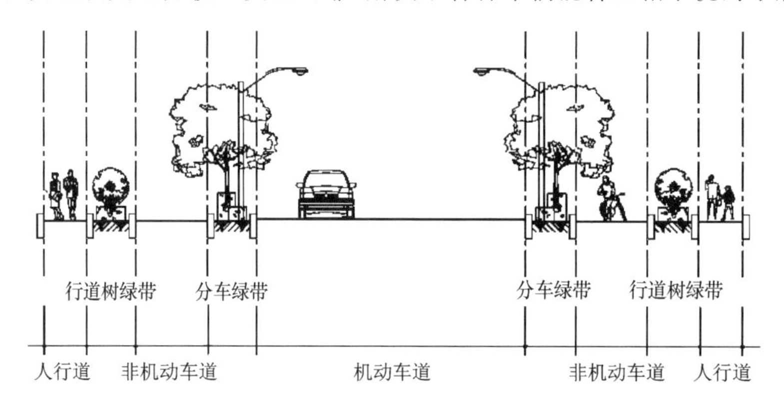

图 9-6　三板四带式道路绿地断面图

4. 四板五带式

在三板四带式道路的基础上,利用一条绿化带将快车道分为上下行,即四板五带式(见图 9-7)。它可以避免相向行驶车辆间的相互干扰,有利于提高车速、保障安全,但道路占地面积较大,对于用地紧张的城市,可采用栏杆分隔上下行车道。

5. 其他形式

道路横断面的布置形式应该根据道路所处的地理位置、环境条件的特殊性,以及为了表现特有的城市景观等不同需求,因地制宜地规划设计其横断面。例如,在道路红线内将车道偏向一侧,另一侧留有较宽的绿带,设计成林荫路;在地形起伏较大的城市或地段,路线沿坡地布置时可以结合自然地形,将车行道与人行道分别布置在不同的水平面上,各组成部分之间可用挡土墙或斜坡连接,也可按行车方向划

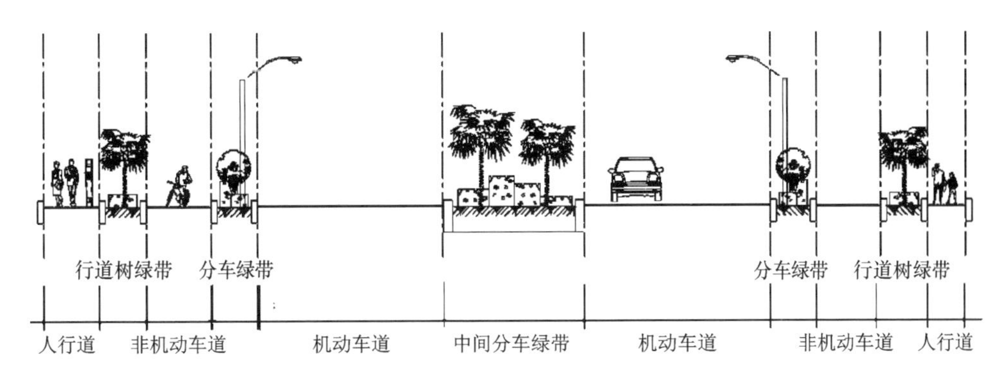

图 9-7 四板五带式道路绿地断面图

分为上下行线的布置(见图 9-8);而临河、湖、海的道路则可设计成滨河林荫路式的景观大道等。

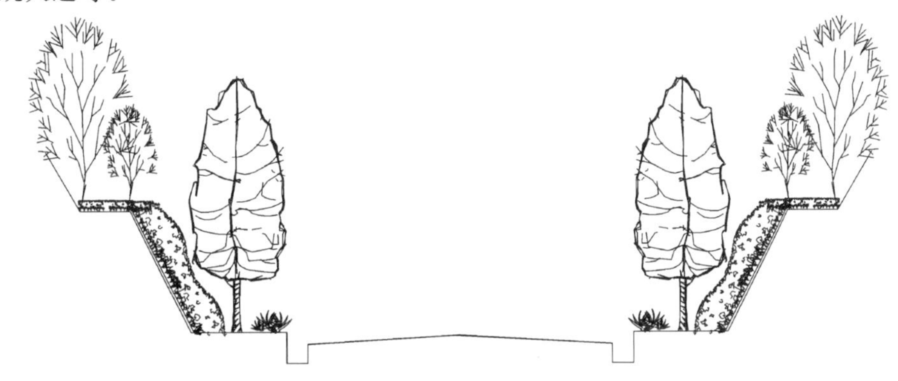

图 9-8 其他形式的道路断面图

9.3.2 分车绿带设计

用来分隔上下车道和快慢车道的隔离绿带称为分车绿带。分车绿带的宽度依据车道的性质和场地的大小而定。

1. 分车绿带的设计原则

常见的分车绿带宽度为 2.5～8 m,大于 8 m 的可作为林荫路设计,高速公路的分车绿带宽度一般为 5～20 m,最低宽度不能小于 1.5 m。为了便于行人过街,分车绿带应进行适当分段,一般每 75～100 m 处要断开,断开处应尽可能地与人行横道、停车站、大型商场以及人流集中的公共建筑出入口相结合。特别要指出的是,注意人行横道线与分车绿带的关系,被人行横道或道路出入口截断的分车绿带,其端部应满足停车视距要求,采取通透式栽植(见图 9-9);而靠近汽车停靠站附近的分车绿带在设计时要考虑使用的便捷性与安全性(见图 9-10)。

在分车绿带上种植 0.6～1.5 m 高的灌木、绿篱等常绿树能有效地阻挡夜间相向行驶车辆前照灯的眩光,大大地提高行车途中的安全系数(见图 9-11)。单独栽植的植物株距不大于冠幅的 5 倍,也可采用连续的绿篱式栽植(见表 9-12)。

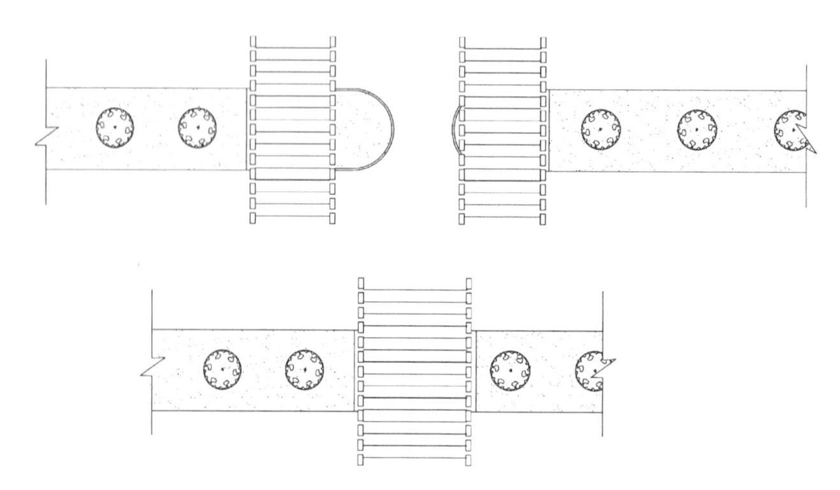

图 9-9　人行横道线与分车绿带的关系

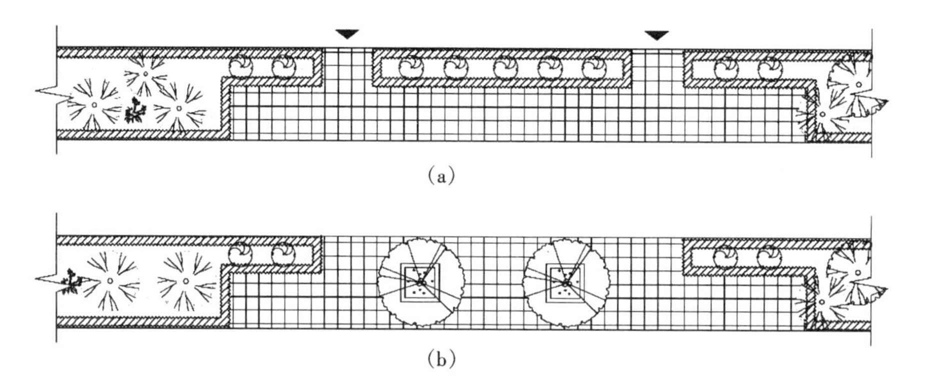

图 9-10　汽车停靠站的分车绿带

(a)汽车停车站(一);(b)汽车停车站(二)

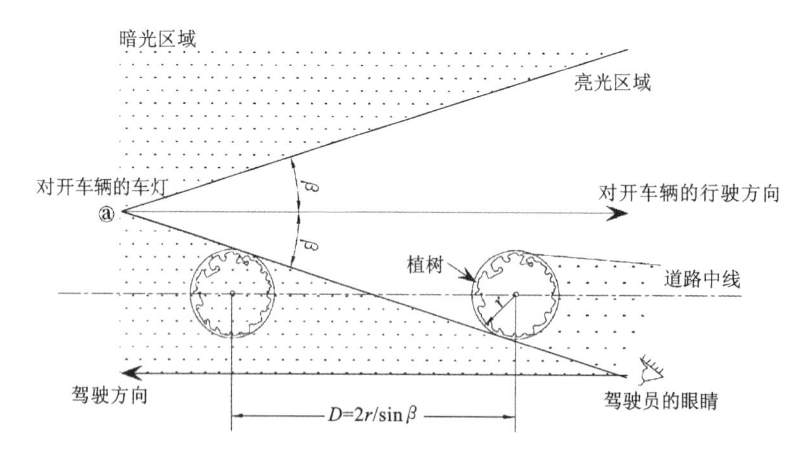

图 9-11　前照灯的照射角和植树间隔

D—株行距;r—植树半径;β—照射角

表 9-12 遮光栽植的株行距和树冠蓬径

株行距 D/cm	树冠蓬径 $2r$/cm	备　注
200	40	—
300	60	—
400	80	—
500	100	—
600	120	高速公路的标准尺寸

理想的分车绿带能起到分隔组织交通和保障安全的作用，形成良好的行车视野环境，所以要尽可能地进行防眩种植。分车绿带距交通污染源最近，因此在选择树种时应充分考虑滤减烟尘、减弱噪声等效果。道路两侧的乔木不宜在机动车道上方搭接，以免形成“绿色隧道”，不利于汽车尾气及时地向外扩散。此外，分车绿带内设置雨水调蓄设施时，不得影响绿带内乔木、灌木的正常生长；两侧分车绿带内设置雨水调蓄设施时，不得影响乔木的连续性。

2. 分车绿带的种植形式

分车绿带可采用形式各异的种植形式，最大限度地降低驾驶者的视觉疲劳感，但切记不能太过凌乱，影响正常的驾驶。

1）封闭式种植

在分车绿带上种植绿篱或密植花灌木，以植物封闭分车绿带，可以起到绿色隔墙的作用，阻挡行人穿越。这种封闭式分车绿带适合于中间分车绿带和车速较快的交通干道两侧分车绿带。

2）开敞式种植

在分车带上种植草皮、花卉、稀植低矮灌木或较大株行距的高干大乔木，以达到开朗、通透的景观效果。这种分车绿带适合于机动车道与非机动车道之间的两侧分车绿带（见图 9-12）。

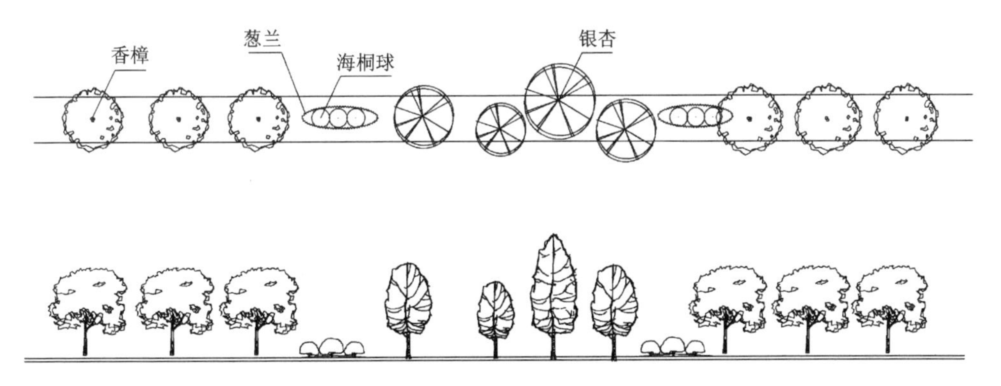

图 9-12 开敞式种植的分车绿带

无论采取哪种方式,都是为了更合理地处理好道路周边建筑、交通和绿化之间的关系,使得道路景观统一而又富有变化。在较长的道路上,根据不同地段的特点和特定功能需求,可交替使用开敞式与封闭式的种植形式(见图 9-13)。但在设计过程中需注意同一路段分车绿带的绿化要有统一的景观风格;同一路段各条分车绿带在植物配置上应遵循多样统一,既要在整体风格上协调统一,又要在各种植物组合、空间层次、色彩搭配和季相上变化多样。

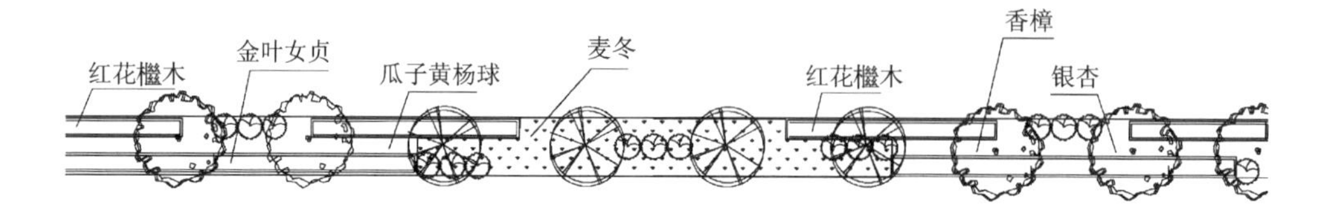

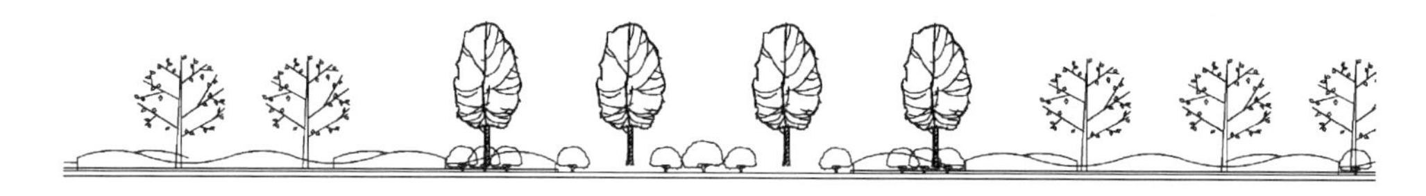

图 9-13 交替式种植的分车绿带

3. 分车林荫道绿地设计

林荫道是一种特殊的分车绿带,指与道路平行并具有一定宽度的,供居民通行、散步和作短暂休息用的带状绿地。林荫道利用植物与车行道隔开,在其内部不同地段辟出各种不同的休息场地,并有简单的园林设施,可起到小游园的作用,增加城市绿地面积,扩大市民活动场所。林荫道种植大量树木花草,可减弱城市道路上的噪声、废气等污染,起到改善城市小气候和美化环境的双重作用(见图 9-14)。林荫道绿地的设计有以下几个要点。

①出入口设置。林荫道可在长 75～100 m 处分段设立出入口,各出入口布置应体现其特色,以增加绿化景观效果,也可起到标志指引的作用。

②车行道与林荫路绿带之间要由浓密的绿篱和高大乔木组成的绿色屏障相隔,起到隔离外界污染、净化空气的作用。在林荫道总面积中,道路广场面积不宜超过25%;绿化配置中乔木宜占 30%～40%,灌木宜占 20%～25%,草地宜占 10%～20%,花卉宜占 2%～5%。在树种选择上应丰富多彩,乔木、灌木的比例视具体情况而定。如南方天气炎热,需要更多的遮阴面积,则常绿树比例大;而北方地区考虑冬季对阳光的需求,则落叶树比例大些。

③林荫道内部必须设置游步道。一般宽 8 m 的林荫路内需设一条游步道;在宽 8 m 以上的林荫路内,建议设置两条以上游步道。另外,还可设置小型儿童游戏场、休闲座椅、花坛、喷泉等建筑小品,具体视林荫道的宽度而定。

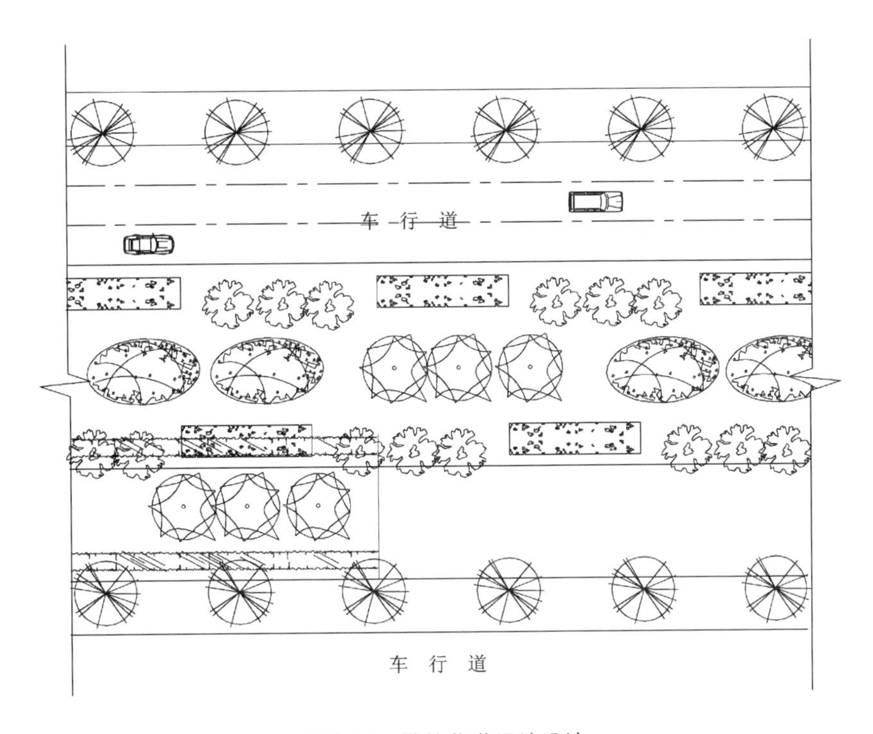

图 9-14 某林荫道绿地设计

4. 分车绿带的树种选择

分车绿带种植设计的主要作用是降低车辆和人流的噪声，净化空气，增进交通安全，阻挡相向行驶车辆的眩光。分车绿带的绿化对城市道路生态条件和安全防范的改善意义重大。其树种的选择可遵循以下原则。

①中央分车绿带应选择常绿树种，且其株距不得大于冠幅的5倍，乔木树干中心至机动车道路缘石外侧距离不宜小于0.75 m。

②两侧分车绿带宽度不小于1.5 m的，应以种植乔木为主，并宜采用乔木、灌木、地被植物相结合的方式；分车绿带宽度小于1.5 m的，应以种植灌木为主，并应采用灌木、地被植物相结合的方式。

③分车绿带内植物配置应防止人流穿行，当无防护隔离措施时，应采取通透式配置。

④被人行横道或道路出入口断开的分车绿带，其端部停车视距内的绿化应采取通透式配置，长度根据道路设计速度确定。

⑤中间分车绿带最小净宽度大于等于1 m时，宜种植灌木和地被植物；最小净宽度大于等于2 m时，宜种植乔木；最小净宽度大于等于4 m时，宜乔木、灌木结合，可采用自然式群落配置。

⑥中间分车绿带绿化应阻挡相向行驶车辆的眩光，在距相邻机动车道路面高度0.6～1.5 m范围内，配置植物的树冠应常年枝叶茂密，单独栽植的植物株距不得大

于冠幅的 5 倍,也可采取连续的绿篱式栽植。

⑦分车绿带内设置雨水调蓄设施时,不得影响绿带内乔木、灌木的正常生长;两侧分车绿带内设置雨水调蓄设施时,不得影响乔木的连续性。

⑧中间分车绿带不得布置成开放式绿地。

分车绿带种植设计中乔木的选择需考虑行道树的树种,选择体量适当的常绿乔木。在选择灌木品种时应注意以下几个方面。

①枝叶丰满,株形完美,花期长,花多而显露,防止萌枝过长而妨碍交通。

②植株无刺或少刺,叶色有变,耐修剪,在一定年限内人工修剪可控制它的树形和高度。

③繁殖容易,易于管理,能耐灰尘和路面辐射。

分车绿带树种采用较多的有大叶黄杨、金叶女贞、紫叶小檗、月季、紫薇、丁香、紫荆、连翘、榆叶梅等。

9.3.3 行道树绿带设计

行道树绿带指布设在人行道与车行道之间,以种植行道树为主的绿带,主要功能是为行人及非机动车庇荫,由于其形式简单、占地面积有限,因此选择合适的种植方式和树种显得尤其重要。

1. 行道树绿带的设计原则

①行道树绿带的宽度应根据立地条件、道路性质及类别、对绿地的功能要求等综合考虑而决定:当宽度较宽时可采用乔木、灌木、地被植物相结合的配置方式,提高防护功能,加强绿化景观效果;当宽度较小时则应避免选用根系较发达的大乔木,以免影响路人正常的步行。

②行道树定植株距,应以树木壮年期时的冠幅为准,种植株距及树木规格应符合:大乔木最小种植株距宜为 6 m,胸径不应小于 8.0 cm,主枝 3 个以上,进入路面枝下净高不小于 2.8 m;小乔木最小种植株距宜为 4 m,枝下净空满足行人通行。

③行道树绿带净宽度不得小于 1.5 m;种植大乔木的树池,树木中心点距树池围牙内侧宜不小于 0.75 m。

④行道树的定干高度应根据道路的性质、宽度、交通状况,以及行道树与车行道的距离、树木分枝角度而定。行道树的胸径一般以 12~15 cm 为宜。分枝角度大者,第一分枝点高度不得小于 3.5 m,分枝角度小者也不能小于 2 m,否则会影响交通。在道路较窄的路段,应注意树种的选择和修剪,避免形成“绿色隧道”,影响理想的街景效果和不利于空气流通。

⑤在弯道或道路交叉口,行道树绿带应采用通透式配置。在距相邻机动车道路面高度 0.9~3.0 m 内,树冠不得进入视距三角形范围内,以免遮挡驾驶员视线,造成交通隐患。

⑥在同一道路宜采用同一树种,并注意道路两侧行道树株距的对称,既能更好

地起到遮阴、滤尘、减噪等防护功能,又能形成较强的韵律感。

⑦在行人多的路段,行道树之间宜采用透水、透气性铺装,树池宜覆盖树池篦子,并保障行道树绿带地下土壤的连通性。在行人少的路段,宜采取连续树池。

2. 行道树绿带的布置方式

行道树绿带的基本布置方式有树带式与树池式两种(见图 9-15)。

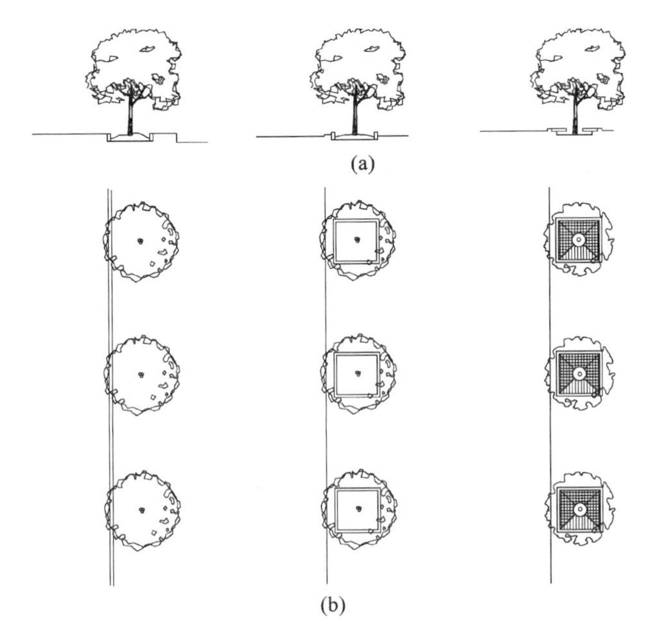

图 9-15 行道树绿带的布置方式

(a)树带式;(b)树池式

1) 树带式

在人行道与车行道之间留出一条不加铺装的种植带,宽度可视具体情况而定,但一般应大于 1.5 m。种植带以种植乔木为主要绿线,树下可种植灌木和地被植物,减少土壤裸露,这种方式有利于树木生长、改善道路生态环境和丰富城市景观。在适当的距离和位置留出一定量的铺装通道,便于行人往来和汽车停靠。

2) 树池式

在交通量比较大、行人多而人行道又狭窄的道路上可以采用树池式的布置方式。树池的形状有正方形、长方形或圆形等。行道树的栽植点应位于几何形的中心。树池边缘宜高出人行道路面 5~10 cm,这样可减少行人践踏,保持土壤疏松;如果树池边缘低于人行道路面,应在树池上加盖透空的盖板或满铺卵石。

3. 行道树绿带的种植形式

行道树绿带的种植形式应根据行道树绿带的布置方式而定。树池式行道树绿带一般面积较小,采用乔木加地被的种植方式,通常以规则式为主(见图 9-16)。而树带式行道树绿带依据设计定位可分别采用规则式、自然式(见图 9-17)或混合式

(见图 9-18)的种植形式,形成多样的植物景观效果。

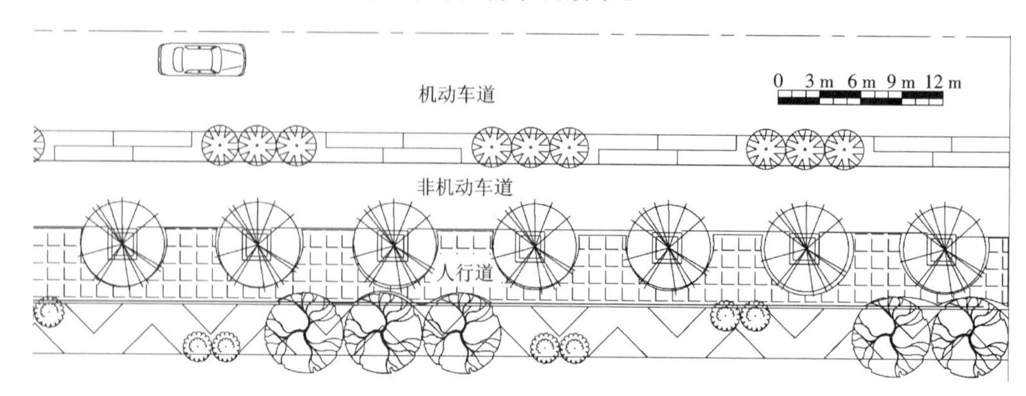

图 9-16　规则式种植的行道树绿带

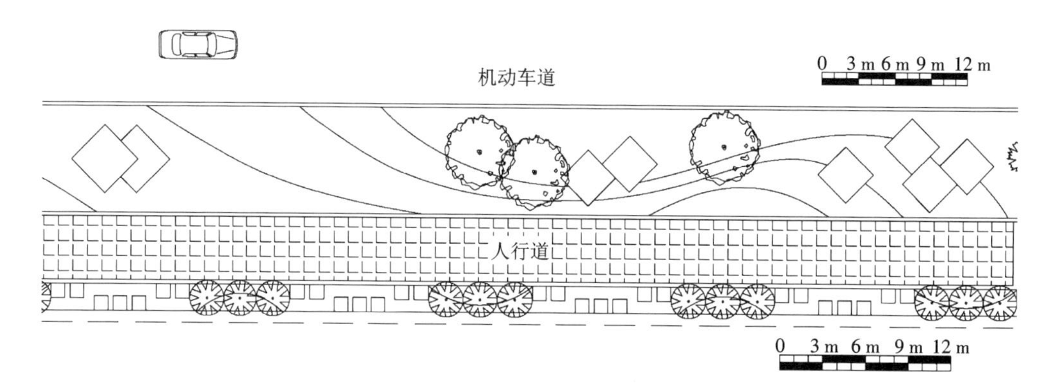

图 9-17　自然式种植的行道树绿带

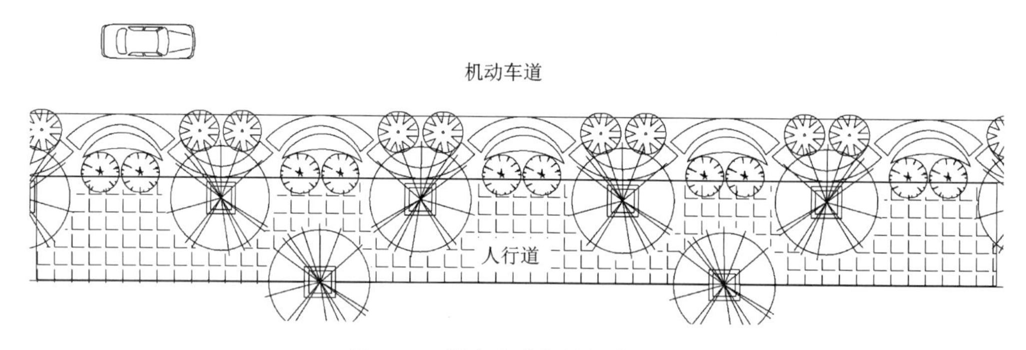

图 9-18　混合式种植的行道树带

4. 行道树绿带的树种选择

行道树应选择根系深、分枝点高、冠大荫浓、生长健壮、适应城市道路环境条件且对行人不会造成伤害的树种。《中国大百科全书:建筑·园林·城市规划》一书对行道树树种选择提出 10 项要求:①树冠冠幅大、枝叶密;②耐瘠薄土壤;③耐修剪;④扎根深;⑤病虫害少;⑥落果少、无飞絮;⑦发芽早、落叶晚;⑧耐旱、耐寒;⑨寿命长;

⑩材质好。

在行道树中还应选择骨干树种，骨干树种必须是最适合该城市道路立地条件的树种，并能反映地方特色。如杭州的骨干树种为香樟、凸瓣杜英、银杏、合欢、无患子、悬铃木、水杉、女贞、乐昌含笑等。骨干树种的选择可遵循以下原则：①骨干树种必须是最能适应所在城市的自然环境及生长状况和景观效果的理想树种，可以是地方树种，也可以是被实践证明能很好地适应城市道路环境的外来树种；②骨干树种最好能充分体现城市的历史文化内涵，应选择富有文化气息或具有特殊意义的树种。表9-13所示是常见的道路绿化乔木品种。

表9-13　常见道路绿化乔木品种

分类标准		类别
株形整齐，观赏价值较高	观赏树形	雪松、冷杉、圆柏、毛白杨、水杉、杜松、新疆杨、油松、枫树、悬铃木、玉兰、槐树等
	观赏树干、树枝	金钱松、池杉、水杉、毛白杨、大王椰子、可可椰子、蒲葵等
	观赏叶色变化	秋季(红叶)：红枫、乌桕、蓝果树、火炬树、黄栌等 秋季(黄叶)：银杏、杨树、白蜡、板栗、桦树等 观赏叶形树：日本落叶松、金钱松、池杉、水杉、馒头柳、白桦、栓皮栎、大果榆、珊瑚朴、南天竹、天女花、鹅掌楸、檫树、枫香、杜梨、红叶李、臭椿、黄栌、黄连木、卫矛、丝棉木、元宝枫、五角枫、三角枫、栾树、无患子、杜英、猕猴桃、白蜡树、柿树等
	观赏花色、花期	白玉兰、二乔玉兰、山梅花、八仙花、海桐、金缕梅、英桐、火棘、山楂、枇杷、石楠、木瓜、李、杏、山桃、榆叶梅、紫叶李、樱花、合欢、紫荆、凤凰木、刺槐、丝棉木、木槿、木棉、山茶、紫薇、黄槐、铁力木、石榴、杜鹃、雪柳、紫丁香、女贞、桂花、夹竹桃、泡桐、梓树、凤尾兰、丝兰、七叶树、海芒果、龙眼、芒果等
	观赏果实	银杏、华山松、红豆杉、无花果、英桐、杏、紫叶李、刺槐、臭椿、楝树、丝棉木、冬青、五角枫、石榴、柿树、绒毛白蜡、珊瑚树、枫杨、菠萝蜜、台湾栾树等
有一定耐污染、抗烟尘的能力	抗二氧化硫	云杉、侧柏、罗汉松、龙柏、圆柏、日本柳杉、华山松、白皮松、扁柏、杜松、皂角、刺槐、桑树、加杨、夹竹桃、大叶黄杨、棕榈、女贞、新疆杨、榆树、白蜡树、旱柳、悬铃木、花楸、臭椿、构树、柽柳、丁香、卫矛、梧桐、合欢等

续表

分类标准		类　别
有一定耐污染、抗烟尘的能力	抗氟化氢	侧柏、杜松、云杉、棕榈、圆柏、罗汉松、白榆、刺槐、旱柳、枣树、臭椿、大叶黄杨、柽柳、柑橘、凤尾兰、白蜡树、木槿、臭椿、刺槐等
	抗氟	梧桐、国槐、桧柏、刺槐、卫矛、紫藤、构树、皂荚、榆树、白蜡树、桂柳、臭椿、云杉、侧柏、杜松、桧柏、地锦等
	抗烟、滞尘较强	臭椿、油松、白皮松、侧柏、垂柳、核桃、苦楮、榔榆、榉树、朴树、构树、无花果、黄葛树、银桦、蜡梅、合欢、紫穗槐、刺槐、重阳木、大叶黄杨、冬青、丝棉木、栾树、梧桐、白蜡树、绒毛白蜡、紫丁香、女贞、桂花、夹竹桃、泡桐、梓树、楸树、珊瑚树、棕榈等
	杀菌能力强	夹竹桃、稠李、高山榕、樟树、桉树、紫荆、木麻黄、银杏、桂花、玉兰、合欢、圆柏、核桃、雪松、刺槐、垂柳、落叶松、云杉、侧柏等

9.3.4 路侧绿带设计

路侧绿带指在道路的侧方，布设在人行道边缘至道路红线之间的绿带，是构成丰富道路景观的重要组成部分，可对道路景观的整体面貌、街景的四季变化产生显著的影响。由于路侧绿带与沿路的用地性质或建筑物关系密切，有些建筑要求绿化衬托、有些要求绿化防护、有些需要在绿化带中留出入口。因此，路侧绿带应根据相邻用地性质、建筑类型等，结合周边立地条件和景观环境等诸多要求进行设计，并应注意保持整体绿带在空间上连续完整、和谐统一。

路侧绿带依据绿带的宽度、与道路的位置关系、周边环境状况，可分为路侧林荫道绿带、滨水绿带、步行街道绿地等几种形式。

1. 路侧绿带的布局位置

依据路侧绿带在道路红线与建筑红线之间位置的变化，可将其大致分为如下三类。

1）道路红线与建筑线重合

当道路红线与建筑线重合时，路侧绿带由于面积受到限制而主要起着美化装饰、过渡隔离等作用，一般行人不得入内（见图 9-19）。设计时首先要注重散水坡的合理布局；绿化设计时要实地观察周边建筑物的形式、颜色和墙面的质地等，采用与之相协调的设计风格；此外，还应注意植被不能影响建筑物的通风和采光。

2）建筑退让红线后留出人行道，路侧绿带位于两条人行道之间

当建筑退让红线后留出人行道，路侧绿带位于两条人行道之间时（见图 9-20），种植设计应参照绿带宽度和沿街建筑物的性质，选择种植隔离与遮阴效果好的高大乔木或乔木、灌木组合等，也可在适当区域采用视野通透的绿化种植模式，如花坛群、花镜、草坪等，透出临街建筑的立面。

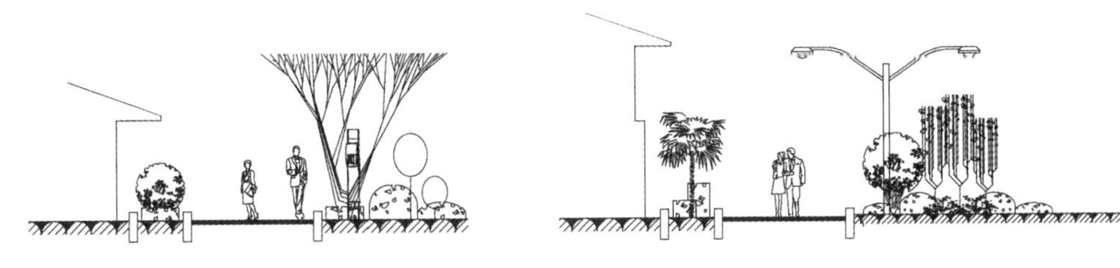

图 9-19 路侧绿带毗邻建筑线

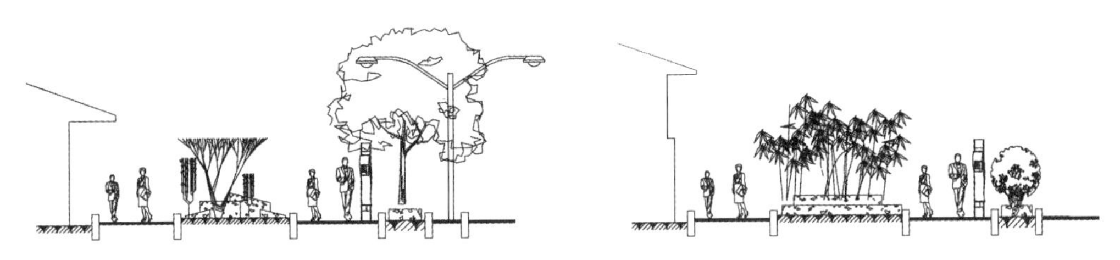

图 9-20 路侧绿带位于两条人行道之间

3）路侧绿带与道路红线外侧绿地结合

当路侧绿带与道路红线外侧绿地结合时（见图 9-21），在宽度允许的条件下，绿带可设计成街旁的游园、条状休闲广场等。设计时应充分结合行道树绿带、分车绿带的种植模式和树种选择，考虑道路统一的景观效果，协调整体道路环境。特别是当路侧绿带宽度在 8 m 以上时，可以设计成开放式绿地，方便行人进入游览休息，以提高绿地的游憩功能。

图 9-21 路侧绿带与道路红线外侧绿地结合

2. 路侧绿带的种植设计

路侧绿带的种植设计应根据相邻用地性质、防护和景观要求进行设计，并应保持在路段内的连续与完整的景观效果。根据《城市道路绿化设计标准（征求意见稿）》的规定，种植设计可遵循以下原则。

①路侧绿带与毗邻的其他绿地总宽度大于 8 m 时，可设计成带状公园，并应符合《公园设计规范》（GB 51192—2016）的规定。

②主要承担防护功能时，应保持在路段内的树木种植的连续性，宜采用乔灌草复层栽植形式；噪声污染较大的城市路段，应根据噪声来源的高度范围进行绿化栽植；体现道路绿化景观时，应突出城市的地域特色和植物景观特色；作为城市生态廊道时，宜应用丰富植物材料和异龄、复层、混交的配置方式增加生物多样性。

③濒临江、河、湖、海等自然水系的路侧绿地，应结合地形、水面与岸线设计成滨

水绿带,并在道路和水面之间留出透景线。

④充分利用沿街墙面、棚架进行立体绿化,扩大绿化面积,丰富街道景观色彩。所用的藤本植物要求取材容易,生长较快,攀附性强,花叶俱美,如爬山虎、凌霄、金银花等都是良好的垂直绿化植物品种。

⑤路侧绿带应结合场地雨水排放进行设计,并可采用雨水花园、下凹式绿地、景观水体、植草沟等具有调蓄雨水功能的绿化方式。

路侧绿带种植设计中,乔木、灌木的选择应与道路景观的总体风格协调统一。植物品种选择应注意以下几个方面。

①地被植物的选择。根据气候、温度、湿度、土壤等条件选择适宜的草坪草种是至关重要的;另外,多种低矮花灌木均可用作地被植物,如棣棠等。

②草本花卉的选择。一般露地花卉以宿根花卉为主,与乔灌草巧妙搭配,合理配置,一、二年生草本花卉只在重点部位点缀,不宜多用。

③乡土植物的应用。乡土树种或适生树种在其自然分布区经过长时期的自然选择,对本地自然环境条件的适应能力强,易于成活,生长良好,种源多,繁殖快,就地取材既能节省经费,易于见效,又能反映地方风格特色。当然,如果既有的乡土树种不适合道路的线形设计情况,那么有必要将其驯化使之适应道路环境。

3. 滨水型路侧绿带设计

滨水型路侧绿带指临江、河、湖、海等自然水系而建的道路的临水侧绿带,简称为“滨水绿带”(见图9-22)。滨水绿带的侧面邻水,空间开阔,具有显著的生态、景观与游憩的功能。但是,河流季节性的涨落会对绿地景观产生一定的影响,为50年一遇洪水而修筑的大堤也会对滨水景观产生不利的影响。

图 9-22 城市滨水绿带

设计时需结合周边环境特征、水岸高度、用地宽窄和交通特点等因素进行因地制宜的规划布局。如果水面较窄,对岸又无景可赏时,滨水绿地布置宜简单,种植成行的林荫树或行道树,岸边设置栏杆和座椅,供人休息。如果水面较宽,沿岸风光绮丽,对岸风景点较多,沿水边可设置较宽阔的绿地,布置游人步道、草坪、花坛、座椅等园林设施，游人步道应尽量靠近水面或设置小型广场和临水平台，满足人们的亲水性和观景要求。

1）滨水绿带的竖向设计

滨水道路与绿带的布局通常结合现场地形来进行，车行道、人行道与绿带呈现三种不同的组合关系：①滨水绿带与车行道路面平接（见图 9-23），绿带中的滨水步道与车行道路标高相同；②车行道通过斜坡绿带与水体相接（见图 9-24），绿带中的滨水步道临水而设；③车行道通过坡道或台阶与水体相接（见图 9-25），在滨水平台上布置座椅、栏杆、棚架、园灯等景观小品。

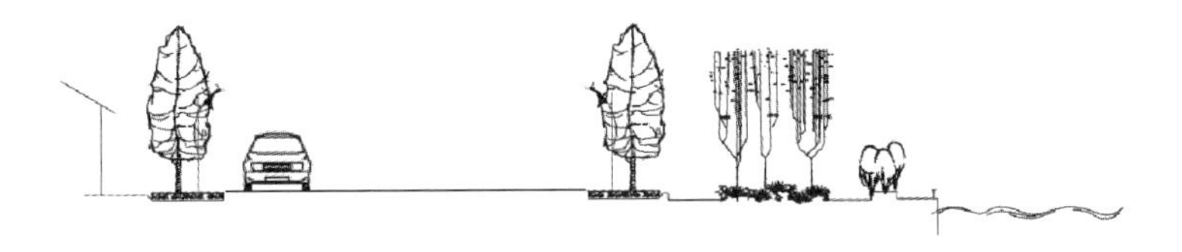

图 9-23 滨水绿带与车行道路面平接

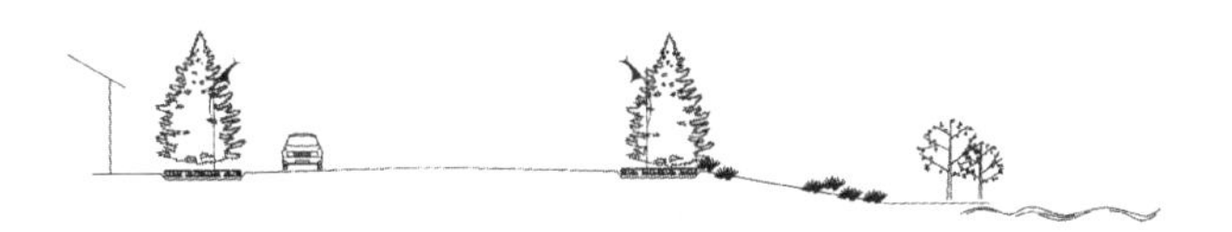

图 9-24 车行道通过斜坡绿带与水体相接

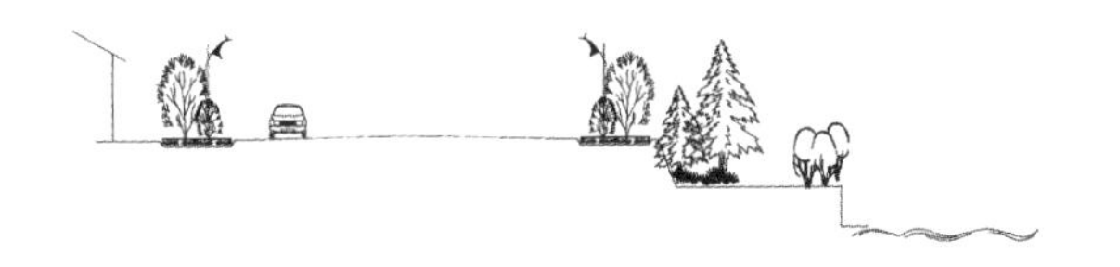

图 9-25 车行道通过坡道或台阶与水体相接

为了保护水岸免受波浪、地下水、雨水等的冲刷而坍塌，需修建永久性驳岸。一般驳岸多用重力式驳岸。规则式水岸在驳岸顶部加砌挡土墙，高度为 90～100 cm，将驳岸与花池等结合起来，便于行人观赏水景。自然式水岸则采用植物加固驳岸，在坡度 1∶1.5～1∶1 的坡上铺草，或加砌草皮砖，或在水下砌整形驳岸，水面上堆叠自然山石，既美化了水体驳岸，又起到了安全防护的功能，并且为游人提供了小憩、垂钓的空间。

2）滨河绿带的种植设计

滨河绿带的种植设计应综合考虑自然地形、水岸线、周边环境和功能要求。规则式布置的绿带多以草地、花坛群为主，乔木、灌木多以孤植或对称种植为主；自然式布置的绿带则以树丛、树群为主。

为了提升滨河绿带的整体景观效益，靠近车行道一侧可加大种植密度，形成绿色屏障。但为了水上的游人和河对岸的行人能看到沿街的建筑艺术，应适当地留有透景线，保证景观的通透性，而在靠近水体的一侧原则上不种植成行乔木，这样做一是为了不影响景观视线，二是避免树木的根系伸展破坏驳岸的结构。

种植设计应注重色彩、季相变化和水中倒影等；选用乡土树种，以常绿乔木为骨架，并点植各种春天开花、秋天叶色鲜艳的植物，体现“春时繁花似锦，秋季霜染山林”的特色景观。

3）游览道与自行车道的设计

宽度在 8 m 以上的滨水绿带可设计成开放式休闲绿地，其中至少要沿岸线布置一条人行步道。为了让人感受到水面的开阔，或亲近和接触水体，临近水边的游览道应尽可能地降低标高。若常年水位变化不大，堤岸可做成台地状或斜坡状。若水位变化较大、防洪级别较高，则应设置直立式驳岸。沿路的树荫下可设置造型各异的休憩设施，绿带内适宜的位置可布置各类凉亭、花架、山石、景墙、栏杆、灯具等，与植物有机结合，使之成为富有艺术特色的休憩空间。

滨水绿地具有一定的宽度，且长度较长时，可在绿地内临水或近路侧设置专用自行车道。在绿地的入口处或间隔一定的距离设置自行车停车场地，并在周边适当利用植物进行隔离。

4）游憩活动设置

滨水绿地除了具有其他同类绿地类似的绿化空间，还因为临水而使游人的活动以及所形成的景观更为丰富。因此，滨水绿地设计中需要对可能开展的相关活动予以考虑，使游人进入绿地时不仅感觉赏心悦目，并有机会满足亲水的需求。可以组织水上活动、近水漫步活动、垂钓活动等。

4. 步行街道路侧绿带设计

步行街指城市道路系统中确定为专供步行者使用，禁止或限制车辆通行的街道。另外，也有一些街道只允许部分公共汽车短时间或定时通过，形成过渡性步行街和不完全步行街，确定为步行街的街道一般在市、区中心商业和服务设施集中的地区，亦称商业步行街。

1）步行街道绿地的功能及特点

随着城市的发展，车流和人流的增加，过去人们在街道上悠然自得的逛街情趣早已消失，为了提升城市中心区的城市生活，保护传统街道富有特色的生活模式，使城市更加亲切近人，需要改善城市的人文环境。而规划步行街则反映了以人为本的城市设计思想，其旨在保证步行者的交通安全和便利，为行人提供舒适的步行、购物、休闲、社交、娱乐等场所，增进人际交流和地域的认同感，促进经济繁荣。

现代的商业步行街寓购物于玩赏、置商店于优美的环境之中。它应是一个精神功能重于物质功能的丰富多彩、充满园林气息的公共休闲空间，是一个融旅游、商贸、展示、文化等多功能为一体的综合体。

2）步行街道绿地的种植设计

步行街两侧均集中了商业和服务性行业建筑，绿地种植要精心规划、设计，与环境、建筑协调一致,使功能性和艺术性达到平衡。街道两侧有许多橱窗、招牌、广告等景观元素,因此,种植设计时要和这些景观元素协调,符合街道空间的尺度要求(见图 9-26)。如果绿化体量过大,设计过于繁杂,会喧宾夺主,减弱商业街繁华、热闹的气氛。

图 9-26 城市商业步行街

为了保持步行街空间视觉的通透,不遮挡商店的橱窗、广告,最好选用形体娇小、枝干和叶形优美的小乔木和花灌木。特别要注意植物形态、色彩,并注重和街道环境相结合,树形要整齐,乔木选择冠大荫浓、雄伟挺拔的品种;灌木强调其形态美,无刺、无异味、花艳且花期长。在建筑前可适当选用绿篱、花卉、草坪等,在面积较大的绿地内选用常绿树、灌木、地被植物、宿根花卉及草皮等,以此改善步行街的生态条件,提升环境的整体景观效果。

9.4 城市道路绿化节点规划设计

9.4.1 交通岛绿地规划设计

交通岛指为控制车流行驶路线和保护行人安全而布设在道路交叉口范围内的岛屿状构造物,起到引导行车方向、渠化交通的作用。按其功能及布置位置可分为导向岛、分车岛、安全岛和中心岛。

交通岛绿地指可绿化的交通岛用地。交通岛绿地可分为中心岛绿地、导向岛绿地和立体交叉口绿地。其主要功能是通过绿化辅助交通设施显示道路的空间界线,起到引导交通、美化市容的作用。

交通岛绿地的设计需遵循以下原则。

①交通岛周边的植物配置宜增强导向作用,布置成装饰绿地。

②中心岛绿地应保持各路口之间的行车视线通透,在行车视距范围内应采用通透式配置。

③导向岛绿地应配置地被植物。

④立体交叉口绿地应以种植草坪等地被植物为主,桥下宜种植耐阴地被植物,墙面可进行垂直绿化。草坪上可点缀树丛、孤植树和花灌木,以形成疏朗开阔的绿化效果。

1. 中心岛绿地规划设计

中心岛是设置在交叉口中央,用来组织左转弯车辆交通和分隔对向车流的交通岛,习惯称转盘。中心岛的形状主要取决于相交道路中心线的角度、交通量大小和道路等级等具体条件,一般多用圆形,也有椭圆形、卵形、圆角方形和圆角菱形等(见9-27)。常规中心岛直径在25 m以上,我国大、中型城市中心岛直径多为40～80 m。

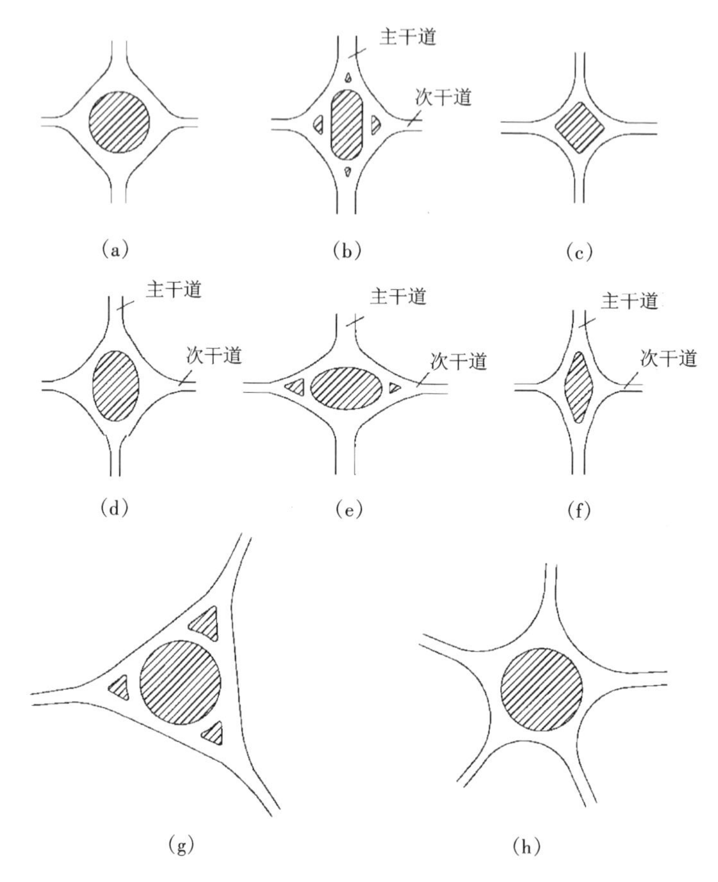

图 9-27 中心岛的形状

(a)圆形;(b)长圆形;(c)圆角方形;(d)椭圆形;(e)卵形;(f)圆角菱形;
(g)三条道路相交的平面环形交叉;(h)五条道路相交的平面环形交叉

可绿化的中心岛用地称为中心岛绿地。中心岛绿地是道路绿化的一种特殊形式,原则上只具备观赏功能,不具备游憩功能。中心岛外侧一般汇集多处路口,不宜密植高大乔木、常绿小乔木和大灌木,以免阻碍行车视线。绿地应以草坪、花卉为主,或选用几种不同质感、不同颜色的低矮的常绿树、花灌木和草坪组成模纹花坛,花坛图案应简洁,曲线优美,色彩明快,不要过于繁复、华丽,以免分散驾驶员的注意力及引起行人驻足欣赏而影响交通,不利安全。也可布置些修剪成形的小灌木丛,在中心种植1株或1丛观赏价值较高的乔木加以强调。若交叉口外围有高层建筑时，图案设计还要考虑俯视效果。

位于主干道交叉口的中心岛因位置适中，人流、车流量大，是城市的主要景点，可在其中建柱式雕塑、市标、组合灯柱、立体花坛、花台等成为构图中心，但其体量、高度等不能遮挡视线。

若中心岛面积很大，布置成街旁游园时，必须修建过街通道与道路连接，以保证行车和游人安全。

2. 导向岛绿地规划设计

导向岛一般设置在环形交叉口进出口道路中间，并延伸到道路中间隔离带，用以指引行车方向，约束车道，使车辆减速转弯，保证行车安全。

导向岛绿地指可绿化的导向岛用地。导向岛绿化应选用地被植物、花坛或草坪，不可遮挡驾驶员视线。为了保证驾驶员能及时看到车辆行驶情况和交通管制信号，在视距三角形内不能设置任何阻挡视线的东西，但在交叉口处，个别伸入视距三角形内的行道树株距在 6 m 以上，树干高在 2 m 以上，树干直径在 40 cm 以下是允许的，因为驾驶员可通过空隙看到交叉口附近的车辆行驶情况。种植绿篱，株高要低于 70 cm。

图 9-28 所示案例位于我国某滨江城市的中心交叉口。中心岛设计采用网格状乔木树阵加草坪的形式，树下设置投射灯。导向岛由双层三角形花台组成，上花台铺设草坪，三角形中央设置“扬子风帆”雕塑；下花台堆土形成斜坡，图案式群植整形植物，简洁大气。

3. 立体交叉口绿地规划设计

立体交叉口指两条道路在不同水平面上的交叉。高速公路与城市各级道路交叉时、快速路与快速路交叉时必须采用立体交叉；大城市的主干路与主干路交叉时视具体情况也可设置立体交叉。立体交叉使两条道路上的车流各自保持其原来的车速前进，互不干扰，是保证行车快速、安全的措施，但占地大、造价高，应选择占地少的立体交叉形式。

立体交叉口绿地包括绿岛和立体交叉口外围绿地，首先，其绿化设计要服从立体交叉口的交通功能，使行车视线通畅，突出绿地内交通标志，诱导行车，保证行车安全；其次，其绿化设计应服从整个道路的总体规划要求，要和整个道路的绿地相协调，要突出各立体交叉口的特点，通过绿化装饰、美化增添立体交叉处的景色，形成地区的标志，并能起到道路分界的作用；最后，立体交叉口绿地布置应力求简洁明快，适应驾驶员和乘客瞬间观景的视觉要求。

1）案例 1

图 9-29 所示案例是横跨娄江与 312 国道互通式立交，将通往苏州、上海、巴城和昆山市区的各条道路有机相连，全长 766 m，是一处综合性较强的交通枢纽。该互通式立交绿地由三部分组成，即立交花园、100 m 及 50 m 绿带、滨江绿带。

（1）巴城往苏州方向的沿线绿带

巴城往苏州方向的路线是该立交中接近地面高度、相对较直的道路，娄江的支

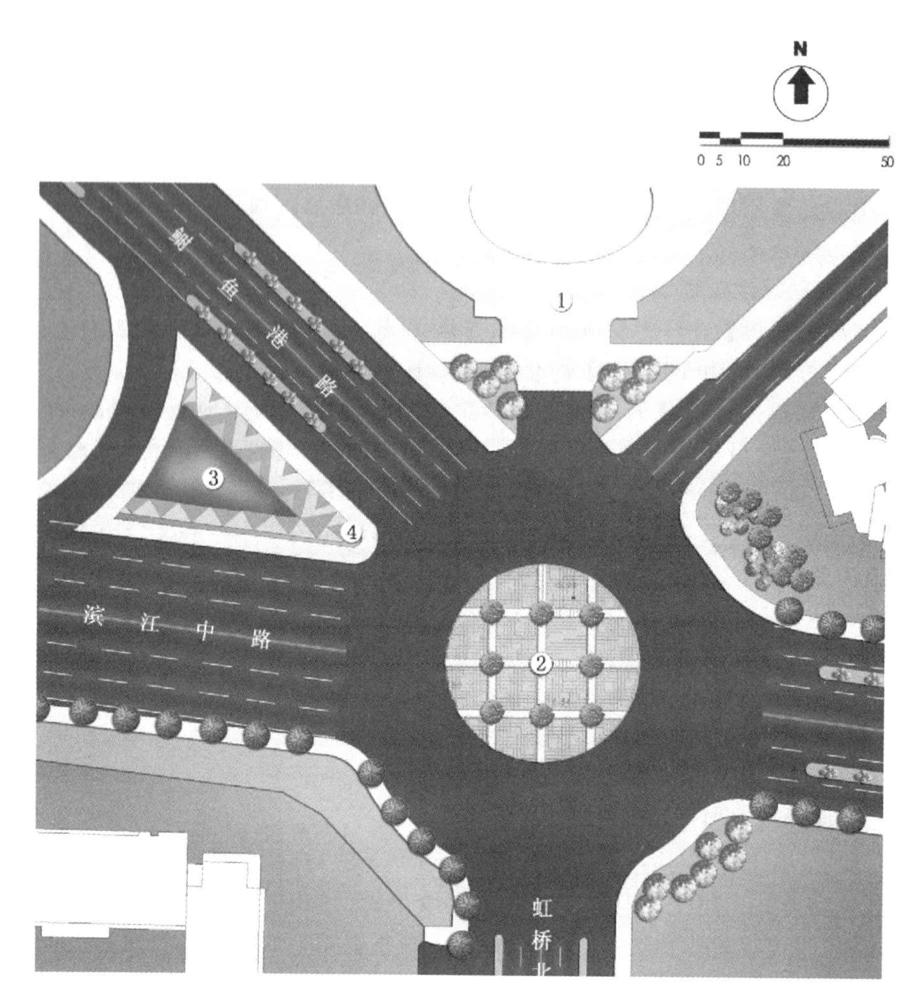

图 9-28 某城市道路中心岛、导向岛景观

1—海关;2—中心岛;3—扬子风帆;4—导向岛

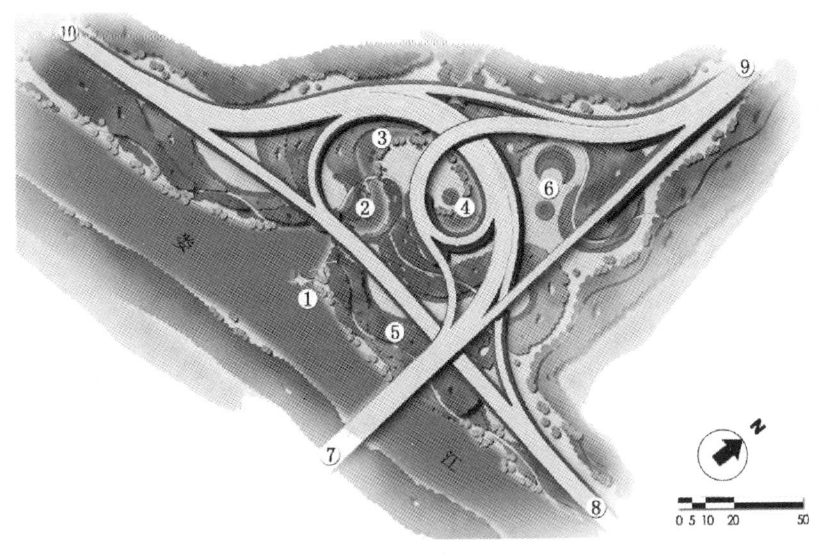

图 9-29 某城市互通式立交绿化(一)

1—落帆寻古；2—东亭双栖；3—红莲池；4—白莲池；5—滨江绿带；6—日月同辉；
7—吴淞工业区方向；8—昆山方向；9—巴城方向；10—苏州方向

脉穿过立交向北延伸，体现昆山的水乡风貌。因而其两侧 50 m 绿带景观需要创造出丰富的立面效果，根据车行方向设置起伏的林冠线，形成自然的背景。

(2) 苏州往昆山方向的沿线绿带

苏州往昆山方向的路线是该立交中最接近地面高度的临娄江的直线道路。设计中以娄江南岸的水杉林为背景，营建“落帆寻古”的景观意向。

(3) 自昆山经 312 国道往苏州方向的沿线绿带

“水环境”的营造，体现昆山的“水乡风貌”，并设计寓意“日月同辉”的色带横纹，隐喻昆山市的现在与未来。

(4) 自昆山经 312 国道往吴淞工业区方向的沿线绿带

白莲池与红莲池的设置寓意“并蒂莲”的景观意向,并有“东亭双栖”设于红莲池的池畔,以贴“东亭荷花”之意。

2) 案例 2

图 9-30 所示案例是某城市南面的互通式立交,具有城市西南环城公路的功能,又担负着城市外围交通过境公路功能和一定的城市道路功能。设计将整个立交分为四个景观区,分别为红叶林笼、竹露滴清、海棠春暖及桂风送香。

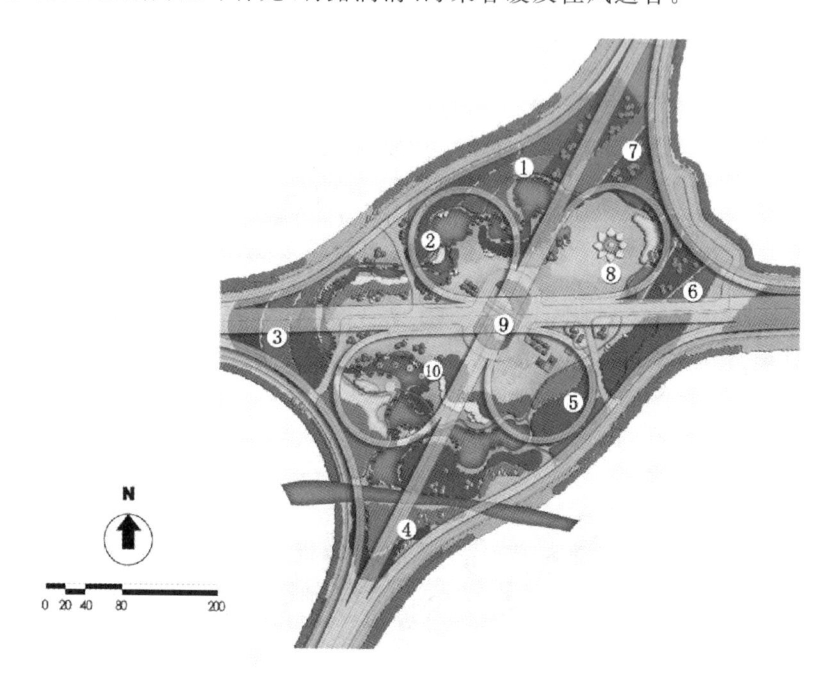

图 9-30 某城市互通式立交绿化(二)

1—黄山栾树、杜英;2—青枫、女贞;3—无患子、海桐;4—夹竹桃、女贞;5—广玉兰、四季桂;6—白玉兰、蜡梅;7—杜英、刚竹;8—红瑞木、丰花月季;9—金叶女贞、红花檵木;10—雪松

(1) 红叶林笼

该区位于整个立交的左上方,是水系的下游,在表现水边景色的同时,运用植物的季相变化特征,突出秋季景色。选用树种有枫香、黄山栾树、乌桕、香樟、红枫等。

(2) 竹露滴清

该区位于整个立交的右上方,在环行区域的中部草坪上以彩叶灌木组成荷花的形状,点明主题,外围以竹类、不同的乔木和花灌木形成混交群落,着重体现冬天的景致。选用树种有刚竹、杜英、臭椿、花梅、蜡梅等。

(3) 海棠春暖

该区位于整个立交的左下方,是整个立交的主要观赏点,同时又是水系的中心。蜿蜒的水体中设有四根景观柱,起到标志的作用;水中还有一岛名为芙蓉岛,整体体现了桃红柳绿的春天景色。选用树种有香樟、马褂木、杜英、垂柳、垂丝海棠、日本晚樱等。

(4) 桂风送香

该区位于整个立交的右下方,以片林为主,体现了植物丰富的林冠线和夏天的景致。选用树种有香樟、广玉兰、夹竹桃、木芙蓉、四季桂等。

9.4.2 停车场绿化设计

随着社会经济的发展,汽车已经成为城市的主要交通工具之一。汽车工业迅速发展,而许多商业网点及居住区的停车场却远远不足,造成大量的绿地空间成为汽车的停放地。为了解决停车与绿化环境间的矛盾,"绿色停车场"的概念受到越来越多人的提倡和支持。按照绿色生态与可持续发展的设计理念,在保证相应区域环境的绿化指标不受影响,停车功能得到满足的前提下,停车场绿地较好地解决了"绿化和硬化"之间的矛盾。

1. 停车场的类型

停车场指城市中集中露天停放车辆的场所。按车辆性质可分为机动车和非机动车停车场,按使用对象可分为专用和公用停车场,按设置地点可分为路外和路上停车场。

1) 机动车停车场

机动车停车场的设置应符合城市规划布局和交通组织管理的要求,合理分布,便于存放;停车场出入口的位置应避开主干道和道路的交叉口;出口和入口应分开,若合用时,其进出通道宽度应不小于 7 m,并设置车道线、限速等各种标志和夜间显示装置。

①城市内机动车公共停车场须设置在车站、码头、商业街等公共建筑附近,但要注意停车场用地应与医院、图书馆等需要安静环境的单位保持足够距离。通常情况下,机动车公共停车场的服务半径,在市中心地区不应大于 200 m,在一般地区不应大于 300 m。

②当计算市中心区公共停车场的停车位数时，机动车与自行车都应乘以高峰日系数 1.1～1.3。

③公共停车场用地面积均按当量小汽车的停车位数估算，一般按每个停车位 25～30 m² 计算；停车楼和地下停车库的建筑面积，每个停车位宜为 30～35 m²；摩托车停车场用地面积，每个停车位宜为 2.5～2.7 m²。

④当公共停车场的停车位大于 50 个时，停车场的出入口数不得小于 2 个；停车位大于 500 个时，出入口数不得小于 3 个，出入口之间的距离须大于 15 m，出入口宽度不小于 7 m；出入口距人行天桥、地道和桥梁应大于 50 m。

⑤公共建筑附近停车场停车车位指标见表 9-14。

表 9-14 公共建筑附近停车场停车车位指标

类　别	单位停车位数	车位数/个
旅馆	每客房	0.08～0.20
办公楼	每 100 m²	0.25～0.40
商业点	每 100 m²	0.30～0.40
体育馆	每 100 座位	1.00～2.50
影剧院	每 100 座位	0.80～3.00
展览馆	每 100 m²	0.20
医院	每 100 m²	0.20
游览点	每 100 m²	0.05～0.12
火车站	高峰日每 1 000 旅客	2.0
码头	高峰日每 1 000 旅客	2.0
饮食点	每 100 m²	1.70
住宅	高级住宅每户	0.50

⑥机动车停车场的设计参数见表 9-15。

2）自行车停车场

自行车停车场应结合道路、广场和公共建筑布置，划定专门用地，合理安排，一般为露天设置，也可加盖雨棚。自行车停车场出入口不应少于 2 个，出入口宽度应满足两辆车同时推进推出，一般为 2.5～3.5 m。场内停车区应分组安排，每组长度以 15～20 m 为佳。自行车停车场应采用林荫式。乔木净杆高应大于 2.2 m。地面尽可能铺装，减少泥沙、灰尘等对环境的污染。

3）建筑前广场兼停车场

利用建筑物前广场停放车辆，在广场边缘种植常绿树、乔木、绿篱、灌木、花带、草坪等，还可以和行道树绿带结合在一起，既美化城市景观，衬托建筑物，又利于车辆保护和驾驶员及过往行人休息。也有将广场的一部分用绿篱或栏杆围起来作为停车场的，这种停车场有固定出入口，有专人管理。

表 9-15 机动车停车场的设计参数

停车方式		平行式	斜放式				垂直式	
			30°	45°	60°	60°		
项目	车型	前进停车	前进停车	前进停车	前进停车	后退停车	后退停车	后退停车
垂直通道方向停车带宽/m	1	2.6	3.2	3.9	4.3	4.3	4.2	4.2
	2	2.8	4.2	5.2	5.9	5.9	6.0	6.0
	3	3.5	6.4	8.1	9.3	9.3	9.7	9.7
	4	3.5	8.0	10.4	12.1	12.1	13.0	13.0
	5	3.5	11.0	14.7	17.3	17.3	19.0	19.0
平行通道方向停车带长/m	1	5.2	5.2	3.7	3.0	3.0	2.6	2.6
	2	7.0	5.6	4.0	3.2	3.2	2.8	2.8
	3	12.7	7.0	4.9	4.0	4.0	3.5	3.5
	4	16.0	7.0	4.9	4.0	4.0	3.5	3.5
	5	22.0	7.0	4.9	4.0	4.0	3.5	3.5
通道宽/m	1	3.0	3.0	3.0	4.0	3.5	6.0	4.2
	2	4.0	4.0	4.0	5.0	4.5	9.5	6.0
	3	4.5	5.0	6.0	8.0	6.5	10.0	9.7
	4	4.5	5.8	6.8	9.5	7.3	13.0	13.0
	5	5.0	6.0	7.0	10.0	8.0	19.0	19.0
单位停车面积/m^2	1	21.3	24.4	20.0	18.9	18.2	18.7	16.4
	2	33.6	34.7	28.8	26.9	26.1	30.1	25.2
	3	73.0	62.3	54.4	53.2	60.2	51.5	50.8
	4	92.0	76.1	67.5	67.1	62.9	68.3	68.3
	5	132.0	78.0	89.2	89.2	85.2	99.8	99.8

2. 停车场绿地规划设计的原则

①停车场绿化应有利于汽车集散、人车分隔、保证安全、不影响夜间照明。

②停车场宜设计为林荫式停车场，结合停车间隔带种植高大庇荫乔木，并宜种植隔离防护绿带，绿化覆盖率宜大于 30%。

③停车场种植的乔木枝下高度应符合停车位净高度的规定：小型汽车为 2.5 m；中型汽车为 3.5 m；大型汽车、载货汽车为 4.5 m。

④停车场地面宜选用透水透气性铺装，宜设置低影响开发设施，满足雨水净化和雨洪管理要求。

3. 停车场绿地种植设计形式

常见的停车场绿地种植设计形式可分为周边式种植、树林式种植和建筑物前广场兼停车场种植三类。

1）周边式种植

这种形式主要用于面积不大，而且车辆停放时间不长的停车场。种植设计可以和行道树结合，沿停车场四周种植落叶乔木、常绿乔木、花灌木等，用绿篱或栏杆围合。场地内地面全部铺装。场地周边有绿化带，界线清楚，便于管理。

2）树林式种植

这种形式多用于面积较大的停车场，场地内种植成行、成列的落叶乔木。由于场地内有绿化带，形成浓荫，夏季气温比道路上低，适宜人和车停留。还可兼作一般绿地，不停车时，人们可进入休息。

停车场绿地的主要功能是防止暴晒、人车分离、保证安全。绿地布置可利用双排背对车位的间隔种植干直、冠大、叶茂的乔木，树木分支点的高度应满足车辆净高要求。绿化带有条形、方形和圆形三种。树木株距应满足车位、通道、转弯、回车半径的要求，一般以 5～6 m 为宜。

停车场与干道之间可设置绿化带，可以和行道树结合，种植落叶乔木、灌木、绿篱等，起到隔离作用，以减少对周围环境的污染，并有遮阴作用。

图 9-31 所示的停车场西北侧为大型绿地，东侧临环城西路，其东北角和南部都有长途汽车站，基地周围环境较复杂。通过合理的设计，改善周围较差的环境质量，营造集功能和景观为一体的大型“绿色停车场”，塑造江阴西入口的标志性新景观。种植规划充分尊重现场，合理保留具有景观价值的原有乔木。为了便于停车场区域的管理和使用，以香樟和广玉兰作为周边式种植的主要树种，以桂花和垂丝海棠点缀，界定停车场范围；停车场内部面积比较大，采用树林式种植，以悬铃木、蚊母为主。

3）建筑物前广场兼停车场种植

此类停车场用地相对集中，面积有大有小。进行绿化种植时，在停车场周边布置绿化带，保持建筑物前广场的相对独立性。停车场内一般采用停车位间隔种植，种植方式可以采用树穴、条形等形式，四季分明的城市宜选用落叶乔木。

9.5 对外交通绿地规划设计

对外交通绿地指城市对外联系的铁路、公路、管道运输设施、港口、机场及其附属设施的建设用地。

改革开放以来，我国城市对外交通建设发展迅速。公路的建设对于国民经济和社会的发展无疑起到了积极的推动作用，但同时也在一定程度上影响了周围环境，如植被的破坏，造成地表裸露和水土流失等。

对外交通用地的绿化建设对于提高交通安全性和舒适性，缓解公路施工给沿线

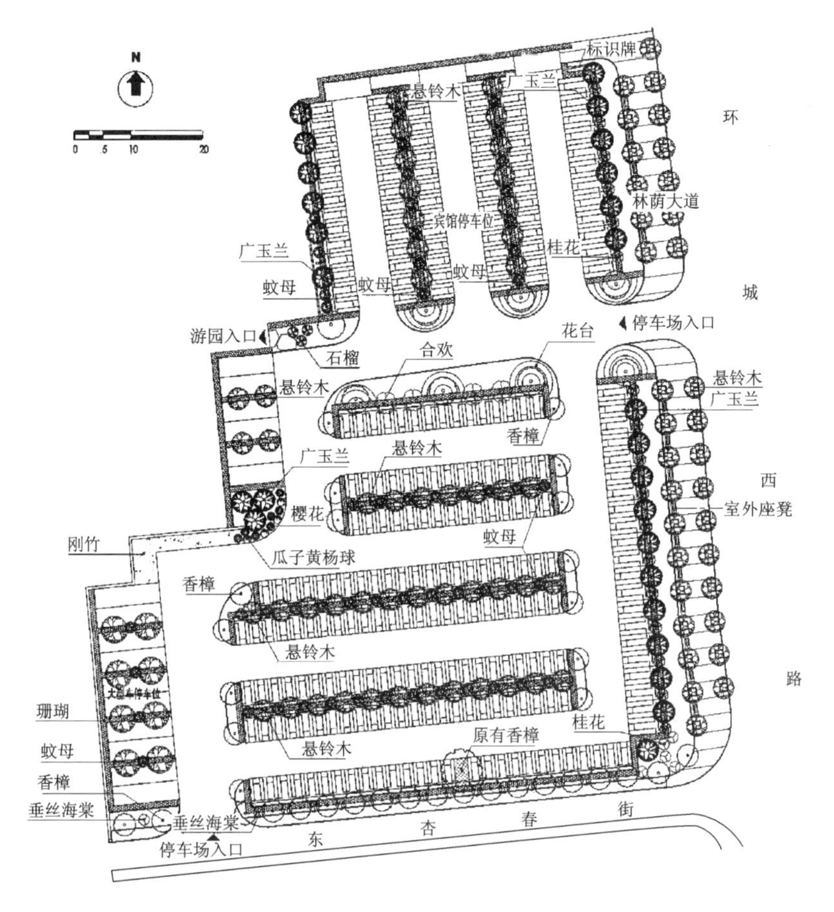

图 9-31 某大型停车场绿地规划设计

地区带来的不良影响，保护自然环境和改善生活环境等都具有极其重要的意义。

9.5.1 公路绿地规划设计

公路主要指市郊、县、乡公路。公路是联系城镇乡村及风景区、旅游胜地等的交通网。随着城市对外交通网络的迅速发展，目前我国公路系统可分为一般公路和高速公路两类。为保证车辆行驶安全，在公路两侧进行合理的绿化，可防止沙化和水土流失对道路的破坏，并增加城市的景观性，改善生态环境条件。

公路绿化与街道绿化有着共同之处，也有自己的特点。公路距居民区较远，常常穿过农田、山林，一般不具有城市内复杂的地上、地下管网和建筑物的影响，人为损伤也较少，便于绿化与管理。

由于公路大规模的施工已经对原有的生态环境造成根本性的破坏，因此绿化设计时应考虑如何通过人工手段最大限度地恢复生态环境，满足功能需求，具体应遵循以下原则。

①生态稳定。即设计合理的植物群落演替方案,使其较快地达到稳定的程度,并能够长期保持生态系统的平衡。

②景观优美。即合理地规划,使公路人文景观与自然景观相互协调。

③经济可行。即在有限的资金条件下,优化设计,结合自然恢复和人工种植等多种方法,实施生态工程。

④功能高效。即保证公路安全行车的交通功能,并加强水土保持、视线诱导、标志、指示、防眩、遮蔽等功能。

一般公路绿化包括中央分隔绿带、边坡绿化、公路两侧绿化。而高速公路绿化除了包括一般公路绿化的三部分,还包括服务区绿化、互通区绿化两部分。服务区绿化包括收费站、餐饮及住宿区、加油站、修理厂和办公区等绿化。不同公路的等级、宽度、路面材料以及行车特点,都会对绿化提出不同的要求(见图 9-32)。

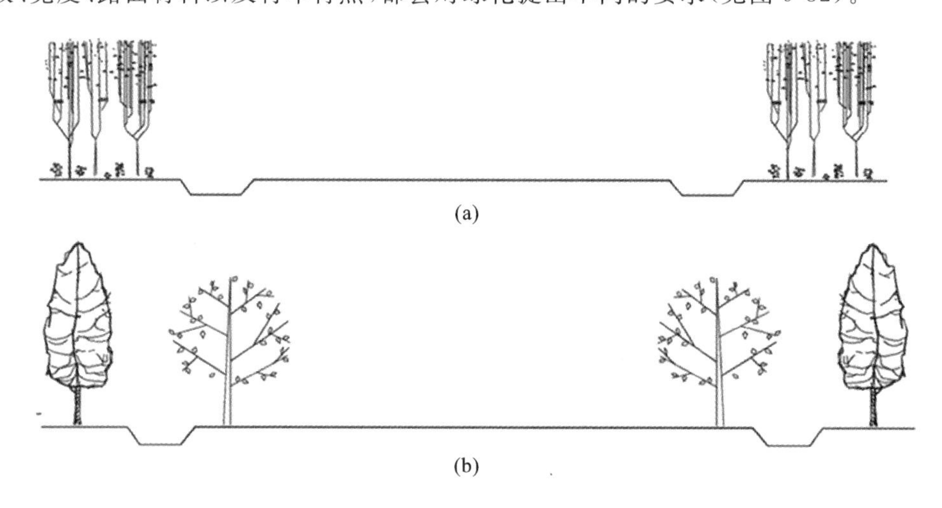

图 9-32 公路绿化断面示意

(a)路基宽 9 m 以下;(b)路基宽 9 m 以上

1. 中央分隔绿带

高等级公路或高速公路需要设置中央分隔绿带。与城市道路一样,公路的中央分隔绿带的主要作用是按不同的行驶方向分隔车道,防止车灯眩光干扰,减轻对开车辆接近时司机心理上的危险感,或因行车而引起的精神疲劳;另外,还有引导视线和改善景观的作用。

对于高速公路,理想的分隔绿带宽度应大于 10 m,但限于用地,我国现行的标准是 3 m。为防止车辆驶入分隔绿带,可以设置防护栅,绿带内种植遮光植物。当分隔绿带小于 2 m 时还要设置防眩网,植树与防眩网效果的比较见表 9-16。

表 9-16 植树与防眩网效果的比较

种　类	分隔带宽度	遮光效果	景观效果	造价	维护费	发生事故后的修理费
植树	较广	劣	优	小	大	小

续表

种　类	分隔带宽度	遮光效果	景观效果	造价	维护费	发生事故后的修理费
防眩网	狭窄	优	劣	大	小	大

中央分隔绿带设计需要依据驾驶员的视平线高度来选择植物高度与种植形式。由于不同类型汽车前灯的高度、照射角、驾驶员的视平线高度都有差异，如轿车的前灯高度为0.8 m，照射角为12°，司机眼睛的高度为1.2 m，而大客车、卡车的前灯高度为1.2 m，照射角为12°，司机眼睛的高度为2.0 m。因此，对于一般的汽车，种植高度确定为1.5 m基本就能遮挡相向行驶射来的灯光，而对于大型汽车可能就需要2 m以上。但考虑到在高等级公路或高速公路上超车频率最高的是轿车，而超车道一般设在公路内侧贴近中央分隔绿带处，所以种植高度的设计以轿车的尺度作为依据，大致就能满足要求。因为过高的绿化虽然可以充分遮光，但是不利于警察巡视。

中央分隔绿带的种植形式根据造型大致可归纳为整形式、随意式、树篱式、百叶式、图案式、树群式和平植式等（见图9-33）。中央分隔绿带的设计一般以常绿灌木的规则式整形设计为主，有时配合落叶花灌木的自由式设计，地表一般用矮草覆盖，植物种类不宜过多，以当地乡土植物为主。在增强交通功能并能够持久稳定方面，主要通过常绿灌木实现，选择时应重点考虑耐尾气污染、生长健壮、慢生、耐修剪的灌木。

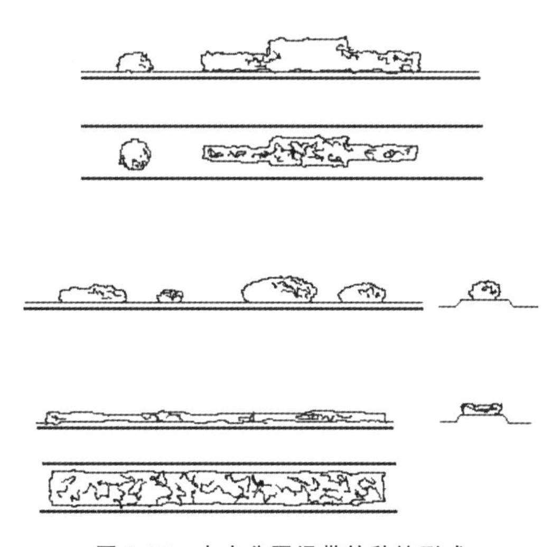

图9-33　中央分隔绿带的种植形式

2. 边坡绿化

边坡绿化除应达到景观美化效果外，还应与工程防护相结合，起到固坡、防止水土流失的作用（见图9-34）。对于较矮的土质边坡，可结合路基栽植低矮的花灌木、种植草坪或栽植匍匐类植物。边坡绿化的护坡植物以禾本科为主。选择边坡绿化植物的基本条件如下：

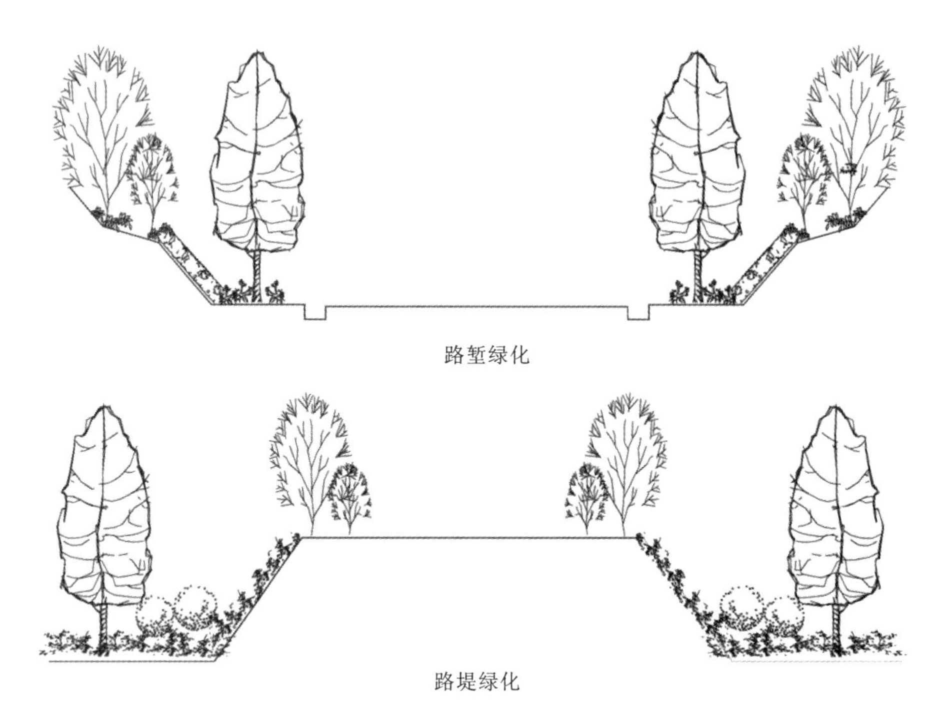

图 9-34　边坡绿化断面示意

①适应当地气候,最好是当地自然植被群落的建群种和伴生种;

②抗逆性强、耐贫瘠、耐粗放管理、持久性好;

③对草本植物而言,要求生长快、根系深、侵占能力强;而对灌木和矮生树种而言,则要求根系深、生长缓慢、水源涵养能力强;

④所选植物种类对家畜而言,要适应性差,以防家畜啃噬践踏;

⑤播种材料来源广,经济实用。

在边坡较陡的地段,采用人工播种的绿化方式很难成功,因此目前通用的方法是采用液压喷播,将种子、保水剂、肥料、黏着剂、木纤维等与水按一定比例均匀混合后,喷到待播的坡面上。用这种方法喷播,劳动强度低,可保证种子出苗迅速而整齐,而且绿化成功率高。

3. 公路两侧绿化

公路两侧绿化带宽度及植物种植位置应根据公路等级、路面宽度来确定。路基面宽在 9 m 以下(包括 9 m)时,公路植物不宜种在路肩上,要种在边沟以外,距外缘 0.5 m 处。路基面宽在 9 m 以上时,可种在路肩上,距边沟内缘不小于 0.5 m 处,以免树木生长的地下部分破坏路基,甚至会有冲突的危险,或在大风吹折树枝时阻碍交通(见图 9-35)。

路幅较窄、等级较低的公路通常只在路旁种植行道树,其目的主要是遮阴和引导视线(见图 9-36)。随着公路等级的提高和允许车速的加快,树木与公路边缘的距离要求相应地加大,如一般的高等级公路道旁的种植距铺装路面需有 2 m 的间距,

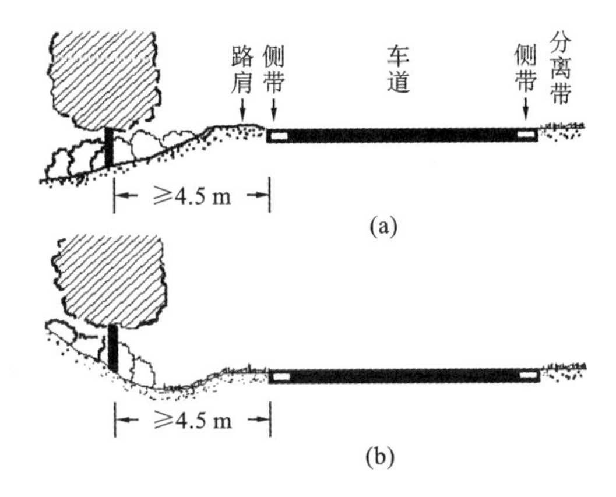

图 9-35 路旁植栽和铺装道路边缘间的距离

(a)堆土时;(b)挖土时

而高速公路,德国的标准是 4.5 m(德国道路建设指标),美国则规定为 7.5 m(AASHO),中国规定为 7.5 m。

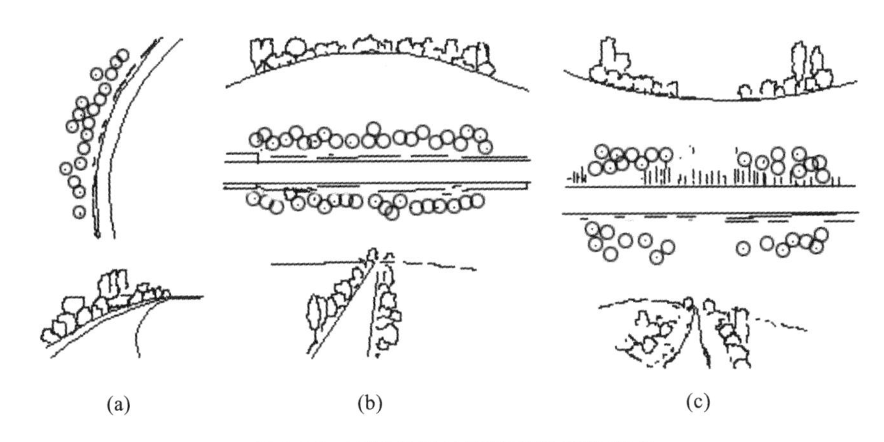

图 9-36 不同地形的道路对栽植的要求

(a)曲线部外侧的视线诱导栽植;(b)凸间的栽植;(c)凹间的栽植

引导视线的种植主要起预告道路线形变化,提醒司机注意的作用(见图 9-37)。由于自然地形的变化,公路的线形,即道路中心线的形状要随之发生改变,为使驾车者时刻保持紧张状态,也需要人为设计出一定的弯曲弧度,因此所有的公路线形都由许多直线和曲线组合而成。为了对公路上这些弯曲、起伏的路线进行明确的预先提示,需要在路旁设置相应的标志,以作出引导和警示。所谓引导种植实际就是利用路旁植物的高低、疏密和树冠的形状预先告知前方的路况,以便驾车者能够随时做好准备,避免发生危险。引导视线的种植主要设置在曲率半径在 700 m 以下的小曲线部位,可以使用连续的树列,并有一定的高度。

随着公路交通的利用日益频繁,各种指示标志就成了道路必不可少的设施之

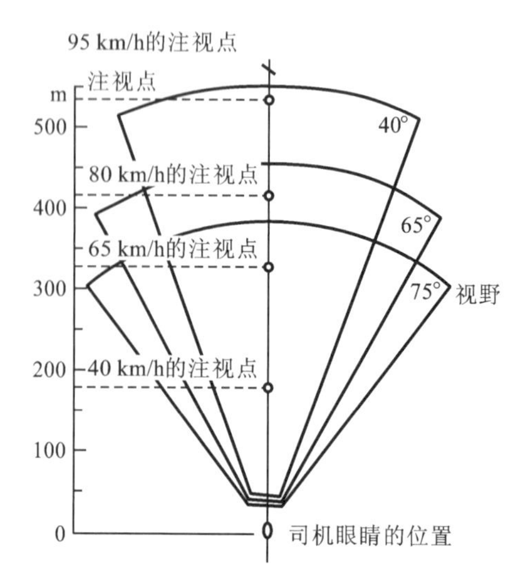

图 9-37 汽车行驶时司机的注视点和视野与车速的关系

一。驾车者通过这些标志,可以知道自己的行车位置、服务范围、停车区域、道路前方情况等,这套标志系统也可利用不同的种植予以表达。当然,使用指示标志种植不是希望取代公路上的标牌指示,而是利用植栽的体量、造型特征,配合各种标牌指示,让驾车者在行进中更容易识别。这在高等级公路或高速公路中尤其能显现出景观意义和地域性标志。

具体的工程项目应根据沿线的环境特点进行设计。如路两侧有自然的山林景观、田园景观、湿地景观、水体景观等,可在适当的路段栽植低矮的灌木,视线相对通透,使司乘人员能够领略上述自然风光,营建公路人工景观与自然景观的有机结合。

4. 其他种植

公路及高速干道在特殊地段也需要利用种植来防止可能出现的突发事件。

光线的明暗剧变会使人的眼睛难以适应而在短时间内看不清东西,这对于高速驾车的司机来说,极易造成事故。为防止这种现象,应逐渐地变换亮度,让眼睛有一个适应的时间。比如,在涵洞、隧道的出入口,明暗变化十分剧烈,为使光线由突变转换成为渐变,可以种植植物。适应明暗的种植主要利用高大乔木的遮光性,在涵洞、隧道出入口前的一定距离内逐步密植,以使光线发生平缓的变化,或在这一特定的区域内分段变更明暗,以缩短适应的时间。

在一些事故高发路段,为避免事故带来重大伤害,通常使用路栅和防护墙。虽然路栅和防护墙具有较强的可靠性,但由于车辆的行驶速度较大,在发生冲撞时,车体和人员也难免受到伤害。当受到车辆撞击时,理想的设施应该能够吸收车辆的动能,使之减速或停止。利用植物枝条的柔韧性,只要达到一定的宽度,就可以缓解强烈的冲击力。据国外有关试验报告,在公路旁种植两排间隔为 1.2 m 的野蔷薇,经过 5 年的生长,其高度达到 1.5 m。当时速为 64 km 的汽车以 5°的夹角冲入时,撞入前排蔷薇后时速可降为 8 km,除了汽车出现轻微的擦痕,司机基本不受损伤。

此外,为防止闲杂人等的进入和穿越,在相应的路段应进行隔离种植;当公路沿线靠近城镇、村庄、学校、医院等有居民活动的地段,需要考虑防止污染、噪声的种植;沿海岸、戈壁的公路种植须注意防止流砂侵袭;而对于穿山而筑的公路应在坡面进行护坡种植。

虽然公路的绿化功能种植在不少场合也可用人工材料替换,但作为软质材料的植物种植在公路这种人工感极强的构筑物上,能够给人以亲切之感,这是人工材料所无法替代的。

5. 服务区绿化

高速公路沿线附属设施主要有服务区、停车区、收费站、管理所和养护工区等。其服务对象是来往的旅客和驾驶员,并且绿化区域多位于建筑物旁,而服务区和停车区具有商业活动的功能,要着重创造一种优美的活动空间。因而绿化应以乔木、灌木为主体,配以婀娜多姿的花草,以及少量能够反映地方特色和文化传统的建筑小品和水体,从而使建筑群更显生动活泼。

6. 互通区绿化

在互通区大环的中心地段,在不影响视距的范围内,设计稳定的树群,可将常绿树与落叶树相结合,乔木与灌木相搭配,既能增加绿量,又能形成良好的自然群落景观,自然而壮阔,同时可减少人工养护管理。

7. 出入口绿化

出入口的种植设计应充分把握车辆在这一路段行驶时的功能要求。如为便于车辆出入时的加速或减速,回转时车灯不致阻碍其他司机视线,应在相应的路侧进行引导视线的种植;驶出部位利用一定的绿化种植,缩小视界,间接引导司机降低车速。另外,在不同的出入口还应该种植不同的主体花木,作为特征标志,以示与其他出入口的区别(见图 9-38)。

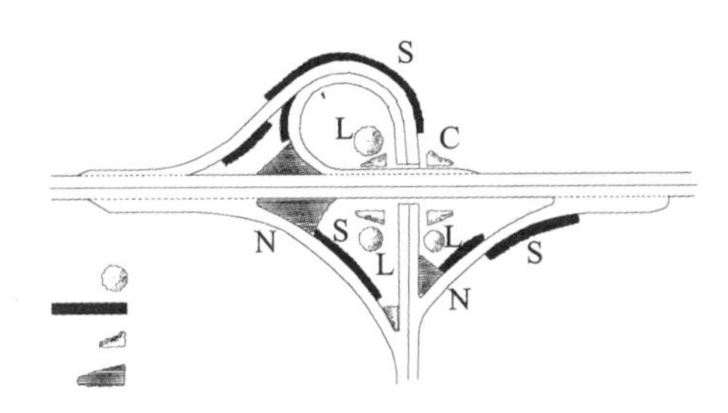

图 9-38 高速公路出入口种植示意

L—用乔木作指标栽植;S—用小乔木作视线引导栽植;

C—用灌木植物群作缓冲栽植;N—禁止植树区域(为了不妨碍视线)

8. 休息区、停车区绿化

高速公路上不能随意停车,因而需要设置专门的休息区和停车区。其位置除了应考虑行车里程和与前后出口的相对关系,最好选在林木较多、具有一定景观的地方。利用已有的植被,进一步予以地被种植、遮阴种植以及景观种植等种植设计,使之成为景色优美、舒适、宜人的休闲环境。为防止下车的人员进入干线,在休息区和停车区的外侧需要设置分隔绿化带,予以防止出入的种植。在视觉上如能与道路完全分隔,则有助于休息区和停车区的独立与宁静。在一些无景可资利用的地方,应在周边种植树丛加以遮蔽,以便在休息区内营造出幽邃、安静的氛围。

9.5.2 铁路绿地规划设计

铁路绿地规划设计是在保证火车安全行驶的前提下,在铁路两侧进行合理的绿化,可起到美化,减少噪声,保护铁路免受风、沙、雪、水侵袭的作用,并起到保护路基的作用(见图 9-39)。铁路绿地规划设计应掌握以下原则。

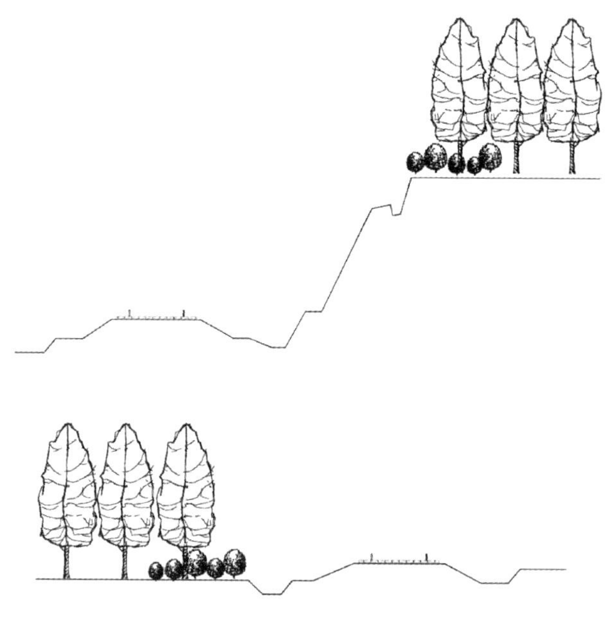

图 9-39 铁路绿化断面示意

①在铁路两侧种植乔木时要离开铁路外轨不少于 10 m,种植灌木时,至少要离开铁路轨道 6 m。

②在铁路的边坡上不能种植乔木,可采用草本或矮灌木护坡,防止水土冲刷,保证行车安全。

③铁路通过市区或居住区时,在可能条件下应留出较宽的地带种植乔木、灌木防护带,在 50 m 以上为宜,以减少噪声对居民的干扰。

④公路与铁路平交时,应留出 50 m 的安全视距。距公路中心 400 m 以内,不可栽植遮挡视线的乔木、灌木。

⑤在铁路转弯处内径 150 m 以内,不得种植乔木,可种植草坪和矮小灌木。

⑥在机车信号灯处 1 200 m 之内,不得种植乔木,可种植小灌木及草本花卉。

9.6 立体交通绿化设计

近年来,出于城市发展的需要,干道的整饬与拓宽,高架道路、轻轨交通和地铁线的修建与延伸,使城市呈现出空中、地面、地下全面发展的势态。交通方式的巨大变化推动了城市道路绿化新形态与新特征的出现。

立体交通绿化主要包括高架桥柱、快速路声屏障、道路护栏、挡土墙等垂直绿化,高架道路、天桥等沿口绿化,以及立交匝道绿化。

9.6.1 高架道路垂直绿化

和高层建筑一样,高架道路有大面积的沥青和水泥路面来吸收太阳辐射,同时,一定高度的高架道路也影响了风的正常流动。实际上,留心观察不难发现,除了在环形立交或高架引桥等地段特意开辟的绿地,在高架道路沿途很难再看到绿化了,如果可以很好地设计和规划,高架道路上的绿化也将成为改善城市环境不可缺少的一部分。

高架道路垂直绿化指利用藤本或攀缘植物使其沿墙或其他设施生长并形成垂直的绿化面。这一方法已经被应用于生态建筑,来增大绿地覆盖率,保持足够的蒸发面与绿化,从而控制热岛效应的产生。在城市高架中,这种垂直绿化也已有所应用,在引桥起始段的侧面墙体,利用其下方绿地种植攀缘植物进行覆盖。高架道路的垂直绿化可以利用高架桥下已有的绿地种植藤本或攀缘植物,并在立柱上加以适当的附着物(如料网),或在建设时就将立柱设计成粗糙表面,经过一段时间的培养,便可以达到良好的效果。

9.6.2 高架道路沿口绿化

由于高架道路和地面道路存在着很大的不同,所以应设计与其特点相适应的绿化,在高架道路上可以利用的绿化空间主要为道路两侧的护栏,以及道路中央的分隔绿带。新建高架道路、天桥等沿口应充分考虑沿口绿化建设需要,预留种植槽。用于沿口绿化的种植箱的设计应满足下列要求:宜结合载体共同设计,不宜采取外挂式;结构强度应满足最大有效荷载条件下的施工作业;固定设施应满足种植箱的有效种植荷载;支架、连接架及其他附属物必须牢固、耐久。

目前已有一些在高架道路两侧进行绿化的方法,比如,在高架道路两侧槽内放入盆栽植物,或在高架道路引桥段的两侧种植绿色植物。考虑到在高架路上清洁起来比较困难,以及不易浇灌修剪等情况,应种植常绿且生命力较强的植物,道路两侧是不宜种植树木这种高大植物的,这主要是出于安全方面的考虑。

另外,对于排水设备也应有所考虑,可以和原有的道路排水系统相结合。由于高架道路的引桥部分通常采用螺旋式上升,且路面宽度相对较窄,所以路中绿化难度较大,但是在主干道上,经过合理的设计还是可以实现的。在高架主干道双向车道的中间,可以考虑种植一些常绿且体积不大的小乔木,如果能够配合灌木和草本植物一同种植,可以达到更好的效果,各地区可以根据当地的气候条件选择不同的物种,如图9-40所示。

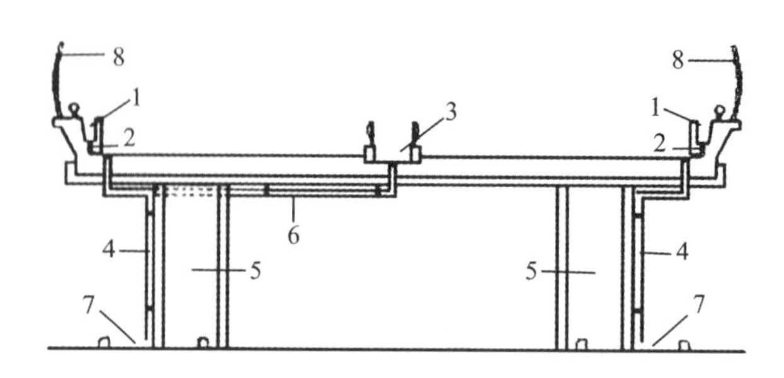

图9-40 高架道路立体绿化示意

1—两侧绿化槽;2—绿化槽排水管;3—路中绿化带;4—道路排水管;
5—垂直绿化面;6—路中绿化带排水管;7—桥下绿化带;8—隔声屏

9.6.3 立体交叉匝道绿化

匝道是互通式立体交叉不可缺少的组成部分,是供上、下相交的道路。作为立体交通中的重要节点,其绿化应具有一定的指示性,宜采用特色植物栽植作为互通的标志。立体交叉匝道口的环形匝道和三角地带等指示栽植区域内宜种植高大乔木,且宜乔灌草相结合。立交桥出入口处及匝道转弯处所构成的视距三角形范围内的绿化必须采用通透式配置。立体交叉匝道植物配置应满足视距要求,宜增强导向作用。匝道平曲线内侧不宜种植乔木和高灌木,在保证视距要求的条件下,可种植地被植物及低矮灌木(见图9-41)。

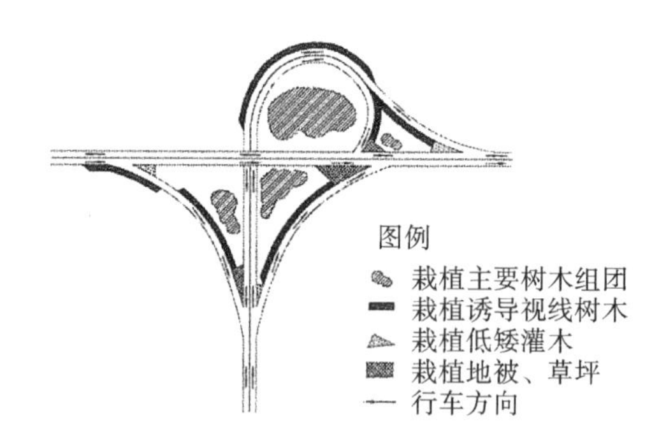

图9-41 互通式立体交叉范围内绿化示意

(图片来源:中国城市规划设计研究院《城市道路绿化设计标准(征求意见稿)》(2019))

高度较高的高架道路通常有很长的引桥,弧形上升,所以在其下经常设计优美的观赏型绿地。在一些高度5～6 m等不太高的高架道路下方的两侧,可以种植一些灌木和草本植物，而中间阳光照射不到的区域可以用来存放车辆，这样不仅可以有效防止周边道路带来的尘土堆积，还可以对高架下的道路污染起一定的缓解作用。

9.6.4　轨道交通附属绿地

在城市轨道交通景观设计中，地铁车站及周边区域的景观与空间设计，是展现人文景观和城市面貌的重要舞台。轨道交通节点的绿化造景以导向功能为主要设计目标，它的特点是在活跃环境的同时，保持视线的通达和开敞，有一定的几何形态，总是团簇地布置，成列以引导视线，或成行以限定人车流边界，或是组成一个现代主义的抽象图案等。

“节约型城市与地下空间开发利用”是2006年地下空间国际学术大会的主题。我国的城市地下空间开发利用始于防空工程，其后的城市地下空间开发则始于地铁建设。而地铁建设和城市中心区的大规模改建又加快了新一代地下空间开发利用的速度，如北京的西单文化广场、东直门和西直门交通枢纽，上海的静安寺地铁广场、深圳的福田中心区地下空间开发等。以静安寺地铁广场为例（见图9-42），从功能上看，它是集地下交通运输、人防、商业、文化娱乐为一体的综合地下空间体系；从景观上看，它与静安公园有机结合，成为城市轨道交通附属绿地建设中的一抹“绿色”。

(a)

(b)

图9-42　上海静安寺地铁广场

(a)上海静安寺地铁广场改造前；(b)上海静安寺地铁广场改造后

知识点拓展

案例

【本章要点】

本章主要围绕各类城市道路绿地规划设计特点进行了系统论述，为了更好地理解城市道路绿地规划设计的要点，首先围绕城市道路的基本知识进行概括性阐述，进一步了解道路交通附属绿地为城市道路基本功能的服务要求，了解城市道路绿化概况，掌握城市道路绿化设计的术语表达以及城市道路绿化的指标要求，重点掌握城市绿带设计和城市道路绿化节点设计的基本方法和有关内容，了解对外交通绿地规划设计、立体交通绿化设计的有关内容。

【思考与练习】

9-1 城市道路绿化设计有关指标要求是什么?

9-2 道路绿带的断面布置形式有哪些?其特点是什么?

9-3 简述行道树绿带的设计要点。

9-4 简述滨水型路侧绿带的设计要点。

9-5 城市道路节点绿地有哪些?

9-6 什么叫安全视距?道路节点的安全视距对道路绿化设计提出了什么要求?

10 工业绿地规划设计

10.1 工业绿地的意义和特点

工业绿地指城市工业用地内的绿地，即城市工矿企业的生产车间、库房及其附属设施等用地内的绿地，包括其专用的铁路、码头和道路等用地内的绿地。

10.1.1 工业绿地的意义

工业用地是城市用地的重要组成部分，一般占城市总用地的15%～30%，有些工业城市所占比例更大，达40%以上。根据国家相关法律法规和技术规范的要求，工业企业的绿地率一般为20%～30%，因此，城市中工业绿地往往占城市绿地总面积的10%～20%，有的甚至超过30%，可见工业绿地在城市系统建设中占有十分重要的地位，直接影响着城市的环境质量和景观风貌。因此，加强工业绿地的建设，也是改善城市生态环境的重要途径之一。

工业绿地的意义具体体现在以下方面。

1. 生态功能意义

实践证明，工业绿地对保护环境、改善生态平衡的作用是多方面的。绿色植物除了吸收二氧化碳、释放氧气，还可以吸收某些工厂在生产过程中释放的二氧化硫、氟化氢、氯气、臭氧、氮氧化物等有害气体，阻隔、过滤、吸收工业企业生产原料或排放物中的放射性物质和辐射物质，吸滞烟尘和粉尘，阻挡和减弱噪声、强光、大风等影响职工身心健康的不良刺激因素。指示植物（部分对某种污染物质比较敏感的植物）还可以起到监测环境的功能。

2. 社会功能意义

工业绿地对污染物的消除和减弱，极大地改善了工业企业职工的工作环境，保障了职工的身心健康。通过合理的规划建设，工业绿地还可以使企业形成绿树成荫、花香鸟语、生机勃勃的花园式环境，让职工得到视觉上和精神上的享受与调节，保持愉悦的心情，提高劳动生产率和保证产品质量。一些国外研究资料表明，工人在车间劳动4 h后到有树木花草的绿地中休息15 min，就能基本恢复体力，优美的环境可以提高15%～20%的生产效率，减少40%～50%的工伤事故。

优美的绿地景观、良好的工作生产环境还是一个企业的形象标志，能体现企业的生产管理水平，反映企业的精神、文化和理念，是企业软实力的体现。国内外知名企业对环境景观的重视往往不亚于它的厂房建筑、技术、商标等因素。

3. 经济功能意义

优秀的工业绿地可以获得直接经济效益和间接经济效益。根据工业企业的生产特点、土壤和气候条件，种植一些果树、油料、药用植物或编织材料植物，如桃、石榴、枣等既是良好的果树，又是很好的观果园林观赏树种；牡丹、芍药、桔梗等既是优秀的观花园林植物，又是传统的中药药材。园林水体中可以养殖鱼虾，既可以是园林景观的观赏主题，又可以提供美味的菜肴；园林水体还可以作为循环用水的冷却池。设计合理的工业绿地，完全可以为企业带来直接的经济效益。

优美的厂区环境，可以保障职工的身体健康，让职工保持良好的精神状态和工作热情，提高劳动生产率和产品质量，从而间接地提高企业的经济效益。

10.1.2 工业绿地的特点

工业绿地由于工业企业的生产活动而有着与其他绿地不同的特点，而各种性质、类型的工业企业因为生产工艺的差异，对环境的影响和要求也不尽相同。工业绿地的特殊性主要表现在以下方面。

1. 环境条件差，不利于植物生长

工业企业在生产过程中常常会排放或逸出各种对人体健康、植物生长等有害的气体、粉尘及其他物质，使空气、水体、土壤受到不同程度的污染，这样的状况在目前的科学技术和管理条件下还不可能杜绝。另外，工业用地的选择一般尽量不占用耕地农田，加之基本建设和生产过程中废物的堆放、废气的排放，使土壤结构遭到严重破坏。由于工业企业用地硬化率普遍较高，水分循环异常，土壤缺乏雨水的滋润，理化性质发生变化，常常导致土壤板结、盐化、贫瘠化和缺氧等问题。空间的局限性和生态因子的恶化对植物生长极为不利，甚至威胁着植物的生存，给工业绿地建设和维护带来很大的困难。因此，必须根据不同类型、不同性质的工业企业选择适宜的植物物种和群落结构，否则会造成植物长势不良，甚至枯萎死亡，结果事倍功半。

2. 用地紧凑，绿地率低，绿化用地零碎

我国人多地少，人均国土面积远远低于世界的平均水平，人均城市用地偏低，工业用地一般都非常紧凑。工业生产需要一定的设备、大量的劳动力，所以工业企业中普遍建筑密度高、管线遍布、人口密集。工业生产需要输入大量的原料和燃料，又有大量的产品贮存和外运，仓库堆场和道路占地面积较大，所以城市中的工业企业，特别是中小型企业能提供用于绿化的面积非常有限，绿地率偏低，而且一般都是利用了边边角角，绿地较为零碎，对环境景观的营造有一定的困难。在工业绿地规划设计时，要灵活运用各种手法，做到"见缝插绿""找缝插绿""寸土必争"，同时要充分运用攀缘植物对有条件的区域进行垂直绿化，或进行屋顶绿化，尽可能地扩大绿地面积，提高绿地率。

3. 绿地建设要保证企业生产的安全

工业企业的中心任务是生产，工业绿地要有利于生产的正常运行，有利于产品质量的提高。厂区内空中、地上、地下有着种类繁多的管线，不同性质和用途的建筑物、构筑物、铁路、道路纵横交错，运输工具类型复杂。因此，绿化植树时要根据其不同的安全要求，既不影响安全生产，又要使植物能有正常的生长条件。确定适宜的栽植距离，对保证生产的正常运行和安全是至关重要的，根据《工业企业总平面设计规范》(GB 50187—2012)的要求，树木与建筑物、构筑物、地下管线的最小间距如表10-1所示。有些企业的空气洁净程度直接关系产品的质量，如精密仪表厂、光学仪器厂、电子工厂等，要增加绿地面积，土地均以植物覆盖，减少飞尘，不要选择那些有绒毛飞絮的树木，如悬铃木、杨树、柳树等。

表 10-1 树木与建筑物、构筑物及地下管线的最小间距

建筑物、构筑物及地下管线名称		最小间距/m	
		至乔木中心	至灌木中心
建筑物外墙	有窗	3.0～5.0	1.5
	无窗	2.0	1.5
挡土墙顶或墙脚		2.0	0.5
高 2 m 及 2 m 以上围墙		2.0	1.0
标准轨距铁路中心线		5.0	3.5
窄轨铁路中心线		3.0	2.0
道路路面边缘		1.0	0.5
人行道边缘		0.5	0.5
排水明沟边缘		1.0	0.5
给水管		1.5	不限
排水管		1.5	不限
热力管		2.0	2.0
煤气管		1.5	1.5
氧气管、乙炔管、压缩空气管		1.5	1.0
石油管、天然气管、液化石油气管		2.0	1.5
电缆		2.0	0.5

注：①表中间距除注明者外，建筑物、构筑物自最外边轴线算起；城市型道路自路面边缘算起，公路型道路自路肩边缘算起；管线自管壁或防护设施外缘算起；电缆按最外一根算起；

②树木至建筑物外墙(有窗时)的距离，当树冠直径小于 5 m 时采用 3 m，大于 5 m 时采用 5 m；

③树木至铁路、道路弯道内侧的间距应满足视距要求；

④建筑物、构筑物至灌木中心系指至灌木丛最外边一株的灌木中心。

4. 以内部职工为主要服务对象

工业绿地是企业内部职工的休息场所，职工的职业性质比较接近，人员相对固定,绿地使用时间短且相对集中,但绿地对职工的影响和作用不可忽视。不同性质、不同类型的工业企业、企业内不同的区域或车间因为分工和工艺的差异,其员工都有不同的使用要求和特点,因此决定了不同企业和不同区域绿地的特点。

10.2 工业绿地规划设计

10.2.1 工业绿地规划设计的主要指标

工业绿地规划是工厂总体规划的一个组成部分,绿地在工厂中要充分发挥作用,必须用一定的面积来保证,目前我国普遍采用衡量和控制工业绿地规划建设的指标是"绿地率",即绿地面积占总面积的百分比。建设部(现住房和城乡建设部)在《城市绿化规划建设指标的规定》中规定:工业企业绿地率不低于20%,产生有害气体及污染的工厂中绿地率不低于30%,并根据国家标准设立不少于50 m的防护林带。

由于我国各个城市的地域差异性较大,用地情况、气候和主要工业各有不同,因此各城市对工业企业绿地率要求也不同。很多城市的建设和环保部门又对所在城市作出规定,如北京市城市规划管理局、北京市园林局1990年制定的《北京市建设工程绿化用地面积比例实施办法》中规定:按地处城区的不低于25%、地处郊区的不低于30%的比例执行,凡经环境保护部门认定属于产生有毒、有害气体污染的工厂等单位,按不低于40%的比例执行。一般而言,中小型城市对工业企业绿地率的要求比特大城市和大城市的高,人均用地面积宽裕的城市比人均用地局促的城市高,郊区比市中心高,大型企业比中小型企业高。

由于生产性质不同,不同的企业在用地要求和用地分配等方面也不同,绿地面积和绿地率也会有较大差异。生产环节多、各生产环节复杂的工业企业建筑多而分散,道路长,绿地率相对要低,如钢铁联合企业、石油化工企业等;生产环节简单的企业建筑少而集中,道路短,绿地率高,如食品企业、针织企业等;室外操作多、产品体积大、运输量大的工厂绿地率较低,如木材厂、煤炭厂、电缆厂、建材厂等;生产操作以室内为主、产品体积小、储量小的工厂,绿地率较高,如工艺品厂、仪表厂、电子厂、服装厂等。污染较重或者对环境质量要求较高的工厂需要较多的绿地和较高的绿地率,而污染轻又无特殊要求的工厂绿地面积可以相对较少,绿地率可以相对较低。

因此,在进行工业绿地的规划和评价时,必须从实际情况出发,对于各方面的因素进行全面分析。根据城市绿地系统规划的要求和相关法规及规范的规定,确定不同城市、不同企业的绿地率。

10.2.2 工业绿地规划设计的基本原则

1. 明确其功能是为满足生产和环境保护的要求

工业绿地的最主要功能是改善生产环境,有利于生态环境的维护,工业绿地应根据企业的性质、规模、产品特征、生产工艺和使用特点、环境条件对绿地的不同功能进行设计。

建筑物或构筑物周围的绿化植物必须注意与建筑朝向、门窗位置、风向等的关系，充分保证建筑对通风和采光的要求。道路两旁的绿地要服从交通功能的需要，服从行车视距的要求，以保证行车安全。绿地无法避开管线的区域，设计时必须考虑各类植物与管线的最小净距离，保证管线的安全，满足管线的使用和检修要求。

工业绿地要最大限度地改善生态环境质量，不能一味追求视觉效果而忽视其生态功能。特别是植物物种和植物群落结构的选择要充分考虑企业的特点，配置相应有防污抗污、隔声或滞尘等功能的植物，并形成比较稳定的植物群落结构，增加绿化覆盖率和绿化量，有利于减轻污染、营造出清新优美的生产环境。

2. 合理、系统的布局要与建筑相协调

工业绿地应纳入工厂总体布局中，全面合理规划，要有利于整体的统一安排、统一布局、减少布局中的矛盾和冲突。绿地要考虑各区域不同的使用功能和要求，合理分区，点、线、面相结合，形成系统的绿地空间布局：点的设计重点是厂前区（或入口区）的绿地和游憩性的集中绿地两部分；线性绿地主要是道路、铁路、河流两侧的绿带和防护林；面的绿化主要是车间、仓库、堆场等生产性的建筑和场地周围的绿地。工业绿地规划设计时，以工业建筑为主体，要与主体建筑的功能、风格、色彩相协调，与建筑融为一体。

3. 符合职工的使用要求和特点

工业绿地的主要使用对象是企业内部职工，进行设计时要充分调查不同工种及不同群体职工的使用时间、使用特点和使用习惯，因人而异、因地而异地设置不同类型和功能的绿地，符合不同的使用要求，增强职工的主人翁精神，使职工保持良好的精神状态和工作热情。

4. 工业绿地应有自己的特色，应能反映企业精神和文化

工业绿地要体现本企业绿地的特点与风格，充分发挥绿地的整体效果。企业因其生产工艺流程的要求，以及防火、防爆、通风、采光等要求，形成各企业特有的建筑物和构筑物的外形及色彩；厂房建筑与各种构筑物的联系，形成工厂特有的空间和别具一格的工业景观，如热电厂有着优美造型的双曲线冷却塔，纺织厂锯齿形天窗的车间，炼油厂纵横交错、色彩丰富的管道，化工厂高耸的露天装置等。工厂绿地就是在这样特点鲜明的环境下，以树木花草的形态美、色彩美、轮廓的线条美，使工厂环境形成特有的、丰满的艺术面貌。

工业绿地还应利用独具特色的风格、形式和绿地中的雕塑、小品、构筑物来体现一个企业所追求的企业精神、积淀的历史文化和经营理念，使来访者处处可以感受到企业文化的辐射和影响，从而产生对企业产品的深深信任和对企业精神的仰慕。

10.2.3 工业绿地规划设计的前期调查

在规划设计前必须对企业的生产特点和规模、厂区总体规划意图、建筑风格、自然条件情况和社会状况进行调查。

1. 企业的生产特点和规模调查

各种不同性质的工业企业生产内容不同,或者生产性质相同而工艺流程不同、生产规模不同,会对周围环境产生不同的影响,提出不同的要求。因此,需要进行调查,才能确定生产的特点,明确所有污染源的位置和性质,进而明确污染物对环境和植物有可能造成的侵害;明确对环境有特殊要求的工艺设备的位置和性质,进而明确需要采取的保护和防范措施,为绿地的规划设计提供依据。

2. 厂区总体规划意图和建筑风格调查

工业绿地规划设计是厂区总体规划的一个组成部分,始终要贯彻总体规划的意图,了解建筑风格,道路的设置和管线的布局,确保绿地的功能、形式、风格、基础设施和绿化植物不与此冲突,相互协调一致。

3. 自然条件情况调查

对用地的自然条件要充分调查,如气象气候、地形变化、土壤类型、水系和地下水位、地带性植被类型、用地内和周围的鸟类情况、可利用的景观资源等,同时还需要调查用地内建筑垃圾情况,以此作为规划设计中确定绿地形式、植物选择的重要依据。

4. 社会状况调查

需要了解当地园林管理主管部门对工业绿地的意见和约束,征求企业职工的使用要求,深入调查他们的群体结构、特点、行为习惯,才能正确设置相应的设施。还要调查企业发展的历史、追求的企业精神和理念、形成的企业文化特色、规划的发展方向和前景等,以此作为工业绿地人文化、内涵化的基础。

10.2.4 工业绿地分区设计要点

工业企业由于性质、规模、类型的不同,总平面布置的差别很大,即使同一性质的工厂,由于规模有大小之分,位置和地形也会有所差异。工业企业的平面布置有很大不同,工业绿地的布置也相应地有很大区别。总体而言,一般可以分为厂前区、生产区、仓库和堆场区、休憩性小游园、厂区道路和铁路、贮水池、防护林等七类位置不同的绿地。

1. 厂前区绿地

厂前区一般由主要出入口、厂前广场和厂前建筑群组成。这里是对外联系的中心,城市与工厂的纽带,包括行政办公、科学研发、接待服务等职能,是厂内外人流最集中的地方。厂前区在一定程度上代表着工厂的形象,体现着工厂的面貌,它常与城市道路相邻,其环境的好坏直接关系到城市的面貌,其主要建筑一般都具有较高的建筑艺术标准,厂前区绿地设施的布置相应地也较为集中,布置精致且注重视觉效果,并设置文化和休憩设施,突出企业的精神和文化。

厂前区在工厂中的位置一般在上风方向,受生产工艺流程的限制较小,离污染源较远，受污染的程度比较小，工程网也比较少，空间集中，绿化条件比较好，同时也对园林绿化布置提出了较高的要求。

厂前区绿地主要由两部分组成，一部分是主要出入口大门、围墙与城市街道等厂外环境组成的入口空间。入口绿地布置应方便交通组织，与厂外的街道绿化连成一体、与城市景观协调一致，并逐步向厂区内部景观过渡，特别注意景观的引导性和标志性。大门周围的绿地要与建筑的风格、形体、色彩相协调，用观赏价值较高的植物或建筑小品作重点装饰，宜配置一定比例的高大树木，形成绿树成荫、多彩多姿的景象。厂门到办公综合大楼间的道路、广场上可布置花坛和喷泉，以及体现本厂生产性质、企业文化和地域特点的雕塑、小品设施等。工厂内沿围墙绿化设计应注意具备卫生、防火、防风、防污染和减少噪声，以及遮挡建筑不足之处等功能，并与周围景观相协调。绿化植物通常沿墙内外带状布置，乔木应以常绿树为主，以落叶树为辅，可采用乔木、小乔木、灌木、地被组合的3～4层的结构，靠近路的植物以花灌木或地被布置为主。

如某炊具制造企业的入口绿地布置成半圆形广场的形式，与道路围合成完整的空间，与林荫景观大道形成强烈的入口区中轴线，广场上花坛、喷泉、大树衬托着中轴线，具有强烈的视觉引导效果（见图10-1）。

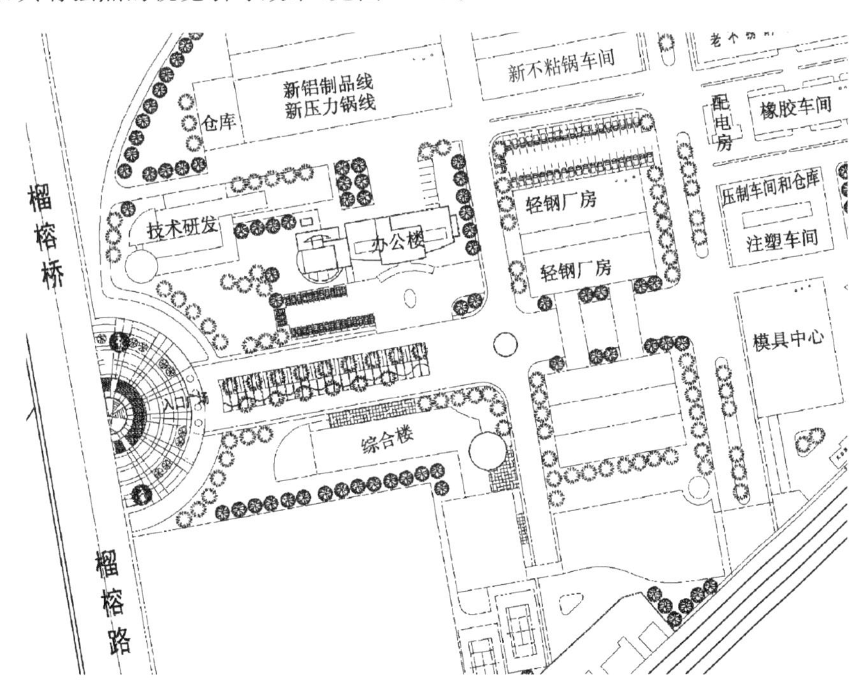

图10-1　某炊具制造企业入口绿地平面图

另一部分是大门与厂前建筑群之间的前庭空间，这里是厂前空间的中心，应注意与厂外环境及生产区绿地之间的衔接过渡。布置形式根据功能要求和工业企业的生产性质、地域特点的不同而不同，一般有广场式、大草坪式、树林式和小游园式等布置形式。绿化植物多为大乔木,结合来宾和职工的游览休憩功能,配置在绿地四周或建筑轴线两侧,也有在中央布置的,一般运用品种丰富的花灌木和地被,并适当运用部分时令草花。辟喷泉水池,设山石小品、小径、汀步、灯座、凳椅等,还设置亭廊建筑,形成恬静、清洁、舒适、优美的环境,职工下班后可以在此散步谈心。这一空间是反映企业特点、历史、精神和文化最显眼和最有利的位置,需要精心布置,可以设置雕塑、小品或其他构筑物加以体现。

如某奶制品企业厂前区绿地的布置中结合了铺装、水池、喷泉、跌水,构图简洁而活跃,反映该企业对奶制品生产工艺的读解,里面还设置了体现企业文化和企业历史的雕塑和景墙,同时也摆放了供职工和来访者休息的木座椅(见图 10-2)。

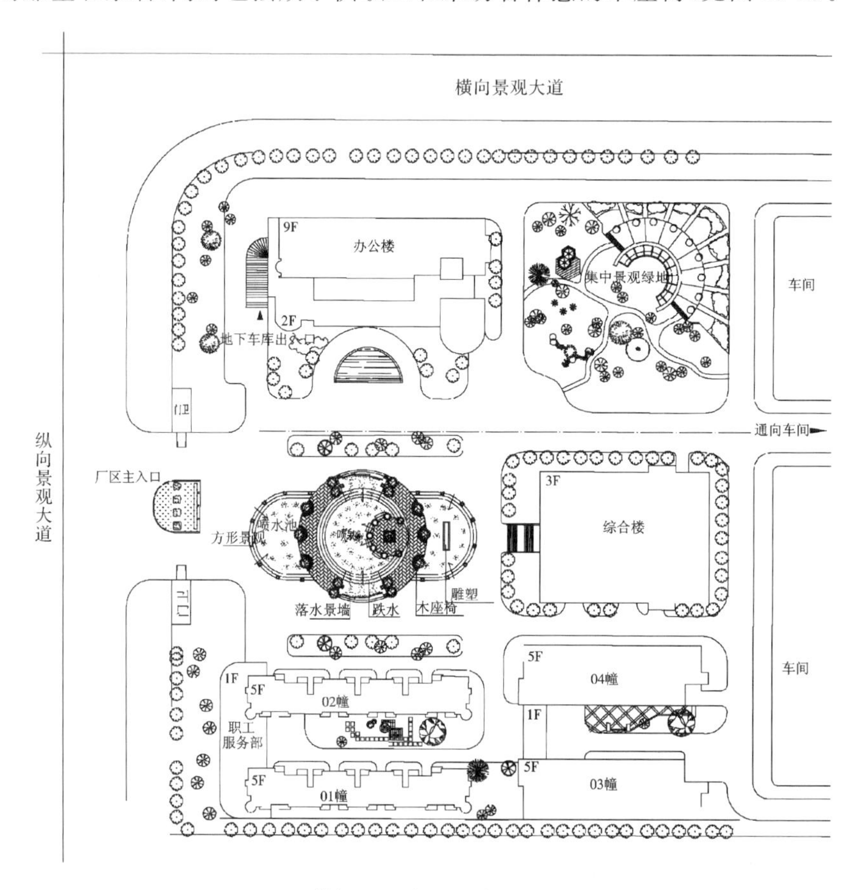

图 10-2 某奶制品企业厂前区绿地平面图

2. 生产区绿地

生产区是生产的场所,包括生产车间和生产装置,是工业企业的核心,是工人在生产过程中活动最频繁的部分。该区管线多、空间小、污染重、绿化条件相对较差,但生产区占地面积大,发展绿地的潜力很大。生产区绿地对保护环境的作用更突出、更具有工厂绿地的特殊性,是工厂绿地的主体。

生产区绿地主要以车间周围的带状绿地为主。车间周围的绿地比较复杂,绿化面积的大小、绿地的形式和植物的配置因车间内生产特点的不同而异。例如,有些车间在生产过程中产生各种有害气体及噪声,对环境产生不良影响;对周围的影响程度差别也很大,有的车间对周围环境未产生不良影响,有的车间对周围环境污染较严重,如产生二氧化硫、氟化氢、苯、粉尘、烟尘等;有的车间发出强烈的噪声,如空气压缩机、汽锤等;有些生产车间对周围环境质量要求较高,如要求防水、防爆、防尘、恒温、恒湿、隔声、无震动干扰等。

从总体来看,生产区四周绿地设计应考虑以下要求:①考虑生产车间所生产的产品的性质和特点;②满足生产运输、安全、维修等方面的要求;③注意车间对采光、通风的要求;④考虑车间职工对园林绿化布局形式及观赏植物的喜好;⑤注意树种选择,特别是有污染或严重污染的车间附近,也是生产区绿地建设成败的关键;⑥考虑四季景观;⑦车间出入口作为重点美化地段;⑧处理好植物与各种管线之间的关系。

具体设计可以根据生产车间的污染情况和对环境的要求,将车间周围的绿地分为三类:产生污染的生产车间绿地、普通的生产车间绿地和对环境有特殊要求的生产车间绿地。对这三类不同的生产车间绿地进行设计时应采用不同的方法。

1)产生污染的生产车间绿地

产生有害气体、粉尘、烟尘、噪声等污染物或有放射性物质、重金属的车间,会对环境造成一定影响,要求绿化植物有防烟、滞尘、吸毒、隔声等功能。

在对有严重污染的车间周围绿地进行设计时,首先要了解污染物的成分和污染程度。在化工生产中,同一产品由于原料和生产方式的不同,对空气的污染程度也不同:生产尿素和液氨的氮肥厂的主要污染物是一氧化碳、二氧化碳、氨气等,而生产硫酸铵的工厂除了上述污染物,还必须考虑到二氧化硫的污染;磷肥厂的磷矿中含有氟,在生产过程中有氟化物(如氟化氢)产生,虽经处理,仍有大量的氟化物气体污染大气;焦化、铸造、锅炉房等车间,往往排放出大量的烟尘和粉尘,而且烟尘中含有蒸馏性物质的气体、液体和固体粉末,落到植物上,对植物的生长和发育有着不良的影响,对人体的呼吸道也有损害;沥青燃烧炉产生的沥青气,能使附近一二百米处的植物受污染而萎蔫死亡。因此,车间周围绿地设计的重点是要使植物能够在不同的污染环境中发挥作用(主要是卫生防护功能),关键是有针对性且合理地选择抗性强、生长快的树种。不同树种对环境条件的适应能力和要求不同。如烟尘污染对植物生长影响较大,在这样的环境中臭椿生长最为健壮,榆树次之,柳树则生长较差;在乙烯车间周围,棕榈、夹竹桃、凤尾兰、罗汉松、龙柏、鸡冠花、百日草、金盏菊等植物生长较好;在散发二氧化硫气体的车间附近,蚊母树、大叶黄杨、夹竹桃、海桐、石楠、臭椿、广玉兰等生长较好。树木抗污染能力除树种因素外,还同污染的种类、浓度、树木生长的环境等有关;也和林相组成有关,复层混交林的栽植形式抗污染能力强,单层稀疏的栽植形式抗污染能力弱。

在产生强烈噪声的车间周围,如锻压、铆接、锤钉、鼓风等车间周围应该选择枝叶茂密、树冠矮、分枝点低的乔灌木(如大叶黄杨、珊瑚树、石楠、椤木、小叶女贞、杨梅等),多层密植形成隔声带,以减轻噪声对周围环境的影响。

在多粉尘的车间,如水泥厂,弥漫的粉尘使植物蒙上一层白粉,使植物窒息从而生长不良以致死亡,工人易得呼吸道疾病,因此在多粉尘车间的绿地内应该密植滞尘、抗尘能力强,叶面粗糙、有黏液分泌的树种,如榉树、朴树、楝树、石楠、凤尾兰、臭椿、无花果、构树、枸骨等。

在高温生产车间,工人长时间处于高温中,容易疲劳,应在车间周围设置有良好绿化环境的休息场所。树种选择时,不宜选择针叶树和其他油脂较多的树种,植栽要选择符合防火要求和有阻燃作用的,如厚皮香、珊瑚树、冬青、银杏、枸骨、海桐等;布置冠大荫浓的乔木和色彩淡雅、轻松凉爽的花木;设置藤蔓攀缘的棚架,形成浓荫匝地、凉爽洁净的工作休息场所;也可修建花坛、水池,设置桌椅,调节职工的精神状态,消除疲劳。树木栽植要有利于通风,还要注意消防车进出方便。

在产生污染的车间附近,特别是污染较重的盛行风向下侧,不宜密植林木,可设开阔的草坪、地被、疏林等,以利于通风、稀释有害气体,与其他车间之间可与道路相结合设置绿化隔离带。在有严重污染的车间周围,不宜设置休憩绿地。植物必须选择抗性强的树种,配置中掌握“近疏远密”的原则,与主导风向平行的方向要留有通风道,以保证有害气体的扩散。

有些植物对某种特定的有害气体有特别的敏感性,如紫花苜蓿在二氧化硫浓度超过 0.3 ppm 时,就会出现明显的反应,唐菖蒲在氟化氢浓度仅为 0.01 ppm 的大气中接触 20 h 就会出现症状。而多数人要在二氧化硫浓度为 1～5 ppm 时才闻到气味,浓度 10～15 ppm 时才有明显的刺激作用。利用这一类植物的敏感性,可在距不同污染源适当地点种植一些相应的敏感植物,以监测大气中有害气体的浓度,有益于预测。

2) 普通的生产车间绿地

普通的生产车间指本身对环境不产生有害污染物质,在卫生防护方面对周围环境也无特殊要求的车间。普通的生产车间绿地较为自由,除注意考虑通风、采光、防风、隔热、滞尘、阻噪等一般性要求,并且不要妨碍上下管道外,其余限制性不大。在生产车间的南向应种植落叶大乔木,以利于炎夏遮阳,冬季又有温暖的阳光;东西向应种植冠大荫浓的落叶乔木,以防止夏季东西日晒;北向宜种植常绿、落叶乔木和灌木混交林,以遮挡冬季的寒风和尘土。在车间周围的空地上,应以草坪和地被覆盖,减少扬尘和风沙,也使环境清新明快,衬托出建筑和花卉、乔灌木,提高绿地的视觉艺术效果。在不影响生产的情况下,可以在车间陈设盆景和盆栽、墙面垂直绿化的形式,将车间内外绿化连成一个整体,从而创造一个生动的自然环境。

在厂区绿地的统一规划下,各车间应体现各自不同的特点。考虑职工工作之余时休息的需要,在用地条件允许的情况下,可设计成游园的形式,布置座椅、花坛、水池、花架等园林小品，形成良好的休息环境。在车间的出入口可重点进行装饰性布置，特别是宣传廊前可布置一些花坛、花台，种植一些色彩丰富、物种多样的花木。植物的选择应考虑车间的生产特点，设计出与工作环境不同的绿化方案，调节人的视觉环境：在露天车间，如水泥预制品车间，以及木材、煤、矿石等堆料场的周围，可布置数行常绿乔灌木混交林带，起防护隔离、防止人流横穿及防火遮盖等作用，主道旁还可遮阴休息；纺织厂的纺纱车间、织布车间，工人在车间里所看到的是白色的纱、白色的布，在车间周围布置绿化时，可选择花色鲜艳、美丽的花木，消除工人的视觉疲劳。

3）对环境有特殊要求的生产车间绿地

要求洁净程度较高的车间，如生产食品、精密仪器、光学仪器、胶片、空气分离设备和某些工艺品等车间，其周围空气质量直接影响产品质量和设备的寿命，其环境设计要求清洁、防尘、降温、美观，有良好的通风和采光。在绿化布置时栽植茂密的乔木、灌木，阻挡灰尘的侵入，地面用草皮、地被或藤本植物覆盖，使黄土不裸露，其茎叶既有吸附空气中灰尘的作用，又可固定地表尘土，使其不随风飞扬。植物应选择无飞絮、无花粉、无飞毛、不易生病虫害、不落叶（常绿阔叶树或针叶树）或落叶整齐、枝叶茂密、叶面粗糙、生长健壮、吸附空气中粉尘能力强的树种，如悬铃木、杨、柳等。在有污染物排出的车间或建筑物朝盛行风向一侧或主要交通路线旁边，应设密植的防护绿地进行隔离，以减少有害气体、噪声、尘土等的侵袭。在车间周围设置密闭的防护林或在周围种植低矮乔木和灌木，以较大距离种植高大常绿乔木，辅以花草，并在墙面采用垂直绿化以满足防晒降温、舒缓职工疲劳的要求。

要求环境优美的车间，如刺绣、工艺美术、地毯等生产车间，由于要求设计、制作、生产具有优美图案的产品，因此须特别注意观赏植物、水池、假山、小品等的布置，形成一个优美的花园环境。选择姿态优美、色彩鲜艳的植物，观花、叶、果、形、干结合，四季常青、四季有花，使职工在优美的环境里陶冶性情、愉悦精神，并且使设计人员思想活跃、构思丰富，从而设计出精良、优美的图案。

对防火、防爆要求较高的车间周围绿化应以防火、隔离为主，选择枝叶水分含量大、不易燃烧或遇火燃烧不出火焰的少油脂树种（如珊瑚树、银杏、冬青、泡桐、柳树等）进行绿化，不得栽种针叶树等油脂较多的松、柏类植物，种植时要注意留出消防车活动的余地，在其车间外围可以适当设置休息小庭园，供工人休息。

车间的类型很多，其生产特点各不相同，对环境的要求也有所差异。因此，实地考察工厂的生产特点、工艺流程、对环境的要求和影响、绿地现状、地下地上管线等对做好绿地设计十分重要。

3. 仓库和堆场区绿地

仓库周围的绿地设计，应注意以下几个方面。

①要考虑交通运输条件和所贮存物品的特点，满足使用功能的要求，必须能方便运输装卸。

②要选择抗病虫害强、树干通直粗壮、分枝点高的树种。

③要注意防火要求,不宜种植针叶树和含油脂较多的树种,以稀疏栽植高大乔木为主,树木的种植间距要适当大些,以 7～10 m 为宜,绿地布置宜简洁大方。在仓库建筑周围必须留出 5～7 m 宽的消防车通道,保证通道的宽度和净空高度,不得妨碍消防车作业。

在地下仓库上面,根据覆土厚度的情况,种植草皮、藤本植物和乔灌木,可起到装饰、隐蔽、降低地表温度和防止尘土飞扬的作用。表 10-2 为植物生存和生长所需的最低土层厚度。

表 10-2 植物生存和生长所需的最低土层厚度

单位:cm

序 号	植 物 类 型	生 存 所 需	生 长 所 需
1	草坪	10～15	30
2	小灌木	30	45
3	大灌木	45	60
4	浅根乔木	60	90～100
5	深根乔木	90～100	150

在装有易燃物的贮罐周围,绿化应以草坪为主。防护堤内不种植物,防护堤外只能种植不高于防护堤的灌木,以减少地面的辐射热。

在对露天堆场进行绿化时,首先不能影响堆场的操作,在堆场周围栽植生长强健、防火隔尘效果好的落叶阔叶树,林下种植花灌木和地被,形成优美的带状绿地,与其周围很好地加以隔离。工人们可以在树荫下休息,而植物色彩艳丽的花、叶、果也给枯燥的堆场带来了生机。

4. 休憩性小游园

工厂根据厂区内的立地条件、厂区规划要求,在绿地集中区域因地制宜地开辟小游园,既满足职工工作之余时休息放松、锻炼健身、谈心交流、消除疲劳、观赏游览的需求,同时也为职工提供业余文化娱乐活动的良好场地,对美化厂容厂貌有着画龙点睛的作用,对提高劳动生产率、保证安全生产有着重要意义。

休憩性小游园多选择在职工休息时易于到达的区域,利用自然地形,通过对各种观赏植物、园林建筑及小品、道路铺装、水池、座椅等的合理安排,创造优美自然的园林艺术空间,形成优美自然的园林环境。小游园面积一般都不大,布局形式可采用规则式、自由式、混合式,根据休憩性绿地的用地条件(地形地貌)、平面形状、使用性质、职工人流来向、周围建筑布局等灵活采用。园路及建筑小品的设计应从环境条件及实际使用的情况出发,满足使用及造景需要,出入口的布置避免生产性交通的穿越。小游园的四周宜用大树围合,遮挡有碍观瞻的建筑群,形成幽静的独立空间(见图 10-3)。

休憩性小游园的位置选择有以下几种。

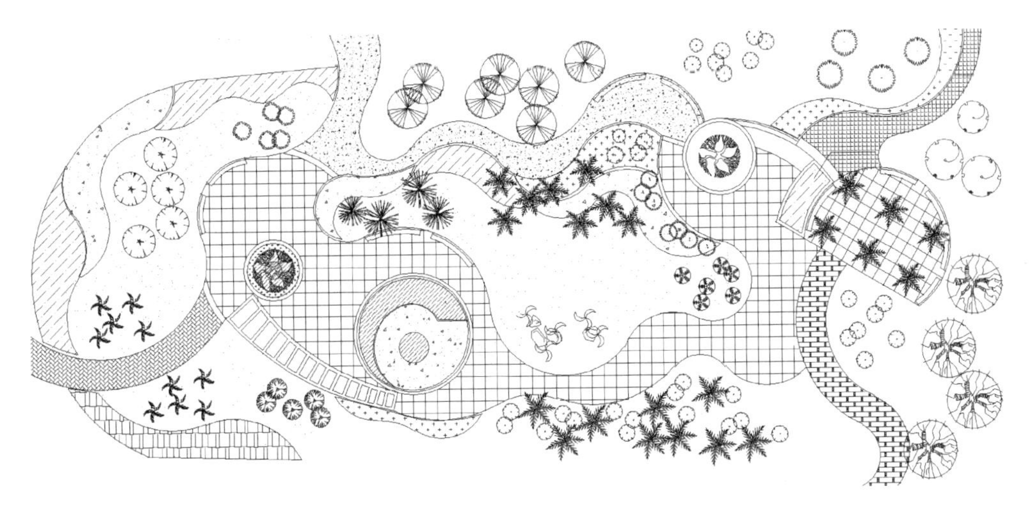

图 10-3 某企业小游园绿地平面图

1）结合厂前区绿地布置

厂前区是职工上下班集散的场所，是外来宾客首到之处，同时临近城市街道。小游园结合厂前区布置，既方便了职工的游憩，又丰富、美化了厂前区。如图 10-4 所示的某造纸企业厂前区小游园绿地，以植物造景为手段，以创造清新、幽静的休憩环境为目的，强调俯视与平视两方面的效果，不仅有美丽的图案，而且有一定的文化内涵。选用桂花、香樟、杜英、银杏、樱花、杜鹃、茶花、茶梅、紫薇、鸡爪槭、红枫、含笑、紫竹、金丝桃等主要植物，冬暖夏阴，四季开花不断，深受职工的喜爱。大楼前的绿地用金叶女贞、红花檵木、火棘球、龙柏球等植物组成了模纹绿地，整个图案新颖流畅，既注重从生产办公楼俯视的效果，又注重从环路中平视的效果，形成了厂前区环境的构图中心和视线焦点。

2）结合厂区内自然地形布置

厂区内的自然地形如河流、湖塘、大海、山坡等，都可以因地制宜地开辟小游园，以便职工休憩和开展各项活动，或向附近居民开放。可用植物、水体、地形或建筑分隔空间，并因地势高低布置园路，点缀水池、喷泉、山石、花廊、座凳等丰富园景。有条件的工厂可将小游园的水景与贮水池、冷却池等相结合，水边可种植水生花草，如鸢尾、睡莲、荷花等。

3）结合公共福利设施、人防工程布置

休憩性小游园也可和本厂的工会俱乐部、食堂、阅览室、体育活动场等相结合，统一布置，扩大绿地面积，实现工厂环境园林化。也可把小游园与人防设施相结合，设台球室、游艺室等，地下人防多功能，上下结合，趣味横生。多余的土方可因地制宜地堆塑地形、种植乔灌木。在地上通气口可以建立亭、廊、凳等建筑小品。但要注意在人防工程上土层深度为 2.5 m 时，可种大乔木；土层深度为 1.5～2 m 时，可种小乔木及灌木；土层深度为 0.3～0.5 m 时，只可种草、地被植物、竹子等植物。在人

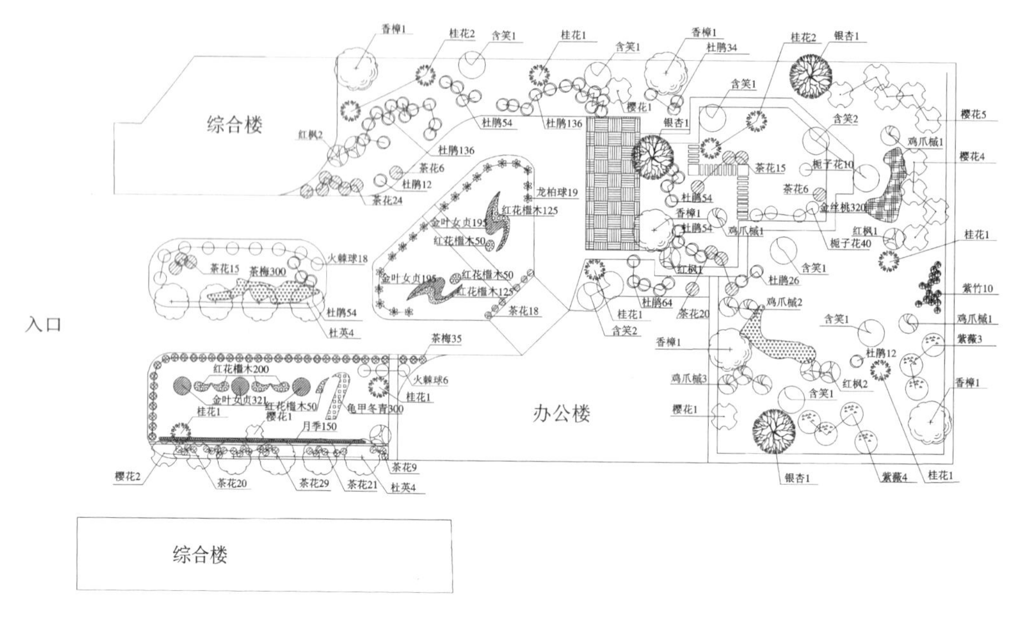

图 10-4 某造纸企业厂前区小游园绿地平面图

防设施的出入口附近不得种植多刺或蔓生伏地植物。

4）结合生产车间绿地布置

结合生产车间附近的绿地布置小游园可使职工休息时便捷地到达，而且可以根据车间工人的喜好布置成各具特色的小游园，并可结合厂区道路展现优美的园林景观，使职工在花园式的工厂中工作和生活。

如广州石油化工总厂在各车间附近由车间工人自己动手建造游园，遍布全厂 20 多处，小游园各具风格、丰富多彩，深受职工的喜爱。又如，某膨润土加工企业利用车间旁绿地建设小游园(见图 10-5)，以植物为主，配置小树林、小草坪，设有游步道、花架、座凳等，供职工散步、休息和交谈之用。某通信设备企业充分利用厂区入口绿地、车间附近绿地、道路绿地和外围隔离绿地开辟各具特色的小游园，使职工在任何地点都能便捷地到达，从而得到充分的视觉享受，身心也能得到休息和放松(见图 10-6)。

5. 厂区道路和铁路绿地

1）厂区道路绿地

厂区道路是工厂生产组织、工艺流程、原材料和成品运输、企业管理、生活服务的重要交通枢纽，是厂区的动脉。职工上下班人流集中，车辆来往频繁，地上地下管道线缆纵横交错。满足工厂生产要求、保证厂内交通运输的畅通和安全是厂区道路规划的第一要求，也是厂区道路绿化的基本要求。厂区道路绿地联系着厂前区、生产车间、仓储、小游园、水体和防护林等其他绿地，形成工业企业内部的绿地网络系统，因此厂区道路绿地往往能反映一个工厂的绿地面貌和特征，它是工业绿地的重

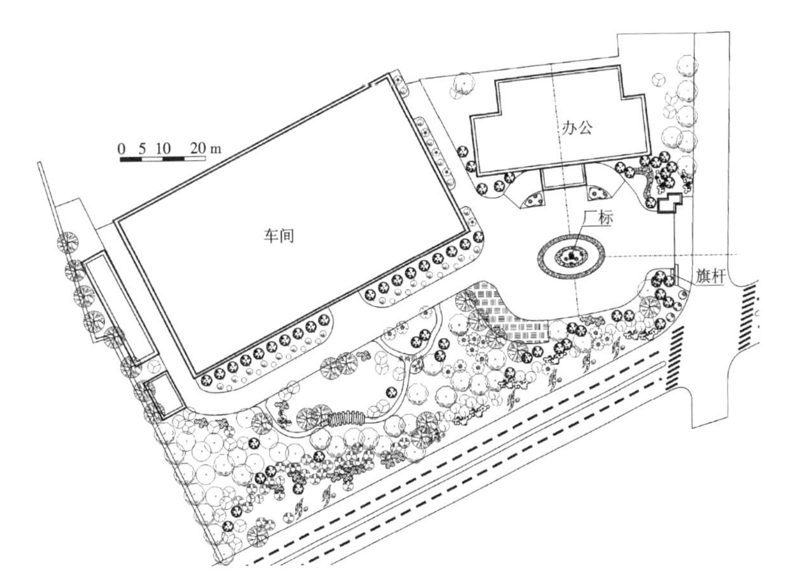

图 10-5 某膨润土加工企业车间旁小游园绿地平面图

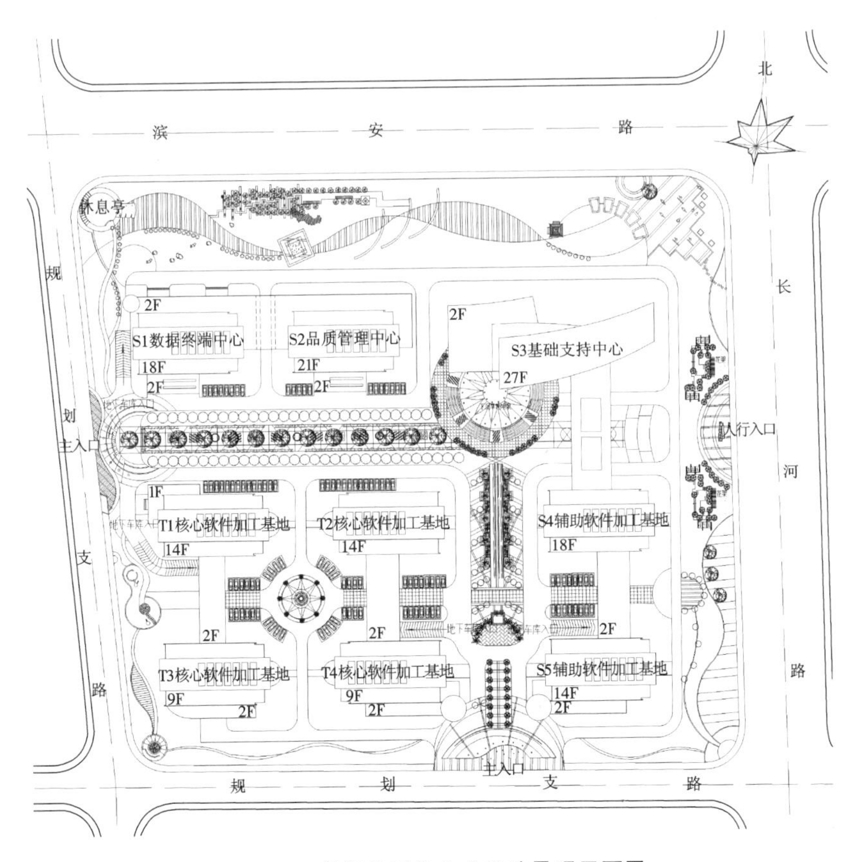

图 10-6 某通信设备企业绿地景观平面图

要组成部分。

厂区道路绿地设计前必须充分调查了解道路的建筑设施，如电杆、电缆、电线、地下给排水管、路面结构、道路的人流量、通车率、车速、有害物质的排放情况和当地的自然条件等。

厂区道路绿地应满足庇荫、防尘、降低噪声、交通运输安全及美观等要求。厂区道路一般较窄，空间狭长，绿地设计应结合道路等级、断面形式，以及两侧建筑的风格、造型、色彩等，注意空间的连续性和流畅性，避免过于单调，可以在建筑门前场地附近，如在路端、路口、转弯外侧处作重点处理。植物配置注意打破高炉、氧气罐、冷却塔、烟囱等单调的工业设施景观，视觉效果不好或比较紊乱的局部区域可以利用植物在道路两侧进行遮挡(见图 10-7)。

行道树可以选择生长健壮、适应能力强、分枝点高、树冠整齐、耐修剪、遮阴好、无污染、抗性强的乔木，如栾树、国槐、毛白杨、椿树、樟树、广玉兰、木荷、女贞、榉树、喜树、水杉等。

主干大道两侧绿地宜选用冠大荫浓的乔木作遮阴树，再配置修剪整齐的常绿灌木，以及色彩鲜艳的花灌木、宿根花卉，给人以整齐美观、明快开朗的印象。规模比较大的工厂，主干道较宽，其中间也可设立分车绿带，以保证行车安全。在人流集中、车流频繁的主道两边，可设置 1～2 m 宽的绿带，把快慢车与人行道分开，以利于安全和防尘。路面较窄的可在一旁栽植行道树，东西向的道路可在南侧种植落叶乔木，以利于夏季遮阴，南北向道路可在西侧种植乔木。主要道路两旁的乔木株距因树种不同而不同，通常为 6～10 m。棉纺厂、烟厂、冷藏库的主道旁，由于车辆承载的货位较高，行道树定干高度应比较高，第一个分枝不得低于 4 m，否则会影响安全运输。

厂区内次干道、步行小道的两旁，宜种植四季有花、叶色富于变化的花灌木。道路与建筑物之间的绿地要有利于室内通风采光、隔声、滞尘，有条件的可以利用道路与建筑物之间的空地布置小游园，充分发挥植物的形体色彩，有层次地布置好乔木、花灌木、绿篱、宿根花卉，形成既壮观又美丽的绿色长廊，创造出景观良好的休憩绿地。

道路绿地应处理好与交通运输的关系，路边、道路交叉和转弯处的栽植必须遵守有关规定(见表 10-3)，避免植物枝叶阻挡视线或与来往车辆碰擦，以保证行车和行人的安全。注意处理好绿化与两侧上下管线的关系，避免植物枝叶、根系对管线造成破坏或对使用和检修造成干扰。在埋设较浅、需经常检修的地下管道上方不宜栽种乔木、灌木，可用草本植物覆盖；高架线下可植耐阴灌木，低架管线与地面管线旁可用灌木掩蔽。

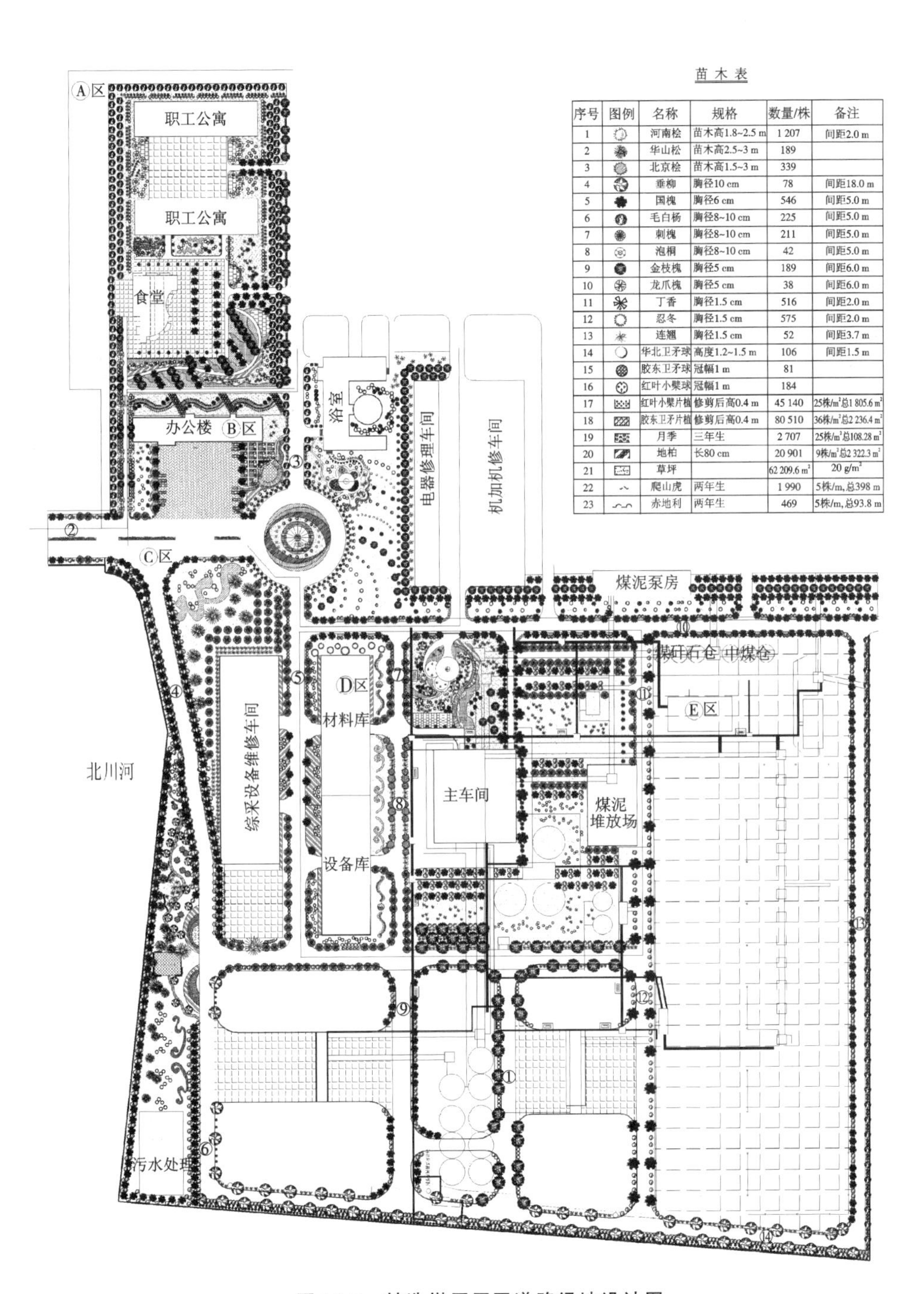

苗木表

序号	图例	名称	规格	数量/株	备注
1		河南桧	苗木高1.8~2.5 m	1 207	间距2.0 m
2		华山松	苗木高2.5~3 m	189	
3		北京桧	苗木高1.5~3 m	339	
4		垂柳	胸径10 cm	78	间距18.0 m
5		国槐	胸径6 cm	546	间距5.0 m
6		毛白杨	胸径8~10 cm	225	间距5.0 m
7		刺槐	胸径8~10 cm	211	间距5.0 m
8		泡桐	胸径8~10 cm	42	间距5.0 m
9		金枝槐	胸径5 cm	189	间距6.0 m
10		龙爪槐	胸径5 cm	38	间距6.0 m
11		丁香	胸径1.5 cm	516	间距2.0 m
12		忍冬	胸径1.5 cm	575	间距2.0 m
13		连翘	胸径1.5 cm	52	间距3.7 m
14		华北卫矛球	高度1.2~1.5 m	106	间距1.5 m
15		胶东卫矛球	冠幅1 m	81	
16		红叶小檗球	冠幅1 m	184	
17		红叶小檗片植	修剪后高0.4 m	45 140	25株/m^2总1 805.6 m^2
18		胶东卫矛片植	修剪后高0.4 m	80 510	36株/m^2总2 236.4 m^2
19		月季	三年生	2 707	25株/m^2总108.28 m^2
20		地柏	长80 cm	20 901	9株/m^2总2 322.3 m^2
21		草坪		62 209.6 m^2	20 g/m^2
22		爬山虎	两年生	1 990	5株/m,总398 m
23		赤地利	两年生	469	5株/m,总93.8 m

图 10-7 某选煤厂厂区道路绿地设计图

表 10-3　各种道路交叉口非植树区的最小尺寸

单位:m

交叉类型	机动车交叉口行车速度不大于 40 km/h	机动车道与非机动车道交叉口	机动车道与铁路交叉口	工厂内部道路交叉口行车速度不大于 25 km/h
要求	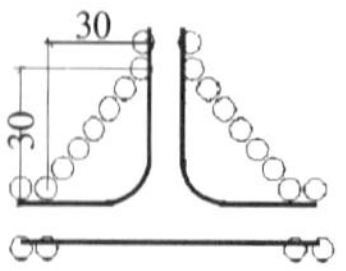 30　30	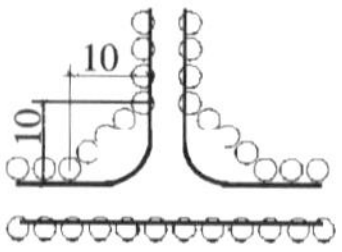 10　10	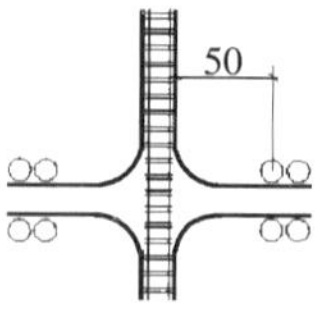 50	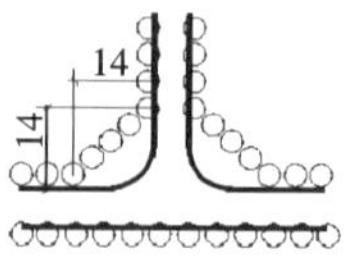 14　14

对环境有特殊要求的工厂,还应满足生产对树种的特殊要求。如精密仪器类工厂,不要用会产生飞毛、飘絮的树种;对防火要求高的工厂,不要用油脂性高的树种等;对空气污染严重的企业,道路绿化不宜种植成片过高的林带,避免高密林带造成通气不畅而对污浊气流起滞留作用,不易扩散,种植方式应以疏林草地为好;有的工厂(如石化厂等)地上管道较多,厂区道路与管廊相交或平行,道路绿地要与管廊位置及形式结合起来考虑,因地制宜地采用乔木、灌木、绿篱、攀缘植物来巧妙布置,这样可以取得良好的绿化效果。

2) 厂区铁路绿地

大型厂矿企业,如大型钢铁、石油、化工、重型机械厂等,厂区内除了一般道路,还有铁路运输,除了标准轨道,还有轻便的窄轨道。铁路绿化要有利于消减噪声,防止水土冲刷,要能稳固路基,防止行人乱穿铁路而发生事故。

厂区铁路绿地设计时应注意以下几点。

①沿铁路种植乔木时,离标准轨道边缘的最小距离为 8 m,离轻便轨道的最小距离为 5 m,前排宜种植稠密的灌木或地被,以防止人们无组织地跨越铁路,然后再种植乔木。

②铁路与道路交叉口处,每边应至少留出 20 m 的安全视距,安全视距形成的视距三角形区域不能种植高于 1 m 的植物。

③铁路弯道内侧至少留出 200 m 的视距,在此范围内不能种植阻挡视线的乔木、灌木。

④铁路边装卸货物的场地,乔木的栽植距离要加大,以 7～10 m 为宜,且不宜种植灌木,以保证装卸作业的顺利进行。

6. 贮水池绿化

贮水池主要用来存放生产用水或温差不大的冷却用水。贮水池周围的绿化主要通过树木的挡风来减少其蒸发量,阻隔尘埃飞沙对它的污染,另外,也可以对水源起到良好的自然隐蔽的作用。具体进行绿化种植时,应在水边 2 m 的范围以内铺设草皮;然后先种常绿针叶树,因为针叶树的落叶少,即使落了也便于收集,不致使落叶污染水面;然后再种阔叶树,对阔叶树的选择以不产生飞絮、叶面大(即使落到水中也易打捞)、不需要经常施肥为好,也可以栽植一些需肥量不大的果树。

河湖沿岸应注意护堤固坡，种植草皮和根系强大的乔木、灌木，还可结合水体布置小游园。在有码头和取水构筑物的附近应留出必要的场地和空间，以供生产及活动的需要。

7. 防护林绿地

工业企业的防护林绿地指设在生产区与行政福利区和居住区之间，或工业企业与城市其他用地之间的防护林带。工业企业的防护林带，是工业绿地建设的重要组成部分，尤其在那些产生有害气体以及环境对产品质量影响较大的工厂中，更显得十分重要。防护林带根据位置和功能的不同，可以分为卫生防护林带、防风林带和防火林带三种主要形式。

1）卫生防护林带

卫生防护林带又叫防污染隔离林带，用以阻挡来自生产区大气中的粉尘、飘扬物，吸滞空气中的有害气体，降低有害物质的含量，减低噪声，改善区域小气候。

《工业企业设计卫生标准》(GBZ 1—2010)规定，凡产生有害物质的工业企业与居住区之间应有一定的卫生防护距离，在此范围内进行绿化，营造防护林，使工业企业排放的有害物质得以稀释、过滤，以改善居住区的环境质量。卫生防护林带的设置，要根据主要污染物的种类、排放形式，以及污染源的位置、高度、排放浓度和当地气象特点等因素而定。

根据我国目前工业企业的生产性质、规模，污染物排放的数量，对环境的污染程度，《工业企业设计卫生标准》(GBZ 1—2010)把污染程度分成5级，并对防护林带的宽度、数量和间距作了详细规定(见表10-4)。

表10-4 污染企业的卫生防护林带设计要求

工业企业污染等级	卫生防护林带总宽度/m	卫生防护林带条数/条	每条卫生防护林带宽度/m	每条卫生防护林带间距/m
Ⅰ	1 000	3～4	20～50	200～400
Ⅱ	500	2～3	10～30	150～300
Ⅲ	400	1～2	10～30	150～300
Ⅳ	100	1～2	10～20	40
Ⅴ	50	1	10～20	—

工业企业卫生防护林带的主要作用是滞滤粉尘、净化空气、吸收有毒气体、减轻污染，以及有利于工业企业周围的农业生产。因此，作为防护林带的树种应结合不同企业的特点，选择生长健壮、病虫灾害少、抗污染性强、吸收有害气体能力强、树体高大、枝叶茂密、根系发达的乡土树种。此外，要注意常绿树与落叶树相结合、乔木与灌木相结合、喜阳树与耐阴树相结合、速生树与慢长树相结合、净化与美化相结合。

(1) 防护林带结构形式

根据企业的生产性质，排放污染物的物质构成、特点，选择合理的结构形式布置防护林带,有效地发挥其作用。

防护林带的结构形式主要有通透结构、半通透结构、紧密结构和复合式结构四种(图 10-8 所示为前三种),防护林因其结构不同,其防护效果也就不同(见图 10-9)。

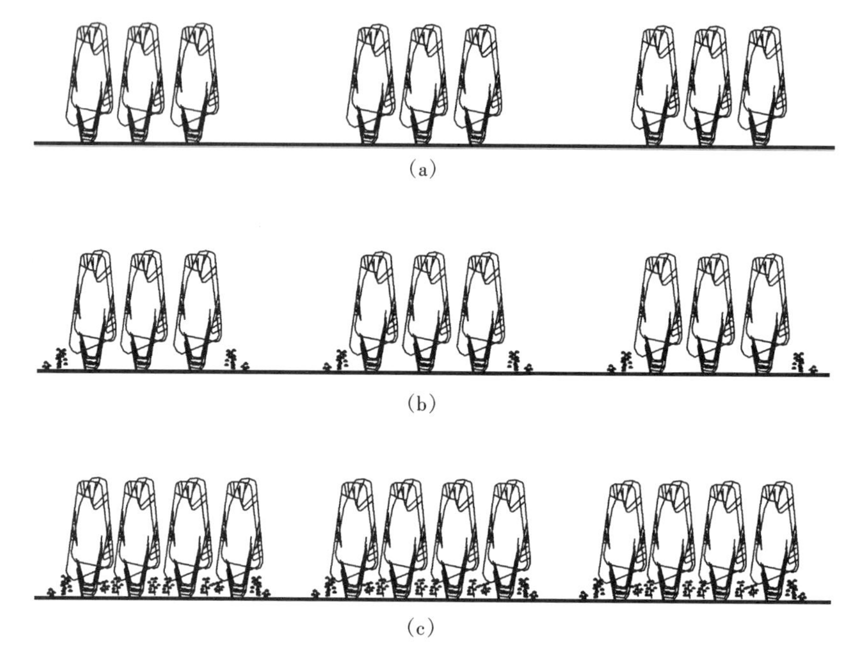

图 10-8 防护林带的结构示意

(a)通透结构;(b)半通透结构;(c)紧密结构

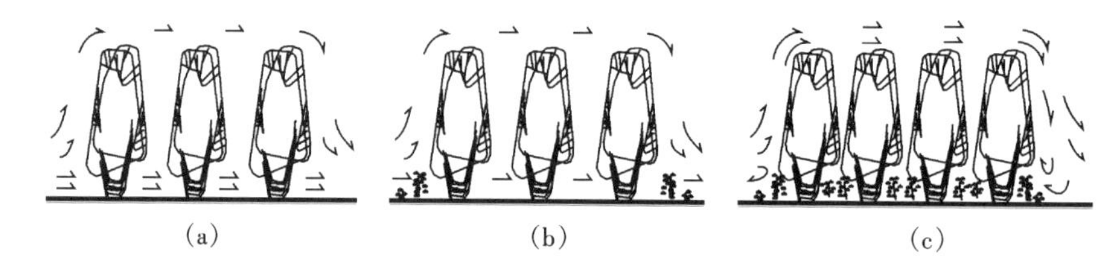

图 10-9 各结构防护林的气流情况示意

(a)通透结构气流情况;(b)半通透结构气流情况;(c)紧密结构气流情况

①通透结构:也称疏林结构,一般均由乔木组成,不配置灌木。乔木株行距较大,也因树种而异,一般按 3 m×3 m 种植或每 100 m^2 种植 8～10 棵。乔木枝叶稀疏,气流一部分从下层树干之间通过,一部分从上面绕过,因而减弱风速,阻挡污染物质。当然也可以将通向厂区的干道绿带、河流的防护林带、农田防护林带相结合,形成引风林带。此种结构形式可在距污染源较近处使用。

②半通透结构:也称均透结构,一般以乔木为主,在林带两侧配置灌木,乔木的种植密度一般为每 100 m^2 种植 10～20 棵。气流一部分从空隙中穿过,在背风林缘处形成小漩涡,另一部分从上面绕过去,在背风林缘处形成弱风,此林带适于沿海防

风或在远离污染源处使用。

③紧密结构：由大乔木、小乔木和灌木多种树木配置成林，乔木的种植密度一般为每 100 m^2 种植 20～40 棵，防护效果好。气流遇上林带后上升，由林冠上绕过，然后上升扩散，在背风处急剧下降，形成涡流，有利于有害气体的扩散和稀释。

④复合式结构：当防护林带足够宽时，可将上述三种形式结构结合起来，形成复合式结构，更能发挥其净化空气、减少污染的作用。一般在靠近工厂的一侧建立通透结构，近居民区的一侧采用紧密结构，中间部分采用半通透结构，这样的复合式结构的卫生防护林带效果最佳。

防护林带采用不同高度的树种，导致形成林带横断面的结构也不同，有矩形、凹槽形、梯形、三角形（包括背风面垂直三角形和迎风面垂直三角形）、屋脊形等（见图 10-10）。矩形横断面防风效果好，凹槽形横断面有利于粉尘的沉降和阻滞，梯形横断面效果介于矩形与屋脊形之间，背风面垂直三角形和屋脊形横断面有利于气体的上升及扩散，结合道路设置防护林带，将迎风面垂直三角形横断面与背风面垂直三角形横断面相对应地设置于道路的两侧。

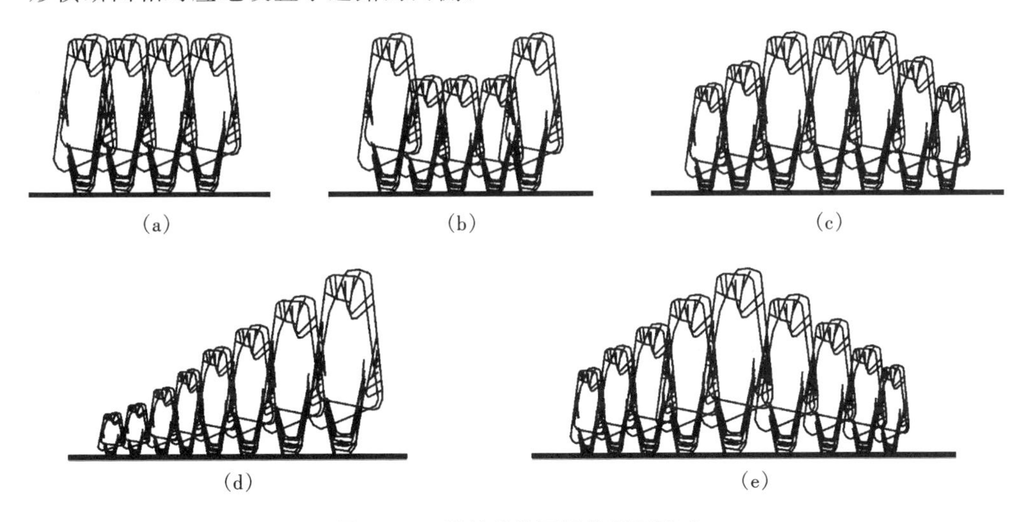

图 10-10 防护林带不同横断面形式

(a)矩形；(b)凹槽形；(c)梯形；(d)三角形；(e)屋脊形

(2) 卫生防护林带设置的位置和平面形式

卫生防护林带设置的位置依据企业所在区域的常年盛行风向、风频、风速而定。如盛行风是西北风，则有污染的生产区设在东南方向，而在上风向设生活区，防护林带设在生活区和生产区之间；如果已经在上风向设了生产区，则在风向垂直方向的工厂与生活区中间设置宽阔的防护林带，尽量减少生产区对生活区的污染影响。

在风向频率分散、盛行风不明显的地区，如有两个较强风向成 180°时，则在风频最小风向的上风向设置工厂区，在下风向设置生活区，其间设置一条防护林带，呈“一”字形（见图 10-11）。当本地区两个盛行风向成一夹角时，则在非盛行风向风频相差不大的条件下,生活区安排在夹角之内,工厂区设在对应的方向,其间设立防护林带,呈“L”形(见图 10-12)。

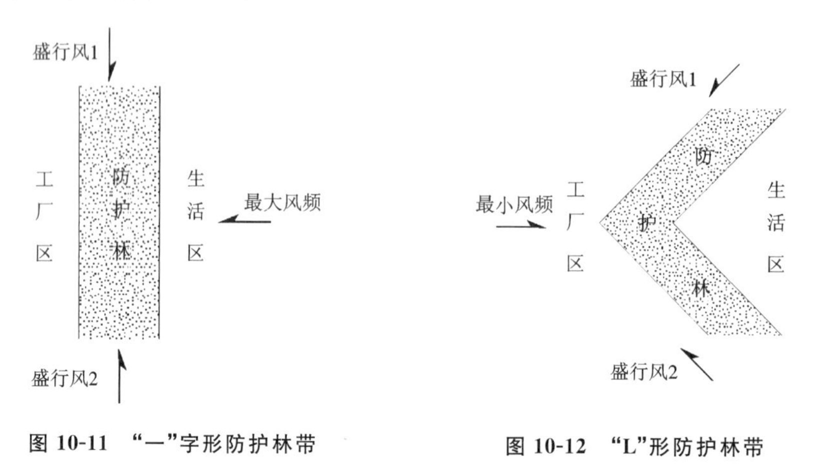

图 10-11 “一”字形防护林带

图 10-12 “L”形防护林带

在污染较重的盛行风上侧设立引风林带也很重要,特别是在逆温条件下,引风林带能组织气流,使通过污染源的风速增大,促进有害气体的输送与扩散,其方法是设一楔形林带与防护林带成一夹角,这样两条林带之间则形成一个通风走廊,在弱风区或静风区,或有逆温层地区更为重要,它可以把郊区的静风引到通风走廊加快风速,加快有害气体的扩散。如果被污染区范围较小,防护林带可与风向成一定顺角,以利于疏导、稀释有害气体(见图 10-13)。

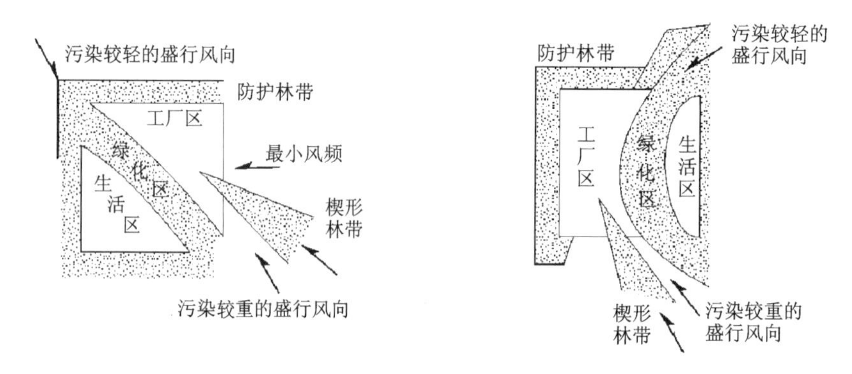

图 10-13 引风林带、防护林带与盛行风向的夹角关系

卫生防护林带应根据工业排出的有害气体及烟尘的性质、排出量、排出方式、气象条件、自然地形和环境条件进行合理的绿化布置。按照有害气体和烟尘排放方式的不同,一般可分为有组织高空排放、无组织排放和混合式排放。

在一般情况下,有组织高空排放污染空气最浓点到排放点的水平距离等于烟体上升高度的 10～15 倍,所以应在主风向下侧烟体上升高度的 10～20 倍位置处设立防护林带,这个范围是污染最为严重的地段(见图 10-14)。

对于无组织排放污染源,林带应适当靠近污染源,林带的密度一般是靠近污染

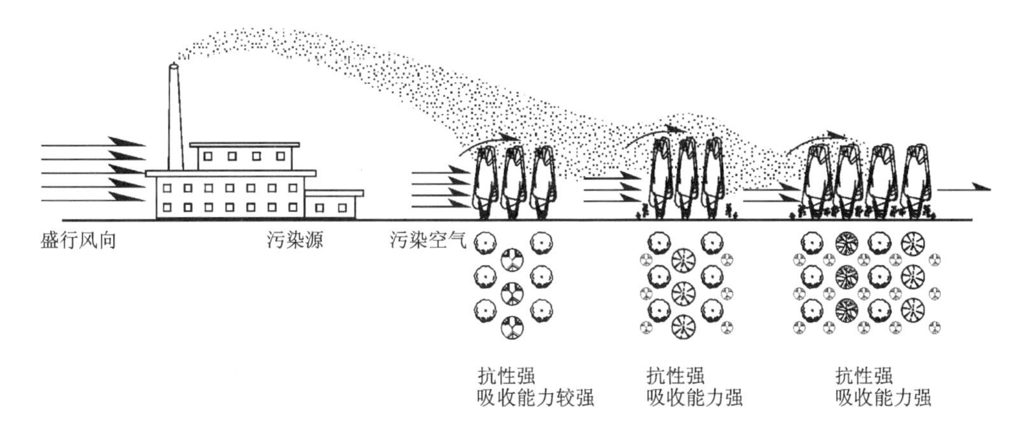

图 10-14 有组织高空排放污染防护林带位置与形式

源处较稀，被污染区附近较密，这样有利于烟气的疏通扩散和吸收。

混合式排放污染的卫生防护林带布置一般可按主、辅林带进行布置(见图 10-15)，主林带的宽度、抗性和密度都很大，而辅林带都偏小，前者用于严重污染区，后者用于次要污染区。

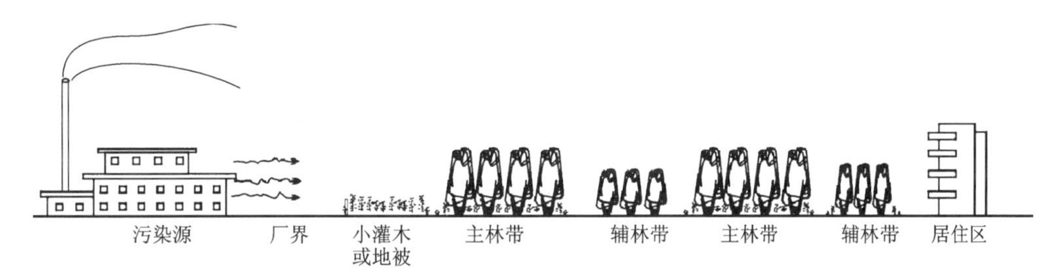

图 10-15 混合式排放污染卫生防护林带位置与形式

例如，金山石化在卫生防护林带建设中，选择抗污染树种并按生态学原理进行布置，其结构合理，效益非常明显：二氧化硫、二氧化氮通过林带，在生活区的浓度递减 60%，乙烯、飘尘及铅递减 100%，风速平均递减 43%～62%；增加空气负离子；降低含菌量；改良了土壤，创造了良好的环境，并引来鸟类达 94 种之多。

2) 防风林带

防风林带能够防止风沙灾害，在工业企业中主要设置在煤场、垃圾场、水泥石灰场的附近。林前防风范围为树高的 10 倍左右，降低风速 15%～20%；林后防风范围约为树高的 25 倍，降低风速 10%～17%。

防风林带的结构以半通透最佳，当林带的透风系数为 0.58 时，防风效能最高。这种林带结构上下均匀，能使大部分气流穿过，枝叶与气流的摩擦使气流的能量大量消耗。林带过密或过疏，防风效果都不好：林带过密，穿过林带的气流少，大部分气流从林冠上翻越而过，气流受林带的摩擦作用小，防风效能低；林带过疏，大部分气流穿过林带，气流受到的阻力小，防风效果也不好。

林带的走向多与主导风向垂直或成不低于45°的夹角，应根据林带的走向与主导风向的角度选择植物的种植形式，应顺风向参差排列(见图10-16)。

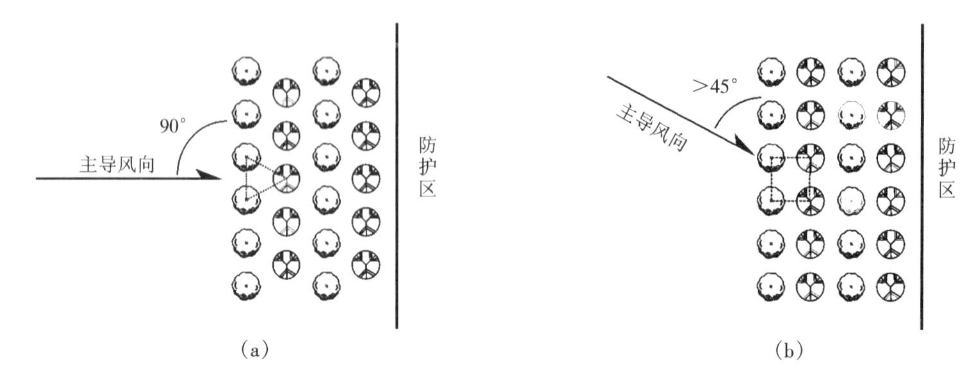

图10-16 主导风向与防风林带种植形式

(a)三角形种植；(b)矩形种植

3) 防火林带

在石油化工、化学制品、冶炼、易燃易爆产品的生产工厂、车间及作业场地，为确保安全生产，应设防火林带。防火林带由不易燃烧、再生能力强的防火、耐火树种组成(如木荷、女贞、杜仲、银杏、杨梅、青枫、麻栎、栓皮栎、丁香等)，林带可结合地形起伏，并可以设置沟、墙等设施，以增强防火功能，同时必须留出适当的消防疏散通道。

10.3 工业绿地的植物选择

10.3.1 工业绿地植物选择的原则

工业绿地除了美化环境和营造景观的作用，更重要的是保护环境的功能。由于工业类型很多，具体有钢铁、纺织、石油、化学、精密仪表、食品等数十种，其中很大一部分工业会对环境造成一定影响或对环境有特殊要求，因此植物的选择是工业绿地成败的关键。植物选择的原则主要有以下四点。

1. 适地适树，尽量使用乡土植物

植物因原产地、生长习性不同，对气候条件、土壤、光照、湿度等都有一定范围的适应性。在工业环境下，特别是污染性大的工业企业，应选择最佳适应范围的植物，充分发挥植物对不利条件的抵御能力。在同一工厂内，也会有土壤、水质、空气、光照的差异，在选择树种时也要分别处理，适地适树选择树木花草，这样能使植物成活率高、生长强壮，达到良好的绿化效果。

乡土植物在本地区的生长状况一般比外来物种要好，容易成活，又能反映地方的绿化特色，应优先使用。在设计前首先要确定适生植物种类，对工厂所在地区以及自然条件相似的其他地区所分布的植物种类进行全面调查；其次要注意植物在工厂环境中的生长情况；最后要对本厂的环境条件进行全面分析，在此基础上定出一个初步的植物名录，必要时可做一些有针对性的试验进行比较，以扩大选择范围。

2. 满足生产工艺流程对环境的要求，注意防污植物的运用

根据不同的生产性质、生产工艺流程、排放物的物质构成，不同的工业企业、车间应相应地选择有利于防止污染和优化环境的植物物种及植物群落结构。

一些精密仪器类企业对环境的要求较高，为保证产品质量，要求车间周围空气洁净、尘埃少，要选择滞尘能力强的树种，如榆、刺楸等，不能栽植杨、柳、悬铃木等有飘毛飞絮的树种；对有防火要求的厂区、车间、场地，要选择油脂少、枝叶水分多、燃烧时不会产生火焰的防火树种，如木荷、珊瑚树、银杏等。

工业绿地设计中特别注意的是生产过程中排出有害废气、废水、废渣的工业企业，根据其排放物的构成不同，相应植物的选用有很大的差异。有些植物对多种有害气体都有抗性，如桧柏、大叶黄杨、银杏等对二氧化硫、氯气、氟化氢都有较好的抗性，桑树、臭椿对以二氧化硫和铅为主的复合污染(冶炼厂)有较强的抗性；有些植物只对某种气体抗性强，而对其他气体很敏感，抵抗能力低下，如唐菖蒲抗二氧化硫强，而对氟化氢抗性弱；有的植物抗性强而吸收能力弱，如白皮松对二氧化硫、麻栎对氯气、侧柏对氟化氢等，有些两者都强，如加拿大杨对二氧化硫、旱柳对氯气、枣树对氟化氢等。

由于工厂的环境条件非常复杂，绿化的目的和要求也多种多样，工业绿地的植物规划很难做到一劳永逸，需要在长期的实践中不断检验和调整。

3. 形成合理稳定的植被结构，兼顾植物多样化

植物配置要按照生态学的原理规划设计多层结构，在物种丰富的乔木下栽植耐阴的灌木和地被植物，构成复层混交人工植物群落，做到耐阴植物与喜光植物、常绿树与落叶树、速生树和慢长树相结合，这样做对维护生态环境、增强防污能力、体现企业特色都有显著的作用，并有事半功倍的效果。

4. 管理粗放，造价合理

工业企业的绿化管理人员有限，技术限制较多，宜选择容易栽培、管理粗放的植物，以节约人力、物力。工业企业的资金安排一般比较紧凑，对厂房建设、技术、人才、再生产和扩大再生产的投入都很大，因此工业绿地的植物选择以经济适用为主，尽量节约企业的资金投入。

10.3.2 工业绿地防污抗污常用植物

1. 对二氧化硫具有抗性和吸收能力的植物

1）抗性强的植物

北部地区：构树、皂荚、华北卫矛、榆树、白蜡、沙枣、柽柳、臭椿、旱柳、侧柏、小叶黄杨、悬穗槐、加杨、枣树、刺槐等。

中部地区：大叶黄杨、珊瑚树、海桐、蚊母、棕榈、青冈栎、夹竹桃、小叶黄杨、石栎、绵槠、构树、无花果、凤尾兰、枸橘、枳橙、蟹橙、柑橘、金橘、大叶冬青、山茶、厚皮香、冬青、构骨、胡颓子、樟叶槭、女贞、小叶女贞、丝棉木、广玉兰等。

南部地区:夹竹桃、棕榈、构树、印度榕、对叶榕、高山榕、樟叶槭、楝树、扁桃、盆架树、红背桂、松叶牡丹、小叶驳骨丹、柡果、广玉兰、细叶榕等。

2）抗性较强的植物

北部地区:梧桐、丝棉木、槐、合欢、麻栎、紫藤、板栗、杉松、柿树、山楂、桧柏、白皮松、华山松、云杉、杜松等。

中部地区:珊瑚树、梧桐、臭椿、朴树、桑树、槐树、玉兰、木槿、鹅掌楸、紫穗槐、刺槐、紫藤、麻栎、合欢、泡桐、香樟、梓树、紫薇、板栗、石楠、石榴、柿树、罗汉松、侧柏、楝树、白蜡、乌桕、榆树、桂花、栀子、龙柏、皂荚、枣树、凤尾兰等。

南部地区:菩提榕、桑树、番石榴、银桦、人心果、蝴蝶果、木麻黄、桉树、黄槿、蒲桃、阿珍榄仁、黄葛榕、红果仔、米白兰、木菠萝、石栗、香樟、海桐等。

3）吸收能力强的植物

吸收能力强的植物有臭椿、夹竹桃、罗汉松、大叶黄杨、槐树、龙柏、银杏、珊瑚树、女贞、梧桐、紫穗槐、构树、桑树、喜树、紫薇、石榴、菊花、棕榈、牵牛花、广玉兰等。

2. 对氯气具有抗性和吸收能力的植物

1）抗性强的植物

北部地区:构树、皂荚、榆树、白蜡、沙枣、柽柳、臭椿、侧柏、杜松、枣树、五叶地锦、地锦、蔷薇等。

中部地区:大叶黄杨、青冈栎、龙柏、蚊母、棕榈、枸橘、夹竹桃、小叶黄杨、山茶、木槿、海桐、凤尾兰、构树、无花果、丝棉木、胡颓子、橘树、构骨、广玉兰等。

南部地区:夹竹桃、构树、棕榈、樟叶槭、盆架树、印度榕、小叶驳骨丹、广玉兰等。

2）抗性较强的植物

北部地区:梧桐、丝棉木、槐树、合欢、板栗、刺槐、银杏、华北卫矛、杉松、桧柏、云杉等。

中部地区:珊瑚树、梧桐、臭椿、女贞、小叶女贞、泡桐、桑树、麻栎、板栗、玉兰、紫薇、朴树、楸树、梓树、石榴、合欢、罗汉松、榆树、皂荚、刺槐、栀子、槐树等。

南部地区:高山榕、细叶榕、菩提榕、桑树、黄槿、蒲桃、石栗、人心果、番石榴、木麻黄、米白兰、蓝桉、蒲葵、蝴蝶果、黄葛榕、扁桃、芒果、银桦、桂花等。

3）吸收能力强的植物

吸收能力强的植物有银柳、赤杨、花曲柳、银桦、悬铃木、柽柳、女贞、君迁子等。

3. 对氟化氢具有抗性和吸收能力的植物

1）抗性强的植物

北部地区:构树、皂荚、华北卫矛、榆树、白蜡、沙枣、柽柳、臭椿、云杉、侧柏、杜松、枣树、五叶地锦等。

中部地区:大叶黄杨、蚊母、海桐、棕榈、构树、夹竹桃、枸橘、广玉兰、青冈栎、无花果、柑橘、凤尾兰、小叶黄杨、山茶、油茶、丝棉木等。

南部地区：夹竹桃、棕榈、构树、广玉兰、桑树、银桦、蓝桉等。

2）抗性较强的植物

北部地区：梧桐、丝棉木、槐树、桧柏、刺槐、杉松、山楂、紫藤、沙枣等。

中部地区：珊瑚树、女贞、小叶女贞、紫薇、臭椿、皂荚、朴树、桑树、龙柏、樟树、榆树、楸树、梓树、玉兰、刺槐、泡桐、垂柳、罗汉松、乌桕、石榴、白蜡等。

3）吸收能力强的植物

吸收能力强的植物有女贞、泡桐、大叶黄杨、柑橘、梧桐、桦树、垂柳等。

4. 对其他气体具有抗性和吸收能力的植物

1）抗氯化氢的植物

抗氯化氢的植物有小叶黄杨、无花果、大叶黄杨、构树、凤尾兰等。

2）抗二氧化氮的植物

抗二氧化氮的植物有构树、桑树、无花果、泡桐、石榴等。

3）吸收苯的植物

吸收苯的植物有喜树、梓树、接骨木等。

4）吸收臭氧的植物

吸收臭氧的植物有香樟、悬铃木、连翘等。

5）吸收汞蒸气的植物

吸收汞蒸气的植物有夹竹桃、棕榈、桑树等。

6）吸收铅蒸气的植物

吸收铅蒸气的植物有大叶黄杨、女贞、悬铃木、榆树、石榴等。

5. 吸收重金属类的植物

1）吸收铅的植物

吸收铅的植物有桑树、黄金树、榆树、旱柳、梓树、紫云英等。

2）吸收镉的植物

吸收镉的植物有美青杨、桑树、旱柳、梓树、榆树、刺槐、紫云英、芦苇、水葱、凤眼莲等。

6. 滞尘的植物

滞尘的植物有丁香、紫薇、锦带花、天目琼花、桧柏、龙柏、刺楸、毛白杨、元宝枫、银杏、槐树、刺槐、旱柳、榆树、加杨、桑树、花曲柳、枫杨、山桃、皂荚、梓树、黄金树、卫矛、美青杨、复叶槭、稠李、桂曲柳、黄檗、蒙古栎、重阳木、榉树、悬铃木、朴树、蜡梅、臭椿等。

7. 防火的植物

防火的植物有木荷、杨梅、青冈、女贞、银杏、麻栎、栓皮栎、槲栎、榉树、山茶、油茶、海桐、冬青、蚊母、八角金盘、厚皮香、交让木、白榄、珊瑚树、枸骨、罗汉松等。

8. 敏感性监测植物

1）监测二氧化硫的植物

监测二氧化硫的植物有地衣、紫花苜蓿、菠菜、胡萝卜、凤仙花、翠菊、四季海棠、天竺葵、锦葵、含羞草、茉莉、杏树、山荆子、紫丁香、月季、枫杨、白蜡、连翘、杜仲、雪松、红松、油松、杉木等。

2）监测氯及氯化氢的植物

监测氯及氯化氢的植物有波斯菊、金盏菊、凤仙花、天竺葵、蛇目菊、硫华菊、锦葵、四季海棠、福禄考、一串红、石榴、竹、复叶槭、桃树、苹果树、柳树、落叶松、油松等。

3）监测氟及氟化氢的植物

监测氟及氟化氢的植物有唐菖蒲、玉簪、郁金香、大蒜、锦葵、地黄、万年青、萱草、草莓、翠菊、榆叶梅、葡萄、杜鹃、杏树、李树、桃树、月季、复叶槭、雪松等。

4）监测光化学气体的植物

监测光化学气体的植物有菠菜、莴苣、西红柿、兰花、秋海棠、矮牵牛、蔷薇、丁香、牡丹、木兰、垂柳、三裂悬钩子、早熟禾、美国五针松、银槭、梓树、皂荚、葡萄等。

5）监测汞的植物

监测汞的植物有女贞等。

6）监测氨的植物

监测氨的植物有向日葵等。

7）监测乙烯的植物

监测乙烯的植物有棉花等。

知识点拓展

【本章要点】

本章根据工厂企业总体的布局、污染源的特征和风速、风频等自然因素，在工厂的外围地带提出了防护林带规划设计要点；在工厂内部，依据内部布局和污染源的不同性质，提出了各个部分相应的规划设计要点，可作为规划设计工作的理念。

【思考与练习】

10-1　对环境有污染的车间绿地设计应考虑哪些要求？

10-2　对有特殊要求的车间绿地设计应考虑哪些要求？

10-3　简述工业绿地的防护林带结构形式。

11 主要公共服务用地绿地规划设计

根据国家标准《城市用地分类与规划建设用地标准》(GB 50137—2011),公共管理与公共服务用地指行政、文化、教育、体育、卫生等机构和设施的用地,不包括居住用地中的服务设施用地,但包括居住区中的中小学用地。公共管理与公共服务用地绿地主要指行政、文化、教育、体育、卫生等机构和设施的用地范围内的附属绿地。在我国城市规划实际操作中,教育和卫生机构往往拥有较大面积的绿地,对绿地的功能和景观要求也相对较高,而其他用地的附属主要为基础绿化,因此本章主要讲述教育机构的大学、中小学校园以及医疗机构的绿地规划设计。

11.1 大学校园绿地规划设计

无论是古希腊时期的学园或阿卡德米、古罗马时期的修辞学校或法律学校、中世纪的意大利大学、近现代的欧美大学,还是我国已建、在建或正在规划中的大学,作为知识传播的中心、科学技术发展的原动力、经济和社会发展的推进器,它们的建设——包括校园绿地景观建设——始终受到各国政府和社会的广泛关注。大学的生命在于学术个性,大学的品牌在于文化特色,大学的形象在于环境优越。英国前首相丘吉尔曾说过:“人创造了建筑,随后建筑塑造了人。”“一流学校”的内涵除了一流的师资,足够的教学、科研投入,以及一流的学术、教学成果,一流的校园绿地景观也是一流学校的重要指标体系。

大学校园已由传统的封闭式教育机构,转变为多元、开放、网络化、综合性发展的大学城。时代的发展,使大学的核心功能发生转化,当代大学更加强调开放性、自然性和人文历史性,通过对自然环境、历史文脉的尊重和再造,让人重新领略校园绿地独具特色、清新、典雅的景观,已成为历史的必然要求。高质量的校园环境对于学校自身的发展及学校师生身心健康的塑造都起着重要的作用,这一点已然成为社会及教育从业者的共识。高品质的校园环境是高校长期进步发展的物质基础,是高校文化传承与发展的重要载体,是高校教化学生的“户外课堂”。当代高校肩负着人才培养、科技创新、服务社会、引领文化的历史使命,校园景观作为校园重要的环境教育力量,要充分发挥其环境育人的作用。通过建设人文氛围浓厚、富有活力、生态绿色的高质量校园景观,培养德智兼备、符合社会需求的高素质人才。

如浙江农林大学将植物园与校园“两园合一,学用并举”,即校园和植物园在空间上重叠,形成了具有“园林外貌、科学内涵、生态特征、人文特质、科教结合”的现代化生态校园(见图 11-1)。

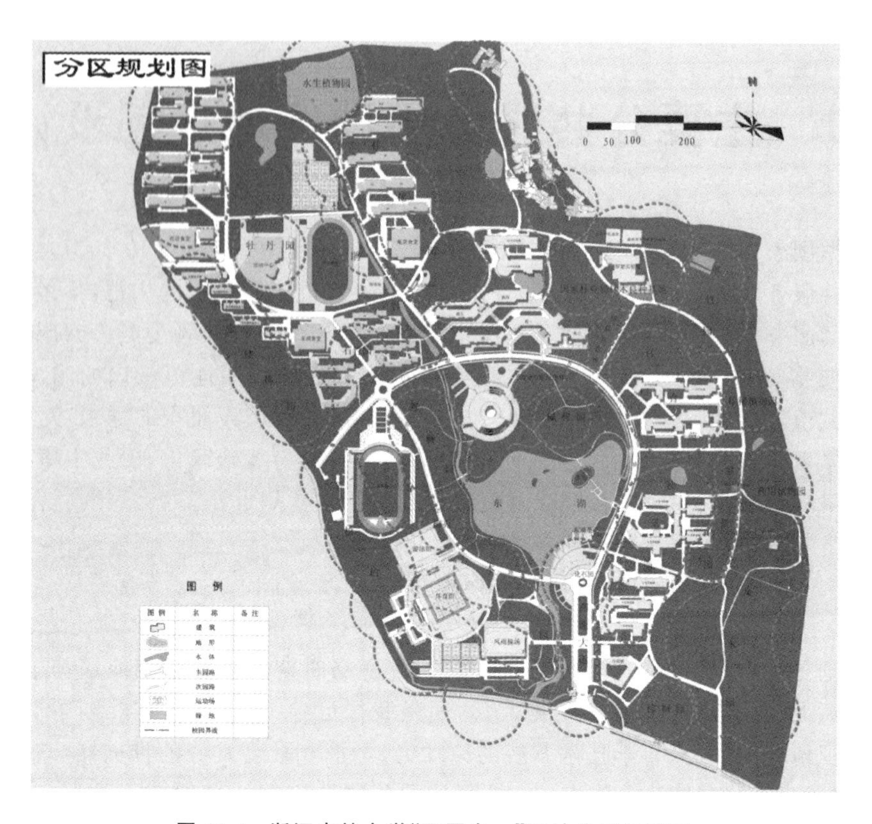

图 11-1　浙江农林大学“两园合一”设计分区规划图

11.1.1　大学校园绿地的规划原则

1. 人性化

学生、教师是活动在校园中的主体。大学校园绿地环境景观应充分考虑使用者——学习、工作、生活在这里的人，即教师和学生的特点，满足师生学习、教学、研究、交流和活动的需要，尽可能利用好水体、地形，为他们创造宜人的环境。如为学生学习建造读书亭廊，为学生交流设计文化广场、露天舞台、休读点、草坪和外语角，为学生休闲布置成片树林、小游园和户外桌凳，提供人与人、人与大自然交流对话的活动空间，使校园处处体现对人的关怀。要考虑人们的生活休闲习惯和文化积淀，找到传统与现代的结合点，营造一种人与自然，人与传统文化和谐共存的生态学校。

2. 人文化

“人创造环境，环境又培养人”辩证地说明了人与周围环境的关系。“大学是文化的标志，是集合精英生产文化、传播文化的地方”。大学校园能否形成浓郁、持久的文化氛围成为绿地设计中的关键。因此，绿地的整体构建显得尤为重要。校园绿地人文环境对培养德、智、体、美、劳全面发展型人才有着特殊的意义和作用。受各大学学科专业特点、发展历史、办学理念和学子精神的影响，每一所高校都具有独特的人文特色。大学校园绿地应蕴含深刻的文化内涵，传播丰富的文化信息，体现一座大学的教育传统和文化积淀。由此可见，大学校园绿地不仅是优美、宁静、雅致的学习环境，而且应当通过规划设计赋予校园环境中的自然与人工设施新的文化内涵，使其成为融历史于现代的、独具特色的人文景观。

3. 个性化

校园绿地景观包括自然、历史、人文、社会等诸多因素，涵盖了校园物质形态与文化形态以及它们在校园环境空间中的表现。大学校园绿地应镌刻特定历史时期特定学校的学科性质、历史文化轨迹和痕迹特色，展现一个大学特有的景观风貌，形成个性突出的校园绿地环境。

4. 多元化

现代大学教育是开放式、多元式教育，青年学生思想活跃、精力充沛、爱好多样化等诸多特征及对活动设施和绿地环境的多样化需求，要求建设更多符合人的审美规律的开放型绿地空间。因此，大学校园绿地景观的装点既要有“古”的元素又要有“今”的元素，既要有“洋”的元素也要有“中”的元素，这才有利于培养学生开放性、包容性的思维和性格。而统一得过多，则造成了生活环境的单调；在绿地风格、空间组合、植物景观等方面则缺少情调，缺乏艺术、生态美所带来的生活情趣。因此，在景观营造上，既要听取使用者的意见，又要兼听多个专家的意见，切忌变成个人专场作品展览，应处理好大学校园整体特色与内部多样性的矛盾关系。

5. 生态化

良好的生态环境是人类和生物生存和发展的基础，现代大学校园绿地的建设并不仅仅局限于生态的保护上，而是以生态学原理为指导，加强校园内外绿地系统结构的完善，通过布局和生态修复等手段，努力恢复和优化生态系统的结构和功能，在校园内形成良好的小气候，创造一个幽静清新，具备净化空气和保健等功能，适合师生工作、学习和生活的良好自然生态环境景观场所。

11.1.2 大学校园绿地分类

一所设施比较齐全的高等学校，为了使用和管理上的方便，常按使用功能特点的不同将建筑设施设置得相对集中，形成几个区域，且各区域之间既相互联系又相对独立。大学校园绿地与其总体规划密切相关，根据其功能分区，一般可将大学校园绿地分为入口区绿地、教学科研区绿地、学生生活区绿地、校园道路绿地、体育活动区绿地、集中休闲绿地、实验基地绿地、后勤服务区绿地和教工生活区绿地九种类型。

入口区绿地：包括入口广场、大门周围的区域绿地，是大学的形象代表。

教学科研区绿地：包括教学楼、实验楼、科技楼、行政办公楼、图书馆、礼堂或报告厅、视听中心、信息中心等区域的绿地，是大学校园绿地的主体部分。

学生生活区绿地：包括学生宿舍、食堂、浴室和商店（超市）等生活设施，部分体育活动设施和学生活动中心等区域的绿地，是学生生活的主要场所。

校园道路绿地：校园内依附于各级道路的带状绿地。整体形态呈网状，在大学校园绿地系统中起纽带作用。

体育活动区绿地：包括大型室外体育场、体育馆或风雨操场、游泳馆或游泳池、球类运动场及器械运动场等区域的绿地，体育活动区是学校举办各种体育赛事、开展体育教学及师生进行体育锻炼和户外活动的场所。

集中休闲绿地：校园中绿化面积相对集中的区域。该区域是大学校园绿地环境景观的主体，同时也是师生学习、交流、娱乐、休闲和集会等的主要场所，构成校园室外“第二课堂”。

实验基地绿地：包括气象站、天文观测站、实验田、温室大棚等师生进行科研实验的各类室外设施区域的绿地。

后勤服务区绿地：包括锅炉房、配电房、仓库、维修车间、招待所、生产性花圃和苗圃等后勤服务区域的绿地。

教工生活区绿地：包括教工宿舍、食堂和商店等教工生活设施区域绿地。该区相对独立，是教工及其家属的生活场所。在近些年新建的高校校园中，一般都不再安排教工生活区。

如某大学某校区绿地景观的设计，按照学校的特点和总体规划的建筑功能划分而相应地布置了入口区绿地、教学科研区绿地、学生生活区绿地、校园道路绿地、体育运动区绿地、集中休闲绿地(见图 11-2)。

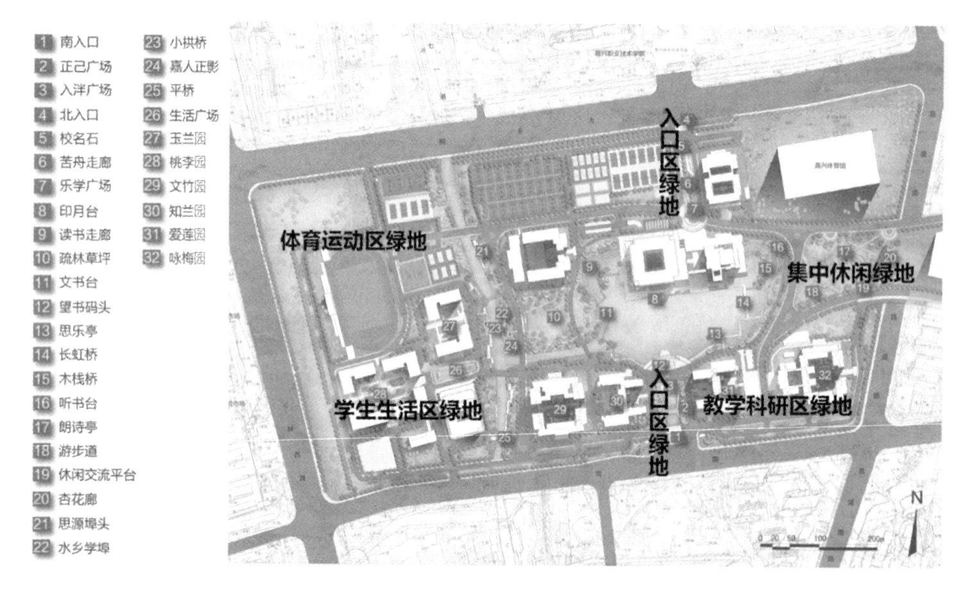

图 11-2 某大学某校区绿地景观设计总体布局

11.1.3 大学校园各类绿地设计要点

1. 入口区绿地

入口区一般都需要建立能代表大学形象的景观，形成大门的对景，丰富城市道路景观。入口区绿地的形式和作用在根据校园总体规划要求来确定，有两种可能：一是绿地景观作为入口的主景，这就要求绿地有一定面积，其风格和构图富有强烈的个性和大学的特色，可以和广场相结合，要求利用雕塑、景墙、题刻、物件等因素作为标志性景观，可以设置水体、喷泉和小品设施，体现该大学的文化底蕴、历史印迹；二是以标志性建筑（如图书馆、科技馆、礼堂等）作为主景，而以绿地作为衬景和前景，此时绿地宜简洁大方，其色彩和形式、风格对主建筑要起到陪衬烘托的作用，同时大门到主建筑之间的中轴线和视觉走廊不宜种植高大的树木。

如某大学某校区入口区的绿地景观由中心两个方正广场和亲水广场组成。入口大门处采用阙的形式印刻校训，结合中间通道方正线条铺装，传达校园正己正身的为人治学精神，入口以北的广场绿地中心置有校名石，给予来宾第一印象。校名石后方为正己广场和入泮广场，两个广场形成入口通道的景观轴线。正对图书馆的南北两岸结合江南河埠头形式设计亲水广场平台以延续轴线，并通过月形景观小品相呼应，寄托学子对知识的渴望。南岸亲水广场的“月”随着灯光控制不断变化，呈现不同时段或圆或缺的状态，成为时间记忆的标志小品，充满动感（见图 11-3）。

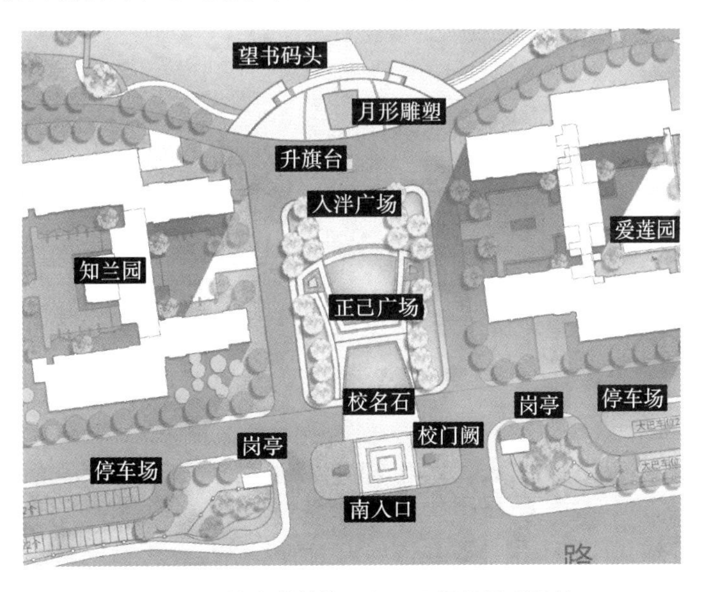

图 11-3 某大学某校区入口区绿地景观设计

2. 教学科研区绿地

教学科研区的绿地规划以烘托区内的建筑环境，给师生创造一个轻松宜人、安静优美的教学空间环境为目标，为学生提供一个课间可以适当活动和休读的绿色空间。在建筑及道路周围,设置一些开敞式或封闭式的休闲空间,如广场、草坪、疏林,结合步道、桌椅、水池、铺装等小品设施,供师生课余休息、读书、活动。特别应利用教学楼的内庭和楼间的绿地,建设各具特色和风格的休读庭院。不同院系、学科的专用建筑的庭院和周围环境绿地可采用不同的造景形式和植物种类,形成各自的特点。

教学科研区绿地要与建筑主体相协调,并对建筑起到美化、烘托的作用,成为该区内的休闲空间主体。周围绿地应保证建筑采光和通风,常用低矮的灌木和小乔木,如要种植大乔木,必须在离建筑 5 m 以外处。主入口两侧常配以整形的绿篱或高大的乔木,增强透景视觉效果;干道两侧种植树冠高大和树荫浓密的行道树;路缘可点缀花坛、花钵等小品以丰富景观。这些绿地常常成为师生在楼上的鸟瞰画面,所以绿地布局要注意其片面图案构成和线形设计,植物品种宜丰富,叶色宜变化多样。绿化树种应以常绿、整形植物为主,采用孤植、对植、环植、列植等手法,运用绿篱、草地、树丛等形式,结合广场、道路、雕塑、花坛,组成一个开敞、自由、活泼、安静的校园绿地空间。

如某大学某校区教学科研区的绿地景观设置了广场、草坪、喷泉、庭院,动静结合,还设置了大量休读点,为师生学习交流提供了良好的环境(见图 11-4)。

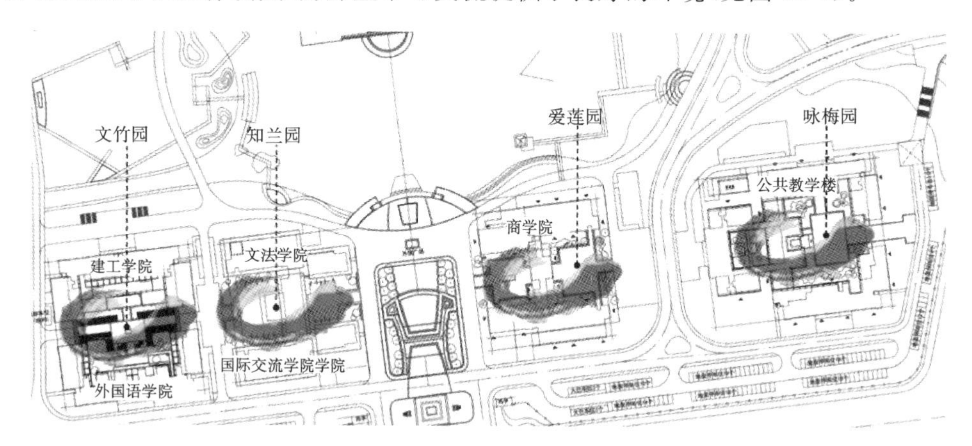

图 11-4 某大学某校区教学科研区绿地景观设计

3. 学生生活区绿地

学生生活区宿舍楼密集,人口集中,绿地规划以方便日常生活起居,为学生营造一个轻松舒适的休息环境为目标。绿地形式应根据学生生活区的结构布局,在考虑防护、通风、日照的前提下,以建筑和道路周围的基础绿化为主,常选用花灌木和小乔木。在宿舍西北侧可种植落叶大乔木,夏季有利于庇荫和防晒,冬季又不影响采光。采用混合式或自由式的手法,设计出一个尺度宜人的生活化的绿地空间。生活区绿化的植物选择应以学生喜闻乐见的树种为主,自然树形与整形植物相结合,以观花、叶、香、形及抗菌防病的植物为绿化基调植物,避免使用有毒、刺、臭味及花粉多的植物。

学生常常在宿舍附近进行一些小型的活动，因此绿化时既要保证合理的绿地率，又要适当留出一些封闭或半开放的学习、活动和休闲场地，供学生晨读、交流和休息。利用绿地面积相对较大的区域开辟休闲活动场地，可采用不同类型和风格的空间环境和绿地形式，也可采用不同种类的植物设置成专类园形式，如竹园、樱花园、桂花园、杜鹃园、桃李园等。

4. 体育活动区绿地

体育活动区的绿地规划以美观实用、便于开展各种体育运动为目的。绿化采用规则和简洁形式，以运动草坪及疏林草地为主，选择具有较强的抗尘和抗机械破坏性能的植物。体育活动区的绿地形式采用规则式或混合式，运动草坪应选用耐践踏、萌发力强、抗病虫害、绿色期长及管理粗放的草种。草坪场地应保持0.5%的坡度以利排水，重点场区的草坪栽植层下还应设沙、石垫层以加速排水。各运动场区之间应以常绿高篱进行隔离。

运动场附近宜布置一定面积的耐践踏草地和成片树林，为人们运动之后休息提供方便。可在疏林草地中设置一些健身器械，供师生健身锻炼。为了运动员夏季遮阴的需要，可在运动场四周局部栽种落叶大乔木。在西北可设置常绿树墙，以阻挡冬季寒风袭击。

有条件的大学校园中运动场与教室、图书馆之间应设宽50 m以上的常绿与落叶乔木混交林带，上层配置高大乔木，下层配置耐阴灌木，形成绿色屏障，有效地发挥滞尘和隔声的作用，以防来自运动场上的噪声，并隔离视线，不影响教室和宿舍同学的休息。

5. 集中休闲绿地

校园中集中绿地空间，应根据大学校园内文化气息浓的特点，结合学校的学科性质、办学历史、校园文化、学子精神，利用地形、建筑、水体、植物、园林小品等要素，创造出幽雅美丽的自然环境，给人以视觉的享受和文化的熏陶。大学生对于集体活动、互相交往的需求较强，所以在校园绿地中应创造一些适于他们进行集体活动、谈心、演讲、小型文艺演出、静坐休息、思考的绿地环境，这就需要设置不同的园林绿地空间。空间大小应多样，类型也宜富有变化，如草坪、铺装场地、疏林空间、庭院空间、广场等半封闭空间和开敞空间，以及只适于一两个人活动的私密性较强的空间。通过各种空间的创造，满足其各种不同的使用要求。如北京大学的未名湖畔，山水地形富于变化，至今仍不失名园风采，也是莘莘学子散步读书、锻炼身体和休息的好场所。清华大学的清华园和近春园，其中的“水木清华”和“荷塘月色”等景点，由于植物配置得宜，加上朱自清先生所写的“荷塘月色”的名篇，更增添了绿地空间的魅力。

如在某大学某校区集中休闲的绿地景观中设置了广场、草坪、水池、庭院，动静结合，设置了大量休读点，为师生学习交流提供了良好的环境(见图11-5)。

6. 实验基地绿地

对于气象站、天文观测站、实验田、温室大棚等场地的绿化，要根据教学活动的

图 11-5　某大学某校区集中休闲绿地景观设计

需要进行配置。在其周围最好有适当的水源,如池塘、小河等,便于浇灌、排水及布置水体,并自然布置花灌木,周围可使用矮小的花栅栏或小灌木绿篱作为围栏。特别是农林、生物等大专院校,还可结合专业建立树木园、果园、动物园。以园林形式布置,有利于专业教学、科研,以及师生们课余休息、散步、游览,如武汉大学的植物园,中山大学、厦门大学的校园绿化。武汉大学根据其气候和地势的特点创造出有园林特色的植物园,使主体建筑与园林布局融为一体,山水掩映,动静相宜,构成诗情画意般的园林景观,产生各种不同的气势、神韵和诗的意境。

7. 后勤服务区绿地

后勤服务区绿地的建设在满足功能的前提下,以基础绿化为主,见缝插绿,对一些有特殊功能的建筑(如配电房、动力站和泵房等)周围的绿化,应保证建筑和设施的安全,绿化与管线在水平和竖直方向都应保持一定的安全距离,以免绿化破坏管线设施。对锅炉房、配电房、维修仓库等设施,应根据不同的绿化需求分别栽植防火、隔声、滞尘、吸收有害气体的植物。

8. 教工生活区绿地

在做好教工宿舍宅旁、庭院绿化的同时,应在教工生活区内设立中心绿地,供教工及家属活动休息。绿地内应留有老人及儿童的活动区域,同时为方便教工就近锻炼身体,应在绿地内设置一些健身设施,以及晨练、散步和休息的场地。在绿地面积较大的地方可布置小游园和健身场。教工生活区的植物配置应体现四季不同的景色变化,严禁使用有毒、有刺、有臭味及花粉多的植物。

9. 道路系统绿化

道路系统绿化应简洁明快,不宜做曲径通幽式的设计。由于高校具有在很短的时间内必须完成从一处到另一处大量人流活动的特点,应充分尊重这个特殊群体的行为规律,以人为本,充分考虑交通方便的问题。还要充分考虑学生步行的夏季遮阴和冬季采暖要求。

11.2 中小学校园绿地规划设计

中小学校园绿地建设的目的是为师生创造一个防暑、防寒、防风、安静的学习环境和优美的居住、生活、休息的场所,也是折射学校文化、陶冶学生情操、影响学生内心世界的场景教材。

11.2.1 学校出入口绿地

学校的出入口是中小学校园绿化的重点,大门内外可设小型广场,除了满足交通、人流集散的功能,还可塑造学校形象。广场上铺设草坪,点缀花坛,设置雕像、喷泉、水池等,形成丰富的功能空间和视觉效果,并结合校园文化,表现学校"十年树木、百年树人"的历史责任和学生积极向上、奋进开拓的精神。在主道两侧种植绿篱、花灌木及树姿优美的常绿或落叶乔木,使入口主道四季常青又有季相变化,或种植开花美丽的乔木,间植以常绿灌木。学校大门的绿化要与大门的建筑形式相协调,要多使用常绿花灌木,形成活泼开朗的门景。大门两侧的花墙,可用不带刺的藤本花木进行配置。大门外面的绿化应与街景相协调,但又要有学校的特色。

11.2.2 教学区绿地

教学区(包括教室、科研、管理等建筑)周边的绿化,主要是为了在教学用房周围形成一个安静、清洁、卫生的环境,为教学创造良好的环境。绿地布局形式要与建筑相协调,起到烘托的作用。在建筑物周围的绿化应服从教学用房的功能要求,要方便师生通行。在建筑的朝南方向,应考虑室内的通风、采光,靠近建筑栽植低矮灌木或者宿根花卉作基础栽植,高度以不超过窗台为限,距建筑 5 m 以外才可栽植乔木。在建筑东西两侧应栽植有高大树冠的乔木,以遮挡太阳西晒,建筑北面要选择耐阴植物。面积较大的绿地,可建设小游园,设置亭廊建筑、地形水体、休息座椅和小品设施,增加学生室外学习、休息、交流的空间。

11.2.3 体育运动用地

体育运动用地主要是学生体育锻炼的场地,有足球场、篮球场、排球场、田径场、体操场地等。运动场与教学区之间用树木组成繁密的林带,场地周围的绿化以乔木为主,这样可以减轻运动场对教学区的干扰。在树种选择上应注意选择季节变化显著的树种,如银杏、三角枫、乌桕等,使体育场随季节变化而色彩斑斓,应少种灌木,以留出较多的空地供活动用,同时,还要考虑夏季遮阴和冬季阻挡寒风袭击及满足日照要求。

11.2.4 自然科学园

自然科学园用地应选择阳光充足、排水良好、接近水源、地势平坦之地,用地上可以根据自然条件及教学的要求,分别划出种植园、饲养场、气象观察站等活动区。综合教学需要,使学生通过对自然现象和生物的观察,自己动手实践,增加自然科学知识。在实验园地周围应以围栏或绿篱作间隔,以便于管理。

此外,为了满足学生们课外复习、朗读的需要,应在主体建筑或教室外围空气较好的位置设置室外学习小空间,根据地形变化因地制宜布置,可用常绿灌木相围,以落叶大乔木遮阴,以免相互干扰。地面注意铺装设计,设置桌、椅、凳等休息设施。有条件的还可单独设置小游园,以供学生室外阅读和复习功课。

11.3 医院绿地规划设计

医院指以向人提供医疗护理服务为主要目的的医疗机构,医院绿地作为医院的一部分,起着净化空气、吸收有害气体、改善小气候、减菌、杀菌、隔绝噪声等作用,可保持良好的空气品质和环境卫生,营造优美的医疗环境,使患者保持愉悦的心情,有利于患者缓解病痛、早日康复。

11.3.1 医院绿地的特点

医院是提供医疗护理服务的公共性机构,医院绿地有公共属性的普遍特征,又有促进康复治疗的特殊功能。

公共属性的普遍特征,就是医院绿地的使用者并不固定,具有多样性的特征,由各种职业、年龄、身份的人群组成,各类人群有很大差异性,人们在物质、心理、精神等方面的需求也存在巨大差异,必须同时提供多种类型的外部空间来供选择。医院中的人群,总结起来主要就是患者、陪护者、探访者、医生和医院员工,主体是患者,所以医院绿地首要追求的是舒适、安静、有益健康。

11.3.2 医院绿地的类型

根据诊治疾病范围,医院可以分为综合医院、专科医院、康复医院、儿童医院、中医院及职业病医院等,其接待的人群区别较大,但是医院的功能布局基本由急诊部、门诊部、住院部、传染病区、医技楼、保障系统、行政管理和院内生活等组合而成,从赋予医院绿地功能的差异性来看,可以分为诊疗区、住院区、传染病区、行政与后勤供应区、隔离防护区五部分。

11.3.3　医院绿地设计要点

1. 诊疗区绿地

诊疗区绿地包括大门、急诊部、门诊部等区域的绿地。该区域每日要接待大量的患者、家属和探访者，在设置上需要与城市交通联系方便，所以诊疗区绿地设计应以简洁、大方为主要特征，导向性强。总体以植物为主体，注意夏季遮阴，冬季采暖，色彩淡雅，植物种类不宜过多，可以适当多选择一些有杀菌作用的植物，如部分松类和柏类植物、七叶树、云杉等。也可以设置小规模的雕塑、水池、喷泉，不宜过于喧闹，一般不设置游憩场地和运动健身场地，可以适当设置座凳等简单的休息设施。

2. 住院区绿地

住院区绿地一般位于医院的中心地段，是住院患者户外活动的主要场所，也是医院绿地中功能最复杂、景观要求最高的区域。场地设计以开敞为主，注意导风口的设计，保持自然通风和有足够的光照。功能上应设立休息区和健身区，设置亭廊花架、座凳、座椅等休息设施，还有跑步道、散步道、健身器材等运动健身设施。景观设计上较为自由，可以设置雕塑小品、假山置石、景墙报栏、喷泉水池等，也可以设置反映家庭亲情关系、社会道德等内容的文化设施。总体上以明亮活泼为特征，尺度宜人，不宜使用过于夸张的符号和表现强大的气势，避免引起患者兴奋和紧张的情绪。植物的选择可以多样化，适当增加。因为部分患者身体脆弱，不宜种植多飞毛、多刺、有毒、有臭味、多花粉和易导致过敏的植物，慎用青桐等遇风声响较大的植物，以免给某些患者造成不必要的影响。

3. 传染病区绿地

传染病区一般在医院内比较偏僻的位置，与门诊部、急诊部和住院部等有一定的间距，在绿化上应设置绿篱或乔木、灌木等进行隔离，综合运用草本，形成立体结构，加强植物的隔离功能，以免发生交叉感染的现象。如果条件允许，在传染病区可设置单独的活动场地。传染病区绿地应选用抗性强、有杀菌作用的植物。

4. 行政与后勤供应区绿地

行政与后勤供应区绿地包括行政楼、中心供应、中心供氧站、医疗器械修理和太平间等功能建筑周围的绿地，一般功能简单，以基础绿化为主体，植物运用多样化，一般不设置休息和休憩设施。

5. 隔离防护区绿地

隔离防护区一般在医院外围，与周边城市功能区之间设置 10 m 以上的隔离防护绿地，起到过滤、隔离防护作用，防止病菌外泄，影响周围人群安全。在医院的上风向，隔离防护区的植物以疏林为主，加强导风功能。其他区域以乔、灌、草搭配的密林为主，植物选择以常绿兼具杀菌功能为主。

【本章要点】

本章分为大学校园绿地、中小学校园绿地和医院绿地规划设计三部分,介绍了大学、中小学校园和医院绿地的功能和各种类型,要求了解中小学校园和医院绿地的基本知识和设计方法,重点掌握大学校园绿地的规划设计要点。

【思考与练习】

11-1 简述大学校园绿地的类型及功能。

11-2 简述大学校园教学科研区绿地的设计特点。

11-3 简述中小学校园入口区绿地的功能和设计要点。

11-4 简述医院住院区绿地的设计要点。

12 区域绿地规划

12.1 概述

区域绿地指位于城市建设用地之外，具有城乡生态环境及自然资源和文化资源保护、游憩健身、安全防护隔离、物种保护、园林苗木生产等功能的绿地。

"区域绿地"命名的目的，主要是与城市建设用地内的绿地进行对应和区分，突出该类绿地对城乡整体区域生态、景观、游憩各方面的综合效益。区域绿地的设置标志着绿地出城、绿地由"城市"向"城乡"拓展的重大突破，也标志着城市内外一体、城乡一体绿地完整分类体系的构建。区域绿地的设置，既是城乡统筹、区域一体化发展的需要，也是新时期"以人为本"，满足人民群众日益增长的美好生活的需要，体现了国家生态文明发展理念指导下统筹生产、生活、生态"三生空间"的需要。

12.2 区域绿地的主要功能

1. 加强对城镇周边和外围生态环境的保护与控制，健全城乡生态景观格局

城乡生态网络是一个完整而不可分割的整体，城市建设用地以外的各类区域绿地是构建城乡生态安全格局、健全城乡生态网络不可缺失的组成部分，对于维护地区生态安全、保护生物多样性、缓解"大城市病"具有重大意义。

同时，区域绿地是完善城乡功能形态空间布局的重要结构要素。作为蓝绿生态空间的组成部分，区域绿地与城市建设用地内的绿地、水域一起，有利于构建良好的区域城乡格局、控制大城市无序蔓延、形成优良的城乡功能空间布局形态。

2. 综合统筹利用城乡生态游憩资源，推进生态宜居城市建设

区域绿地对于满足城市宜居发展需求，构建城市内外贯通、城乡一体的公园游憩体系具有非常重要的作用。城市绿地系统和公园体系作为城乡发展建设的基础性、前置性配置要素，是城市公共服务体系的重要内容，更是诗意栖居的理想人居环境的关键组成。

国际和国内对城市郊野游憩类型绿地的规划建设都非常重视，如英国、法国对区域性的公园、森林提出建设要求，日本设置自然公园，新加坡设立全岛城市绿道网络，中国香港有遍布全港的郊野公园等。与国际和先进地区对比，当前我国对于城市建设用地以外的绿地，一直缺少统一有效的规划建设管控。因此，设置"区域绿地"，并分设"风景游憩绿地"中类将是一个良好开端，有利于整合各类绿地资源，完善绿地为民服务的游憩功能,是满足人民美好生活需要的体现。

3. 衔接城乡绿地规划建设管理实践,促进城乡生态资源统一管理

在生态文明发展理念指导下,以"多规合一"为基础的国土空间规划,对管控生态空间提出了更高的要求,要求划定"三区三线"("三区"即城镇空间、农业空间、生态空间,"三线"即城镇开发边界、生态保护红线、永久基本农田保护线)。在规划实践中也更加重视生态空间管控问题,如《河北雄安新区规划纲要》提出"蓝绿空间占比不低于70%",《北京城市总体规划(2016年—2035年)》提出2035年"生态控制区面积占市域面积的比例要达到75%",《上海市城市总体规划(2017—2035年)》提出"确保生态用地(含绿化广场用地)占市域陆域面积不低于60%"。

因此,区域绿地的设置对于对接"多规合一"、完善生态空间管控,创造了良好的衔接基础,有利于促进城乡生态空间的统筹。

12.3 主要区域绿地规划

区域绿地依据绿地主要功能分为四个中类,即风景游憩绿地、生态保育绿地、区域设施防护绿地、生产绿地,突出了各类区域绿地在游憩、生态、防护、园林生产等不同方面的主要功能。

12.3.1 风景游憩绿地

案例

风景游憩绿地指自然环境良好,向公众开放,以休闲游憩、旅游观光、娱乐健身、科学考察等为主要功能,具备游憩和服务设施的绿地。位于城市建设用地外的"风景游憩绿地"和城市建设用地内的"公园绿地"共同构建了城乡一体的绿地游憩体系。根据游览景观、活动类型和保护建设管理的差异,可将风景游憩绿地分为风景名胜区、森林公园、湿地公园、郊野公园和其他风景游憩绿地五个小类。

1. 风景名胜区

风景名胜区指经相关主管部门批准设立,具有观赏、文化或者科学价值,自然景观、人文景观比较集中,环境优美,可供人们游览或者进行科学、文化活动的区域。根据《风景名胜区总体规划标准》(GB/T 50298—2018)规定,风景名胜区总体规划的任务是保护培育、合理利用和经营管理好风景区,发挥其综合功能作用、促进风景区科学发展所进行的统筹部署和具体安排。经相应的人民政府审查批准后的风景区总体规划,是统一管理风景区的基本依据,具有法定效力,必须严格执行。

为了科学合理地配置各项功能和设施,实施恰当的建设强度和管理制度,需要对风景名胜区进行功能分区。风景名胜区功能分区包括明确其对象与功能特征,划定功能区范围,确定管理原则和措施,可划分为特别保存区、风景游览区、风景恢复区、发展控制区、旅游服务区等。

保护培育规划是风景名胜区专项规划的重要内容。保护培育规划包括查清保育资源、明确保育的具体对象、划定分级保育范围、确定保育原则和措施、明确分类保护要求、说明规划的环境影响等。风景区实行分级保护，应科学划定一级保护区、二级保护区和三级保护区，保护风景区的景观、文化、生态和科学价值。

游赏规划是风景名胜区专项规划的主体内容。游赏规划包括风景游赏规划、典型景观规划和游览解说系统规划。风景名胜区游赏项目类别如表12-1所示。

表12-1 风景名胜区游赏项目类别

游赏类别	游赏项目
审美欣赏	览胜、摄影、写生、寻幽、访古、寄情、鉴赏、品评、写作、创作
野外游憩	休闲散步、郊游、徒步野游、登山攀岩、野营露营、探胜探险、自驾游、空中游、骑行
科技教育	考察、观测研究、科普、学习教育、采集、寻根回归、文博展览、纪念、宣传
文化体验	民俗生活、特色文化、节庆活动、宗教礼仪、劳作体验、社交聚会
娱乐休闲	游戏娱乐、拓展训练、演艺、水上和水下活动、垂钓、冰雪活动、沙地活动、草地活动
运动健身	健身、体育运动、体育赛事、其他体智技能运动
康体度假	避暑避寒、休养、疗养、温泉浴、海水浴、泥沙浴、日光浴、空气浴、森林浴
其他	情景演绎、歌舞互动、购物商贸

2. 森林公园

森林公园指具有一定规模，且自然风景优美，可供人们进行游憩或科学、文化、教育活动的绿地。根据《国家级森林公园总体规划规范》(LT/T 2005—2012)的要求，森林公园总体规划的任务是综合研究和确定森林公园的性质、规模和空间发展布局，统筹安排森林公园各分区建设，合理配置森林公园各项基础设施，处理好资源保护与利用的关系，指导森林公园的保护、利用与发展。

森林公园总体规划的编制应符合我国国情、林情，充分体现"严格保护、科学规划、统一管理、合理利用、协调发展"的森林公园发展方针，遵循"以人为本、重在自然、精在特色、贵在和谐"的原则。森林公园建设应以森林风景资源为基础，以旅游客源市场为导向，其建设规模应与游客规模和环境承载力相适应；应充分利用原有设施，进行适度建设，切实注重实效。森林公园功能分区类型包括核心景观区、一般游憩区、管理服务区和生态保育区等。每类功能区可根据具体情况再划分为几个景区。

森林公园建设应坚持保护优先、适度开发的原则。森林公园保护等级一般分三级：一级保护区，为景区(景点)的核心部分，是要求控制环境容量的区域；二级保护区，为景区(景点)外围部分，是直接影响景观效果的气氛区域；三级保护区，为二级保护区范围以外的区域。总体规划要提出各级保护区的重点保护对象，对可能出现的危害环境的因素提出保护对策。

森林景观规划应尽量保持森林植被的自然状态，优先采用乡土植物种，根据森林公园的具体情况确定森林景观建设的方向、重点、范围和内容等。森林景观规划应与森林公园的造林、残次林改造和抚育间伐等工作相结合,充分利用森林植物群落的结构、形态与色彩,形成多样且富有变化的季相景观。

森林生态旅游产品类型应包括森林观光游览、科普教育、康体度假、探险科考等。森林生态旅游产品规划应包括森林风景资源特征分析、游憩项目组织、游憩景区组织、游线组织与游程安排等基本内容。游憩项目组织应包括项目筛选,游赏方式、时间和空间安排,场地和游人活动等。

3. 湿地公园

湿地是位于陆生生态系统和水生生态系统之间的过渡性地带,是自然界最富生物多样性的生态景观和人类最重要的生存环境之一,被誉为“地球之肾”,与海洋、森林并称为地球三大生态系统。湿地公园是以良好的湿地生态环境和多样化的湿地景观资源为基础,具有生态保护、科普教育、湿地研究、生态休闲等多种功能,具备游憩和服务设施的绿地。

根据功能不同,湿地公园可分为保育区、恢复重建区、宣教展示区、合理利用区和管理服务区等。保育区可供开展保护、监测等必需的保护管理活动,不得进行任何与湿地生态系统保护和管理无关的其他活动。恢复重建区可供开展退化湿地的恢复重建和培育活动。宣教展示区可供开展湿地服务功能展示、宣传教育活动。合理利用区可供开展生态旅游、生态养殖,以及其他不损害湿地生态系统的利用活动。管理服务区可供湿地公园管理者开展管理和服务活动。

湿地公园规划的主要保护对象包括水体、野生动植物及其栖息地、自然景观和文化资源等。湿地公园保护规划应根据功能分区的具体特点,对湿地生态系统保护、景观资源保护、生态环境保护、保护能力建设等提出具体措施。保护规划应明确湿地保护的总目标和具体目标、湿地保护工程项目的位置、规模、技术措施、实施期限等内容。

湿地公园可开展与湿地保护目标相协调的合理利用项目。合理利用方式以湿地生态旅游为主。湿地公园生态旅游的开展,以不破坏湿地生态系统为原则,在保护的前提下,合理利用湿地公园的景观和文化资源。规划应根据环境容量、旅游需求、交通状况和景观游赏需要,合理布置服务设施,科学规划服务网点级别、规模。服务设施包括游览、医疗、管理等相关设施。湿地公园内尽量不规划饮食、住宿和大型娱乐等设施。

4. 郊野公园

郊野公园指位于城区边缘,有一定规模、以郊野自然景观为主,具有亲近自然、游憩休闲、科普教育等功能,具备必要服务设施的绿地。从总体上看,郊野公园应具有以下特征。

①位于城市边缘的远近郊区、具有较好自然风景资源的区域,包括山林坡地、河湖水岸、沼泽湿地和良好的林地植被等。

②保留较好的自然生境状态,人为干扰程度低,具有多样性的生物物种资源,可

发挥积极的生态运行机制和作用。

③具有较好的可达性和基础设施，可满足城市居民游憩、休闲、运动、远足等活动，能让人们接触和欣赏自然，并可进行自然知识科普教育。

郊野公园设置的功能目标包括：保护公共风景资源免受开发建设的侵蚀，为居民提供游憩休闲环境，阻止城市建成区无序蔓延，维护城市生态环境的良性运行，完善城市生态基础设施等。郊野公园与城市公园不同，其更多地强调自然风景资源保护；郊野公园与自然保护区也不同，其在保护资源的同时，还强调公共性和开放性。

郊野公园游憩规划指通过游赏路线设计和游憩活动策划等内容安排人的休闲行为和相应空间场地。郊野公园的游赏路线应当多样化，以徒步体验路线为主，通过公园步道串联不同的景观区域，给游人创造不同的景观体验。郊野公园的游憩活动策划要建立在充分利用基地景观资源的基础之上，如通过有传统农田、果林的基地营造不同于城市环境的田园风光，开展果林采摘活动；通过溪流海滩提供野外露营、生态度假的生活体验；通过湿地森林让人感受湿地风情和生态文明。在各类游憩活动中，科教类的活动是郊野公园必不可少的主题，可通过直观的生态教育增强人们对于生态资源的保护意识。

郊野公园的植物景观规划应在保护原有植被群落的基础上，对新种植区采用片植为主的种植方式，营造大块面的效果。空间上则以开阔、简练的手法，营造开阔明朗的效果。乔木注重季相变化和林冠线的优美搭配，在其中穿插点植一些散生的大灌木。树种选择上首先要考虑乡土树种的合理搭配，形成层次鲜明的立体效果。

郊野公园的设施主要包括路径设施、休憩娱乐设施、餐饮住宿设施、艺术文化设施、信息服务设施等。郊野公园的设施规划首先要考虑的是完善和安全。此外，随着自驾游的增多和探险、露营、拓展等活动的推广，公园内要提供大量的休息场地以及餐饮设施，公园的标识系统应当十分完善，兼顾安全标识、定位系统和各种配套设施的详细解说。

12.3.2　生态保育绿地

生态保育绿地指为保障城乡生态安全，改善景观质量而进行保护、恢复和资源培育的绿色空间。其主要包括自然保护区、水源保护区、湿地保护区、公益林、水体防护林、生态修复地、生物物种栖息地等各类以生态保育功能为主的绿地。生态保育绿地主要依据珍稀濒危物种、饮用水源地、具有重要生态价值林地的分布情况，并参考野生动物迁徙等因素进行规划。

1. 自然保护区

自然保护区指对有代表性的自然生态系统、珍稀濒危野生动植物物种的天然集中分布区、有特殊意义的自然遗迹等保护对象所在的陆地、陆地水体或者海域，依法划出一定面积予以特殊保护和管理的区域。

根据《中华人民共和国自然保护区条例》的规定，自然保护区可以分为核心区、缓冲区和实验区。自然保护区内保存完好的天然状态的生态系统以及珍稀、濒危动植物的集中分布地，应当划为核心区，禁止任何单位和个人进入；因科学研究的需要，必须进入核心区从事科学研究观测、调查活动的，应当事先向自然保护区管理机构提交申请和活动计划，并经自然保护区管理机构批准。核心区外围可以划定一定面积的缓冲区，只准进入从事科学研究观测活动。缓冲区外围划为实验区，可以进入从事科学试验、教学实习、参观考察、旅游，以及驯化和繁殖珍稀、濒危野生动植物等活动。

2. 水源保护区

水源保护区指国家对某些特别重要的水体加以特殊保护而划定的区域。根据《饮用水水源保护区划分技术规范》(HJ 338—2018)的规定，饮用水水源保护区指为防止饮用水水源地污染、保证水源水质而划定，并要求加以特殊保护的一定范围的水域和陆域。

饮用水水源保护区根据水源类型可分为河流型饮用水水源保护区，湖泊、水库型饮用水水源保护区，地下型饮用水水源保护区以及其他特殊情形水源地四种类型。饮用水水源保护区分为一级保护区和二级保护区，必要时可在保护区外划分准保护区。

以河流型饮用水水源保护区为例。

一级保护区：以取水点起上游 1 000 m、下游 100 m 的水域，及其河岸两侧纵深不小于 50 m 的陆域。

二级保护区：从一级保护区上游边界向上游(包括汇入的上游支流)延伸不小于 2 000 m，下游侧的外边界距一级保护区边界不小于 200 m，及其河岸两侧纵深各 1 000 m的陆域。

12.3.3 区域设施防护绿地

区域设施防护绿地指区域交通设施、区域公用设施等周边具有安全、防护、卫生、隔离作用的绿地。其主要包括各级公路、铁路、港口、机场、管道运输等交通设施周边的防护隔离绿化用地，以及能源、水工、通信、环卫等为区域服务的公用设施周边的防护隔离绿化用地。这类绿地的主要功能是保护区域交通设施、公用设施或减少设施本身对人类活动的危害。

区域设施防护绿地在穿越城市建设用地范围时，因区域交通设施、区域公用设施本身不属于城市建设用地类型，所以在此种情况下区域设施防护绿地仍不计入城市建设用地的绿地指标。

区域设施防护绿地与城市建设用地内的防护绿地的规划理念、设计方法基本一致，具体可参考本书第 6 章防护绿地规划设计的相关内容。

12.3.4 生产绿地

生产绿地指为城乡绿化美化生产、培育、引种试验各类苗木、花草、种子的苗圃、花圃、草圃等圃地。随着城市的建设发展，生产绿地逐步向城市建设用地外转移，城市建设用地中已经不再包括生产绿地；但生产绿地作为园林苗木生产、培育、引种、科研保障基地，对城乡园林绿化仍具有重要作用。

1. 生产绿地的选址

生产绿地的选址一般应考虑便捷的交通运输条件和适宜苗木生长的气候、土壤、水源的自然条件两方面的要求。因此，生产绿地常布置于城市近郊或城市组团分隔的地带。

2. 生产绿地的规模

生产绿地的用地面积应根据计划培育苗木的种类、数量、单位面积产量、规格要求、出圃年限、育苗方式以及轮作等因素而定，具体计算式如下

$$P = NA/n \times B/c \tag{12-1}$$

式中 P——某树种所需的育苗面积；

N——该树种的计划年产量；

A——该树种的培育年限；

B——轮作区的区数；

c——该树种每年育苗所占轮作的区数；

n——该树种的单位面积产苗量。

由于我国一般不采用轮作制，而是以换地为主，故 $B/c=1$。实际生产中，在苗木抚育、起苗、贮藏等工序中，苗木会受到一定损失，在计算面积时要留有余地，故每年的计划产苗量应适当增加，一般增加 3%～5%。

3. 生产绿地的布局及规划要点

按照功能划分，生产绿地一般分为生产用地和辅助用地两部分。

1）生产用地

生产用地是直接用来生产苗木的地块，通常包括播种区、营养繁殖区、移植区、大苗区、母树区、引种驯化区等。

（1）播种区

播种区是培育播种苗的地区，是苗木繁殖任务的关键部分，应选择全圃自然条件和经营条件最有利的地段作为播种区。具体要求：地势较高而平坦，坡度小于 2°；接近水源，灌溉方便；土质优良，深厚肥沃；背风向阳，便于防霜冻；且靠近管理区。

（2）营养繁殖区

营养繁殖区是培育扦插苗、压条苗、分株苗和嫁接苗的地区，与播种区要求基本相同，应设在土质良好、灌溉方便的地段，但没有播种区要求严格。

（3）移植区

移植区是培育各种移植苗的地区，在播种区、营养繁殖区中生长出来的苗木，需要进一步培养成规格较大的苗木时，则应移入移植区中进行培育。移植区一般可设在土壤条件中等、地块大而整齐的地方，具体规划时依据苗木的不同习性进行合理

安排。

(4) 大苗区

大苗区是培育植株的体型、苗龄均较大并经过整形的各类大苗的作业区。大苗区的特点是株行距大,占地面积大,一般选用土层较厚,而且地块整齐的地区。为了出圃时运输方便,最好能设在靠近苗圃的主要干道或苗圃的外围运输方便处。

(5) 母树区

在永久性苗圃中,为了获得优良的种子、插条、接穗等繁殖材料,需设立采种、采条的母树区。该区占地面积小,可利用零散地块,但地块土壤要深厚、肥沃。对一些乡土树种,可结合防护林带和沟边、渠旁、路边进行栽植。

(6) 引种驯化区

引种驯化区用于引入新的树种和品种,丰富园林树种种类。可单独设立实验区或引种区,亦可两者相结合。

2) 辅助用地

辅助用地包括道路系统、灌溉系统、排水系统、防护林带及建筑管理区等的用地。

(1) 道路系统

苗圃道路分主干道、支道(副道)、步道和环道。大型苗圃还设有圃周环行道。苗圃道路要求遍及各个生产区、辅助区,各级道路宽度不同。设计苗圃道路时,在保证运输和管理的条件下应尽量节省土地。一般苗圃中道路占地面积不应超过苗圃总面积的7%~10%。

①主干道:一般设置于苗圃的中轴线上,应连接管理区和苗圃的出入口。主干道通常设置一条或相互垂直的两条。大型苗圃主干道应能使汽车对开,一般宽6~8 m;中小型苗圃主干道应能使1辆汽车通行,一般宽2~4 m。

②支道(副道):主干道通向各生产小区的分支道路,常和主干道垂直,宽度根据苗圃运输车辆的种类来确定,一般宽2~4 m。中小型苗圃可不设支道。

③步道:为临时性通道,与支道垂直,一般宽0.5~1 m。支道和步道不要求做路面铺装。

④环道:圃周环行道设在苗圃周围、防护林带内侧,主要供生产机械、车辆回转通行之用,一般宽为4~6 m。

(2) 灌溉系统

苗圃必须有完善的灌溉系统,以保证水分对苗木的充足供应。灌溉系统包括水源、提水设备和引水设施三部分。

地面引水的渠道多为土筑明渠。其特点是流速较慢,蒸发量、渗透量较大,占地多,须注意经常维修;但修筑简便,投资少、建造容易。为了提高流速,减少渗漏,现在多在明渠上加以改进,在沟底及两侧加设水泥板或做成水泥槽,有的使用瓦管、竹管、木槽等。灌溉系统面积一般占苗圃总面积的1%~5%。

(3) 排水系统

排水系统对地势低、地下水位高及降雨量多而集中的地区尤为重要。排水系统由大小不同的排水沟组成，排水沟分明沟和暗沟两种，目前采用明沟较多。排水沟的宽度、深度和设置，应根据苗圃的地形、土质、雨量、出水口的位置等因素确定，以保证雨后能很快排除积水而又少占土地为原则。排水沟的坡降落差应大一些，一般为0.03%～0.06%。排水系统面积一般占苗圃总面积的1%～5%。

(4) 防护林带

为了避免苗木遭受风沙危害，应设置防护林带，降低风速，减少地面蒸发及苗木蒸腾，创造小气候条件和适宜的生态环境。防护林带的设置规格依苗圃的大小和风害程度而异。林带的结构以乔木、灌木混交半透风式为宜，既可减低风速，又不会因过分紧密而形成回流。林带宽度和密度依苗圃面积、气候条件、土壤和树种特性而定，一般主林带宽8～10 m，株距1.0～1.5 m，行距1.5～2.0 m，辅助林带多为1～4行乔木即可。

(5) 建筑管理区

建筑管理区包括房屋建筑和圃内场院等部分。前者主要指办公室、宿舍、食堂、仓库、种子贮藏室、工具房、畜舍车棚等；后者包括劳动力集散地、运动场、晒场、肥场等。苗圃建筑管理区应设在交通方便，地势高，地面干燥，接近水源、电源的地方或不适宜育苗的地方。大型苗圃的建筑最好设在苗圃中央，以便于苗圃经营管理。畜舍、猪圈、积肥场等应放在较隐蔽和便于运输的地方。建筑管理区面积一般为苗圃总面积的1%～2%。

知识点拓展

【本章要点】

本章首先介绍了区域绿地的基本概念和主要功能，分析了区域绿地在国家生态文明战略背景下的设立意义；其次分类介绍了风景游憩绿地、生态保育绿地、区域设施防护绿地、生产绿地四个中类绿地，重点分析了风景名胜区、森林公园、湿地公园、郊野公园、自然保护区、水源保护地、生产绿地等区域绿地的规划设计要点。

【思考与练习】

12-1 区域绿地的基本概念及主要功能是什么?

12-2 简述森林公园的规划要点。

12-3 简述湿地公园的规划要点。

12-4 简述郊野公园的规划要点。

13 城市绿地系统的建设管理

13.1 城市绿化法规

城市绿地系统规划作为城市总体规划的专业规划，是对城市总体规划的深化和细化。经地方政府批准实施的城市绿地系统规划是指导城市绿地建设的法规性文件，具有较强的综合性和严肃的法规性。因此，要做好城市绿地系统规划编制、建设、管理工作，就必须认真学习、掌握国家和地方的相关法律法规，做到“依法规划”“依法建设”“依法管理”。

在我国，城市绿化法规体系主要由全国人民代表大会常务委员会、国务院及其组成部门和直属机构（主要是住房和城乡建设部、国家林业和草原局等）颁布的全国性法律、行政法规、部门规章、技术标准和地方各级人民代表大会及其常务委员会、政府颁布的地方性法规、部门规章、技术标准等组成。其中，与城市绿地系统规划、建设、管理密切相关的全国性城市法律法规、技术规范主要如下。

13.1.1 相关国家法律

①《中华人民共和国城乡规划法》（2008 年施行，2019 年修正）。

②《中华人民共和国环境保护法》（1989 年施行，2014 年修订）。

③《中华人民共和国农业法》（1993 年施行，2012 年修订）。

④《中华人民共和国森林法》（1985 年施行，2019 年修订）。

⑤《中华人民共和国土地管理法》（1987 年施行，2019 年修订）。

⑥《中华人民共和国野生动物保护法》（1989 年施行，2018 年修订）。

13.1.2 行政法规规章

①《城市绿化条例》（国务院令〔1992〕100 号，2017 年修订）。

②《中华人民共和国自然保护区条例》（国务院令〔1994〕167 号，2017 年修订）。

③《风景名胜区条例》（国务院令〔2006〕474 号，2016 年修订）。

④《国务院关于加强城市绿化建设的通知》（国发〔2001〕20 号）。

⑤《城市绿线管理办法》（建设部令〔2002〕112 号，2010 年修订）。

⑥《城市绿化规划建设指标的规定》（城建〔1993〕784 号）。

⑦《城市古树名木保护管理办法》（建城〔2000〕192 号）。

⑧《城市绿地系统规划编制纲要（试行）》（建城〔2002〕240 号）。

⑨《关于加强城市生物多样性保护工作的通知》(建城〔2002〕249 号)。

⑩《关于加强城市绿地系统建设提高城市防灾避险能力的意见》(建城〔2008〕171 号)。

⑪《住房城乡建设部关于印发国家园林城市系列标准及申报评审管理办法的通知》(建城〔2016〕235 号)。

⑫《国务院办公厅关于科学绿化的指导意见》(国办发〔2021〕19 号)。

13.1.3 技术标准规范

①《城市园林绿化评价标准》(GB/T 50563—2010)。

②《城市用地分类与规划建设用地标准》(GB 50137—2011)。

③《城市绿地设计规范(2016 年版)》(GB 50420—2007)。

④《公园设计规范》(GB 51192—2016)。

⑤《城市居住区规划设计标准》(GB 50180—2018)。

⑥《风景名胜区总体规划标准》(GB/T 50298—2018)。

⑦《城市绿地规划标准》(GB/T 51346—2019)。

⑧《城市绿地分类标准》(CJJ/T 85—2017)。

⑨《动物园设计规范》(CJJ 267—2017)。

⑩《植物园设计标准》(CJJ/T 300—2019)。

⑪《居住绿地设计标准》(CJJ/T 294—2019)。

⑫《国家湿地公园建设规范》(LY/T 1755—2008)。

⑬《国家级森林公园总体规划规范》(LY/T 2005—2012)。

⑭《国家公园总体规划技术规范》(LY/T 3188—2020)。

另外,地方各级人大及其常委会、政府颁布的有关城市绿化的地方性法规、部门规章、技术标准,以及经批准实施的城镇体系规划、城市总体规划、土地利用总体规划等上位规划,也是城市绿地系统规划编制、建设、管理工作中所必须遵循的内容。

13.2 城市绿线管理

13.2.1 城市绿线的概念及意义

随着我国城市建设的飞速发展和城市人民生活水平的提高,城市绿地的生态、景观、娱乐休闲等功能也越来越受到人们的重视,成为现代城市文明程度的一个标志。《国务院关于加强城市绿化建设的通知》(国发〔2001〕20 号)明确提出,各城市应当建立绿线管理制度。2002 年建设部第 63 次常务会议审议通过并发布了《城市绿线管理办法》,自 2002 年 11 月 1 日起施行,标志着绿线受到了国家法规的保护,这对加强城市绿地建设,减少和杜绝侵占城市绿地的行为提供了法律保证。

所谓城市绿线,就是指城市规划确定的各类绿地范围的控制界线。城市绿线应涵盖城市所有绿地类型,在划定的过程中具体应包括城市总体规划、分区规划、控制性详细规划和修建性详细规划所确定的城市绿地范围的控制线。城市绿线的划定工作由城市园林绿化行政主管部门和城乡规划主管部门共同承担制定并实施。因此,城市绿地的绿线与建筑或道路的“红线”、水体的“蓝线”及文物古迹的“紫线”具有同等法律效力。绿线的划定不仅为解决现阶段城市绿地保护工作中遇到的问题提供了明确的法规依据,同时也极大地提高了绿地系统规划的可操作性。

13.2.2 城市绿线的分类

城市绿线分为现状绿线、规划绿线和生态控制线,并应符合下列规定。

1. 现状绿线

现状绿线是指建设用地内已建成,并纳入法定规划的各类绿地边界线。现状绿线划定应明确绿地类型、位置、规模、范围控制线,宜标注其管理权属和用地权属。

2. 规划绿线

规划绿线是指建设用地内依据城市总体规划、城市绿地系统规划、控制性详细规划、修建性详细规划划定的各类绿地范围控制线。规划绿线划定应明确绿地类型、位置、规模、范围控制线,可标注土地使用现状和管理权属。

3. 生态控制线

生态控制线是指规划区内依据城市总体规划、城市绿地系统规划划定的,对城市生态保育、隔离防护、休闲游憩等有重要作用的生态区域控制线。生态控制线划定宜标注用地类型、功能、位置、规模、范围控制线,可标注用地权属。

现状绿线和规划绿线应在总体规划、控制性详细规划和修建性详细规划各阶段分层次划定,生态控制线应在总体规划阶段划定。

13.2.3 城市绿线的划定方法与步骤

1. 划定方法

1）坐标界定

绿线划定一般采用 1∶2 000～1∶500 城市地形图,确定绿地边界,绿线一般定位采用坐标法;识别现状保护绿线与规划控制绿线,界定绿线范围。

2）规划要点

明确各类绿地强制性指标与引导性要点,对城市绿线的变动调整及范围内地形地貌进行详细说明,建立完整的城市绿线信息系统,为城市绿地系统规划和分区详细规划实施提供基本依据与保障。

2. 划定步骤

1）绿线边界确定

①采用普查法,对现状绿地的四周边界以及周边环境状况进行实地勘察和记录。

②对各类绿地的指标数据、资料收集整理,并进行分析。

③与城市总体规划和城市绿地系统规划对接,并征询规划等相关单位意见。

2) 绿线制图

①依据《城市规划制图标准》(CJJ/T 97—2003)进行图纸的绘制。

②采用电子版地形图。

③绿线定位采用坐标法。

3) 研究审核,社会公示

绿线制图完成后,经研究审核,应向社会公示。

4) 打桩放界

①绿线规划经市政府批准后进行现场坐标测定并埋设界标。

②登记界址表。

13.2.4 城市绿线管理的基本要求

由当地人民政府城乡规划主管部门、园林绿化行政主管部门,按照职责分工负责城市绿线的监督和管理工作。

城乡规划主管部门、园林绿化行政主管部门应当密切合作,组织编制城市绿地系统规划。城市绿地系统规划是城市总体规划的组成部分,应当确定城市绿化目标和布局,规定城市各类绿地的控制原则,按照规定标准确定绿化用地面积,分层次合理地布局公共绿地,确定防护绿地、大型公共绿地等的绿线。

控制性详细规划阶段的城市绿线以总体规划或分区规划为依据,提出不同类型用地的界线、规定绿地率控制指标和绿化用地界线的具体坐标。规划控制体系采用强制性内容和指导性内容相结合的原则。强制性内容含绿线控制坐标、用地性质、绿地率,绿地在建设过程中严格执行。指导性内容含设计风格、种植方式、设施设置情况、公园步行出入口方位,绿地在建设过程中参照执行。

修建性详细规划应当根据控制性详细规划,明确绿地布局,提出绿化配置的原则或者方案,划定绿地界线。

城市绿线的审批、调整,按照《中华人民共和国城乡规划法》《城市绿化条例》的规定进行。

批准的城市绿线要向社会公布,接受公众监督。任何单位和个人都有保护城市绿地、服从城市绿线管理的义务,有监督城市绿线管理、对违反城市绿线管理行为进行检举的权利。

城市绿线范围内的公园绿地、防护绿地、生产绿地、附属绿地、其他绿地等,必须按照《城市用地分类与规划建设用地标准》(GB 50137—2011)、《公园设计规范》(GB 51192—2016)等标准,进行绿地建设。

城市绿线内的用地,不得改作他用,不得违反法律法规、强制性标准以及批准的规划进行开发建设。有关部门不得违反规定,私自批准在城市绿线范围内进行建设。因建设或者其他特殊情况,需要临时占用城市绿线内用地的,必须依法办理相关审批手续。在城市绿线范围内,不符合规划要求的建筑物、构筑物及其他设施应当限期迁出。

任何单位和个人不得在城市绿地范围内进行拦河截溪、取土采石、设置垃圾堆场、排放污水以及其他对生态环境构成破坏的活动。近期绿化建设的规划绿地范围内的不进行建设活动,应当进行生态环境影响分析,并按照《中华人民共和国城乡规划法》的规定,予以严格控制。

居住区绿化、单位绿化及各类建设项目的配套绿化都要达到《城市绿化规划建设指标的规定》(城建〔1993〕784 号)的标准。各类建设工程要与其配套的绿化工程同步设计、同步施工、同步验收。达不到规定标准的,不得投入使用。

城市人民政府城乡规划主管部门、园林绿化行政主管部门按照职责分工,对城市绿线的控制和实施情况进行检查,并向同级人民政府和上级主管部门报告。

13.3 园林城市与生态园林城市发展历程

13.3.1 园林城市的发展历程

1990 年,我国著名科学家钱学森给建筑学家吴良镛的信中首先提出了“山水城市”的概念,他指出中国的城市建设首先要有中国文化风格,应当在充分吸收中国优秀传统文化的基础上,不断开拓创新,将中外文化有机结合,建设既具有丰富美感又具有充分科学性的现代化城市,以满足市民生活、工作、学习和娱乐的需求。虽然钱学森先生并没有就如何构建“山水城市”提出具体的实施方案,只是停留在设想层面,但他的构想为中国现代化城市建设从传统文化中汲取精华指引了方向,也为园林城市运动的开展提供了有力的理论基础。

1992 年,随着改革开放的深入,我国的社会、经济、文化、科学等事业都得到了迅猛发展,加之各级政府和各界群众的有力推动,城市园林绿化活动获得了空前的发展,以“绿化达标”“全国园林绿化先进城市”等城市环境综合整治政策为基础,建设部制定了《国家园林城市评选标准》,借以表彰在园林绿化中取得突出成绩的城市,从而推动全国各城市的环境治理和建设。同年,北京、合肥、珠海成为第一批国家园林城市。

1996 年,建设部城建司广泛征求多方意见并对以往评选经验进行总结之后,在“全国园林城市工作座谈会”上将 1992 年颁发的《国家园林城市评选标准》由原来的 10 项条款调整、扩充至 12 项,对国家园林城市的建设提出了更高的标准和要求。

2000 年,为了加快城市园林绿化建设步伐,提高城市建设管理水平,使创建国家园林城市活动更加规范化、标准化和制度化,建设部制定了《创建国家园林城市实施方案》及《国家园林城市标准》(建城〔2000〕106 号)。《创建国家园林城市实施方案》

详细规定了园林城市申报的相关指导思想、开展范围、申报条件、申报程序、申报材料、考核办法、命名表彰、复查管理、工作要求等内容。《国家园林城市标准》从组织管理、规划设计、景观保护、绿化建设、园林建设、生态建设、市政建设等七个方面对园林城市的评选条件作出详细规定。

2005 年，建设部修订了《国家园林城市申报与评审办法》和《国家园林城市标准》(建城〔2005〕43 号)。新标准对园林城市的创建要求又有所提高，除针对组织领导、管理制度、景观保护、绿化建设、园林建设等方面的要求更为严格外，对绿地率、绿化覆盖率和人均公共绿地面积三大基本指标也都进行了上调，而且已经被评为国家园林城市的，在接受建设部复查的时候也要按新标准进行审核。

2010 年，住房和城乡建设部为更好地开展国家园林城市创建活动，切实推进城市园林绿化事业的发展，结合《城市园林绿化评价标准》(GB/T 50563—2010)的贯彻实施，再次对《国家园林城市申报与评审办法》和《国家园林城市标准》(建城〔2010〕125 号)进行了修订。新标准由综合管理、绿地建设、建设管控、生态环境、节能减排、市政设施、人居环境、社会保障八个方面，74 项指标构成。

2016 年，为全面贯彻中央城市工作会议精神，牢固树立和贯彻落实创新、协调、绿色、开放、共享的发展理念，更好地发挥创建园林城市对促进城乡园林绿化建设、改善人居生态环境的抓手作用，加快推进生态文明建设，住房和城乡建设部对《国家园林城市申报与评审办法》《国家园林城市标准》《生态园林城市申报与定级评审办法和分级考核标准》《国家园林县城城镇标准和申报评审办法》进行了修订，形成了《国家园林城市系列申报评审管理办法》及《国家园林城市系列标准》(建城〔2016〕235 号)。

自从 1992 年开展国家园林城市评比以来，截止到 2020 年底，一共进行了 20 批国家园林城市评选，评选出国家园林城市 374 个、园林县城 371 个。

13.3.2 生态园林城市的发展历程

“生态园林城市”是“园林城市”的更高层次，是国家从工业文明走向生态文明的一个重要着力点和落脚点。在“园林城市”的基础上创建“生态园林城市”，就是要利用生态学原理，规划、建设和管理城市，进一步完善城市绿地系统，有效防治和减少城市大气污染、水污染、土壤污染、噪声污染和各种废弃物污染，实施清洁生产、绿色交通、绿色建筑，促进城市中人与自然的和谐，使环境更加清洁、安全、优美、舒适。

2004 年，建设部颁布了《创建“生态园林城市”的实施意见》和《国家生态园林城市标准(暂行)》。《国家生态园林城市标准(暂行)》中提出了 7 项一般性要求，城市生态环境指标、城市生活环境指标、城市基础设施指标三方面 19 项基本指标要求。对比《国家园林城市标准》增加了综合物种指数、本地物种指数、城市热岛效应程度等新指标，同时提高人均公共绿地、绿地率、绿化覆盖率的标准，对大气污染、地表水环境和水质有更进一步要求，并提出了环境噪声达标区覆盖率和公众对城市生态环境的满意度,以及对城市生活的经济、高效及公民素质方面的要求。这些充分说明生态园林城市更加注重生态,注重环境优先,突出以人为本和城市生态的可持续发展。

2006 年,建设部为进一步推动全国生态园林城市创建工作,探索完善生态园林城市创建机制和体系,确定深圳市为创建"国家生态园林城市"示范城市。2007 年,确定青岛市、南京市、杭州市、威海市、扬州市、苏州市、绍兴市、桂林市、常熟市、昆山市、张家港市为"国家生态园林城市"试点城市。

2010 年,住房和城乡建设部在修订的《国家园林城市申报与评审办法》《国家园林城市标准》(建城〔2010〕125 号)中增加了关于生态园林城市的内容。规定城市园林绿化等级评价达到Ⅰ级,且获得国家园林城市命名不少于 3 年的城市可申报国家生态园林城市。"国家生态园林城市"须同时满足《国家园林城市标准》中所有基本项和提升项的要求。

2012 年,住房和城乡建设部对《国家园林城市申报与评审办法》《国家园林城市标准》(建城〔2010〕125 号)中生态园林城市的部分进行了修订,形成了《生态园林城市申报与定级评审办法》和《生态园林城市分级考核标准》(建城〔2012〕125 号)。新标准由基础指标的 64 项指标和分级考核指标的 26 项指标构成,包含了 PM2.5 浓度、城市慢行系统、绿色节能建筑等与城市生活密切相关的内容。对比原有标准,新标准更加注重城市生态功能提升,更加注重生物物种多样性、自然资源、人文资源的保护,更加注重城市生态安全保障及城市可持续发展能力,更加注重城市生活品质及人与自然的和谐。

2016 年 1 月,住房和城乡建设部首次命名徐州、苏州、昆山、寿光、珠海、南宁、宝鸡等 7 个城市为"国家生态园林城市",这标志着生态园林城市的建设已正式进入实施阶段。截止到 2020 年底,一共公布了 19 个国家生态园林城市。

知识点拓展

【本章要点】

本章首先介绍了城市绿化法规体系的构成,列举了与城市绿地系统规划、建设、管理密切相关的全国性城市法律法规、技术规范,并以城市绿线为例,阐述了城市绿线的概念及意义、城市绿线的分类、城市绿线的划定方法与步骤,以及城市绿线管理的基本要求;其次介绍了我国园林城市与生态园林城市的发展历程;最后,通过知识点拓展的形式,详细分析了《城市园林绿化评价标准》,有助于读者更好地理解该标准。

【思考与练习】

13-1　我国城市绿化法规体系主要由哪些部分构成?

13-2　简述城市绿线的概念和城市绿线的分类。

13-3　简述城市绿线的划定步骤。

13-4　简述《城市园林绿化评价标准》的评价指标体系构成。

参考文献

[1] HEIMLICH R E, ERSON W D. Dynamics of land use change in urbanizing areas: experience in the economic research service[M]//LOCKERETZ W, ed. Sustaining agriculture near cities. Ankeny: Soil and Water Conservation Society, 1987.

[2] CURTIS J T. The modification of mid-latitude grasslands and forests by man [M]//THOMAS W L, ed. Man's role in changing the face of the earth. Chicago: University of Chicago Press, 1956.

[3] 戈比. 21 世纪的休闲与休闲服务[M]. 张春波,陈定家,刘风华,译. 昆明:云南人民出版社,2000.

[4] 吴承照. 现代城市游憩规划设计理论与方法[M]. 北京:中国建筑工业出版社,1998.

[5] CHARLES A F, ROBERT M S. Greenways: a guide to planning, design, and development[M]. Washington, D. C.: Island Press, 1992.

[6] MACHARG I L. Design with nature[M]. New York: Doubleday/Natural History Press, 1969.

[7] 邹德慈. 城市规划导论[M]. 北京:中国建筑工业出版社,2002.

[8] 黄亚平. 城市空间理论与空间分析[M]. 南京:东南大学出版社,2002.

[9] 顾朝林,姚露,徐逸伦,等. 概念规划:理论 · 方法 · 实例[M]. 北京:中国建筑工业出版社,2003.

[10] 张京祥. 西方城市规划思想史纲[M]. 南京:东南大学出版社,2005.

[11] 赵和生. 城市规划与城市发展[M]. 3 版. 南京:东南大学出版社,2011.

[12] 张松. 历史城市保护学导论[M]. 2 版. 上海:上海科技教育出版社,2008.

[13] 刘骏,蒲蔚然. 城市绿地系统规划与设计[M]. 2 版. 北京:中国建筑工业出版社,2017.

[14] 杨赉丽. 城市园林绿地系统规划[M]. 5 版. 北京:中国林业出版社,2019.

[15] 李铮生,金云峰. 城市园林绿地规划与设计[M]. 3 版. 北京:中国建筑工业出版社,2019.

[16] 李敏. 城市绿地系统与人居环境规划[M]. 北京:中国建筑工业出版社,1999.

[17] 贾建中. 城市绿地规划设计[M]. 北京:中国林业出版社,2001.

[18] 中国可持续发展林业战略研究项目组. 中国可持续发展林业战略研究:战略卷[M]. 北京:中国林业出版社,2003.

[19] 刘滨谊.现代景观规划设计[M].4版.南京:东南大学出版社,2017.
[20] 刘滨谊,等.历史文化景观与旅游策划规划设计——南京玄武湖[M].北京:中国建筑工业出版社,2003.
[21] 刘滨谊,徐文辉.生态浙江绿道建设的战略设想[J].中国城市林业,2004,2(6):14-18.
[22] 徐文辉,范义荣,王欣."绿道"理念的设计探索——以诸暨市入口段绿化景观规划设计为例[J].中国园林,2004(8):49-52.
[23] 徐文辉,范义荣,陶一舟.甬台温高速公路温州段景观与绿化设计[J].浙江林学院学报,2004,21(3):319-323.
[24] 徐文辉,范义荣,林世埕.甬台温高速公路温州段边坡绿化设计[J].林业科技开发,2003,17(6):63-65.
[25] 徐文辉,范义荣,蔡建国.杭州市城市道路绿化的初步研究[J].中国园林,2002(3):23-25.
[26] 董雅文.城市景观生态[M].北京:商务印书馆,1998.
[27] 孟刚,李岚,李瑞冬,等.城市公园设计[M].2版.上海:同济大学出版社,2005.
[28] 封云,林磊.公园绿地规划设计[M].2版.北京:中国林业出版社,2004.
[29] 郑强,卢圣.城市园林绿地规划[M].修订版.北京:气象出版社,2001.
[30] 孙鹏,王志芳.遵从自然过程的城市河流和滨水区景观设计[J].城市规划,2000,24(9):19-22.
[31] 唐剑.浅谈现代城市滨水景观设计的一些理念[J].中国园林,2002(4):33-38.
[32] 郭春华,李宏彬.滨水植物景观建设初探[J].中国园林,2005(4):59-62.
[33] 杜春兰,代劼.滨水景观设计[J].时代建筑,2002(1):29-31.
[34] 吴良镛.人居环境科学导论[M].北京:中国建筑工业出版社,2018.
[35] 葛书红.物理环境与居住区室外空间环境设计[D].北京:北京林业大学,2002.
[36] 宋春华.小康社会初期的中国住宅建设[J].建筑学报,2002(1):4-9.
[37] 王宏伟.城市居住区规划设计的再认识[J].城市开发,2004(7):23-26.
[38] 李德华.城市规划原理[M].3版.北京:中国建筑工业出版社,2002.
[39] 金涛,杨永胜.居住区环境景观设计与营建[M].北京:中国城市出版社,2003.
[40] 建设部住宅产业促进中心.居住区环境景观设计导则(2006版)[M].北京:中国建筑工业出版社,2006.
[41] 王绍增.城市绿地规划[M].北京:中国农业出版社,2005.
[42] 中国城市规划学会,全国市长培训中心.城市规划读本[M].北京:中国建筑工业出版社,2002.
[43] 千庆兰.城市生态绿地系统规划研究初探[J].松辽学刊(自然科学版),2001

(4):45-49.
[44] 李延明,张济和,古润泽.北京城市绿化与热岛效应的关系研究[J].中国园林,2004(1):72-75.
[45] 魏维,杨军.演进中的居住区概念及其建设模式——解读北京星河湾[J].建筑学报,2005(10):16-19.
[46] 王浩,王云峰.白杨礼赞——塞那维拉居住区环境设计[J].中国园林,2005(5):8-11.
[47] 张文新,朱良.中国大城市人口居住郊区化现状与对策[J].北京师范大学学报(自然科学版),2003,39(6):417-421.
[48] 王莲清.道路广场园林绿地设计[M].北京:中国林业出版社,2001.
[49] 沈建武,吴瑞麟.城市道路与交通[M].3版.武汉:武汉大学出版社,2017.
[50] 土木学会.道路景观设计[M].章俊华,陆伟,雷芸,译.北京:中国建筑工业出版社,2003.
[51] 赵德龙,刘万共,赵凤良.道路绿化[M].北京:人民交通出版社,2005.
[52] 王浩,谷康,孙兴旺,等.城市道路绿地景观规划[M].南京:东南大学出版社,2005.
[53] 乐嘉龙.外部空间与建筑环境设计资料集[M].北京:中国建筑工业出版社,1996.
[54] 周荣沾.城市道路设计[M].北京:人民交通出版社,2001.
[55] 周维权.中国古典园林史[M].3版.北京:清华大学出版社,2008.
[56] 同济大学,重庆建筑工程学院,武汉建筑材料工业学院.城市园林绿地规划[M].北京:中国建筑工业出版社,1982.
[57] 杨守国.工矿企业园林绿地设计[M].北京:中国林业出版社,2001.
[58] 鲁敏,李英杰.城市生态绿地系统建设——植物种选择与绿化工程构建[M].北京:中国建筑工业出版社,2005.
[59] 周逸明,宋泽方.高等学校建筑规划与环境设计[M].北京:中国建筑工业出版社,1994.
[60] 盖儿.交往与空间[M].何人可,译.北京:中国建筑工业出版社,2002.
[61] GORDON A B. Urban forest landscape: integrating multidisciplinary perspectives[M]. Washington, D. C.: University of Washington Press, 1995.
[62] ZHOU Z X, et al. The spatial structure and the dust retention effects of greenbelt types in the workshop district of Wuhan Iron and Steel Company [J]. Acta Ecologica Sinica, 2002, 22(12): 2036-2040.
[63] 刘滨谊,余畅.美国绿道网络规划的发展与启示[J].中国园林,2001,(6):77-81.
[64] 周志翔,邵天一,王鹏程,等.武钢厂区绿地景观类型空间结构及滞尘效应[J].

生态学报.2002,22(12):2036-2040.
[65] 吕洪昌,王君政.煤化工厂抗污染树种的十年研究[J].黑龙江园林,1996(3):12-14.
[66] 郑美珠,陈冬基,李行先.绍兴钢铁厂防污绿化的净化效应研究[J].浙江林学院学报,1986,3(2):87-92.
[67] 陈孝青,朱建新,许秀环.校园环境的生态景观规划模式探讨[J].中国园林,2002(3):41-43.
[68] 庄逸苏,潘云鹤.论大学园林[J].建筑学报,2003(6):7-9.
[69] 深圳市平冈中学课题组.校园文化景观设计研究[J].教育研究,2000(10):43-47.
[70] 李卫.奇石、璞玉之理想校园——清华大学美术学院设计构思[J].北京规划建设,2003(5):122-126.
[71] 朱莉,李延成,史正勇.山东大学校前区广场改造[J].中国园林,2002(5):43-44.
[72] 沈逢源,田国行,张玉书.许昌学院东区校园景观环境规划设计[J].中国园林,2003(6):79-80.
[73] 尹公.城市绿地建设工程[M].北京:中国林业出版社,2001.
[74] 胡长龙.园林规划设计[M].2版.北京:中国农业出版社,2002.
[75] 中国勘察设计协会园林设计分会.风景园林设计资料集——园林绿地总体设计[M].北京:中国建筑工业出版社,2006.
[76] 俞玖.园林苗圃学[M].北京:中国林业出版社,1988.
[77] 苏金乐.园林苗圃学[M].2版.北京:中国农业出版社,2010.
[78] 周俭.城市住宅区规划原理[M].上海:同济大学出版社,1999.
[79] 李泽民.城镇道路广场规划与设计[M].2版.北京:中国建筑工业出版社,1988.
[80] 杨贵庆.安得“高”厦千万间,大庇都市居民尽欢颜——上海城市高层住宅居住环境和社会心理调查分析与启示[J].城市规划汇刊,1999(4):35-38.
[81] 新田伸三.栽植的理论和技术[M].赵力正,译.北京:中国建筑工业出版社,1982.
[82] 邓述平,王仲谷.居住区规划设计资料集[M].北京:中国建筑工业出版社,1996.
[83] 李如生.美国国家公园管理体制[M].北京:中国建筑工业出版社,2005.
[84] 张捷,赵民.新城规划的理论与实践——田园城市思想的世纪演绎[M].北京:中国建筑工业出版社,2005.
[85] 许浩.国外城市绿地系统规划[M].北京:中国建筑工业出版社,2003.
[86] 汪阳.对我国城市园林绿地系统规划专业技术现状的分析与思考[J].中国园

林,1997,13(6):4-5.
[87] 刘家麒.关于城市绿地系统规划的若干问题[J].风景园林,2005(4):13-15.
[88] 王鹏.城市公共空间的系统化建设[M].南京:东南大学出版社,2002.
[89] 许浩.绿地规划研究评述与展望[J].中外景观,2006(8):106-114.
[90] 章美玲.城市绿地防灾减灾功能探讨——以上海市浦东新区为例[D].长沙:中南林学院,2005.
[91] 何平,王保忠,王彩霞,等.城市绿地生态系统及其研究[J].江苏林业科技,2004,31(3):44-48.
[92] 马锦义.论城市绿地系统的组成与分类[J].中国园林,2002,18(1):23-26.
[93] 张庆费,杨文悦,乔平.国际大都市城市绿化特征分析[J].中国园林,2004(7):76-78.
[94] 王富海,谭维宁.更新观念重构城市绿地系统规划体系[J].中国园林,2005(4):16-22.
[95] 姜允芳,石铁矛,胡学宁.城市生态绿地系统规划[J].沈阳建筑工程学院学报,1999,15(1):4-8.
[96] 王保忠,王彩霞,何平,等.城市绿地研究综述[J].城市规划汇刊,2004(2):62-69.
[97] 王保忠,王彩霞,李明阳.21 世纪城市绿地研究新动向[J].中国园林,2006(5):0-52.
[98] 全国城市规划执业制度管理委员会.城市规划原理[M].北京:中国计划出版社,2002.
[99] 全国城市规划执业制度管理委员会.城市规划相关知识[M].北京:中国计划出版社,2002.
[100] 徐波,赵锋,李金路.关于“公共绿地”与“公园”的讨论[J].中国园林,2001(2):6-10.
[101] 徐波,赵锋,李金路.关于城市绿地及其分类的若干思考[J].中国园林,2000(5):29-32.
[102] 吴松涛,由爽.城市绿地类型与规划原则[J].低温建筑技术,2004(6):16-17.
[103] 徐雁南.城市绿地系统布局多元化与城市特色[J].南京林业大学学报(人文社会科学版),2004,4(4):64-67.
[104] 林源祥.城市园林绿地生物多样性保护与建设规划研究[J].广东园林,2005,27(1):10-12.
[105] 刘滨谊,姜允芳.中国城市绿地系统规划评价指标体系的研究[J].城市规划汇刊,2002(2):27-29.
[106] 中国城市规划设计研究院.中国城市规划设计研究院规划设计作品集[M].北京:中国建筑工业出版社,1999.

[107] 邵侃,金龙哲.对城市高架道路立体绿化的探讨[J].城市管理与科技,2005,7(6):251-253.

[108] 许国锴.轨道交通车站的景观设计[J].城市轨道交通研究,2002,(4):62-64.

[109] 王忠杰,吴岩,景泽宇.公园化城,场景营城——“公园城市”建设模式的新思考[J].中国园林,2021,37(S1):7-11.

[110] 郝日明,张明娟.中国城市生物多样性保护规划编制值得关注的问题[J].中国园林,2015,31(8):5-9.

[111] 吕红.城市公园游憩活动与其空间关系的研究[D].泰安:山东农业大学,2013.

[112] 刘福龙.基于城市景观场所精神表征的公共艺术介入策略研究[D].西安:西安建筑科技大学,2019.

[113] 杜国坚,缪宇明,陈卓梅,等.37种园林绿化植物苗木对氯气的抗性及吸收能力[J].浙江林学院学报,2009,26(4):503-510.

[114] 张灵艺,秦华.城市园林绿地滞尘研究进展及发展方向[J].中国园林,2015,31(01):64-68.

[115] 费文君,高祥飞.我国城市绿地防灾避险功能研究综述[J].南京林业大学学报(自然科学版),2020,44(4):222-230.

[116] 苏幼坡,刘瑞兴.城市地震避难所的规划原则与要点[J].灾害学,2004,19(1):87-91.

[117] 李洪远,杨洋.城市绿地分布状况与防灾避难功能[J].城市与减灾,2005(2):9-13.

[118] 王庆日.城市绿地的价值及其评估研究[D].杭州:浙江大学,2003.

[119] 刘纯青.市域绿地系统规划研究[D].南京:南京林业大学,2008.

[120] 姜允芳.城市绿地系统规划理论与方法[M].北京:中国建筑工业出版社,2006.

[121] 商振东.市域绿地系统规划研究[D].北京:北京林业大学,2005.

[122] 张晓佳.城市规划区绿地系统规划研究[D].北京:北京林业大学,2006.

[123] 林世平.市域绿地系统规划初探[D].北京:北京林业大学,2004.

[124] 徐波.城市绿地系统规划中市域问题的探讨[J].中国园林,2005,(3):65-69.

[125] 张浪.基于有机进化论的上海市生态网络系统构建[J].中国园林,2012(10):17-22.

[126] 黄小金,刘欣.浅析英国哈罗新城区域绿色基础设施规划[J].现代园林,2010(5):72-75.

[127] 李敏.现代城市绿地系统规划[M].北京:中国建筑工业出版社,2002.

[128] 张浪.特大型城市绿地系统布局结构及其构建研究——以上海为例[D].南京:南京林业大学,2007.

[129] 李敏. 城市绿地系统规划[M]. 北京:中国建筑工业出版社,2008.
[130] 刘东云,周波. 景观规划的杰作——从“翡翠项圈”到新英格兰地区的绿色通道规划[J]. 中国园林,2001,17(3):59-61.
[131] 戈罗霍夫,伦茨. 世界公园[M]. 郦芷若,杨乃琴,唐学山,等,译. 北京:中国科技出版社,1992.
[132] 吴小琼. 山地城市绿地系统布局结构研究[D]. 重庆:西南大学,2009.
[133] 陈存友,胡希军. 城市绿地分类标准的调整优化研究[J]. 广东园林,2010(2):5-8.
[134] 同济大学建筑系园林教研室. 公园规划与建筑图集[M]. 北京:中国建筑工业出版社,1986.
[135] 张路红,项远. 城市滨水景观设计的实践与思考[J]. 合肥工业大学学报(自然科学版),2005(6):677-681.
[136] 章明,张姿,张洁,等. 涤岸之兴——上海杨浦滨江南段滨水公共空间的复兴[J]. 建筑学报,2019(8):16-26.
[137] 章明,张姿,张洁,等.“丘陵城市”与其“回应性”体系——上海杨浦滨江“绿之丘”[J]. 建筑学报,2020(1):1-7.
[138] 吴岩,王忠杰,束晨阳,等.“公园城市”的理念内涵和实践路径研究[J]. 中国园林,2018,34(10):30-33.
[139] 曹文明. 城市广场的人文研究[D]. 北京:中国社会科学院研究生院,2005.
[140] 孙薇薇. 城市广场人性化设计原则研究[D]. 武汉:华中科技大学,2005.
[141] 杨钊. 现代城市下沉式广场空间设计初探[D]. 西安:西安建筑科技大学,2005.
[142] 史晓松. 现代城市广场中的地域文化特色[D]. 北京:北京林业大学,2007.
[143] 臧慧. 城市广场空间活力构成要素及设计策略研究[D]. 大连:大连理工大学,2010.
[144] 陈苹. 人与广场的对话[D]. 南京:南京林业大学,2005.
[145] 刘冰馨. 居住区主题与景观策划研究[D]. 哈尔滨:东北林业大学,2007.
[146] 邓洁. 居住区主题景观设计研究[D]. 南京:南京林业大学,2009.
[147] 张玉鑫. 复合·低碳·宜居——转型发展背景下上海居住规划的策略探讨[J]. 上海城市规划,2011(3):15-21.
[148] 任利利. 居住区绿地的规划设计[J]. 现代园艺,2016(12):65.
[149] 李响,王守攻,史莹芳. 现代城市居住区景观的设计策略分析[J]. 现代园艺,2021,44(7):90-92.
[150] 彭李忠. 居住区空间环境设计的影响因素与设计创新研究[J]. 中外建筑,2016(2):57-58.
[151] 刘成学. 城市绿地防灾避难功能探讨[J]. 建材与装饰,2018(37):65-66.

[152] 韦园园. 15分钟社区生活圈规划策略研究[J]. 城市住宅,2021,28(5):156-157.

[153] 张冬璞. 基于生活圈构建的古浪新区居住用地适宜性规划研究[D]. 西安:西安建筑科技大学,2019.

[154] 柴彦威,李春江. 城市生活圈规划——从研究到实践[J]. 城市规划,2019,43(5):9-16+60.

[155] 徐肖薇. 社区服务配套布局思路研究——从邻里中心到美好生活圈[C]//中国城市规划学会. 活力城乡 美好人居——2019中国城市规划年会论文集. 北京:中国城市规划学会,2019:443-451.

[156] 刘倩. 居民需求视角下社区生活圈配套设施优化策略研究——以西安市雁塔区为例[D]. 西安:西北大学,2019.

[157] 申世广. 3S技术支持下的城市绿地系统规划研究[D]. 南京:南京林业大学,2010.

[158] 王振中. "3S"技术集成及其在土地管理中的应用[J]. 测绘科学,2005,30(4):62-65.

[159] 黄宏业,刘侠,陈宝树. CBERS-1卫星IRMSS数据在城市绿地系统规划的应用[J]. 航天返回与遥感,2001,22(3):65-68.

[160] 董仁才,赵景柱,邓红兵. 3S技术在城市绿地系统中的应用探讨——以园林绿地信息采集与管理中的应用为例[J]. 林业资源管理,2006(2):83-87.

[161] 刘琳,舒文,张正勇. 基于GIS的城市绿地管理信息系统设计研究[J]. 测绘与空间地理信息,2009,32(2):16-19.

[162] 李国松,杨柳青. 虚拟现实技术在风景园林规划与设计中的应用研究——几种常见虚拟现实技术的应用评价分析[J]. 中国园林,2008(2):32-36.

[163] 王晓俊,刘晓惠. 计算机在森林风景资源管理中的应用[J]. 世界林业研究,1994(5):49-55.

[164] 文定元. 南方森林防火林带现状调查和问题讨论[J]. 森林防火,1998(4):38-39.

[165] 王红亮. GIS在城市绿地系统规划和管理中的应用研究[D]. 北京:北京林业大学,2008.

[166] 罗琼. 长沙市城市绿地系统空间格局演变及优化研究[D]. 长沙:湖南师范大学,2012.

[167] 李树华. 防灾避险型城市绿地规划设计[M]. 北京:中国建筑工业出版社,2010.

[168] 黎琼茹. 城市防灾公园规划设计方法初探[D]. 北京:北京林业大学,2011.

[169] 费文君. 城市避震减灾绿地体系规划理论研究[D]. 南京:南京林业大学,2010.

[170] 顾晨洁,王忠杰,李海涛,等.城市生态修复研究进展[J].城乡规划,2017(3):46-52.
[171] 李兴泰.城市绿地系统规划中的生态修复专项规划策略研究——以平邑县为例[D].济南:山东建筑大学,2019.
[172] 王忠杰,束晨阳,顾晨洁.三亚城市生态修复的探索与思考[J].中国园林,2017,33(11),19-24.
[173] 梁伊任,瞿志,王沛永.风景园林工程[M].北京:中国林业出版社,2011.